# 长白山森林研究

郑小贤 等 著

中国林业出版社

## 内 容 简 介

本书是北京林业大学国家重点学科——森林经理学科负责人郑小贤教授和以他的研究生为主的研究团队，对北京林业大学与汪清林业局合作设置固定样地 30 多年长期观察调查数据的总结。该书以长白山林区主要森林类型为研究对象，以森林可持续经营为目的，总结主要森林类型的组成、结构与功能，根据森林经营目的和林分特征研建森林经营评价指标体系，提出主要森林类型的经营模式，为研究区森林可持续经营提供理论和方法支撑。

本书以第一手资料为基础，内容丰富，论述严谨，理论联系实际，可供林业、资源以及森林可持续经营管理等方向的科研和生产部门的有关人员、农林院校相关专业的师生参考。

### 图书在版编目（CIP）数据

长白山森林研究／郑小贤等著 . —北京：中国林业出版社，2014. 8

ISBN 978-7-5038-7583-0

Ⅰ. ①长… Ⅱ. ①郑… Ⅲ. ①长白山 – 森林 – 研究 Ⅳ. ①S717. 234

中国版本图书馆 CIP 数据核字（2014）第 153041 号

出版 中国林业出版社（100009 北京西城区德内大街刘海胡同 7 号）
电话 （010）83225481
发行 新华书店北京发行所
印刷 北京中科印刷有限公司
版次 2014 年 8 月第 1 版
印次 2014 年 8 月第 1 次
开本 787mm × 1092mm 1/16
印张 24
印数 1000 册
字数 620 千字

# 《长白山森林研究》
## 编写人员名单

（按姓氏笔画排列）

王　方　　王俊峰　　乌吉斯古楞　　宁杨翠
周　宁　　郑小贤　　赵　静　　胡　阳
顾　丽　　铁　牛　　蒋桂娟

# 前　言

　　长白山林区是我国重要林区，具有丰富的森林生态系统类型和独特的生长演替规律，在提供多种产品和生态系统服务以及维系地区生态平衡与木材安全等方面发挥着重要作用。长白山主要森林类型的结构功能及其可持续经营模式是林学家关注的热点问题。我的研究团队把长白山森林作为主要研究对象，依托汪清林业局金沟岭林场为试验示范基地，开展长期研究。对长白山林区主要森林类型进行了结构功能、生长收获和经营保护等方面的研究，建立了300多公顷试验示范林，提出了主要森林类型经营模式，为森林可持续经营提供了理论和方法依据。

　　1995年在日本留学回国以后，我每年都带着学生去吉林汪清林业局进行调查和研究，金沟岭林场分布有长白山林区主要森林类型，即落叶松林、杨桦次生林、云冷杉林和阔叶红松林。经过多年的调查研究，我们对长白山主要森林类型有了较全面的理解，许多研究生的毕业论文也都是在这里完成的。

　　在野外调查中，蚊叮虫咬已是家常便饭。经常天不亮就起床，带着馒头和咸菜，蹚着挂满露水的灌木和野草跋山涉水赶到样地，风餐露宿，克服种种困难坚持下来。尽管工作条件很差，但没有人叫苦，师生团结一致进行科研和教学工作，通过艰苦细致的长期工作取得了大量的第一手数据。

　　基于国内少见的30余年长期观察调查数据，本书系统阐述长白山主要森林类型结构功能关系，研建森林经营评价指标体系，并对结构功能的现状和动态变化进行全面分析诊断，提出长白山主要森林类型经营模式。

　　在本书的编写过程中，把零散的材料和研究成果汇集成系统、完整的知识体系，需要进行很多工作，在此，金沟岭林场的陈宝升、陈晓光，研究生左政、周洋、李俊、罗梅、汪静、孟楚、刘晓月等付出了大量的投入。林业公益性行业科研专项《我国典型森林类型健康经营关键技术研究》(20100400203)为本书的出版提供了经费支持。在此一并表示感谢！

　　在本书即将出版之际，向指引我走入森林经营研究并言传身教帮助我成长的留学日本期间导师木平勇吉博士、菅原聰博士、北京林业大学董乃钧教授、关毓秀教授、中国林业科学研究院唐守正院士、张会儒研究员等表示深深的感谢。

郑小贤

2014年4月于北京林业大学

# 目　　录

# 1 长白山云冷杉针阔混交林经营模式

## 1.1 研究地区概况及研究方法

### 1.1.1 研究地区概况

#### 1.1.1.1 自然条件

（1）地理位置：研究地区位于吉林省汪清县境内东北部金沟岭林场，属长白山系老爷岭山脉雪岭支脉，四面环山，全场共有 11 个直沟汇入大汪清河，本场东与荒沟林场为界，西与塔子沟、亲和林场为界，北与地阴沟林场为界，南与十里坪林场接壤。全场共区划了 73 个林班。场部地理位置：东经 130°10′北纬 43°22′，距县城 59km。

（2）地貌：本区是汪清河三条大支流中的第二支流发源地，林场地貌为低山丘陵，海拔为 300～1200 m，坡度 5°～25°，个别陡坡在 35°以上。

（3）气候：本区属季风型气候，全年平均气温为 3.9℃左右，积温 2144℃；1 月份气温最低，平均在零下 32℃左右；7 月份气温最高，平均在 22℃左右；年降水量 600～700mm，且多集中在 7 月份；早霜从 9 月中旬开始，晚霜延至翌年 5 月末，生长期为 120天；积雪平均厚达 50㎝。

（4）土壤：根据 1981～1984 年汪清县土壤普查资料，本区属汪清县东北低山灰化土灰棕壤区，母岩为玄武岩。在海拔 800～1000m 为针叶林灰棕壤土，沟谷是草甸土、泥炭土、沼泽土或冲积土，结构一般为粘壤土类，粒状结构，湿松，根系多，平均厚度在 40㎝左右。

（5）植被：从垂直分布来看，海拔 300m 以下为河流两岸沼泽地、干草地，主要植被为塔头草、禾本科草类及少数灌木，如珍珠梅、柳叶绣线菊等。

海拔 300～400m 为河谷平地，主要乔木生长有红皮云杉和鱼鳞云杉、黑榆、青杨、白杨、枫桦等，灌木为珍珠梅、刺梅等，草类有塔头草、小叶樟、问荆、风毛菊等。

海拔 400～600m 为红松阔叶林，阴向缓坡伴生椴树、枫桦、榆树等，灌木以虎榛子、忍冬为主，阳向缓坡伴生蒙古栎、白桦、色木，灌木以杜鹃、胡枝子为主。

海拔 600～800m 为以红松为主的针阔混交林，红松、云杉、冷杉占 40%～60%，其余为椴树、枫桦、榆树、色木、水曲柳、黄波罗等，灌木为青楷槭、花楷槭、虎榛子、忍冬，地被物有蕨类、山茄子、酢浆草、苔草、山芹菜等。

海拔 800～1000m 基本上是阔叶云冷杉林，云冷杉占组成的 70%，其他树种有红松、枫桦、椴木、榆木、色木等只占 30%左右，林下灌木稀疏，以忍冬、绣线菊、虎榛子为主，地被物有山茄子、王孙、宽叶苔草等。

海拔 1000～1300m 为云冷杉林，多形成纯林，地被物以苔藓类植物为主。

试验区主要植物名录见本章附表。

#### 1.1.1.2　社会经济条件

林场现有人口 590 人，其中林场职工 354 人，是林场木材生产、森林抚育、育苗等作业的主要劳动力。

林场场部共占土地面积 25hm²，总建筑面积为 11149m²，永久性建筑 9575m²，其中住宅楼 5761m²，公用建筑 3814m²。

本区交通比较方便，以公路为主，干线有三条：金沟岭—汪清公路，全程 59km，本区有 8km；金沟岭—塔子沟公路，全程 15km，本区有 7km；金沟岭—地阴沟公路，全程 16km，本区有 12km；支线有六条，全长 29km。这些公路为林场对外交流的主要交通枢纽，为林场的森林经营、木材生产和繁荣各项经济活动，创造了有利条件。

#### 1.1.1.3　森林资源状况

全区经营面积共 16，286hm²，其中林业用地面积为 15，857hm²，非林业用地为 429hm²。林业用地中，有林地面积为 15，352hm²，森林总蓄积量为 2，062，663m³，无林地面积为 91hm²，特用地为 414hm²，在有林地面积中，天然林为 12808hm²，人工林为 2，544hm²（表 1.1）。在全部林分中，臭冷杉和红皮云杉所占蓄积组成最多，占近 40%，是本地区分布最多的树种。

表 1.1　研究地区各龄级面积蓄积比例

| 龄级 | 幼龄林 | 中龄林 | 近熟林 | 成过熟林 | 合计 |
|---|---|---|---|---|---|
| 面积（hm²） | 3166 | 8505 | 866 | 271 | 12808 |
| 比例（%） | 24.7 | 66.4 | 6.8 | 2.1 | 100 |
| 蓄积（m³） | 321，861 | 1，524，239 | 156，261 | 60，302 | 2，062，663 |
| 比例（%） | 15.6 | 73.9 | 7.6 | 2.9 | 100 |

研究地区野生经济植物资源非常丰富，仅野生经济植物 934 种，其中药用植物 754 种，主要有人参、五味子、龙胆草、细辛、柴胡、桔梗、天麻、红景天、贝母、党参、山核桃等．主要可食用性植物有 92 科 541 种，其中山野菜有 25 科 44 种（孙国华，1995），主要有荠菜、蒲公英、苋菜、马齿苋、黄花菜、广东菜、蕨菜、山胡萝卜、柳蒿、山茄子、大蓟、刺儿芽、毛百合、菊芋、山芹菜、薇菜、猴腿蕨菜、桔梗、刺龙芽、刺楸、小根菜、刺拐棒等；产量较大的林木种子、蕨类有红松籽、樟子松籽、落叶松籽、榛子，榛蘑、元蘑、木耳、刺龙芽、薇菜、蕨菜、木云芝、老牛肝等。

在研究地区少量分布列为国家一级保护植物的东北红豆杉（*Taxus siebodiihort*），是第三纪遗留下来的濒危树种，极为稀少和珍贵。

从红豆杉根、树皮、枝条、叶子等部位可提取昂贵的新型抗癌药物——紫杉醇（Taxol），专家分析，紫杉醇对抑制癌细胞活动，治疗卵巢癌、乳腺癌、宫颈癌有特效；目前，国内、国际市场对紫杉醇需求旺盛，呈供不应求态势，市场供求严重失衡，其主要原因是野生红豆杉资源少，被誉为"植物黄金"（林朝楷，2003），具有很高的药用价值和经济价值。

本区经济动物有 157 种，主要有梅花鹿、狍子、貂、狐、林蛙等。

1.1.1.4　自然资源评价

本地区自然资源有以下3个特点。

（1）原始林结构已被破坏。本区域原始林相为云、冷杉组成的暗针叶林及阔叶红松林，且为当地的顶级群落，1935年牡丹江至图们铁路开通后，从1939年开始在金沟岭一带日伪以拔大毛式的采伐方式进行了掠夺性的开采，为了提高采伐作业的速度，竟留下了近1m高的伐根，至今在试验区内仍然能看见。采伐的木材通过森林铁路和水路运出林区。1964年正式建场，当时学习黑龙江省乌敏河林业局采育兼顾伐的经验，对林场内森林资源进行了几次高强度的择伐，仅在1945～1989年间金沟岭林场共生产约165万m³的木材。

（2）自然条件优越，仍然保持着原始林下植被和土壤状态。本区森林虽然遭受过几次高强度、不合理的择伐而使原始结构破坏，形成了过伐林，但自然条件仍比较优越，植被恢复能力较强，开发早的林分已形成明显的异龄、复层、混交林结构。研究地区的树种组成以红松、冷杉、云杉为主的针叶树占整个林分蓄积的近60%，椴木、色木、枫桦等阔叶树蓄积占40%，除此之外，榆树、水曲柳、山杨、白桦等阔叶树种也有少量分布。

（3）林分结构不合理。林分结构不合理主要体现在年龄结构和蓄积径级结构上，据调查，每公顷蓄积量150～250m³；从表1.1各龄级面积蓄积比例分析，幼、中龄林面积、蓄积占整个天然林90%以上，其中中龄林面积、蓄积比例最高，均超过了60%以上，而近熟林和成过熟林面积、蓄积不足10%。

可见，研究地区天然林资源主要以幼、中龄林为主，成、过熟林比重极小，而且单位面积蓄积量较低。

从以上林分结构特征表明，云冷杉针阔混交林结构复杂，并且不合理，只有在充分掌握林分的各种结构信息的基础上，采取科学合理的经营管理措施，提高林分蓄积量，优化年龄结构和蓄积结构，从而才能实现森林资源的可持续经营。

1.1.1.5　试验区的设置

1987年，北京林业大学和汪清林业局合作开展检查法试验，本研究是在检查法试验研究的基础上开展的。简单介绍试验区的建立及区划，在吉林汪清林业局金沟岭林场云冷杉针阔混交林生态系统中选择有代表性的林地340.9hm²，共设立了3个大区，每个大区内分5个小区，共15个小区。第Ⅰ大区在1987年10月设立，面积为95.2hm²，其余两个大区面积分别为110.0hm²及135.7hm²，分别在1988年和1989年设立。试验区森林类型是以云杉（包括红皮云杉、长白鱼鳞松和灰白鱼鳞松）、冷杉为主的针阔混交林，地位级为Ⅰ级，平均年龄70～80年，新中国成立后进行了2～3次强度为30%～50%的择伐。

Ⅰ大区的区划是把地域上基本相连的92.5hm²林地分为5个小区，各小区面积基本相同，小区间界线用红漆标记，边界伐开。在5各小区中系统设立112块固定样地，样地间距90m，每块样地面积为0.04hm²（20m×20m），每个样地中心埋设一个水泥标桩，注明样地号，样地四角用木桩标记，以便于复查。Ⅱ、Ⅲ大区的区划与Ⅰ大区基本相同。在森林调查中，每2年调查一次，样地调查代替小区内全林分的每木检尺。这种森林调查方法与欧洲及日本的检查法不同，不是采用全林每木检尺调查蓄积量和生长量，而是采用抽样调查的方法在试验区内机械设置固定样地，只在固定样地上进行调查。择伐前后各调查一次，用于采伐设计和检查经营效果评价。

本研究试验林选择在检查法试验Ⅰ大区1小区，有关Ⅰ大区样地设计基本情况见表1.2、图1.1。

表1.2 Ⅰ大区各小区样地面积和样地数量表

| 小区号 | 1 | 2 | 3 | 4 | 5 |
|---|---|---|---|---|---|
| 面积($hm^2$) | 16.1 | 18.8 | 17.0 | 19.5 | 23.8 |
| 样地总面积($hm^2$) | 0.76 | 0.92 | 0.88 | 0.88 | 1.04 |
| 样地数量 | 19 | 23 | 22 | 22 | 26 |

1987年建立检查法试验区以来，1小区在1991年和1996年冬天分别进行过两次采伐。

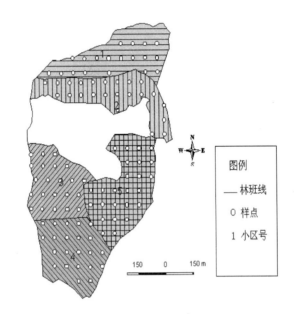

图1.1 检查法Ⅰ大区各小区样点分布

### 1.1.1.6 信息采集方法

根据研究目的、研究内容、研究方法和技术路线，本研究进行数据资料的收集整理和调查采集，具体方法如下。

收集整理现有资料：

首先，广泛收集国内外关于云冷杉针阔混交林研究的相关科研文献资料，系统的整理、提炼和总结已有的研究成果。主要包括：

①研究地区云冷杉针阔混交林经营历史资料与科研文献报告；

②研究地区近期森林资源基础数据，包括一类调查数据和二类调查数据及调查报告；

③研究地区检查法实验的基础数据，包括每两年进行的每木调查及更新资料、采伐量统计资料等；

④研究对象相关的各种数表资料，包括立木材积表、部分树种的生长过程表等；

⑤与本研究相关的其它林分调查数据，如阔叶红松林立木空间结构调查资料、

研究地区森林经营历史沿革资料。

标准地调查：

在收集上述资料及检查法常规调查数据的基础上，本研究的外业采用了标准地调查的方法，采集研究对象有效信息。

①更新调查：更新调查是在每个样地内的四角及中央各设立了 5 个 2m×2m 的小样方调查天然更新情况，以便加以对照比较。为了更进一步分析研究对象天然更新状况，除上述常规调查之外，结合其他调查内容还进行了更深入的调查。详细见立木空间定位调查和林隙调查。

②空间结构调查：本项调查于 2003 年 8 月和 2004 年 7 月在 I 大区 1 小区内共设立了 2 块标准地，为了比较研究，在云冷杉近原始林内设立了 1 块标准地，调查内容包括立木空间位置的定位调查和更新调查两个部分。

A. 立木空间定位调查：选择试验区具有代表性的典型地段设立标准地进行立木空间结构调查。设置的标准地形状为长方形，大小为 40m×50m，面积为 0.2hm²。以 10m 为间距把标准地分割成 20 个 10m×10m 的正方形网格，称为调查单元。调查单元的设置：在标准地边界围测中，按水平 10m 间距埋设标记桩，编写行列号和单元号(二者是统一的)。每个单元西南角埋设的标桩上的代号为该调查单元的单元号，相邻单元的编号见图 1.2。

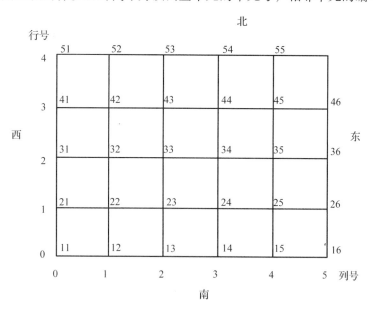

图 1.2　调查单元划分编号图

在标准地内，对检尺以上的树木进行每木检尺和定位调查。以每个调查单元的西南角作为坐标原点，用皮尺测量每株树木在该调查单元内的 x，y 坐标，x 表示东西方向坐标，y 表示南北方向坐标。对起测直径 5cm 以上的每株树木进行胸径、树高、枝下高、东西南北冠幅等因子的量测。

B. 天然更新调查：

在上述标准地内设了 5 条 10m×40m 的样带中选择了第 1、3、5 三个样带进行了调查。调查内容包括，幼苗幼树的树种、胸径（树高超过 1.3m 的测胸径和地径，树高小于 1.3m 的只测地径）、树高、年龄及株数。

③林隙调查：林隙调查我们采用了样线调查的方法。由于研究区的 19 个固定样地是以机械方法布设，样地之间的间隔距离是基本相等的，因此，沿着固定样地布设线路设立样线走向的方法提高调查效率。

林隙调查内容包括，林隙形状、林隙的长轴长度和与之中心垂直的短轴长度、初步调查林隙形成原因，如果是倒木或采伐形成的林隙，记录其倒木或采伐木的树种、根径、腐烂程度等，记录林隙周围边缘木及林隙内植被情况。详细调查林隙内的更新状况，更新幼苗幼树的树种、年龄、高度、地径（胸径）、株数等；并记录林隙的灌木草本植被种类、平均高度、盖度、生长情况、分布情况等。

## 1.1.2 研究方法

本研究采用的方法是理论与实践相结合，定性判断与定量化、模型化相结合，微观分析与宏观综合相结合，还原论与整体论相结合，野外调查与科学推理相结合等系统科学整合研究的理论与方法。研究深度不限于对已有研究成果的综合，而是着重于结合研究内容进行理论创新和整合。

### 1.1.2.1 林分直径结构研究方法

（1）Weibull 分布

针对云冷杉针阔混交林直径分布曲线类型较多、变化复杂的特点，选择适应性强、灵活性大的 Weibull 分布函数对直径分布进行拟合。三参数 Weibull 分布的概率密度函数为：

$$f(x) = \begin{cases} \dfrac{c}{b}\left(\dfrac{x-c}{b}\right)^{c-1} e^{-\left(\frac{x-a}{b}\right)^c} & x > a \\ 0 & x \leqslant a \end{cases} \tag{1-1}$$

其中，$a$、$b$、$c$ 分别称为位置参数、尺度参数及形状参数，$e$ 为自然对数的底，文中 $x$ 对应径阶直径，$f(x)$ 对应各径阶株数百分数。

在利用三参数 Weibull 分布密度函数拟合林分直径分布时，一般参数 $a$ 定为林分直径最小径阶的下限值（即 $a = \mathrm{dmin}$）（孟宪宇，1996），这里 $a = 5$，根据其分布函数下式（1-2）的性质，通过线性变换得式（1-3），采用线性求解法求解参数 $b$ 和 $c$。式（1-1）对应的分布函数形式如下：

$$f(x) = \begin{cases} 1 - e^{-\left(\frac{x-a}{b}\right)^c} & x > a \\ 0 & x \leqslant a \end{cases} \tag{1-2}$$

变换可得：

$$\ln\{-\ln[1-1-F(x)]\} = -c\ln b + c\ln(x-a) \tag{1-3}$$

式中 $F(x)$ 对应各径阶直径 x 的累计株数百分数。当 $F(x) = 1$ 时不参与拟合。

（2）负指数分布

美国迈耶（H. A. Meyer, 1952）对均衡异龄林的直径结构进行研究后指出，一片均衡异龄林趋于一个可用指数方程表达的直径分布：

$$Y = Ke^{-aX} \tag{1-4}$$

式中：$Y$——每个径阶的林木株数；

$X$——径阶；

$e$——自然对数的底

$a$、$K$——表示直径分布特征的常数。

典型的异龄林直径分布可通过确定上述方程(1-4)中的常数 $a$ 和 $K$ 值来表示。$a$ 值表示林木株数在连续的径阶中减小的速率，$K$ 值表示林分的相对密度。迈耶的文章表明，两个常数有很好的相关关系。$a$ 值大，说明林木株数随直径增加而迅速下降；当 $a$ 值和 $K$ 值都大时，表明小径级林木的密度较高(于政中，1998)。

### 1.1.2.2 林分空间结构参数的计算方法

(1)空间结构单元大小的确定

林分内任意一株单株树木和离它最近的 $n$ 株相邻木均可以构成林分空间结构的基本单位——林分空间结构单元。空间结构单元核心的那株树被称为参照树。而最近的 $n$ 株相邻树木则被称为相邻木。问题的关键是应该采用几株最近相邻木最好，因为空间结构单元的大小取决于在参照树的周围选取的相邻木的株数 $n$。选定一个恰当 $n$ 值原则是：①在调查时简单方便，易于操作并且能降低成本；②尽量包括所有有价值的空间信息，在分析时可释性强。因此，首先要确定结构单元的大小，或者说确定 $n$ 值的大小。在参照树周围选择1 株最近相邻木时，即 $n=1$，两株树构成的结构单元，无法构成夹角，就无法计算角尺度；$n=2$ 时，占据的方位太少，也就是反映的空间信息量太少。因此，理论上 $n=3$ 是最小的结构单元。那么，$n$ 的最大值应该多少为适宜？在欧洲的文献报道中，曾经使用 $n=3$ 来研究德国南部山毛榉和云杉混交林的空间结构，取得了满意的效果。但我们的研究对象云冷杉针阔混交林树种组成及结构更为复杂，$n=3$ 很难表达树种间的空间信息。

从人的感知和判断方向的习惯而言，在野外调查复杂混交林空间结构时，最多可以考虑参照树周围的四个方位：东、南、西、北的树木分布情况，而多于四个方位，直观判断起来就有一定的难度。在野外实地调查时，4 个方位已经足以概括一株参照树与之周围相邻木的相对方位关系，4 株最近相邻木可占据 4 个方位，而且 4 株最近相邻木与参照树构成的结构关系有 5 种，即极强度、强度、中度、弱度、零度，生物学意义明显。因此，参照树与其周围的 4 株最近相邻木就构成了比较合适的林分空间结构单元(胡艳波，2003)。安慧君(2003)年研究长白山阔叶红松林结构单元时选择了 $n=4$，取得了较好的效果。

综合以上分析，采用 $n=4$ 完全能够满足研究地区云冷杉针阔混交林空间结构分析的要求。本研究将以 $n=4$，即参照树及其周围 4 株相邻木组成的结构单元为基础，分析云冷杉针阔混交林的空间结构。

(2)林分混交度

混交度是指参照树 i 的 $n$ 株最近相邻木中与参照树不属于同种的个体所占的比例，用公式表示为：

$$M_i = \frac{1}{n} \sum_{j=1}^{n} v_{ij} \tag{1-5}$$

其中：$v_{ij} = \begin{cases} 1, & \text{当参照树 } i \text{ 与第 } j \text{ 株相邻木非同种时} \\ 0, & \text{否则} \end{cases}$　　　　　　　(1-6)

混交度表明了任意一株树的最近相邻木为其他树种的概率（Fueldner，1995）。当考虑参照树周围的 4 株相邻木时，$Mi$ 的取值有 5 种，如图 1.3 所示：

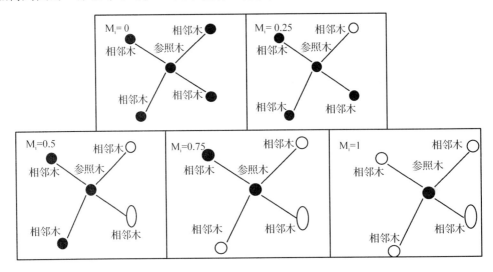

**图 1.3　混交度的取值（◯和◖代表树种不同于参照树的相邻木）**

$M_i = 0$，　　参照树 i 周围 4 株最近相邻木与参照树均属于同种；

$M_i = 0.25$，　参照树 i 周围 4 株最近相邻木有 1 株与参照树不属于同种；

$M_i = 0.5$，　参照树 i 周围 4 株最近相邻木有 2 株与参照树不属于同种；

$M_i = 0.75$，　参照树 i 周围 4 株最近相邻木有 3 株与参照树不属于同种；

$M_i = 1$，　　参照树 i 周围 4 株最近相邻木有 4 株与参照树不属于同种。

这 5 种可能对应于通常所讲混交度的描述即零度、弱度、中度、强度、极强度混交（相对于此结构单元而言），它说明在该结构单元中树种的隔离程度，其强度同样以中级为分水岭，生物学意义明显。显然，分树种统计亦可以获得该树种在整个林分中的混交情况。

（3）林分大小比数

混交度只反映了在结构单元中各树种的混交程度，未能反映出相邻木与参照树之间的个体优势程度。因此，需要一个能够反映林木个体之间优势程度的指标，我们以大小比数来表示。大小比数（Ui）被定义为大于参照树的相邻木株数占所考察的全部最近相邻木的比例。所谓的"大小"用胸径、树高和冠幅均可表示。用公式表示为：

$$U_i = \frac{1}{n} \sum_{j=1}^{n} k_{ij}$$　　　　　　　(1-7)

其中：$k_{ij} = \begin{cases} 0, & \text{如果相邻木 } j \text{ 比参照树 } i \text{ 小} \\ 1, & \text{否则} \end{cases}$　　　　　　　(1-8)

可见，大小比数量化了参照树与其相邻木个体之间的优势关系，一个结构单元的 Ui 值越低，比参照树大的相邻木越少，该结构单元参照树的生长越处于优势地位。当选择 4

株相邻木时，大小比数的可能取值范围见图1.4。

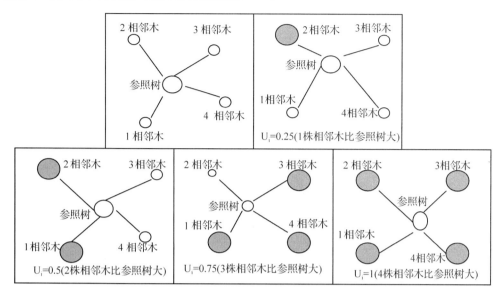

**图1.4 大小比数在 n = 4 时的可能值**

（图中：空心圆代表小于或等于参照树的相邻木；实心圆代表大于参照树的相邻木）

以上5种不同的大小比数值，分别反映参照树在4个相邻木中不同的优势程度，即优势、亚优势、中庸、劣态和绝对劣态。

按照树种计算大小比数的平均值，可以反映林分中树种的优势度。某一树种的大小比数的平均值越小，说明该树种在某一比较指标（胸径、树高或树冠等）上越占优势。按树种大小比数平均值的大小升序排列就能说明林分中的所有树种在某一比较指标上的优势程度。

（4）角尺度

角尺度（Wi）是指 $\alpha$ 角小于标准角 $\alpha_0$ 的个数占所考察的最近相邻木的比例。它的表达式为：

$$W_i = \frac{1}{4}\sum_{j=1}^{4} z_{ij} ; z_{ij} = \begin{cases} 1, 当第 j 个 \alpha 角小于标准角 \alpha_0 \\ 0, 否同是 \end{cases} \tag{1-9}$$

角尺度（Wi）的取值对分析参照树周围的相邻木分布状况十分明确。角尺度值的分布，即每种取值的出现频率能反映出林分中林木个体的分布格局（图1.5）。

角尺度平均值（$\overline{W}$）的计算公式为：

$$\overline{W} = \frac{1}{N}\sum_{i=1}^{N} W_i \tag{1-10}$$

式中：Wi 是第 i 株参照树的角尺度；N 为参照树的总株数。

在角尺度的定义中，涉及两个重要标准的确定：标准角的大小和分布判定临界值，两者的大小将影响到分布格局判断的准确性。惠刚盈（2003）指出：标准角的可能取值范围为：$60° \leqslant \alpha0 \leqslant 90°$，$72°$是一个最优的标准角。根据惠刚盈和 Gadow（2002）对大量不同分布状况林分的模拟研究后得出以下结论：当 $0.475 \leqslant \overline{W} \leqslant 0.517$ 时为随机分布，当 $\overline{W} <$

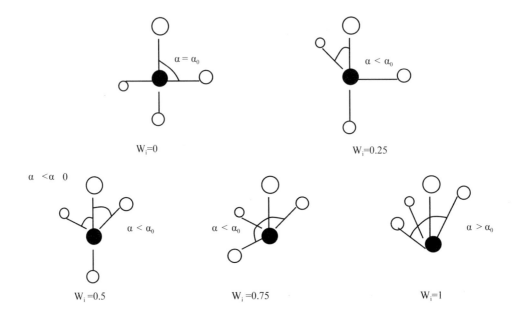

**图 1.5  4 株相邻木时角尺度的可能取值**

$W_i = 0$，4 个 $\alpha$ 角均位于标准角 $\alpha_0$ 范围（很均匀）；

$W_i = 0.25$，1 个 $\alpha$ 角小于标准角 $\alpha_0$（均匀）；

$W_i = 0.5$，   2 个 $\alpha$ 角小于标准角 $\alpha_0$（随机）；

$W_i = 0.75$，3 个 $\alpha$ 角小于标准角 $\alpha_0$（不均匀）；

$W_i = 1$，全部 4 个 $\alpha$ 角小于标准角 $\alpha_0$（很不均匀）。

0.475 时为均匀分布，当 $\overline{W} > 0.517$ 为团状分布。本研究也以此作为林分林木分布的判别标准。

#### 1.1.2.3  幼树、幼苗分布格局的计算方法

测定分布格局的数学模型很多，而且结果往往不一致，因此多指标测定结果的综合分析，其结论才会可靠。本文主要采用方差/均值比率法，并结合其他 4 种聚集度指标来进行综合分析。

（1）方差/均值比率：这一方法建立在 Possion 分布的预期假设上。一个 Possion 分布的总体方差（V）和均值（$\overline{X}$）相等，即 $V/\overline{X} = 1$；如果 $V/\overline{X} > 1$ 则种群趋于集群分布；如果 $V/\overline{X} < 1$ 则种群趋于均匀分布。方差均值见下式：

$$v = \sum_{i=1}^{N} (x_i - \overline{X})^2 / (N-1) \tag{1-11}$$

$$\overline{X} = \sum_{i=1}^{N} X_i / N \tag{1-12}$$

其中，N 为小样方数，xi 为第 i 样方内的个体数。实测与预测的偏离程度可用 t 检验确定：

$$t = (V/\overline{X} - 1) \sqrt{2/(N-1)} \tag{1-13}$$

然后以自由度 N−1 查 t 表进行显著性检验。当 $|t| \leqslant tN-1, _{0.05}$，（双侧）时，为随机

分布，否则为聚集或均匀分布。

（2）平均拥挤指标和聚块性指标：Lloyd（1967）指出平均拥挤为平均每个个体有多少个在同单位的其它个体，可以认为这些其它个体是与第一个个体共占此单位。平均拥挤度的计算要靠对整个种群（n 个个体）的每一个个体，算出与它共占此单位的个体数目 $X_i$（$i=1$，$2\cdots N$），因此，平均拥挤是：

$$\overline{m} = \overline{X} + (V/\overline{X} - 1) \tag{1-14}$$

聚块性定义为 $\overline{m}/\overline{X}$，即平均拥挤与平均密度的比率。平均拥挤是每个个体所经历的某种事情，它依赖于现有的种群个体数。另一方面，聚块性考虑了空间格局本身的性质，并不涉及到密度，两个种群虽然密度不同，但是可能显出同样的聚块性。聚块性指数的直观意义为，如果群体在空间随机分布，那么，$\overline{m}/\overline{X}$ 意味着每个个体平均有多少个其它个体对它产生拥挤的测度。$\overline{m}/\overline{X} = 1$ 时，为随机分布；$\overline{m}/\overline{X} < 1$ 时，为均匀分布；$\overline{m}/\overline{X} > 1$ 时，为聚集分布。

（3）丛生指标（$I_i$）：丛生指标是 David 和 Moore（David，1954）提出的，并且提出了比较来自两个不同种群 值（如 1 和 2）的方法，不管均值是否相同都可以进行这种比较。假设从两个种群中收集了大小同样为 N 的样本，令 $\overline{X}_1$ 和 $\overline{X}_2$ 是两个观察集的均值，V1 和 V2 是它们的方差，则：

$$I_i = (V_i/\overline{X}) - 1 (i = 1,2) \tag{1-15}$$

计算：

$$W = -\frac{1}{2} ln[V_i/\overline{X}_1/(V_2/\overline{X}_2)] \tag{1-16}$$

David 和 Moore 认为，如果 W 在 $-2.5/\sqrt{n-1}$ 和 $+2.5/\sqrt{n-1}$ 的范围之外，那么按 5% 的水平 $I_1$ 与 $I_2$ 显著不同。因此，如果我们选取 作为聚集的度量，那么就提供了比较两个种群聚集程度的方法。

丛生指标的计算公式为：

$$I = (V/\overline{X}) - 1 \tag{1-17}$$

其中，$V$ 为样本方差，$\overline{X}$ 为样本均值。$I = 0$ 时，为随机分布；$I > 0$ 时，为聚集分布；$I < 0$ 时，为均匀分布。

（4）负二项参数（K）：每单位的生物数有负二项分布时，我们可以用分布的参数 K 值作为聚集的度量。因为负二项分布的方差为：

$$V = \overline{X} + \overline{X}^2/K \tag{1-18}$$

根据 David 和 Moore 的指标 I，有 $K = \overline{X}/I$；也即，低 K 值表示显著的<u>丛生</u>，而高的 K 值表示轻微的<u>丛生</u>。为了得到一个随丛生增加而增加的聚集指标，有的作者利用 K 的函数，比如它的倒数。K 的一个性质是在种群的大小由于随机死亡而减小时，它保持不变。

$$K = \overline{X}^2/(V - \overline{V}) \tag{1-19}$$

其中 $\overline{X}$ 为样本均值，$V$ 为样本方差。$K$ 值愈小，聚集度越大，如果 $K$ 值趋于无穷大（一般为 8 以上），则接近泊松分布。

（5）Cassie 指标（CA）：Cassie 指出用 CA 作指标，来判断分布状态比较方便：

$$CA = 1/K \tag{1-20}$$

K 为负二项分布的参数；CA = 0，为随机分布；CA > 0，为聚集分布；CA < 0，为均匀分布。

#### 1.1.2.4 林分主导功能确定方法

对林分主导功能的确定，本研究选择了层次分析法。

(1) 层次分析法简介：层次分析法是解决相互关联、相互制约的众多因素构成的复杂系统的一种新的、简洁的、实用的决策方法(赵焕臣、徐树柏，和金生等，1986)。

利用层次分析法作系统分析，首先要把问题层次化，根据问题的性质达到的总目标，将问题分解为不同的组成因素，并按照因素间的相互关联影响以及隶属关系将因素按不同层次聚集组合，形成一个多层次的分析结构模型。并最终把系统分析归结为最低层(供决策的方案、措施等)相对于最高层(总目标)的相对重要性权重的确定或相对优劣次序的排序问题。

(2) 建立层次分析模型：在深入分析所面临的问题之后，将问题中所包含的因素划分为不同层次，如目标层、准则层、指标层、方案层、措施层等等，用框图形式说明层次的递阶结构与因素的从属关系。当某个层次包含的因素较多时(超过 9 个)，可将层次进一步划分为若干子层次。

(3) 构造判断矩阵：判断矩阵元素的值反映了人们对各因素相对重要性(或优劣、偏好、强度等)的认识，一般采用 1 ~ 9 及其倒数的表度方法(表 1.3)。当判断相互比较因素的重要性能够用具有实际意义的比值说明时，判断矩阵相应元素的值则可以取这个比值。

表 1.3　判断矩阵标度及其含义

| 标度 | 含义 |
| --- | --- |
| 1 | 表示两个因素相比，具有同样重要性 |
| 3 | 表示两个因素相比，一个因素比另一个因素稍微重要 |
| 5 | 表示两个因素相比，一个因素比另一个因素明显重要 |
| 7 | 表示两个因素相比，一个因素比另一个因素强烈重要 |
| 9 | 表示两个因素相比，一个因素比另一个因素极端重要 |
| 2、4、6、8、 | 上述两相邻判断的中值 |
| 倒数 | 因素 $i$ 与 $j$ 比较得判断 $b_{ij}$，则因素 $j$ 与 $i$ 比较的判断 $b_{ji} = \dfrac{1}{b_{ij}}$ |

(4) 层次单排序及其一致性检验：判断矩阵 $A$ 的特征根问题 $AW = \lambda_{max} W$ 的解 $W$，经整理后即为同一层次相应因素对于上一层次某因素相对重要性的排序权重，这一过程称为层次单排序。为进行层次单排序(或判断矩阵)的一致性检验，需要计算一致性指标 $CI = \dfrac{\lambda_{max} - n}{n - 1}$。平均随机一致性指标 $RI$ 的值见表 1.4。当随机一致性检验比率 $CR = \dfrac{CI}{RI} < 0.10$ 时，认为层次单排序的结果有满意的一致性，否则需要调整判断矩阵的元素取值。

表 1.4　1 ~ 9 阶判断矩阵 $RI$ 值

| 1 | 2 | 3 | 4 | 5 | 6 | 7 | 8 | 9 |
| --- | --- | --- | --- | --- | --- | --- | --- | --- |
| 0.00 | 0.00 | 0.58 | 0.90 | 1.12 | 1.24 | 1.32 | 1.41 | 1.45 |

(5)层次总排序：计算同一层次所有因素对于最高层（总目标）相对重要性的排序权重，称为层次总排序，这一过程是最高层次到最低层次逐层进行的。若上一层次 $A$ 包含 $m$ 个因素 $A_1$，$A_2$，$\cdots A_m$ 其层次总排序权重分别为 $a_1$，$a_2$，$\cdots$，$a_m$ 下一层次 $B$ 包含 $n$ 个因素 $B_1$，$B_2$，$\cdots$，$B_n$，它们对于因素 $A_j$ 的层次单排序权重分别为 $b_{1j}$，$b_{2j}$，$\cdots b_{nj}$，（当 $B_k$ 与 $A_j$ 无联系时，$B_{kj}$）此时 $B$ 层次总排序权重由表1.5给出。

**表1.5　B层次总排序权重**

| A　B | $A_1$ | $A_2$ | $\cdots$ | $A_n$ | B层次总排序权重 |
|---|---|---|---|---|---|
| | $a_1$ | $a_2$ | $\cdots$ | $a_3$ | |
| $B_1$ | $b_{11}$ | $b_{12}$ | $\cdots$ | $b_{1m}$ | $\sum\limits_{j=1}^{m} a_j b_{1j}$ |
| $B_2$ | $b_{21}$ | $b_{22}$ | $\cdots$ | $b_{2m}$ | $\sum\limits_{j=1}^{m} a_j b_{2j}$ |
| $\cdots$ | $\cdots$ | $\cdots$ | $\cdots$ | $\cdots$ | $\cdots$ |
| $B_n$ | $b_{n1}$ | $b_{n2}$ | $\cdots$ | $b_{nm}$ | $\sum\limits_{j=1}^{m} a_j b_{nj}$ |

(6)层次总排序的一致性检验：这一步骤也是从高到低逐层进行的。如果 $B$ 层次某些因素对于 $A_j$ 单排序的一致性指标为 $CI_j$，相应的平均随机一致性指标为 $CR_j$，则 $B$ 层次总排序随机一致性比率为：

$$RI = \frac{\sum\limits_{j=1}^{m} a_j CI_j}{\sum\limits_{j=1}^{m} a_j CR_j} \tag{1-21}$$

类似地，当 $RI < 0.10$ 时，认为层次总排序结果具有满意的一致性，否则需要重新调整判断矩阵的元素取值。

## 1.2　云冷杉针阔混交林结构

### 1.2.1　树种组成结构

树种组成是林分结构的重要部分，是制定目标结构和经营模式的主要林分结构因子。研究对象树种从几个到十几个，往往形成混交的复杂结构。因为树种不同，生物学特性及生态学特性均不同，即使是相同的树种，因年龄、分布、立地条件等因素的不同，其表现的林分结构差异也较大。虽然研究对象林分树种结构复杂，但并不是杂乱无章、无规律可循的。研究对象林分树种结构是组成树种在自然过程中长期相互选择、相互适应的结果，是云冷杉针阔混交林内在结构特征之一，是制定目标结构和经营模式的重要基础研究内容。

#### 1.2.1.1　树种组成变化

研究对象 1987～2003 年间树种组成调查情况见表1.6。在此期间共采伐过2次，分别是 1991 年和 1996 年，表格中的组成式均为采伐前的数据。

**表 1.6 树种组成变化表**

| 调查时间 | 树种组成 | 针阔比 |
|---|---|---|
| 1987 | 2 冷 2 椴 2 红 2 云 1 枫 1 色 | 5.4:4.6 |
| 1991 | 2 冷 2 椴 2 红 2 云 1 枫 1 色 | 5.3:4.7 |
| 1996 | 2 冷 2 云 2 红 2 椴 1 色 1 枫 | 5.7:4.3 |
| 2001 | 2 冷 2 红 2 椴 2 云 1 色 1 枫 | 5.6:4.4 |
| 2003 | 2 冷 2 红 2 椴 2 云 1 色 1 枫 | 5.6:4.4 |

**1.2.1.2 树种组成变化分析**

从调查研究的结果来看，树种组成比较稳定。虽然在 1991 年和 1996 年进行过两次采伐，但林分近 20 年的树种组成变化较小，针阔混交比稳定在 6:4 左右，总体上看，针叶树的比例有所上升。

从图 1.6 明显看到，冷杉、红松、椴木、云杉的组成比例均在 1.5 以上，比例较高，是林分主要的组成树种；其次是枫桦和色木，组成比例在 1.0 左右，比例中等；比例较低的树种有榆树、杂木、白桦、杨树、柞木等，组成比例和不到 1.0。很显然，云冷杉针阔混交林主要是以冷杉、红松、云杉、椴木、枫桦、色木组成，组成比例 9 成以上，是经营管理过程中主要考虑的对象。

每个树种的组成比例曲线变化，也能够反映树种在林分中的变化过程。从图 1.6 上看到，冷杉的树种组成曲线 1987 年到 2001 年间有明显的下降趋势。这是与 1991 年和 1996 年两次采伐主要是以冷杉为主有关。红松是该地区禁伐树种，很少采伐，蓄积量在不断地增加，因此，红松的树种组成比例曲线一直是上升趋势。

当然，也不能完全依据树种组成曲线的变化来分析，每个树种在林分中的变化趋势，因为树种组成是由各树种蓄积的相对值。

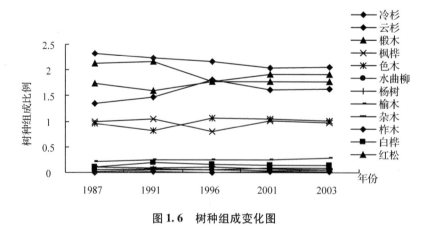

**图 1.6 树种组成变化图**

**1.2.1.3 树种组成小结**

据上述分析可以得出以下结论：

（1）研究对象以冷杉、红松、云杉、椴树、枫桦、色木、榆树、杂木、白桦、杨树、柞木等多种树种组成，其中冷杉、红松、云杉、椴树、枫桦、色木占组成比例 9 成以上，是经营的主要树种。

（2）研究对象树种组成从 1987 年到 2003 年间没有较大变化，冷杉、红松、椴树及云杉占 2 成左右，枫桦和色木占 1 成左右，针阔混交比为 6∶4。

（3）从树种组成和针阔混交比分析，研究对象为针阔混交林。

## 1.2.2 直径结构

在林分内各种大小直径林木的分配状态，称为林分直径结构（Stand diameter structure）。林分直径结构是最重要、最基本的林分结构，不仅因为林分直径便于测定，而是因为它为许多森林经营技术及测树制表技术理论的依据。

### 1.2.2.1 株数径阶分布

研究对象株数按径阶（以 2cm 为径阶）分布状况，以 1987 年、1991 年、1996 年、2003 年四期的数据为例进行分析。

（1）针叶树株数径阶分布

研究对象冷杉、红松、云杉株数按径阶分布与径级株数比例见表 1.7、表 1.8 及图 1.7、图 1.8。

表 1.7　针叶树株数径阶分布

| 径阶(cm) | 6 | 8 | 10 | 12 | 14 | 16 | 18 | 20 | 22 | 24 | 26 |
|---|---|---|---|---|---|---|---|---|---|---|---|
| 1987 年 | 99 | 80 | 42 | 26 | 16 | 13 | 13 | 18 | 16 | 9 | 18 |
| 1991 年 | 93 | 53 | 38 | 32 | 11 | 12 | 16 | 12 | 14 | 11 | 13 |
| 1996 年 | 36 | 84 | 49 | 37 | 20 | 11 | 12 | 11 | 12 | 16 | 9 |
| 2003 年 | 36 | 61 | 59 | 41 | 24 | 13 | 12 | 11 | 13 | 8 | 17 |
| 径阶(cm) | 28 | 30 | 32 | 34 | 36 | 38 | 40 | 42 | 44 | 46 | 48 以上 |
| 1987 年 | 5 | 7 | 7 | 4 | 8 | 4 | 8 | 4 | 1 | 1 | 9 |
| 1991 年 | 16 | 7 | 7 | 7 | 4 | 9 | 7 | 9 | 3 | 0 | 5 |
| 1996 年 | 8 | 13 | 11 | 5 | 9 | 5 | 7 | 11 | 5 | 4 | 4 |
| 2003 年 | 12 | 8 | 13 | 5 | 5 | 11 | 4 | 7 | 7 | 8 | 7 |

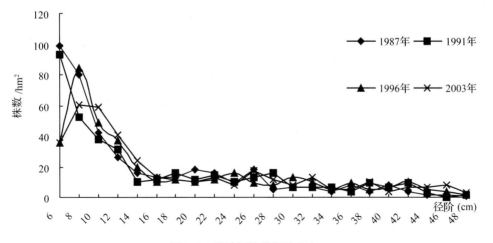

图 1.7　针叶树株数径阶分布

表 1.8　针叶树径级株数分布

| 径级 * | 1987 年 | 1991 年 | 1996 年 | 2003 年 |
|---|---|---|---|---|
| 小径级 6~22cm | 324 | 280 | 270 | 268 |
| 株数比例% | 79.4 | 74.5 | 71.6 | 70.8 |
| 中径级 24~34cm | 50 | 59 | 62 | 63 |
| 株数比例% | 12.3 | 15.7 | 16.5 | 16.8 |
| 大径级 ≥36cm | 34 | 37 | 45 | 47 |
| 株数比例% | 8.3 | 9.8 | 11.9 | 12.4 |
| 针叶树株数/hm² | 408 | 376 | 377 | 378 |

* 径级界定见第 7 章相关内容

从四个时期针叶树株数径阶分布看，均表现出明显的异龄特点。即，株数随着径阶的增大而减小，小径阶林木株数比例大，大径阶林木株数比例小。

从四个时期株数按小、中、大不同径级分布看，小径木株数均在 70% 以上，占绝对优势，中径木和大径木则比例较小。四个时期针叶树小、中、大径木株数比例变化反映，林分中、大径木株数比例在逐渐提高，而小径木株数比例在逐渐下降。

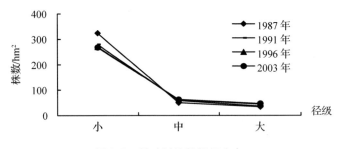

图 1.8　针叶树株数径级分布

（2）阔叶树株数径阶分布

研究对象阔叶树株数径阶分布与径级株数比例见表 1.9、表 1.10 及图 1.9、图 1.10。

表 1.9　阔叶树株数径阶分布

| 径阶 (cm) | 6 | 8 | 10 | 12 | 14 | 16 | 18 | 20 | 22 | 24 | 26 |
|---|---|---|---|---|---|---|---|---|---|---|---|
| 1987 | 153 | 144 | 83 | 63 | 47 | 30 | 21 | 14 | 8 | 20 | 6 |
| 1991 | 153 | 192 | 95 | 74 | 50 | 41 | 18 | 18 | 8 | 18 | 11 |
| 1996 | 75 | 109 | 82 | 76 | 49 | 49 | 30 | 14 | 20 | 5 | 17 |
| 2003 | 49 | 86 | 62 | 59 | 59 | 55 | 45 | 36 | 25 | 24 | 9 |

| 径阶 (cm) | 28 | 30 | 32 | 34 | 36 | 38 | 40 | 42 | 44 | 46 | 48 以上 |
|---|---|---|---|---|---|---|---|---|---|---|---|
| 1987 | 9 | 6 | 4 | 4 | 1 | 3 | 3 | 4 | 2 | 0 | 5 |
| 1991 | 7 | 9 | 3 | 5 | 4 | 3 | 0 | 5 | 0 | 3 | 7 |
| 1996 | 14 | 7 | 7 | 4 | 1 | 4 | 4 | 0 | 5 | 0 | 7 |
| 2003 | 11 | 11 | 3 | 8 | 5 | 2 | 4 | 1 | 1 | 0 | 4 |

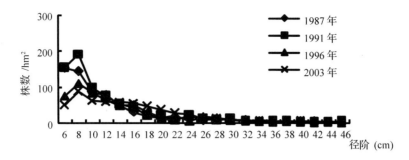

**图 1.9 阔叶树株数径阶分布**

**表 1.10 阔叶树株数径级分布**

| 径级 | 1987 年 | 1991 年 | 1996 年 | 2003 年 |
|---|---|---|---|---|
| 小径木 6~22cm | 562 | 649 | 504 | 475 |
| 株数比例% | 89.3 | 89.7 | 87.0 | 84.9 |
| 中径木 24~34cm | 49 | 53 | 54 | 64 |
| 株数比例% | 7.8 | 7.4 | 9.4 | 11.4 |
| 大径木 ≥36cm | 18 | 21 | 21 | 20 |
| 株数比例% | 2.9 | 2.9 | 3.6 | 3.7 |
| 阔叶树株数/hm² | 629 | 723 | 579 | 559 |

从研究对象阔叶树四个时期径阶株数分布看,具有异龄林特征,即株数随着径阶的增大而减少,株数主要集中分布在小径阶上,这与以往的不合理经营与阔叶树生物学特性有关。

从四个时期株数按径级分布情况看,小径木株数占整个阔叶树株数比例80%以上,显然比例偏高,中、大径木株数比例较小,但从不同时期的变化趋势看,小径木株数比例有所减少,中、大径木株数比例有所增加的趋势。

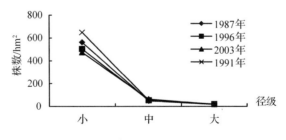

**图 1.10 阔叶树径级株数分布**

(3)林分株数径阶分布

在分析针叶树和阔叶树株数径阶的基础上,对林分株数径阶进行分析,林分株数径阶分布见表1.11、表1.12和图1.11、图1.12。

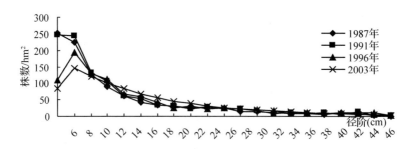

图1.11 株数径阶分布

表1.11 株数径阶分布表

| 径阶 cm | 6 | 8 | 10 | 12 | 14 | 16 | 18 | 20 | 22 | 24 |
|---|---|---|---|---|---|---|---|---|---|---|
| 1987 年 | 252 | 224 | 125 | 89 | 63 | 43 | 34 | 32 | 24 | 29 |
| 1991 年 | 332 | 295 | 164 | 117 | 83 | 57 | 45 | 42 | 32 | 38 |
| 1996 年 | 436 | 388 | 216 | 154 | 109 | 74 | 59 | 55 | 42 | 50 |
| 2003 年 | 84 | 146 | 121 | 100 | 83 | 68 | 57 | 46 | 38 | 32 |
| 径阶（cm） | 26 | 28 | 30 | 32 | 34 | 36 | 38 | 40 | 42 | 44 |
| 1987 年 | 24 | 14 | 13 | 11 | 8 | 9 | 7 | 11 | 8 | 3 |
| 1991 年 | 32 | 18 | 17 | 14 | 11 | 12 | 9 | 14 | 11 | 4 |
| 1996 年 | 42 | 24 | 23 | 19 | 14 | 16 | 12 | 19 | 14 | 5 |
| 2003 年 | 26 | 22 | 18 | 16 | 13 | 11 | 9 | 8 | 7 | 5 |

表1.12 径级株数比例

| | 年份 | 1987 | 1991 | 1996 | 2003 |
|---|---|---|---|---|---|
| 小径级 | 株数 | 886 | 929 | 774 | 743 |
| 6～22cm | 株数比例（%） | 85.4 | 84.5 | 80.9 | 79.1 |
| 中径级 | 株数 | 99 | 112 | 116 | 128 |
| 24～34cm | 株数比例（%） | 9.5 | 10.2 | 12.2 | 13.6 |
| 大径级 | 株数 | 52 | 58 | 66 | 66 |
| ≥36cm | 株数比例（%） | 5.1 | 5.3 | 6.9 | 7.3 |
| | 合计 | 1037 | 1100 | 957 | 939 |

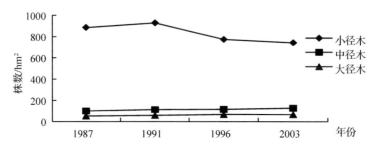

图1.12 径级株数分布

从株数径阶分布曲线看，1987 年、1991 年和 1996 年的曲线基本符合反"J"型异龄林株数径阶分布曲线，2003 年的为不对称（左偏）的山状曲线，从总体上分析，研究对象为异龄林直径结构。

从 1987 年至 2003 年的林分直径结构动态变化看（见表 1.12 和图 1.12），经过近 20 年的经营，林分小径级林木株数及株数比例明显地在减少，而林分大、中径级株数及株数比例明显地在下降。小径阶株数比例从 1987 年的 85.4% 下降至 2003 年时的 74.3%，而中、大径阶株数比例均有了不同程度的提高。

可见，研究对象的直径结构逐步趋于合理化。分析其原因认为，虽然 1987 年前试验林经历了几次高强度的采伐，林分结构遭到严重破坏，但是，由于该地区立地条件较好，林分自然恢复能力较强，建立检查法试验区之后，按照生态系统经营理论经营，加快了林分径级结构的恢复。

#### 1.2.2.2　云冷杉针阔混交林直径结构拟合

有关天然异龄林林分直径结构的模型很多（孟宪宇，1991、1996；邱水文，1991；惠刚盈、盛炜彤，1995），其中用几种函数拟合描述天然异龄混交林的林分直径结构的研究最为普遍，本研究采用 Weibull 分布、负指数分布及 q 值理论描述研究对象的直径结构。

（1）Weibull 分布

利用 Weibull 分布概率密度函数求出研究对象（Ⅰ大区 1 小区）历次调查直径的分布参数 $a$、$b$、$c$，计算结果见表 1.13。拟合结果，相关指数 $R^2$ 很高，均在 0.99 以上，拟合效果良好。并利用求出的参数 $a$、$b$、$c$ 值，计算样地林木直径的 Weibull 分布各径阶理论株数值，对 1987 年、1991 年、1996 年、2001 年及 2003 年的值进行了 $x^2$ 检验（表 1.15）。

结果表明，研究对象直径分布，遵从 Weibull 分布。也就是说，可以采用 Weibull 分布密度函数拟合、描述研究地区云冷杉针阔混交林直径分布规律。

**表 1.13　用 Weibull 分布函数拟合云冷杉针阔混交林株数径级分布**

|  | 1987 年 | 1991 年 | 1996 年 | 2001 年 | 2003 年 |
|---|---|---|---|---|---|
| $a$ | 5 | 5 | 5 | 5 | 5 |
| $b$ | 6.262 | 6.611 | 9.037 | 10.654 | 10.832 |
| $c$ | 0.762 | 0.796 | 0.957 | 1.049 | 1.041 |
| $R^2$ | 0.9954 | 0.9907 | 0.9933 | 0.9916 | 0.9933 |

（2）负指数分布

利用负指数分布拟合，研究对象云冷杉针阔混交林历次调查直径分布的参数 a、k 值及相关系数 $R^2$ 列表 1.14，相关系数 $R^2$ 均在 0.96 以上，表明利用负指数分布较好地拟合研究对象的直径分布。

**表 1.14　用负指数分布拟合云冷杉针阔混交林株数径级分布**

|  | 1987 年 | 1991 年 | 1996 年 | 2001 年 | 2003 年 |
|---|---|---|---|---|---|
| $a$ | 0.0965 | 0.0827 | 0.0827 | 0.0828 | 0.0825 |
| $k$ | 266.26 | 198.88 | 213.93 | 209.68 | 209.97 |
| $R^2$ | 0.9673 | 0.9632 | 0.9959 | 0.9961 | 0.9930 |

（3）两种分布函数拟合林分直径效果比较

鉴于 Weibull 分布函数和负指数分布是拟合异龄林直径分布的常用方法，对两种方法计算的理论分布株数（以 1996、2001、及 2003 年数据为例）与实际分布株数之间进行了 $x^2$ 检验（表 1.15），均满足检验标准 $x^2 < x^2_{0.05}$，说明两种方法均能够较好地表达研究对象林直径结构。

**表 1.15  云冷杉针阔混交林两种函数拟合林分直径分布 $x^2$ 检验**

| 调查年度 | 方法 | 理论株数 | 实际株数 | $x^2$ | $x^2_{0.05}$ |
|---|---|---|---|---|---|
| 1996 年 | Weibull 分布 | 956 | 957 | 34.267 | 43.773 |
| | 负指数分布 | 1120 | | 37.499 | 43.773 |
| 2001 年 | Weibull 分布 | 920 | 921 | 36.047 | 43.773 |
| | 负指数分布 | 1120 | | 36.031 | 43.773 |
| 2003 年 | Weibull 分布 | 916 | 939 | 29.835 | 43.773 |
| | 负指数分布 | 1103 | | 42.912 | 43.773 |

在获得上述结论的基础上，利用研究对象 2003 年直径调查数据，对两种不同理论分布与实际分布进行了进一步的比较研究（图 1.13、表 1.16）。

从图 1.13，两种理论分布曲线与实际分布曲线的走向看，Weibull 分布曲线更接近于实际分布曲线。

我们对表 1.16 两种理论株数分布与实际株数分布之间，采用夹角余弦相似系数法，进行了进一步的差异性比较研究。

相似系数计算公式为：

$$f_{ij} = \frac{\sum_{a=1}^{p} x_{ai} x_{aj}}{\sqrt{(\sum_{a=1}^{p} x_{ai}^2)(\sum_{a=1}^{p} x_{aj}^2)}} \tag{1-22}$$

式中：$x_i$、$x_j$ 为两组样本；$f_{ij} = f(x_i, x_j)$ 为样本组 $x_i$ 和 $x_j$ 之间的相似系数，相似系数应满足条件 $0 \leqslant |f_{ij}| \leqslant 1$，当两组样本完全相同时相似系数为 1。因此，两个样本间差异越大时，$f_{ij}$ 越小，当两个样本越相似 $f_{ij}$ 越大。

计算结果为，负指数分布与实际株数之间的相似系数为：0.9447；而 Weibull 分布与实际株数之间的相似系数为：0.9901，大于前者，比前者更相似实际分布。

据以上两种分析结果认为，Weibull 分布函数和负指数分布，均能表达研究对象直径结构；其中，Weibull 分布拟合的效果比负指数分布更好。

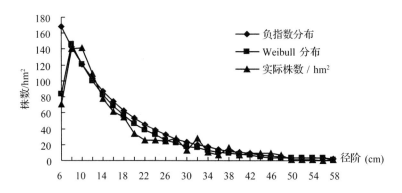

**图 1.13 负指数、weibll 分布与实际分布比较**

**表 1.16 林分各径阶理论株数与实际株数比较**

| 径阶(cm) | 6 | 8 | 10 | 12 | 14 | 16 | 18 | 20 | 22 | 24 | 26 | 28 | 30 | 32 | 34 |
|---|---|---|---|---|---|---|---|---|---|---|---|---|---|---|---|
| 负指数分布 | 168 | 143 | 121 | 103 | 87 | 74 | 63 | 53 | 45 | 38 | 32 | 27 | 23 | 20 | 17 |
| Weibull 分布 | 84 | 146 | 121 | 100 | 83 | 68 | 57 | 46 | 38 | 32 | 26 | 22 | 18 | 16 | 13 |
| 实际株数/hm² | 84 | 146 | 121 | 100 | 83 | 68 | 57 | 46 | 38 | 32 | 26 | 22 | 18 | 16 | 13 |

| 36 | 38 | 40 | 42 | 44 | 46 | 48 | 50 | 52 | 54 | 56 | 58 | 60 | 62 | 64 | 66 | 68 | 70 | 72 |
|---|---|---|---|---|---|---|---|---|---|---|---|---|---|---|---|---|---|---|
| 14 | 12 | 10 | 9 | 7 | 6 | 5 | 4 | 4 | 3 | 3 | 2 | 2 | 2 | 1 | 1 | 1 | 1 | 1 |
| 11 | 9 | 8 | 7 | 5 | 4 | 4 | 3 | 3 | 3 | 3 | 1 | 1 | 1 | 1 | 1 | 1 | 1 | 1 |
| 11 | 13 | 8 | 8 | 8 | 8 | 3 | 2 | 2 | 1 | 0 | 0 | 0 | 0 | 0 | 0 | 0 | 0 | 3 |

### 1.2.2.3 林分 q 值分析

早在 1898 年，法国的德莱奥古(F. de Liocurt)发现，在典型的异龄林林分内，相邻径级的立木株数比率趋向于一个常数，其林分径级分布可由下列关系式来表达。

$$x_{td} = x_{td-1}/q \qquad (1-23)$$

式中 $x$ 为 $t$ 时刻中第 $d$ 径级的立木株数，$q$ 为一个递减系数或常数。

$q$ 值是某一径级的株数与相邻较大径级株数之比，$q$ 值的序列和均值可以表达林分的径级结构。德莱奥古认为异龄林各径级株数按几何级数减少，其减少的百分数几乎是个常数(1.2～1.5 左右)。$q$ 值较低，直径的分布曲线比较平坦，在这样的林分内，较大径级的林木所占比例相对高，而 $q$ 值较大的林分内，幼树的比例高。因此，可以看到在立木度确定的情况下，为了满足经营目的的要求，培育结构适宜的异龄林，可以选择 $q$ 值作为指标(T. W. 丹尼尔、J. A. 海勒姆斯、F. S. 贝克，1979)。

本研究计算了研究对象五个时期的 $q$ 值(表 1.17、图 1.14)。计算结果来看，研究对象云冷杉针阔混交林 $q$ 值范围在 1.242～1.351 之间，均值为 1.310。

**表 1.17 云冷杉针阔混交林株数径级分布的 q 值**

| 调查时间 | 1987 年 | 1991 年 | 1996 年 | 2001 年 | 2003 年 | 平均值 |
|---|---|---|---|---|---|---|
| q 值均值 | 1.305 | 1.342 | 1.351 | 1.311 | 1.242 | 1.310 |

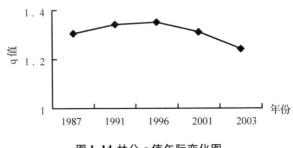

**图 1.14 林分 $q$ 值年际变化图**

从图 1.14 看，研究对象 $q$ 值曲线自 1987～1996 年间有所上升，而后，呈下降趋势。说明，研究对象 1987、1991 年的两次采伐使林分小径阶林木株数比例有所上升，从而提高林分 $q$ 值；相反，1996～2003 年间未进行采伐，林分大径阶林木比例在提高，从而使林分 $q$ 值下降。

#### 1.2.2.4 直径结构评价

云冷杉针阔混交林是经过几次高强度采伐后形成的过伐林，既存在部分原始林中保留下来的林木组成，又有次生结构的林分特征，并经过几十年的人为与自然的恢复过程，已形成了具有复杂结构的过伐林。经过研究发现，研究对象直径结构具有以下特征：

(1) 研究对象直径结构为异龄林结构；

(2) Weibull 分布函数和负指数分布函数均能表达云冷杉针阔混交林直径结构，Weibull 分布函数拟合的效果比负指数分布好；

(3) 研究对象株数径阶分布不合理，小径级林木株数比例高，中、大径级林木株数比例小，但从年际变化看，上述趋势逐渐趋于合理。

## 1.2.3 立木空间结构

#### 1.2.3.1 水平结构

林木水平结构是指林木间的配置状况或水平格局，包括林木的分布格局、树种混交程度、林木个体的大小等等。往往是在这些水平格局里隐藏着林木间相互影响、相互作用的各种信息。因此，通过研究林木间的空间格局来揭示林木之间的相互作用关系，为森林经营管理提供有效的理论依据。

本研究利用混交度、大小比数及角尺度等空间结构表达指标分析研究对象水平结构。

以上所阐述的混交比、大小比数和角尺度都是针对一个结构单元而言的，在分析整个林分的空间结构时，需要计算林分内所有结构单元的参数平均值，并将其作为分析空间结构的基础。其中：

各树种混交度和林分混交度反映林分各树种空间配置信息；

各树种大小比数能够反映该树种在林分内的生长状况；

各树种角尺度反映林木水平分布格局。

(1) 林木种间关系

试验林主要树种有云杉、冷杉、红松、椴树、色木、枫桦、榆树和杂木。利用 2003 年和 2004 年立木空间结构标准地调查的数据，利用空间结构分析软件 Winkelmass1.0 处理数据，将结果进行整理，得到不同树种混交度的大小和频率分布(表1.18)。

现将标准地内的树种分为两组：一组为云杉、冷杉和红松的针叶树种，另一组为椴树、色木、枫桦、榆树和杂木的阔叶树种。图1.15和图1.16是这两个树种组的混交度频率分布图。

表1.18　各树种的混交度及其频率分布

| M<br>树种 | 0 | 0.25 | 0.5 | 0.75 | 1.00 | 平均混交度 |
|---|---|---|---|---|---|---|
| 云杉 | 0 | 0.02 | 0.36 | 0.46 | 0.16 | 0.69 |
| 冷杉 | 0 | 0 | 0.11 | 0.47 | 0.42 | 0.83 |
| 红松 | 0 | 0 | 0.04 | 0.42 | 0.54 | 0.88 |
| 椴树 | 0 | 0 | 0 | 0.20 | 0.80 | 0.95 |
| 色木 | 0 | 0 | 0 | 0.37 | 0.63 | 0.91 |
| 枫桦 | 0 | 0 | 0.09 | 0.18 | 0.73 | 0.91 |
| 杂木 | 0 | 0 | 0.07 | 0.41 | 0.52 | 0.86 |
| 榆树 | 0 | 0 | 0 | 0 | 1.00 | 1.00 |
| 全林地 | 0 | 0 | 0.16 | 0.41 | 0.43 | 0.81 |

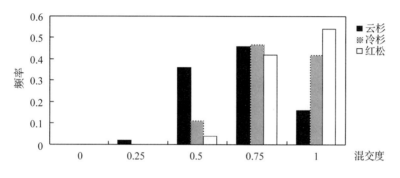

图1.15　针叶树种的混交度

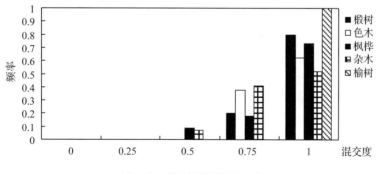

图1.16　阔叶树种的混交度

从表1.18和图1.15、图1.16可以看出，各树种的平均混交度中云杉的为最小0.69，榆树的平均混交度最高，达到了1.0。在标准地中，各树种的中度混交($M = 0.5$)和强度混交($M = 0.75$)、极强度混交($M = 1$)的频率很高，没有出现单种聚集，均为不同树种之间混交。

针叶树种中，冷杉和红松都未出现零度（M=0）和弱度混交（M=0.25）的现象；红松的强度和极强度混交的频率之和达到96%，优势很明显。五种阔叶树均不存在零度和弱度混交的情况；椴树、色木和枫桦三个树种在强度和极强度混交中占有的比例较大。榆树由于株数极少，所以其周围最近的四株相邻木均为不同的树种，即全都呈现出极强度混交的情形。

以上结果表明，林分中同树种聚集的情况很少，树种之间的隔离程度较大，各树种组成的结构单元较多样化，林分的稳定性较高。统计出全林地的平均混交度为0.81，介于极强度混交和强度混交之间。因此，云冷杉针阔混交林的林分类型是一个由不同树种呈现强度混交结构状态组成的复杂群落，这种结构使得不同的树种占据各自有利的生态位，形成种间的协调互利关系，维持群落的稳定状态。

（2）林木直径分化程度

根据大小比数的定义，大小比数的取值越大，代表相邻木越大，相邻木个体越占优势，而相应的参照树越不占优势。以大小比数的计算公式，计算出研究对象云冷杉针阔混交林直径大小比数（表1.19），各树种的平均直径大小比数取值范围是从0.24到0.75，这反映了该林分内树种空间大小分化存在很大差异。云杉、冷杉和红松的平均直径大小比数分别为0.49、0.42和0.24，它们介于亚优势（$U_d$=0.25）和中庸（$U_d$=0.5）状态之间，在生长空间上占有一定的优势；其中红松的大小比数为0和0.25的频率累计达到了75%，这表明红松的周围相邻木中较大树木很少，它在结构单元中处于明显的优势地位。椴树、色木和枫桦这三种阔叶树的平均直径大小比数都很接近于0.5，因此可以判断在由它们构成的结构单元中，比它们直径大和比它们直径小的相邻木的数量基本相同。椴树的直径大小比数取值为0和1的株数比例相同，均为20%，这表明椴树处于占有优势和受压状态的林木株数相同。杂木的平均直径大小比数最大，达到0.75，说明其生长处于劣势，有41%的杂木完全处于受压的状态。榆树平均直径大小比数在阔叶树种中最小0.33，这主要是因为它的数量少，并且胸径较大。总平均值为0.48，这表明离每一株参照树最近的四株相邻木中几乎有一半是比该参照树的直径小。

从统计结果来看，针叶树种在直径大小对比上占有一定的优势，阔叶树种则分化比较严重，既有占优势的树种又有受压的树种（图1.17、图1.18）。

表1.19 各树种的直径大小比数及其频率分布

| 树种 $U_d$ | 0.00 | 0.25 | 0.50 | 0.75 | 1.00 | 平均直径大小比数 |
|---|---|---|---|---|---|---|
| 云杉 | 0.13 | 0.24 | 0.27 | 0.20 | 0.16 | 0.49 |
| 冷杉 | 0.28 | 0.22 | 0.22 | 0.11 | 0.17 | 0.42 |
| 红松 | 0.46 | 0.29 | 0.13 | 0.08 | 0.04 | 0.24 |
| 椴树 | 0.20 | 0.30 | 0.30 | 0.00 | 0.20 | 0.45 |
| 色木 | 0.25 | 0.12 | 0.25 | 0.25 | 0.13 | 0.47 |
| 枫桦 | 0.09 | 0.37 | 0.09 | 0.45 | 0.00 | 0.48 |
| 杂木 | 0.00 | 0.15 | 0.11 | 0.33 | 0.41 | 0.75 |
| 榆树 | 0.33 | 0.67 | 0.00 | 0.00 | 0.00 | 0.33 |
| 全林地 | 0.19 | 0.23 | 0.21 | 0.19 | 0.18 | 0.48 |

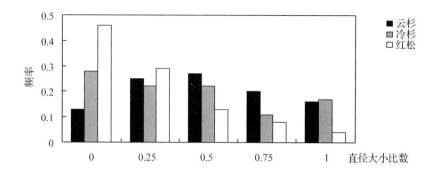

图 1.17 针叶树种的直径大小比数及其频率分布

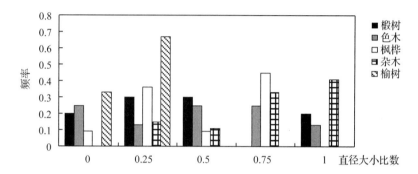

图 1.18 阔叶树种的直径大小比数及其频率分布

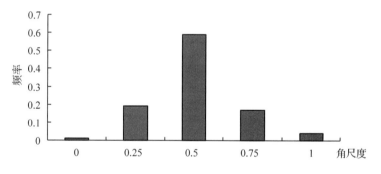

图 1.19 标准地角尺度的取值分布

（3）林木个体水平分布格局

用角尺度描述林分中的林木个体水平分布时，主要是依据林木个体之间的方位关系，与树种无关。对于四株最近相邻木而言，计算角尺度的最优标准角是 72°，平均角尺度范围 0.457~0.517 为随机分布，小于 0.457 为均匀分布，大于 0.517 为聚集分布。

根据上述原则，计算研究对象云冷杉针阔混交林角尺度并统计其分布，如图 1.19 所示。云冷杉针阔混交林中角尺度取值为 0 和 1 的频率很低（分别只有 1% 和 4%），这说明林分中极少有很均匀和很不均匀的结构单元出现。角尺度的取值为 0.5 出现的频率最高，达到了 59%。计算出该林分类型的平均角尺度为 0.504，依照空间分布格局的判定标准，本研究小区的林木分布格局为随机分布。图 1.20 是根据标准地调查数据绘出的林木定位图。

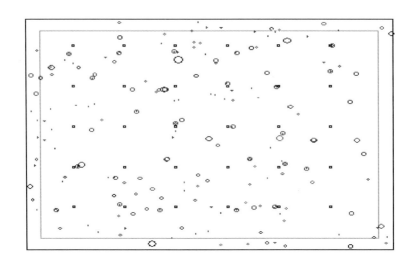

图 1. 20　标准地林木定位图

### 1.2.3.2　垂直结构

森林的垂直结构，主要指森林的分层现象。陆地群落的分层，与光的利用有关。森林群落的林冠层吸收了大部分光辐射，往下光照强度逐渐减弱，并依次发展为林冠层、下木层、灌木层、草本层和地被层等层次。

划分群落层次遵循的原则是尊重树种生物学特性、客观反映生长规律、操作简单。

#### 1.2.3.2.1　层次划分及其依据

研究对象是多树种组成的混交、异龄林。由于不同树种生物学特性有差异，所以能达到的最大高度有明显差别，同一树种在不同年龄阶段其个体高度也存在着很大的差异。红松、云杉、冷杉、水曲柳、椴木、枫桦等高度一般都可达到 25～30m，为了比较方便起见，本研究称其为高大乔木；同样，色木、榆树等高度一般 15～25m，称为中乔木；花楷槭、青楷槭、暴马丁香等高度一般 15m 以下，且多在 10m 以下，称为小乔木。

为了能直观地观察研究对象高度分布状况，本研究利用 2003 年标准地资料，以 1m 为高度级，绘制了标准地树高分布图(图 1. 21)。

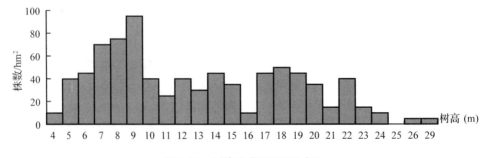

图 1. 21　树高分布图(2003 年)

从图 1. 21 可以看出，研究对象的树高从 4～24m 有连续分布，并有高达 29m 的林木，为了方便森林经营的需要，结合异龄林的树木特性，可以将其分成不同的林层。

（1）林层划分依据

我国规定划分林层的标准是，满足以下4个条件：

①次林层平均高与主林层平均高相差20%以上（以主林层为100%）。

②各林层林木蓄积量不少于30m³/hm²。

③各林层林木平均胸径在8cm以上。

④主林层林木疏密度不少于0.3，次林层林木疏密度不小于0.2。

这些标准是划分林层的一般标准，考虑到研究对象复层、异龄、混交的复杂结构，在实际划分林层时，参考同类研究的结论也是有效办法之一。如李景文（1997）、徐化成（2001）、安慧君（2003）等在划分阔叶红松林林层时，树高在16m以上的主林层和树高低于16m的次林层。

（2）林层划分

根据前人研究的林层划分的结论（李景文，1997；徐化成，2001；安慧君，2003），以及详细分析研究地区云冷杉针阔混交林的树高分布特征的基础上，提出几种不同高度林层的方案，依据以上林层划分标准，对提出的不同方案逐一进行验证，排除不符合标准的林层，以至划分出合理的林层。

首先，依据林分不同高度级（以1m为一个高度级）蓄积量的大小，确定林分主林层。主林层是林分中蓄积量最大、经济价值最大的林层，由于研究对象树种组成比较复杂，很难确定其不同林层的经济价值，因此，本研究确定主林层时只考虑了蓄积量最大标准。依据上述标准计算，18m高度层的蓄积量最大，即主林层。

其次，根据上述划分林层的第一个标准，10m以下、10~13.9m、14~17.9m、18~21.9m以及22m以上5个林层均满足其要求；再根据划分林层第二个标准对这5个林层进行验证，验证结果表明，10m以下的林层蓄积量为27.75m³/hm²，不能满足30m³/hm²的要求而被排除，因此把5个林层调整为12m以下、12~17.9m、18~21.9m、22m以上4个林层；以此相同的方法逐一进行验证，最终划分出都能满足上述4个条件的3个林层，为了使用方便起见，称其为上林层、中林层及下林层。

1.2.3.2.2 各林层结构特征分析

林层划分的目的是为了更充分地了解研究对象的垂直结构，给森林经营管理提供更多的林分结构信息。

为了便于分析，按不同林层分别计算了各主要树种的株数比例、株数密度、平均胸径、平均高及蓄积量（表1.20、表1.21和图1.22）。

众所周知，树高调查工作量大，受林分状况、地形条件的限制误差往往也较大。与树高因子相比，胸径是测量容易、工作量小，是生产试验中经常采用的调查因子，并且树木的高生长与胸径生长之间存在着密切的关系。鉴于上述理由，我们利用2003年标准地资料，选择合适的树高胸径回归曲线方程拟合了树高曲线，并求出方程参数及相关系数（图1.23）。再利用建立的树高曲线方程，求出林分各林层平均高度对应的平均径级大小。于是，以径阶结构也可以间接地表达林分层次结构（表1.21）。

表 1.20　云冷杉针阔混交林各林层林木比例(%)

| 林层株数比例 | | 上林层 | 中林层 | 下林层 |
|---|---|---|---|---|
| 树种组 | 树种 | $x_i$ | $x_i$ | $x_i$ |
| 大乔木 | 云杉 | 4.86 | 6.12 | 8.00 |
| | 冷杉 | 5.71 | 7.00 | 10.86 |
| | 红松 | 5.43 | 7.00 | 4.29 |
| | 椴树 | 1.71 | 1.71 | 2.29 |
| | 枫桦 | 1.71 | 2.86 | 2.29 |
| | 小计 | 19.42 | 24.69 | 27.73 |
| 中乔木 | 色木 | 0.57 | 1.71 | 2.29 |
| | 榆树 | 1.14 | 0.57 | 0.57 |
| | 小计 | 1.71 | 2.28 | 2.86 |
| 小乔木 | 杂木 | 1.14 | 3.43 | 10.86 |
| | 小计 | 1.14 | 3.43 | 10.86 |
| 合计 | | 20.27 | 30.40 | 43.45 |

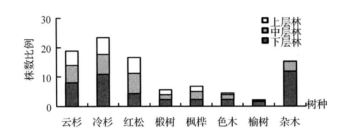

图 1.22　各树种在各林层的株数比例

表 1.21　各林层比较

| 林层 | 上林层 | 中林层 | 下林层 |
|---|---|---|---|
| 高度范围 m | ≥18 | 12 ~ 18 | < 12 |
| 平均高 m | 20.0 | 14.8 | 8.5 |
| 蓄积量 $m^3/hm^2$ | 156.44 | 68.62 | 30.04 |
| 平均胸径 cm | 30.1 | 19.7 | 9.4 |
| 株数/$hm^2$ | 190 | 282 | 467 |
| 平均冠幅 m | 8.0 | 7.2 | 4.4 |

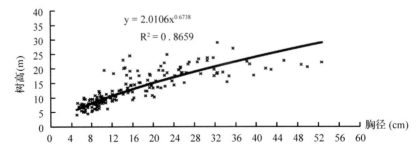

图 1.23　林分树高曲线图

（1）上林层特征

该林层高度范围为：树高≥18m，林木平均胸径为30.1cm，平均树高为20m，林木株数占整个林分总株数的20.27%，但占整个林分总蓄积量的61.32%，达到了156.44m³/hm²。主要是以冷杉、红松、云杉和部分椴木、枫桦等阔叶树组成，很显然，林分主林层是由大乔木组成，是林分中经济价值最高的林层，是林分的主体层。上层林结构的是否稳定，直接影响整个林分结构的稳定性。

（2）中林层特征

该林层的高度范围为：18m＞树高≥12，平均树高为14.8m，林木平均胸径为19.7cm，林木株数比例占林分总株数的30.40%，大乔木的株数比例仍占优势（24.58%），但与上林层比较，有了明显的下降。小乔木（3.43%）和中乔木（2.28%）的比例显著地增加。小乔木基本达到了其最大的树高，因此几乎失去了与中乔木和大乔木之间垂直方向的竞争优势。中乔木和大乔木的竞争在该层中最为激烈，少部分中乔木在竞争中占据优势，能够在上林层中占一席之地，但多数中乔木受生物学特性限制停留在中林层中。中林层林木蓄积为68.62 m³/hm²，占全林分蓄积的26.90%。

中林层是林分结构关键的高度层，林木之间的竞争最为激烈，竞争中占优势者占据有利的生存空间，可以向更高林层发展；如果在残酷的竞争中占劣势的个体，失去向更高林层生长的机会，停留在该林层中，甚至被淘汰。

（3）下林层特征

该林层的高度范围为：树高＜12m，平均树高为8.5m，林木平均胸径为9.4cm，该林层蓄积量为30.04m³/hm²，虽然只占林分总蓄积的11.78%，但林木株数多，占林分总株数的43.45%，是株数比例最高的林层。中乔木和小乔木的株数比例明显地增加，尤其是，小乔木受自身生物学特性的限制，主要占据下林层，株数比例占全林分株数的10.86%，高于其它林层株数比例。在该林层的大、中乔木，通常处在需要耐荫庇护的幼、中龄发育时期。处在该林层中的大、中乔木树种是未来中林层或上林层的林木基础。

### 1.2.3.3 空间结构特征评价

经研究得出，研究对象云冷杉针阔混交林空间结构无论是水平分布，还是层次结构上均为复杂。水平格局以混交度、直径大小比数以及角尺度等指标进行了评价，林分平均混交度较高0.81，介于极强度混交和强度混交之间，各树种相互间的隔离程度较大，很少出现同种树种聚集生长的情况；各树种直径大小比数表明，针叶树占绝对的优势，阔叶树分化较为严重，既有占优势的树种，比如椴木、枫桦等。也有被压的树种，如杂木及部分色木等；林木个体分布为随机分布。

研究林分垂直结构发现，林分树高级从4~24m有连续分布，最高树达29m之高，为了便于研究，依据林层划分规定和研究对象的实际，把研究对象垂直结构划分为三个林层。上林层：为主林层，树高≥18m；中林层：18m＞树高≥12；下林层：树高＜12m。上林层是蓄积量最大、经济价值最高的林分主林层，中林层是树种竞争最为激烈的林层，下林层蓄积量比重虽然小，但是林木株数最多的林层。

不同树种在各林层的株数比例分析，选择比较的8个树种，在划分的三个林层中均有分布，而且由于各树种生物学特性及营养空间的不同，在每个林层的株数、蓄积比例均不同。林木株数分布的总趋势，以下林层为最多、随着林层高度的上升，其株数比例在减少，各林层的株数密度变化也能清楚地反映上述株数变化。

为了便于研究，利用绘制林分树高曲线，建立了林分树高与胸径的相关关系。这样以来，林分的林层结构(树高)与水平结构(直径)间有机地联系在了一起，树高因子转化为直径因子，这对分析林分结构的变化是有积极意义。

可见、云冷杉针阔混交林具有异龄、复层、混交林结构特征。

## 1.2.4　天然更新及其评价

云冷杉针阔混交林下阴暗、潮湿和风小的生态环境给林下更新幼苗、幼树的生长和发育带来了深刻的影响。这不仅影响目前森林植物群落结构的特点，同时也决定着今后的演替方向和生态系统功能的发挥。不同的森林群落有着不同的更新规律，是森林群落长期自然选择的结果，林冠下天然更新能力的强弱，影响着森林植物群落结构的格局和演替趋势。云冷杉针阔混交林林冠下的天然更新有其自身的规律性和特点。

### 1.2.4.1　更新密度

从历年更新调查的结果(图1.24)看，研究对象云冷杉针阔混交林，每年更新幼苗株数达 2200~5500 株/hm²，平均每年的更新幼苗株数为 3031 株/hm²，依据天然更新等级标准为中等(3000~5000 株/hm²)，能够满足群落的正常更新需要。

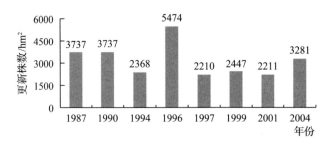

**图 1.24　不同年份更新株数统计**

### 1.2.4.2　更新格局

以 2004 年调查的更新数据为例，分析研究对象更新格局。图 1.25 和表 1.22 为 2004 年各树种每公顷天然更新幼苗、幼树株数及株数比例。

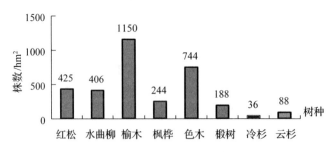

**图 1.25　2004 年各树种更新状况**

表 1. 22 各树种更新株数及比例

| 树种 | 红松 | 云杉 | 冷杉 | 椴树 | 色木 | 枫桦 | 榆木 | 水曲柳 | 合计 |
|------|------|------|------|------|------|------|------|--------|------|
| 株数 hm² | 425 | 406 | 1150 | 244 | 744 | 188 | 36 | 88 | 3281 |
| 比例% | 13 | 12 | 35 | 7 | 23 | 6 | 1 | 3 | 100 |

从表 1. 22 看出，三种针叶树更新比例占总株数的 60%，阔叶树更新比例占总株数的 40%，针叶树中冷杉更新株数比例最多为 35%，阔叶树中色木更新比例最多，占总株数的 23%。

影响云冷杉针阔混交林更新数量多少和质量好坏的限制因素很多，首先，与树种组成有关，云、冷杉的组成比例大，株数、蓄积都占优势，种源充足，更新数量较大。其次，与林分内的微环境有关，一般在林缘或林中空地光照充足的地段更新较好；枯枝落叶层厚、杂草丛生的地段，因为光照不足，种子不易接触到土壤，更新一般较差；通过调查还发现，25% 的幼苗幼树是在倒木上更新起来的，可见，倒木对云冷杉针阔混交林的更新有着重要的作用。

利用 2004 年的立木空间结构调查样地进行的幼苗、幼树更新资料，选择方差均值比率法，分析了研究对象幼苗、幼树的分布格局（表 1. 23）。

表 1. 23 幼树、幼苗分布格局分析

| 方法 | 方差/均值比率法 | | 聚集性指标分 | | |
|------|------|------|------|------|------|
| 指标 | V/m | ∣t∣ | $\overline{m}/m$ | I | CA |
| 结果 | 12. 44 | 64. 12 | 2. 525 | 11. 44 | 1. 525 |
| 分布格局 | 聚集 | 聚集 | 聚集 | 聚集 | 聚集 |

从表 1. 23 的计算结果看，利用方差/均值比率法计算的 $V/m = 12.44 > 1$ 且 $\mid t \mid = 64.12 < t_{N-1,0.05} = 2.0$，说明，聚集分布。平均拥挤指标和聚集性指标 $(\overline{m}/m) = 2.525 > 1$，丛生指标 $(I) = 11.44 > 0$，Cassie 指标 $(CA) = 1.525 > 0$，均表明聚集分布。表示聚集程度的负二项参数 $(K)$ 等于较小 $(0.6556)$，聚集程度较大。

综上所述，云冷杉针阔混交林平均每年更新幼苗、幼树能够满足林分正常更新的需求，从各树种更新株数看，针叶树幼苗、幼树占 60%，阔叶树占 40%，幼苗、幼树更新分布为聚集分布。

### 1.2.4.3 幼苗幼树年龄与生长

研究对象云冷杉针阔混交林天然更新株数与年龄的关系以 2004 年为例（图 1. 26）。

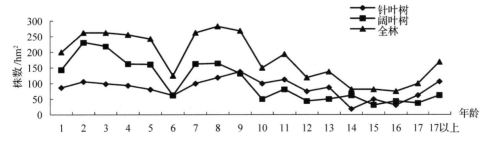

图 1. 26 不同年龄阶段更新株数分布

林分总的更新趋势来看，随着幼苗幼树更新年龄的增大，更新株数减小的趋势，原因认为是幼苗幼树种内和种间竞争的结果。但在个别年份的更新株数存在着突然增加或降低的现象，这与当年的环境因子、气象因子、组成林分的林木种子结实量等诸多因素有关，反映了研究对象云冷杉针阔混交林天然更新的复杂特征。

从图 1.26 的针叶树与阔叶树的更新株数曲线来看，前者的更新株数随着年龄的增大变化不明显，而后者随着年龄的增大更新株数显著地下降，这种现象的出现是因为云冷杉针阔混交林林冠下的阴暗、潮湿的环境条件不利于阔叶树种更新苗的生长。

## 1.2.5 林分收获过程

林分蓄积量是森林生态系统的最主要的组成部分，在长期以来的林业经营过程中，蓄积量始终是经营者最高的主要收获目标之一。要达到这一目标，无疑需对所经营的对象——林分的动态生长过程及其结构有个充分的了解。尤其是作为生物系统的林分，具有结构复杂、影响因子较多且相互关联，生长周期长等特点。上述特点给经营决策增大了难度。因此，在正确的森林经营决策之前，必须掌握林分结构、动态变化规律。其中，林分蓄积量的动态变化过程是评价经营措施合理与否的重要标准之一。

### 1.2.5.1 林分蓄积生长

从研究地区林分立木蓄积量变化看，经过两个经理期的经营后，各树种蓄积量和林分蓄积量均有了明显的增长（表 1.24、图 1.27、图 1.28）。由于试验林是经过三次高强度择伐后形成的过伐林，林分蓄积量明显偏少，小径级林木所占比例较大，林分保持着旺盛的生长潜力，因此，研究对象还有很大的蓄积增长空间。

表 1.24 林分立木蓄积量（m³/hm²）变化表

| 年份 | 1987 | 1990 | 1991 | 1992 | 1994 | 1996 | 2001 | 2003 |
|------|------|------|------|------|------|------|------|------|
| 立木蓄积 | 192.7 | 207.1 | 218.3* | 209.3 | 224.3 | 232.8* | 245.4 | 255.1 |

*表示该年冬季进行了采伐。

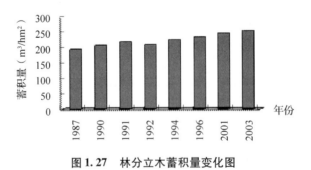

图 1.27 林分立木蓄积量变化图

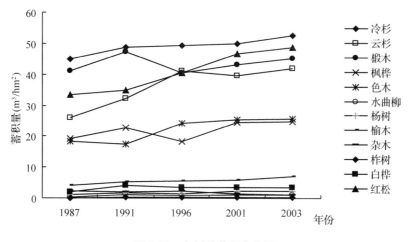

图 1.28　各树种蓄积变化图

### 1.2.5.2　林分采伐量

从 1987 年建立试验区到目前，试验林进行过两次采伐（表 1.25）。从表中看出，采伐强度很低。

表 1.25　立木蓄积生长量计算表（m³/hm²、%）

| 1991 年 | | | | 1996 年 | | | | 1991～1996 年* | | | | 1996～2003 | | |
|---|---|---|---|---|---|---|---|---|---|---|---|---|---|---|
| 伐前蓄积 | 伐后蓄积 | 采伐量 | 采伐强度 | 伐前蓄积 | 伐后蓄积 | 采伐量 | 采伐强度 | 总生长量 | 年生长量 | 年采伐量 | 生长率 | 总生长量 | 年生长量 | 生长率 |
| 218.3 | 196.5 | 21.8 | 10 | 232.8 | 204.9 | 27.9 | 12 | 36.3 | 7.3 | 4.5 | 3.4 | 50.2 | 7.2 | 3.1 |

*生长率采用普雷斯勒公式计算；生长量采用 $x = \dfrac{(M_2 + M_1) + c}{n}$ 公式，其中，$z$ 为定期连年生长量；$M_2$ 为期末调查林分蓄积；$M_1$ 为期初调查林分蓄积；$c$ 为期间林分采伐量；$n$ 为间隔期。

### 1.2.5.3　枯损量

枯损量能够影响林分的蓄积量及采伐量。因此，正确掌握林分枯损量是很有必要的。2003 年和 2004 年，通过对试验林分内风倒、风折、雪压等自然灾害枯死及其他原因枯死的立木调查发现，林分立木枯损率为 0.58%，是非常低的。分析其原因，主要是与经营措施比较合理，逐渐地改善了林地卫生和健康状况有关。

## 1.2.6　单木生长过程

林分的生长过程与单株树木的生长是不同的，林分绝不是林木个体简单的集合，尤其是我们的研究对象是异龄、复层、混交林，组成树种的种内和种间都存在竞争，其生长过程就更加复杂。但林分毕竟是由林木组成，组成林分林木个体的生长规律会影响林分的生长，并且对林分的生长具有一定的代表性。

基于上述理由，我们通过对云冷杉针阔混交林主要组成树种生长过程的研究，想达到进一步了解林分生长过程的目的，进而对林分的经营管理提供理论依据。生长过程的研究，我们采用了解析木分析方法，从研究对象的 6 个主要树种中，各选择一定数量的林木作为解析木，计算其直径、树高和材积的连年、平均生长量，确定其数量成熟龄。各树种解析木数量见表 1.26。

**表 1.26　各树种解析木株数**

| 树种 | 红松 | 云杉 | 冷杉 | 椴树 | 枫桦 | 色木 |
|---|---|---|---|---|---|---|
| 解析木株数 | 27 | 30 | 21 | 19 | 22 | 26 |

### 1.2.6.1　云杉生长过程研究

通过计算云杉解析木资料，求其各龄级树高、直径、材积的平均生长过程如表 1.27。

**表 1.27　云杉生长过程**

| 年龄 | 树高（n） | 直径（cm） | 材积（m$^3$） |
|---|---|---|---|
| 10 | 0.7 | 0.1 | 0.0001 |
| 20 | 1.6 | 1.2 | 0.0002 |
| 30 | 2.8 | 2.8 | 0.0642 |
| 40 | 3.9 | 3.4 | 0.1322 |
| 50 | 5.4 | 4.4 | 0.2042 |
| 60 | 8.3 | 7.9 | 0.2852 |
| 70 | 10.8 | 10.9 | 0.3762 |
| 80 | 15.8 | 14.2 | 0.4672 |
| 90 | 18.3 | 17.7 | 0.5642 |
| 100 | 20.9 | 22.7 | 0.6482 |
| 110 | 21.5 | 25.9 | 0.7442 |
| 120 | 22.1 | 28.7 | 0.9142 |
| 130 | 23.5 | 30.9 | 1.1142 |
| 140 | 24.9 | 33.9 | 1.3242 |
| 150 | 26.1 | 35.8 | 1.4752 |
| 160 | 27.1 | 37.8 | 1.6212 |
| 170 | 28.1 | 40.7 | 1.8472 |
| 180 | 29.9 | 42.4 | 1.9272 |
| 190 | 30.6 | 44.9 | 2.3972 |
| 200 | 30.9 | 45.6 | 2.6472 |
| 210 | 31.4 | 47.3 | 2.8182 |

通过分析云杉的生长过程发现，树高平均生长量最大为 100a，直径平均生长量最大为 130a，材积数量成熟龄 170a，此时的树高总生长量为 28.1m，直径总生长量为 42.7cm，材积总生长量为 1.8472m$^3$。

### 1.2.6.2　冷杉生长过程研究

通过 21 株冷杉解析木资料的分析，其结果见表 1.28。

表 1.28　冷杉生长过程

| 年龄 | 树高(m) | 直径(cm) | 材积(m³) |
|---|---|---|---|
| 10 | 0.8 | 0.5 | 0.0020 |
| 20 | 1.9 | 1.9 | 0.0475 |
| 30 | 4.2 | 3.3 | 0.0920 |
| 40 | 6.0 | 5.6 | 0.1384 |
| 50 | 9.4 | 8.4 | 0.2184 |
| 60 | 11.0 | 12.2 | 0.4284 |
| 70 | 13.3 | 17.6 | 0.6484 |
| 80 | 16.4 | 20.9 | 0.8084 |
| 90 | 17.1 | 25.9 | 0.9784 |
| 100 | 18.6 | 28.8 | 1.1884 |
| 110 | 20.1 | 30.9 | 1.3484 |
| 120 | 21.5 | 32.5 | 1.6484 |
| 130 | 22.9 | 33.9 | 1.7884 |

通过冷杉解析木分析得到，冷杉树高平均生长量最大为 80a，直径平均生长量最大为 90a，材积数量成熟龄为 120a，此时的树高总生长量为 21.5 m，直径总生长量为 32.5cm，材积总生长量达到了 1.6484m³。

### 1.2.6.3　红松生长过程研究

红松解析木生长过程见表 1.29。

表 1.29　红松生长过程

| 年龄 | 树高(m) | 直径(cm) | 材积(m³) |
|---|---|---|---|
| 10 | 0.6 | 0.8 | 0.0004 |
| 20 | 1.2 | 1.1 | 0.0054 |
| 30 | 2.9 | 2.3 | 0.0439 |
| 40 | 5.9 | 5.9 | 0.0829 |
| 50 | 8.1 | 7.3 | 0.1298 |
| 60 | 11.4 | 10.0 | 0.1818 |
| 70 | 12.4 | 13.2 | 0.3728 |
| 80 | 13.9 | 17.4 | 0.5718 |
| 90 | 15.2 | 19.9 | 0.8318 |
| 100 | 16.0 | 22.3 | 1.1217 |
| 110 | 17.8 | 25.6 | 1.3220 |
| 120 | 18.4 | 29.6 | 1.6332 |
| 130 | 19.7 | 32.4 | 1.9518 |

从红松生长过程结果看，红松树高平均生长量最大为 90a，直径平均生长量最高为

120a，在解析木130a的生长过程中未出现红松材积数量成熟龄，依据国家标准，确定红松采伐年龄为160a。

#### 1.2.6.4 椴树生长过程研究

椴树生长过程计算结果见表1.30。

表1.30 椴树生长过程

| 年龄 | 树高（m） | 直径（cm） | 材积（m³） |
| --- | --- | --- | --- |
| 10 | 1.4 | 0.7 | 0.0200 |
| 20 | 4.8 | 3.7 | 0.0360 |
| 30 | 7.5 | 6.6 | 0.0540 |
| 40 | 10.0 | 10.7 | 0.0740 |
| 50 | 12.1 | 14.9 | 0.1297 |
| 60 | 13.8 | 17.4 | 0.2280 |
| 70 | 15.4 | 22.5 | 0.4167 |
| 80 | 16.8 | 26.3 | 0.5250 |
| 90 | 18.1 | 29.9 | 0.7260 |
| 100 | 19.4 | 33.5 | 0.9750 |
| 110 | 20.7 | 37.0 | 1.2880 |
| 120 | 22.0 | 40.2 | 1.4060 |

通过分析椴树生长过程得到，椴树树高平均生长量最大为60a，直径平均生长量最大为70a，材积数量成熟龄为110a，此时其树高总生长量为20.7m，直径总生长量为37.0cm，材积总生长量达1.2880m³。

#### 1.2.6.5 枫桦生长过程研究

枫桦生长过程结果见表1.31。

表1.31 枫桦生长过程

| 年龄 | 树高（m） | 直径（cm） | 材积（m³） |
| --- | --- | --- | --- |
| 10 | 1.7 | 1.3 | 0.0010 |
| 20 | 4.1 | 5.1 | 0.0190 |
| 30 | 7.4 | 9.1 | 0.0480 |
| 40 | 10.2 | 13.0 | 0.0950 |
| 50 | 13.7 | 17.3 | 0.2910 |
| 60 | 17.6 | 23.7 | 0.4310 |
| 70 | 19.4 | 26.9 | 0.6630 |
| 80 | 20.1 | 30.3 | 0.8870 |
| 90 | 21.7 | 33.5 | 0.9350 |

枫桦生长过程分析结果表明，枫桦树高平均生长量最大为50a，直径平均生长量最大为60a，材积数量成熟龄为80a，此时树高生长量为20.1m，直径总生长量为30.3cm，材

积总生长量达 0.8870m³。

### 1.2.6.6 色木生长过程研究

色木生长过程计算结果见表 1.32。

**表 1.32 色木生长过程**

| 龄级 | 树高(m) | 直径(cm) | 材积(m³) |
|------|---------|----------|----------|
| 10 | 1.8 | 1.8 | 0.0001 |
| 20 | 4.1 | 3.7 | 0.0041 |
| 30 | 8.9 | 7.0 | 0.0201 |
| 40 | 11.0 | 11.2 | 0.0591 |
| 50 | 14.9 | 15.1 | 0.1661 |
| 60 | 15.3 | 21.5 | 0.3361 |
| 70 | 16.7 | 26.0 | 0.4721 |
| 80 | 18.2 | 28.3 | 0.5031 |
| 90 | 19.5 | 30.5 | 0.6291 |
| 100 | 20.2 | 31.6 | 0.6491 |

通过对色木生长过程的研究发现，色木树高平均生长量最大为 50 年，直径平均生长量最大为 70 年，材积数量成熟龄为 90 年，此时其树高总生长量为 19.5m，直径总生长量为 30.5cm，材积总生长量为 0.6291m³。

### 1.2.6.7 生长过程小结

通过对各树种生长过程的计算，确定了材积数量成熟龄及此时的直径、树高总生长量（表 1.33），为研究对象的经营提供理论依据。

**表 1.33 各树种材积数量成熟龄及此时的直径、树高，材积总生长量**

| 树种 | 云杉 | 冷杉 | 红松 | 椴树 | 枫桦 | 色木 |
|------|------|------|------|------|------|------|
| 数量成熟龄 | 170 | 120 | 160 | 110 | 80 | 90 |
| 材积(m³) | 1.8472 | 1.6484 | 1.2389 | 1.2880 | 0.8870 | 0.6291 |
| 树高(m) | 28.1 | 21.5 | 25.1 | 20.7 | 20.1 | 19.5 |
| 直径(cm) | 40.7 | 32.5 | 38.4 | 37.0 | 30.3 | 30.5 |

## 1.2.7 小结

研究对象林分结构具有以下特征：

（1）研究对象为针阔混交林结构

研究对象主要以云杉、冷杉、红松、椴树、枫桦、色木树种组成，占林分蓄积比例 90% 以上，除上述树种外，林分中还有少量榆树、白桦、青楷槭、花楷槭、山杨和珍稀濒危树种核桃楸、黄波罗、水曲柳等树种，林分中针叶树蓄积占整个林分蓄积的近 60%，阔叶树占 40%。

（2）研究对象为异龄林结构

从研究对象株数径阶分布看，具有异龄林结构特征，随着径阶的增大，株数逐渐减少，符合反"J"型分布。但又表现出与典型异龄林结构不同的结构特征，即中、大径级林木株数比例小，而小径级林木株数比例较大。

（3）研究对象为复层结构

分析林分层次结构结果表明，研究对象具有明显的复层林结构特征，依据林层划分标准可以划分为三个不同的林层，即，上林层、中林层及下林层。

（4）林分单位面积蓄积量低

林分单位面积蓄积量较低（$200 \sim 250 m^3/hm^2$），但林分立地条件较好，保持较高的林分生长率。

（5）林分天然更新等级为良，能够维持林分正常的更新需求，幼苗、幼树的天然更新格局为聚集分布。

（6）采用解析木方法，分别研究了云杉、冷杉、红松、椴树、枫桦、色木树种的生长过程，确定了各树种的数量成熟龄及此时的直径、树高、材积总生长量，为研究对象合理经营提供了理论依据。

综上所述，研究对象为异龄、复层、混交林，同时具有林分蓄积量较低、小径阶林木株数比例较大等过伐林结构特征。

# 1.3　过伐林区划与调查

林业生产具有地域辽阔的特点，在此范围内自然地理条件、森林资源以及社会经济条件也不相同。为了便于开展森林经营管理工作以及组织林业生产，必须将辽阔的林区进行区划和调查。森林区划与调查是森林经营管理工作的基础，是森林经营管理工作的重要内容之一。

## 1.3.1　过伐林区划指标与方法

### 1.3.1.1　过伐林区划体系

传统区划体系中最基本单位小班的区划虽然考虑到森林资源调查与经营，但实际操作时，小班一般作为一种外业调查和资源统计单元，而不能充分考虑森林资源经营和管理。因此，传统区划体系所区划的小班无标志，无实地界线，二类调查工作结束，小班的作用往往也随之结束，这种区划无疑不能满足森林生态系统经营对森林资源进行长期监测，掌握森林资源详细消长动态的要求。为此，必然要改革和优化传统的小班区划体系及技术方法，解决森林经营上的空间定位和明晰的固定界线，从而实现森林资源的集约经营。

据以上分析，为了适应过伐林集约经营的需求，本研究提出了过伐林区划体系。按空间范围大小，区划单位从大到小依次为，林业局—林场—经营区—林班—固定小班（图1.29）。

过伐林区划体系中把最基本单元落实到固定小班，便于森林资源的比较分析，可比性强，能够准确掌握其消长动态，为过伐林集约经营奠定了基础。

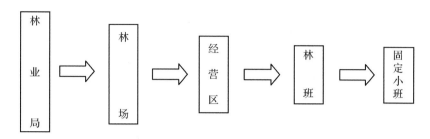

**图1.29 过伐林区云冷杉针阔混交林区划体系**

### 1.3.1.2 固定小班区划指标

在固定小班区划指标上，突出与森林经营有关的立地因子、过伐林生态系统结构恢复的环境因子和生态功能因子。主要包括以下几个方面：

（1）森林经营区和二级林种

经营区和二级林种不同，区划为不同小班，按森林分类的要求划分确定的二级林种而定（表1.34）。

**表1.34 过伐林各经营区所属一、二级林种分类**

| 经营区 | 一级林种 | 二级林种 |
| --- | --- | --- |
| 重点生态公益林 | 防护林 | 水土保持林、放风固沙林、护岸林、坡度≥15°的水源涵养林 |
| | 特种用途林 | 国防林、自然保护区林、风景林、名胜古迹和革命纪念林、森林公园 |
| 一般生态公益林 | 防护林 | 护路林、农田牧场防护林、坡度<15°的水源涵养林 |
| | 特种用途林 | 环境保护林、实验林、母树林 |
| 商品林 | 用材林 | 一般用材林、超短轮伐期用材林、短轮伐期用材林 |
| | 经济林 | 果木经济林、药用经济林、食用油料、饮料或调料经济林等 |
| | 薪炭林 | 薪炭林 |

（2）立地类型

立地类型差异显著，如不同坡向、坡位、坡度级，应划分为不同的小班。其中，坡向按东、西、南、北、东北、东南、西北、西南及无9个方位确定坡向；坡位分为脊、上、中、下、谷、平6个；坡度级分为平坡（0~5°）、缓坡（6~15°）、斜坡（16~25°）、陡坡（26~35°）、急坡（36~45°）、险坡（46°以上）6级。

（3）土壤

土壤种类、土种及土壤厚度级不同，区划为不同的小班。土层厚度根据土壤的A层+B层厚度确定，厚度级分为厚层土（>60cm）、中层土（30~59cm）、薄层土（<30cm）3个等级。

（4）优势树种或优势树种组

优势树种或优势树种组差异显著，划分不同的小班，按十分法确定树种蓄积组成，蓄积相差2成以上（25%）应单独划分。

（5）郁闭度

郁闭度相差 0.2 以上，划分为不同的小班。

（6）森林健康等级

森林健康等级不同，划分为不同的小班，森林健康等级划分为Ⅰ、Ⅱ、Ⅲ级（表1.36）。

（7）针阔混交比

针阔混交比相差 1 成以上，划为不同的小班。

（8）林地生产潜力等级

林地生产力等级一般以地位级来表示，地位级相差 1 级以上划分为不同的小班。

（9）林分层次结构

相差一个林层，划分为不同的小班。

（10）枯落物层厚度

枯落物层厚度相差一级可划分为不同的小班，枯落物层厚度分为厚（>5cm）、中（2~4.9cm）、薄（<2cm）3 个层。

（11）生物多样性

生物多样性以生物多样性丰富度级别表示，以生物多样性丰富度级别指标界定生物多样性丰富度级别，分为 5 个级别，丰富度级别指标值：90~100 为极丰富、80~89 为丰富、70~79 为丰富、60~69 为中等、60 以下为贫乏，不同级别，划分为不同的小班。

（12）权属

权属不同，应划分为不同的小班，权属分为国有林和集体林两种。

在上述 12 项因子基础上进行固定小班的区划，其余林分因子如立木度、出材等级、胸径等，根据调查结果归类，不作为过伐林固定小班区划的指标。

### 1.3.1.3　固定小班区划方法

对于过伐林固定小班的区划方式，应在考虑林分差异的基础上，强调自然区划法，尽量利用明显的地形、地物等自然界线作为小班的边界线，有必要时采用人工区划法辅助自然区划，伐开小班线，埋设小班桩，并绘制在有关图面材料上，使其边界长期固定下来，作为固定单位统一编码进行经营管理，为开展长期的集约经营奠定基础。

区划的具体方法，应该充分利用现代高科技手段，如地理信息系统、GPS 技术等。可以采用地形图现地勾绘法，或利用遥感图像室内判读勾绘与野外修正法进行区划，编号规划与小班的编号的规定一致。

### 1.3.1.4　过伐林固定小班区划特点

与已往和现行的我国有关技术规定相比，本研究对过伐林固定小班的区划有以下特点：

（1）突出林地生产潜力

依据土种和林地生产潜力等级区划小班，从本质上为森林集约经营提供了科学依据。森林经营以立地为基础，以土壤为本，以林地潜在生产力为前提，定向培育森林，这是区划固定小班的先决条件。

（2）突出林分结构及环境影响

除了生产木材以外，恢复和改善林分结构、发挥其多种生态功能、保护环境是过伐林的经营目标之一，因此，本研究对传统小班区划的指标进行了调整和改进，纳入了森林健康等级、林分层次结构、林地生产潜力等级、生物多样性、土壤等区划指标，从而区划的小班具有了林分结构及生态功能的信息，为更好地满足过伐林生态系统经营要求。

（3）充分体现了集约经营特点

利用自然地形（坡位、坡向、坡度）区划小班，有效地克服了小班形状不规则，难以定界和大小不均的现象。根据研究地区地形特点，通过区划，平均小班面积 10 hm² 左右，最大不超过 20 hm²。研究地区以往区划的小班面积过大，在一个小班中包括多种坡向、坡度级、坡位和土种，对经营管理带来诸多不便，按本研究区划固定小班，对开展森林经营分类经营是十分有利的。

## 1.3.2 过伐林调查体系与调查方法

在传统的森林经营中最常用的林分调查因子主要有：林分起源、林相、树种组成、林分年龄、林分密度、立地质量、平均胸径、平均高、林分密度、林分蓄积量、材种出材量和出材级等。调查的目的很显然，是为了掌握和了解林分数量，获取最大林分数量生产（木材生产）而服务。森林生态系统经营理论认为，木材收获是森林经营收获的一部分，不是其全部，更重要的是如何把短期的经济效益（木材产量）和长期的生态、社会效益协调、和谐发展。

经营对象不仅是该地区经济社会的主要保障，而且担负着该地区乃至整个东北地区生态稳定发挥着巨大的作用。因此，研究对象的经营管理不能简单借用传统的用材林经营体系，必须对其进行必要的调整和改进。可见，传统的调查体系及方法已经满足不了生态系统经营要求。研究地区已有的森林规划设计调查的指标体系、调查方法和表格是为纯木材生产为目的的用材林而设计的。缺乏过伐林调查的指标体系、调查方法和相应表格等研究。

据以上分析，为了满足新形势林业发展的迫切需求，本研究对此进行了探讨，在传统调查因子的基础上，着重于林分健康、生物多样性、生产力等生态效益因子，提出过伐林调查体系及调查方法。

调查的目的主要在于为编制过伐林经营规划提供依据和基础数据。调查方法采用以标准地调查为主的调查方法。调查时，在每个小班内设置标准地 1~3 块，林况一致时可以少设一些；林况变动较大时可适当增加标准地数量。标准地面积 600~900m² 为宜，但具体大小根据林况决定，混交树种较多、结构复杂并变化较大的林分标准地面积可以取上限，否则，标准地面积可以选择适当小些。

为了适应过伐林经营的要求，结合过伐林区划体系与区划方法，本研究提出过伐林调查指标体系、调查方法及测算方法（表1.35），并设计了相应的调查用表，为开展过伐林规划设计调查、编制过伐林经营计划奠定了基础。

本研究将过伐林调查指标大致分为以下3类：

（1）经济功能类指标

林分蓄积量、林分平均高、林分平均直径；珍贵树种数量及分布；

（2）生态功能类指标

林分健康等级、生物多样性、站杆与倒木储量、病虫危害程度、关键树种数量及分布、立地质量、土壤类型、枯落物层厚度、林分生产力；

（3）林分结构类指标

树种组成、郁闭度、层次结构、水平结构、天然更新、针阔混交比、株数径阶分布、灌木层覆盖度、草本层覆盖度。

以上指标有可能交叉，如树种组成指标既是林分结构指标、又是经济功能类和生态功能类指标。

**表 1.35　过伐林调查指标体系、调查及测算方法**

| 编号 | 调查指标 | 指标说明或调查方法 | 测算方法 |
|---|---|---|---|
| 1 | 位置 | 记载林业局、林场、林班（小班）及标准地地理坐标 | — |
| 2 | 权属 | 记载林地所有权及林木所有权 | — |
| 3 | 地类 | 按《森林资源规划设计调查主要技术规定》（国家林业局，2003）规定的地类划分系统中最细地类记录 | — |
| 4 | 地形地势 | 主要记载海拔、坡位、坡向、坡度与坡度级、 | 实地调查或查阅当地地形图 |
| 5 | 林分空间结构指标 | 标准地立木空间定为方法调查每株检尺木的树种、胸径、树高、冠幅及相对坐标位置 | 用 Winkelmass1.0（或 Sssas）软件计算林分混交度 $M_i$ 大小比数 $U_i$ 及角尺度 $W_i$，计算公式见第 2 章 |
| 6 | 乔木层次划分 | 依据《森林资源规划设计调查主要技术规定》（国家林业局，2003）规定的林层划分标准进行划分 | — |
| 7 | 树种组成 | 按蓄积量比重十分法确定，必要时树种组成系数可保留 1 位小数 | 计算各组成树种的蓄积（断面积）成数 |
| 8 | 林分郁闭度 | 标准地内成数点抽样调查，一般调查 100 个点 | 计算郁闭点的成熟，以小数表示，保留 2 位小数 |
| 9 | 灌木层覆盖度 | 用目测法或成数点抽样调查 | 计算被灌木枝叶覆盖点的成数，以百分比数表示 |
| 10 | 草本层盖度 | 用目测法或成数点抽样调查 | 计算被灌木枝叶覆盖点的成数，以百分比数表示 |
| 11 | 土壤层指标 | 记载土壤名称、实测土壤腐殖质层厚度、结构、质地、土壤侵蚀状况等 | 选择有代表性地段设置土壤剖面，必要时进行更深入调查 |
| 12 | 枯落物层厚度 | 设置 3~5 个小样方，实测枯落物层厚度 | 求算术平均值 |
| 13 | 林分平均高 | 采用每木调查的树高和枝下高数据计算 | 求算术平均数表示 |
| 14 | 林分平均直径 | 采用每木调查的胸径数据计算 | 以断面积平方平均直径表示 |

续表

| 编号 | 调查指标 | 指标说明或调查方法 | 测算方法 |
|---|---|---|---|
| 15 | 林分蓄积结构 | 包括林分总蓄积与各树种的蓄积量以及大中小径级蓄积比例 | 利用标准地立木空间定位调查数据统计 |
| 16 | 枯死木蓄积 | 包括枯立木和枯倒木蓄积量，利用标准地调查法 | 计算枯死木蓄积占林分总蓄积量的比例，一般占 1.0~3.0% 时比较有利于森林小动物的生存 |
| 17 | 天然更新指标 | 采用标准地法或结合林分立木空间定位调查进行，记载每个样方内幼树、幼苗树种、年龄、高度、地径、株数、长势以及苗木更新位置（倒木上、林隙、树冠下等）等 | 胸径在起测径级（5cm）以下，树高达 31cm 以上（针叶树和硬阔叶树）或 51cm 以上（软阔叶树）的单株树木为幼树、低于幼树标准但已木质化的为幼苗 |
| 18 | 森林健康等级 | 结合标准地调查一起进行 | 参见本研究云冷杉针阔混交林健康等级划分指标体系 |
| 19 | 生物多样性 | 主要考虑林分物种多样性和生态系统多样性，结合标准地调查一起进行 | 采用项目指标值的几何平均数求算各指标值的方法进行生物多样性界定 |
| 20 | 经营历史 | 访问调查或查阅森林档案 | — |

由表 1.35 可见，本研究提出的过伐林调查指标体系和以往用材林调查指标体系存在着明显的差异，调查指标不仅考虑了经济效益指标，同时也包括了生态效益指标，充分体现了生态系统经营理论的内涵和过伐林林分调查的特殊性。

本研究在现实林结构特征分析的基础上，整合国内外相关研究成果，提出了过伐林健康等级划分指标体系，为过伐林调查提供理论依据（表 1.36）。

利用本研究制定的森林健康等级划分指标体系调查林分的基础上，评价森林健康等级。

**表 1.36　过伐林健康等级划分指标体系**

| 指标 | 标　　准 | | |
|---|---|---|---|
| | I | II | III |
| 物种多样性 | 阔叶树蓄积比例 40% 以上，动植物种类丰富 | 阔叶树蓄积比例 35~40%，动植物种类较丰富 | 阔叶树蓄积比例 35% 以下，动植物种类不丰富 |
| 群落层次结构 | 具有乔灌草层的复层林结构，乔木层有明显的层次结构 | 具有乔灌草层的复层林结构，乔木层结构比较单一 | 灌木层或草本层结构不合理，乔木层结构单一 |
| 林分郁闭度 | 0.6~0.85 之间 | 0.85 以上，或 0.6~0.4 | <0.4 |
| 灌木层盖度 | >0.8 | 0.5~0.7 | <0.4 |
| 枯落物层厚度/cm | >5.0 | 1.0~4.9 | <1.0 |
| 直径结构 | 异龄林，株数径阶反"J"型分布 | 异龄林，株数径阶近反"J"型分布 | 异龄林，株数径阶分布不合理 |
| 林分蓄积量 $m^3/hm^2$ | ≥250 | 150~250 | <150 |
| 小、中、大径木蓄积比例 | 合理(2:3:5) | 较合理(大径木蓄积比例 <3 | 不合理(大径木蓄积比例 <1) |

| 指标 | 标 准 | | |
|---|---|---|---|
| | Ⅰ | Ⅱ | Ⅲ |
| 病虫危害程度 | 无，或较轻，在森林生态系统调节能力范围之内 | 中等，超出森林生态系统的调节能力，对森林结构造成一定的危害 | 较重，超出森林生态系统调节能力，对森林结构造成明显的危害 |

依据以上林分调查指标的调查方法，本研究设计了云冷杉针阔混交林林分调查表（表1.37）。

**表1.37 过伐林调查表**

1. 位置： _____林业局； _____林场； _____林班； _____小班； _____GPS 坐标；
2. 面积： 小班面积_____hm²；标准地面积_____；
3. 地形地势： 立地类型_____；海拔_____m；坡度_____；坡位_____；坡向_____；
    坡度级（平、缓、斜、陡、急、险坡）；
4. 土壤： 土壤名称_____；土壤厚度_____cm；石砾含量_____；干湿度_____；土壤侵蚀程度（无、轻度、中度、严重）；腐殖质层厚度_____cm；腐殖质层覆盖度_____%
5. 林况： 郁闭度_____；珍稀濒危树种及数量（株数、蓄积）_____；枯倒木蓄积（株数）_____；
    枯立木蓄积（株数）_____；林分健康等级（Ⅰ、Ⅱ、Ⅲ级）；病虫危害（轻、中、重）；
6. 乔木层： 树种组成_____；平均高_____m；枝下高_____m；平均胸径_____cm
    株数密度_____株/hm²；每公顷蓄积量_____m³；乔木分层_____；分布格局（随机、聚集、均匀分布）；
7. 灌木层： 覆盖度_____%；平均高_____cm；分布（单株、群状、均匀分布）；

    样方号　　树种　　株数（丛）　　覆盖度%　　备注
    _____
8. 草本层： 覆盖度_____%；平均高_____cm；分布（单株、群状、均匀分布）；

    样方号　　树种　　株数（丛）　　覆盖度%　　备注
    _____
9. 天然更新： 各树种每公顷幼树、幼苗株数_____；林分每公顷幼树、幼苗株数_____；

    树种　　地径cm　　胸径cm　　年龄　　高度cm　　株数　　是否倒木上　　是否林隙内
    _____
10. 空间结构： 小区号　　树号　　树种　　胸径　　树高　　相对坐标m
    　　　　　　　　　　　　　　　　cm　　m　　X　　Y

    枝下高m　　冠幅东m　　冠幅西m　　冠幅南m　　冠幅北m　　长势　　备注
    _____
11. 经营历史：_____
12. 现有的经营措施和经营效果：_____

    调查者：_____；

    调查时间：_____；

# 1.4 云冷杉针阔混交林经营目标

森林经营目标的确定是一切经营管理活动首先要明确的问题，它具有战略性，影响全局。经营目标主要指在经营范围内森林在国民经济和社会发展中的主要作用。例如用材林，还是防护林，或经济林等林种确定，涉及产业结构、产品结构的确定。用材中还应明确发展什么材种，明确经营目标，以便实行专业化生产。

对于森林经营管理中，确定经营目标的作用在于科学的经营管理森林，充分发挥森林的多种功能。显然，确定经营目标中关键问题是，确定的经营目标是否科学、是否合理。科学合理的经营目标不仅能够满足国民经济发展需求，同时能够实现森林的永续利用。因此，必须以现代森林经营理论作为指导，全面考虑经济、生态、社会因素的基础上确定经营目标。

本章是在第四节云冷杉针阔混交林现实结构特征表达的基础上，依据林分状况、立地条件、社会经济等多种因素，给云冷杉针阔混交林确定能够充分发挥其各种功能的合理的经营目标，为制定云冷杉针阔混交林的经营措施提供方向。

## 1.4.1　经营目标确定的意义

云冷杉针阔混交林是研究地区主要的森林类型之一，对当地的经济、环境及社会的发展与稳定，发挥着巨大的作用。森林所发挥的巨大作用是通过其自身的各种功能来实现的。森林各种功能在不同的环境、不同的历史时期及不同的社会需求背景下所发挥的作用均不同。在森林众多的功能中能够准确选择出经济社会发展所迫切需要的、与自然环境最协调发展的主导功能，并最大范围地发挥其作用是森林经营管理的主要目标。

森林是可再生资源，现阶段的森林资源经营管理是在对复杂的森林生态系统与未来社会不十分了解，缺乏充分知识和技术条件下进行的，只有通过有目标、有计划、有步骤才能实现森林可持续经营。因此，森林经营必须首先确立经营目标，经营目标是森林经营管理工作要达到的预期标准。森林经营管理和其它工作同样，应该首先明确其经营目标，才能根据经营目标构建经营模式，编制其经营计划，从而实施经营计划，以调整和优化现有林分结构，实现森林各种功能和效益。可见，森林经营的过程是沿着确定的经营目标指引的方向进行的，因此，经营目标是云冷杉针阔混交林经营管理活动的行动方向，云冷杉针阔混交林经营效果要根据其经营计划确定的经营目标来评价。因此，经营目标合理与否，不仅关系到所制定的云冷杉针阔混交林经营目标本身的价值，而且关系到云冷杉针阔混交林经营的科学性、可行性，以及云冷杉针阔混交林经营规划的核心。因此，科学地确定云冷杉针阔混交林经营目标，在云冷杉针阔混交林经营模式研究和经营实践中都具有十分重要的意义。

## 1.4.2　经营目标确定的依据

经营目标的确定是个复杂的系统工程，受自然、社会、历史、时间等多种因素的制约，据此，必须综合分析各种因素，选择科学合理的研究方法来确定经营目标。本文整合国内外森林经营研究实践经验的基础上，结合研究地区实际情况及林分结构特征，着重考虑了以下几点作为制定云冷杉针阔混交林经营目标的主要依据。

### 1.4.2.1　经营历史与现状分析

（1）经营历史回顾与分析

昔日的汪清林区到处是原始森林，作为当地顶级群落的阔叶红松林和云冷杉针阔混交林可谓是遮天蔽日，郁郁葱葱。自从 1935 年牡丹江至图们铁路开通后，1936～1945 年，日本侵略者在该地区进行"拔大毛"式大肆砍伐，并通过森林铁路及水路运出，造成大面积原始林结构被破坏，至今还能见到当时采伐时留下的 1m 多高伐根的痕迹。新中国成立后于 1964 年正式建场，为了满足新中国国民经济发展对木材大量的需求，当时学习黑龙江省乌敏河林业局采育兼顾法的经验，采用 50% 强度的择伐，到 1975 年为止共进行过 2～3 次大规模径级择伐，出材约 1500m³/hm² 左右，其中 1945～1989 年间在金沟岭林场生产木材约 165 万 m³，长期高强度择伐的结果，40cm 以上的优良红松和 24cm 以上的云冷杉、水曲柳、黄波罗、椴树等珍贵树种植株十分罕见，仅留下小径级的残次林木，即过伐林。但是这里的立地条件较好，还保持着部分原始植被和土壤状况。

从该地区以往经营状况分析，由于受历史和现实中种种原因，森林经营活动目标单一，即以用材林经营、追求短期的经济利益，没有考虑森林各种生态效益。经营措施不合理，高强度的采伐，违背了生态系统经营原则，破坏了原有的良好林分结构。随着人们对森林资源认识的不断提高，总结教训，本章采用现代森林经营理论来试图解决目前森林经营技术问题。

云冷杉针阔混交林是当地经济社会发展的物质基础，提出合理经营措施尽快调整林分结构，恢复其良好的结构，发挥其最佳生态功能是森林经营工作的当务之急。

（2）经营现状分析

本研究地区 1987 年建立检查法试验点，经过近 20a 的实践，云冷杉针阔混交林在林分结构和是生态功能方面均得到了明显改善。目前，金沟岭林场有 200 万 m³ 的活立木蓄积量，现在年伐量控制在 2 万 m³ 左右。2003 年调查数据显示，检查法试验区Ⅰ大区 1 小区云冷杉针阔混交林单位蓄积达到 255.13m³/hm²。检查法试点证明该法一种集约的经营方式，适合于研究地区云冷杉针阔混交林的经营。只要择伐强度合理，按检查法基本思想（采伐量不超过生长量）经营，不但能够获得较高的经济效益，同时也能改善现有林分结构，更好发挥其生态效益。

纵观研究地区的经营历史和目前的经营状况，云冷杉针阔混交林对促进该地区的经济发展、维持区域良好生态和提高人民生活水平具有重要意义。

### 1.4.2.2　立地条件分析

在林地上凡是与森林生长发育有关的自然环境因子综合称为它的立地条件（或森林植物条件）（孙时轩，1990）。立地条件是森林植物生长发育的物质基础，因此，确定森林的经营目标，首先对立地条件进行深入细致分析，在此基础上，才能判断和总结出该立地条件适合培育的林种。

依据中国森林立地分类系统，结合研究区土壤、气候、地形、地貌等（见第 2 章）等综合分析，属东北寒温带、温带立地区域（一级）、长白山山地立地区（二级）、长白山北部立地亚区（三级）。

该地区土壤有机质含量较高，林地生产力相对较高，经过择伐经营的林分土壤质地疏松，物理性粘粒含量低，保水保肥、地被物较厚，可减少地表径流。土层平均厚度在40cm左右。地位级在Ⅰ级左右，发展用材林和防护林，与中国林业区划一致，为东北用材、防护林地区（一级）、长白山用材、水源林区（二级）。

近期我国森林资源经营管理分区实施导则中用生态脆弱性等级和生态重要性等级两个指标来划分森林资源经营管理类群，分类指导森林生态公益林和商品林经营。生态脆弱性等级3、4级和生态重要性等级4级的林地才适宜培育用材林。本区立地条件，适宜培育用材林。研究地区生态脆弱性等级见表1.38，生态重要性等级省略。

表1.38  研究区生态脆弱性等级评价

| | 脆弱等级 | 坡度 | 植被盖度 | 裸岩率 | 土壤侵蚀程度 | 风力侵蚀程度 |
|---|---|---|---|---|---|---|
| 评价标准 | 3级 | 16~25° | 0.4~0.5 | 21%~40% | 表土层开始受侵蚀，心土层和母岩层完整 | 中度侵蚀（常见半固定、固定的沙滩、沙垄或沙质土） |
| | 4级 | ≤15° | >0.6 | ≤20% | 表土层完整 | 轻、微度侵蚀 |
| 研究区 | | ≤25° | >0.8 | <20% | 表土层完整 | 轻、微度侵蚀 |

### 1.4.2.3  森林主导功能分析

健康的森林既能发挥经济效益、生态效益和社会效益，同时能够满足经营目标，而不健康的森林不能很好地发挥森林各种效益。绝大多数森林是多功能、多效益的。如果将森林的多种功能概括为经济效益和生态效益（包括社会效益），不同的经营目标和森林分布环境，森林的主导功能亦不同。森林所处的自然条件优越，森林集约经营程度高，森林的主导功能表现为经济效益；森林所处的自然环境较差，采取常规的经营措施，森林的主导功能不明显，既表现为经济效益又表现为生态效益；森林所处的生态区位十分重要，森林经营中限制人为措施，生态效益优先。

本区云冷杉针阔混交林主导功能的分析是确定林种的主要依据。本研究利用层次分析法建立研究区森林经营目标层次结构模型，通过层次排序，确定出各林种的优先次序，为经营目标的确定提供科学的理论依据。

（1）建立层次结构模型

为了确定研究区云冷杉针阔混交林在当地社会经济发展中的作用，在研究区森林调查了解的基础上，走访当地林业工作者了解有关情况，经过多次与资深专家的商讨和分析下，将确定森林主导功能各因素进行数量化并按隶属关系划分为目标层（A）、准则层（B）和指标层（C）三个层次（图1.30）。

（2）构造判断矩阵

根据层次排序法的原理，对各因素排序计算，使每层排序简化为两两成对因素的判断比较，按照 A. L. Saaty1-9 比率标度（赵焕臣等，1986），结合多次调查走访当地林业专家的分析论证，在资深专家指导下将判断定量化，从而构造判断矩阵。矩阵中的数值为两两因素相对于总目标重要性比较的数值判断。如第一行第二列元素 $b_{12}=3$，表示云冷杉针阔混交林主导功能中经济效益（$B_1$）同生态效益（$B_2$）相比，经济效益比生态效益稍重要；而

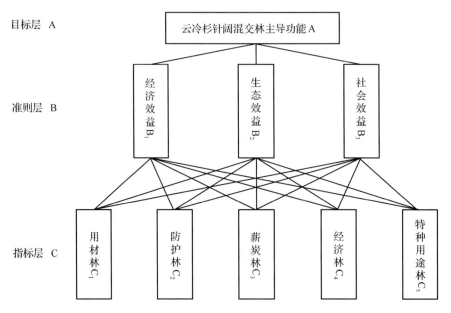

**图 1.30　云冷杉针阔混交林主导功能的层次结构模型**

第一行第三列元素 $b_{13}=5$，则表示云冷杉针阔混交林主导功能中经济效益($B_1$)同社会效益($B_2$)相比，经济效益比社会效益明显重要。

（3）层次排序及其一致性检验

层次分析法计算的关键是计算出判断矩阵的最大特征值($\lambda\text{max}$)及其对应的特征向量（W）。一般采用近似计算法，方法有方根法、和积法与幂法。本文采用方根法（见第 2 章）进行判断矩阵计算和一致性检验。当随机一致性比率 CR < 0.10，即认为满足精度要求。如对于总目标，准则层 B 中 3 个指标判断矩阵及计算结果为：

| A | $B_1$ | $B_2$ | $B_3$ | W |
|---|---|---|---|---|
| $B_1$ | 1 | 3 | 5 | 0.637 |
| $B_2$ | 1/3 | 1 | 3 | 0.258 |
| $B_3$ | 1/5 | 1/3 | 1 | 0.105 |

$\lambda_{max}=3.038$，$CI=0.019$，$RI=0.58$，$CR=0.033<0.10$，通过一致性检验，$W=$(0.637，0.258，0.105)。在定云冷杉针阔混交林这个总目标（A）中，经济效益($B_1$)，生态效益($B_2$)和社会效益($B_3$)的相对重要性权重分别为 0.637、0.258 和 0.105。

依此类推，建立准则层（B）相对于指标层（C）判断矩阵，通过计算和一致性检验，确定相对应的各林种权重。

相对于准则层 B 中经济效益($B_1$)，其指标层中用材林($c_1$)、防护林($c_2$)、薪炭林($c_3$)、经济林($c_4$)及特种用途林($c_5$)五个指标的相对重要性判断矩阵 $B_1-c$ 如下表：

| $B_1$ | $C_1$ | $C_2$ | $C_3$ | $C_4$ | $C_5$ |
|-------|-------|-------|-------|-------|-------|
| $C_1$ | 1 | 1/3 | 1/2 | 1/2 | 5 |
| $C_2$ | 3 | 1 | 2 | 2 | 7 |
| $C_3$ | 2 | 1/2 | 1 | 1 | 5 |
| $C_4$ | 2 | 1/2 | 1 | 1 | 5 |
| $C_5$ | 1/5 | 1/7 | 1/5 | 1/5 | 1 |

相对于准则层 B 中生态效益($B_2$),其指标层中用材林($c_1$)、防护林($c_2$)、薪炭林($c_3$)、经济林($c_4$)及特种用途林($c_5$)五个指标的相对重要性判断矩阵 $B_2 - c$ 如下表:

| $B_2$ | $C_1$ | $C_2$ | $C_3$ | $C_4$ | $C_5$ |
|-------|-------|-------|-------|-------|-------|
| $C_1$ | 1 | 1/3 | 1/2 | 1/3 | 5 |
| $C_2$ | 3 | 1 | 3 | 3 | 7 |
| $C_3$ | 2 | 1/3 | 1 | 2 | 5 |
| $C_4$ | 3 | 1/3 | 1/2 | 1 | 5 |
| $C_5$ | 1/5 | 1/7 | 1/5 | 1/5 | 1 |

相对于准则层 B 中社会效益($B_3$),其指标层中用材林($c_1$)、防护林($c_2$)、薪炭林($c_3$)、经济林($c_4$)及特种用途林($c_5$)五个指标的相对重要性判断矩阵 $B_3 - c$ 如下表:

| $B_3$ | $C_1$ | $C_2$ | $C_3$ | $C_4$ | $C_5$ |
|-------|-------|-------|-------|-------|-------|
| $C_1$ | 1 | 1 | 2 | 1/5 | 5 |
| $C_2$ | 1 | 1 | 3 | 1 | 5 |
| $C_3$ | 1/2 | 1/3 | 1 | 1/3 | 3 |
| $C_4$ | 2 | 1 | 2 | 1 | 7 |
| $C_5$ | 1/5 | 1/5 | 1/3 | 1/7 | 1 |

依据以上准则层($B$)相对于其各自指标层($C$)判断矩阵,计算出相应判断矩阵的最大特征根及其特征向量(表1.39)。

表1.39 指标层特征向量 W、最大特征根 λmax 及随机一致性比率 CR

| B 层 | W | | | | | $\lambda_{max}$ | CR |
|------|---|---|---|---|---|------|----|
| $B_1$ | [ 0.134 | 0.386 | 0.220 | 0.220 | 0.041 ] | 5.25 | 0.047 |
| $B_2$ | [ 0.118 | 0.436 | 0.223 | 0.183 | 0.039 ] | 5.34 | 0.076 |
| B3 | [ 0.229 | 0.285 | 0.116 | 0.323 | 0.047 ] | 5.16 | 0.036 |

在表1.39中,CR 值均小于 0.10,通过一致性检验。

以上判断矩阵是各层次因素的比较判断矩阵,分别进行单排序计算,在各层次单排序计算的基础上再进行各层次总排序计算。对于目标层($A$)只有一个因素,所以准则层($B$)层次单排序即为($A$)层次总排序;而对于指标层($C$)相对于整个准则层($B$)总排序计算,需要用准则层($B$)各因素本身相对于总目标的排序权重综合,才能计算出指标层($C$)相对于整个准则层($B$)权重，即相对于合理确定云冷杉针阔混交林主导功能总目标的相对重要性权重(表 1.40)。

表 1.40　指标层 5 个因素的判断矩阵计算结果及总排序

| B<br>C 层 | $B_1$<br>0.637 | $B_2$<br>0.258 | $B_3$<br>0.105 | C 层总排序 | 次序 |
|---|---|---|---|---|---|
| $C_1$ | 0.512 | 0.118 | 0.229 | 0.38 | 1 |
| $C_2$ | 0.231 | 0.436 | 0.285 | 0.29 | 2 |
| $C_3$ | 0.109 | 0.223 | 0.116 | 0.14 | 4 |
| $C_4$ | 0.103 | 0.183 | 0.323 | 0.15 | 3 |
| $C_5$ | 0.044 | 0.039 | 0.047 | 0.04 | 5 |

(4)结果分析

云冷杉针阔混交林主导功能的层次分析结果表明，准则层(B)各因素权重的排序分别是：经济效益 0.637、生态效益 0.258 及社会效益 0.105。可见，试验区云冷杉针阔混交林主导功能以经济效益为主，生态效益次之。

指标层(C)各因素权重的总排序结果是：用材林($c_1$)0.38、防护林($c_2$)0.29、薪炭林($c_3$)0.15、经济林($c_4$)0.14、特种用途林($c_5$)0.04，以用材林经营为主，其次为防护林、薪炭林、经济林和特种用途林。

以上分析结果表明，试验区森林以用材林经营为主，在最大限度地发挥森林经济效益的同时，兼顾生态效益和社会效益。

## 1.4.3　经营目标确定

根据上述制定云冷杉针阔混交林经营目标的依据，本研究认为，不仅要通过优化林分结构等经营措施，满足区域社会生产木材和林副产品的需要，尽可能维护和增强森林的生态效益及社会效益有机、协调地结合起来。这样才能实现云冷杉针阔混交林可持续经营以及综合效益的持续发挥。

基于上述观点，根据制定目标的依据，以尊重森林、与森林和谐共存理念及云冷杉针阔混交林可持续经营理念为指导，以近自然森林经营理论和森林生态系统经营理论为基础，整合国内外用材林经营研究和实践成果，本文提出了云冷杉针阔混交林的经营目标体系。

云冷杉针阔混交林经营的总目标是：通过科学经营，长期维持并不断提高云冷杉针阔混交林的木材及其他林副产品的生产能力，满足区域社会经济发展需求，同时，充分发挥其水源涵养、水土保持功能，实现云冷杉针阔混交林的经济效益、生态效益和社会效益协调统一和持续利用，即实现云冷杉针阔混交林可持续经营。把经营总目标分以下几点来进一步阐述。

### 1.4.3.1　林种

林种的确定对于经营目标的实现有着重要的意义。林种的确定是个复杂的过程，必须考虑经济社会、自然条件、林分状况等各种因素。

本文从云冷杉针阔混交林的经营历史、立地条件、林分主导功能等几个方面进行分析，为确定研究对象的经营目标提供了理论依据。研究地区是我国重点的用材、水源林区，长期以来为当地乃至为全国的经济建设提供着大量的木材及林副产品。目前，该地区实施天然林保护工程，采伐最大幅度缩减，但木材收入仍是林区主要的经济来源。该地区立地条件较好，地位级在Ⅰ级左右，适合培育大径级用材林。从该地区生态脆弱性等级和生态重要性等级分析，优先考虑用材林经营。在以上定性分析的基础上，利用层次分析法计算云冷杉针阔混交林经济、生态、社会三大效益权重的结果是：经济效益0.637、生态效益0.258、社会效益0.105，经济效益所占的比重最大。相应林种权重为：用材林0.38、防护林0.29、薪炭林0.15、经济林0.14及特种用途林0.04，用材林的权重最大。

定量与定性分析结果表明，研究区云冷杉针阔混交林以用材林经营，能够满足当地社会、经济的发展需求，同时也能兼顾其水源涵养等生态功能。

### 1.4.3.2　材种

在用材林经营过程中，其材种规格不同，经济效益有很大差异。材种规格一般分为大径材、中径材和小径材三种。确定本地区云冷杉针阔混交用材林材种规格，要综合考虑组成林分的树种生物学特性、市场需求、立地条件等多种因素。

（1）树种生物学特性

任何一个树种都具有一定的生物学特性，不同树种或同一树种不同个体间在干形、高度、材质、生活习性等方面存在为明显的差异，因此，了解经营树种的生物学特性是一切经营利用活动的基础和前提。

试验区云冷杉针阔混交林组成树种多、林分结构复杂。因此，确定材种规格时，首先必须了解组成林分的主要树种的生物学特性、生命周期、生长速度等。云冷杉针阔混交林主要是由云杉、冷杉、红松、椴木、枫桦、色木、榆树等树种组成。其中红松、云杉、色木均是慢生树种，适合培育大径级木材。

（2）经济效益

今后大径材的生产仍将是有利的，而过伐林短伐期经营则是应该予以摒弃的，仍以充分利用自然力，采取较长的伐期龄生产价值较高的木材更为合理，其优点是费用较少、生产率较高，有利于林业经济发展和林产工业发展。

在森林经营总支出中，采伐成本是一项数额较大的支出，本区长期经营实践及相关森林采伐可行性研究表明，在不降低森林生产潜力（土壤肥力和森林质量）的前提下，以大径木为培育方向，在同样的采伐面积上，伐去的株数和次数都比培育中小径木少，采伐的费用也相对较少。另外，制材的费用也是随着伐倒木直径的增加而减少的。

（3）生态效益

森林生态系统的整体功能发挥与其结构密切相关，结构决定功能。一般而言，有什么样的结构，就有什么样的功能。结构合理，功能才能正常发挥，结构最优，功能才能达到最佳。云冷杉针阔混交林是由云冷杉、红松、椴木及枫桦等作为优势树种的生态系统，这些树种生长速度较慢，成熟期较晚，往往处于群落垂直结构的上层林，对群落结构的稳定发挥着非常重要的作用。如果以中小径级材种规格来经营，由于经营周期短，林木尚未进入成熟期就被采伐利用，既造成资源的浪费，又不能满足优良用材树种优质材种的经营目。而且群落的稳定性被破坏，短期内难以完成群落的天然更新，从而削弱群落的各种生态功能。因此，云冷杉针阔混交林适合于培育大径级材种，从而保证系统的稳定性，充分发挥其良好的生态功能。

从上述树种生物学特性、经济效益及生态效益三个方面的分析来看，经营云冷杉针阔混交林材种规格确定为大径级材。

### 1.4.3.3　经营目标结构

欧洲近百年的实践证明，异龄、复层、混交林，结构良好，在维持和提高林地生产力、维持和增强森林的健康和稳定、保护水土资源、保护生物多样性、提供多种效益等方面都具有显著的优势，是单层同龄纯林无法比拟的。

研究对象云冷杉针阔混交林虽然受到不合理采伐的影响，原始林分结构遭到破坏，但是该地区的立地条件较好，还保持着部分原始植被和土壤状况，只要采取合理有效的经营管理措施，林分结构迅速改善。因此，本研究将异龄、复层、混交林作为云冷杉针阔混交林经营中要长期坚持的经营目标结构。云冷杉针阔混交林是该地区顶极群落，接近顶极状态的天然林结构应该是经营的目标结构。因此，云冷杉针阔混交林林分目标结构的研究是其科学经营的重要依据之一。

## 1.5　云冷杉针阔混交林目标结构的构建

目标结构是指能够实现经营目标的林分结构，即能够持续地提供最大收获、最大限度地满足经营目的的森林结构。所谓森林的最优结构就是能够永续地从质量和数量上有最大收获并持续稳定的那种森林状态。本研究的目标结构就是实现云冷杉针阔混交林经营目标的林分结构。目标结构是一种理论结构模型，它是现实林结构的一种表示和体现，反映现实林结构，又是现实林结构的抽象，且高于现实林结构，是现实林结构经营的尺度。

森林具有不确定性、多样性和要计划性等3个特点，不确定性和多样性决定了其要计划性。森林经营必须要有明确的方向和目标，目标结构的制定意义在于，目标结构作为现实林经营的尺度，以指导现实林结构调整和把握现实林经营方向。

### 1.5.1　目标结构制定原则

传统的森林经营理论强调，有什么样的森林结构就发挥其功能和产出，不考虑社会对森林需求什么样的功能。因而，森林经营者的任务是怎样把现有的森林结构调整到发挥其最佳功能和获取其最大产出。现代森林经营理论认为，森林的目标结构不仅仅是根据现有森林结构来确定的，还应该考虑满足社会对森林功能的需求。换言之，必须依据现有林分结构和经营目标来制定目标结构。林分目标结构的制定是否合理，不仅影响其功能的发挥，而且影响整个经营过程。为此，必须遵循有关原则，结合云冷杉针阔混交林经营目标和现实林结构特征制定出合理的目标结构。

（1）主导功能与生态效益兼顾的原则

为了全面实现研究地区云冷杉针阔混交林的可持续经营，就必须考虑云冷杉针阔混交林的主导功能与生态效益。在第5节的分析中指出，研究地区云冷杉针阔混交林的主导功能是提供木材及林副产品，满足当地人们生活需求，促进当地社会经济稳定发展。在充分发挥云冷杉针阔混交林主导功能的同时，必须兼顾其水源涵养、水土保持等多种生态效益，以维护当地乃至更大区域的生态安全。

（2）森林生态系统完整性原则

云冷杉针阔混交林是由乔木、灌木、草本、野生动物、微生物等生物成分，和土壤、水分、空气等非生物成分组成的复杂生态系统。根据系统科学的基本原理，森林中的任何产出和功能是生态系统各要素综合、协同作用的涌现效应。系统的结构决定其功能，只有结构完整并且合理，功能才能正常发挥。要维持和提高云冷杉针阔混交林的多种功能和效益，就必须维持森林生态系统结构的完整性，并不断优化系统的结构，以实现整体功能的最优。因此，维护森林完整性，是云冷杉针阔混交林经营的重要原则之一。

（3）仿天然林结构原则

近自然林业理论认为，森林经营必须遵循自然选择的规律，充分利用自然选择的作用和结果，最大限度地减少人为干扰，使森林逐步"回归自然"。原始结构的天然林是森林中各树种之间、树种与自然环境之间长期适应的结果，森林内部结构合理，功能稳定，是经营现实林的一种尺度。因此，仿天然林结构是制定研究区云冷杉针阔混交林目标结构重要原则之一。

## 1.5.2 树种组成的确定

树种组成是本研究确定云冷杉针阔混交林目标结构的重要内容。了解分析现实林树种组成结构，参考前人研究的结论的基础上，结合经营目标制定目标结构树种组成。

研究对象是多树种组成的针阔混交林，在目标组成结构中确定针叶树与阔叶树比例（蓄积）是确定目标结构树种组成的关键所在。确定针阔比必须考虑以下两点：一是满足经营目标，另一个是满足森林生态系统完整性。

从经营目标考虑，本研究确定的云冷杉针阔混交林经营目标为用材林。众所周知，针叶树干形通直、圆满，在树种组成中针叶树比重越大，林分蓄积量越大，更符合用材林经营要求。但从经济效益考虑，虽然阔叶树种出材率低于针叶树种，但是，阔叶树生长、成才早，并且阔叶树（如水曲柳、黄波罗、椴树等）木材价格比针叶树（如冷杉、云杉）高。

另外，从森林生态系统完整性及生态效益方面考虑，由于阔叶树种对云冷杉针阔混交林的天然更新、土壤质量的改良及森林结构的稳定具有重要作用。因此，阔叶树比重大的林分不仅经济效益高，且有利于发挥其生态效益。

从本研究对象的林分结构看，林分树种组成从 1991 年到 2003 年间没有较大的变化，各树种组成的蓄积比例较为稳定，冷杉、红松、云杉和椴树各占 20%，枫桦和色木各占 10% 左右，群落结构较稳定，林分蓄积量在不断地提高，是较合理的树种组成。

总之，研究对象云冷杉针阔混交林，既符合以木材生产为主的用材林经营目标，同时也能兼顾生态效益，合理的针阔混交比为 6:4，主要树种为冷杉、云杉、红松、椴树、枫桦及色木，其树种组成式为 2 冷 2 云 2 红 2 椴 1 枫 1 色。

## 1.5.3 径阶结构目标

近自然林业理论创始人盖耶 1898 年指出：人类经营森林时尽可能地按照森林的自然

规律来从事林业生产活动，从自然中寻找合理的经营答案。可见，原始(或近原始)状态的云冷杉针阔混交林结构对于制定研究对象目标结构，起到了样板作用。

以史为鉴，我们选择了研究地区仅存的近原始林结构的云冷杉针阔混交林作为制定研究对象径阶结构目标的主要参考依据。

云冷杉近原始林为相对原始状态的林分，自1937年进行过"拔大毛"式的择伐，但未造成林分结构被破坏，之后，未经过任何人为干扰，几十年的自然恢复，总体上良好地维持了林分近原始状态。因此，本研究认为，制定研究对象的目标径阶结构可以参考云冷杉近原始林结构。研究林分与云冷杉近原始林分的基本情况对照，见表1.41。

表1.41 不同林分类型对照

| 林型 | 海拔 m | 郁闭度 | 坡度(°) | 蓄积量 m³/hm² | 树种组成 | 针阔比 |
|---|---|---|---|---|---|---|
| 云冷杉近原始林 | 785 | 0.8 | 5 | 548.8 | 4椴3冷2红1云1色 | 5:5 |
| 云冷杉过伐林 | 730 | 0.8 | 14 | 255.1 | 2云2冷2红1枫1色 | 6:4 |

### 1.5.3.1 目标结构大、中、小径级界定

利用云冷杉近原始林样地调查数据，计算林分材积和株数按径阶分布的比例，再按径阶由小到大和由大到小顺序计算累计分布的比例(表1.42)。按毕奥莱提出的小、中、大径级林木最理想的蓄积比例为2:3:5的要求，计算得到云冷杉近原始林的大径级林木径阶标准为：36cm径阶(2cm径阶距)以上，小径级林木径阶标准为：6~22cm径阶，中径级林木为24~34cm的林木，此时的株数按小、中、大径木比例为：5.1:3.3:1.6。

表1.42 云冷杉近原始林材积、株数累计比例分布(%)

| 径阶 cm | 材积累计比例(从小到大) | 株数累计比例(从小到大) | 径阶 cm | 材积累计比例(从大到小) | 株数累计比例(从大到小) |
|---|---|---|---|---|---|
| 6 | 1.81 | 13.7 | 44以上 | 30.89 | 7.5 |
| 8 | 2.98 | 22.3 | 40 | 35.11 | 8.2 |
| 10 | 4.40 | 30.2 | 38 | 45.98 | 11.9 |
| 12 | 6.16 | 36.7 | 36 | 54.44 | 15.7 |
| 14 | 7.51 | 42.5 | 34 | 59.15 | 23.8 |
| 16 | 8.25 | 47.5 | 32 | 64.58 | 27.61 |
| 18 | 10.35 | 50.4 | 30 | 71.27 | 29.85 |
| 20 | 16.69 | 51.8 | 28 | 76.72 | 36.57 |
| 22 | 24.46 | 56.7 | 26 | 82.39 | 43.28 |

### 1.5.3.2 径阶结构目标

在径级界定的基础上，以径阶株数分布及直径递减系数q值的变化等2个方面进行了探讨。

(1)径级界定标准

依据云冷杉近原始林径阶结构的分析，研究对象径级界定标准确定为，小径级：6~22cm；中径级：24~34cm；大径级：≥36cm。

（2）株数径阶分布

依据理想（典型）的异龄林直径结构理论，本研究云冷杉针阔混交林株数径阶分布目标结构确定为，反 J 型的圆滑曲线，即大径阶分布株数少，小径阶分布株数多（图1.31），也称为平衡异龄林。

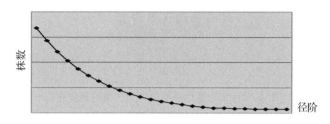

**图1.31 典型异龄林径阶株数分布**

（3）q 值

整合已有的 q 值理论和对现实林 q 值的分析基础上，本研究确定云冷杉针阔混交林合理 q 值范围为 1.2～1.4。

## 1.5.4 收获目标

本研究收获目标主要分析了林分材积径级分布以及目标收获量（蓄积量）2 个方面。

### 1.5.4.1 材积径级分布

依据典型异龄林材积径级分布理论，本研究提出研究对象小、中、大径木材积比例 2:3:5 为合理。

### 1.5.4.2 目标蓄积量

分析云冷杉近原始林 1986～2004 年的林分蓄积量变化（表1.43、图1.32）发现，在没有任何人为干扰的情况之下，林分每公顷蓄积量变化幅度很小，始终维持在 500～550m³/hm² 之间，这种现象说明了，云冷杉近原始林已经进入较稳定时期，其生长量与自然枯损量基本保持平衡，林分蓄积量达到了最高值。虽然林分蓄积量达到了最高值，但此时的林分生长量是较低的，不符合用材林经营的生长量要求。

参照云冷杉近原始林结构，结合试验林已有的研究成果，云冷杉针阔混交林目标蓄积量确定为：350～400m³/hm²。

**表1.43 云冷杉近原始林株数、蓄积变化**

| 年份 | 1986 | 1988 | 1990 | 1994 | 1996 | 1998 | 2000 | 2002 | 2004 |
|---|---|---|---|---|---|---|---|---|---|
| 株数/hm² | 675 | 800 | 810 | 735 | 720 | 710 | 705 | 705 | 765 |
| 蓄积量 m³/hm² | 498.9 | 514.8 | 539.6 | 503.7 | 520.0 | 527.7 | 542.3 | 566.3 | 548.8 |

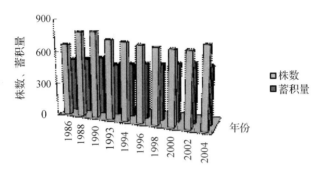

**图 1.32 云冷杉近原始林株数、蓄积量变化**

## 1.5.5 空间结构目标

本研究空间结构目标,从水平分布、层次结构、株数密度 3 个方面进行了探讨。

### 1.5.5.1 水平结构

水平分布格局研究结果表明,云冷杉针阔混交林林木总体上为随机分布,天然更新幼树、幼苗的分布格局为聚集分布。这与林分的天然更新特征有关,随着幼苗、幼树的不断生长,林木间出现竞争,部分林木在竞争中被淘汰,林木聚集分布格局逐渐减弱,表现为随机分布格局。

依据以上分析认为,云冷杉针阔混交林林木个体在幼苗、幼树阶段为聚集分布,达到群落基本稳定、林木个体发育进入近成熟阶段为随机分布。

### 1.5.5.2 株数密度

从表 1.43 云冷杉近原始林的株数与蓄积量分析,林分株数变化幅度较小,基本稳定在 700~800 株/hm$^2$ 之间。考虑到研究对象目前的单位面积蓄积量较少,并且小径级林木蓄积比重过大的实际,目标结构株数密度应该比云冷杉近原始林株数密度大些。

本研究认为,云冷杉针阔混交林目标结构株数密度在 1000 株/hm$^2$ 左右(950~1050 株/hm$^2$ 之间)为宜。

### 1.5.5.3 层次结构

在研究对象层次结构分析的基础上,提出以下层次结构条件。

(1)目标层次分为 3 层结构,即上、中、下林层。上林层由林分中主要树种及优势树种组成,平均高度 ≥18m,为林分结构的主要林层;下林层为林木株数最多,平均高度一般 <12m;中林层为林木间竞争最为激烈,组成结构较复杂的林层,平均高度上林层和下林层之间。

(2)有利于森林群落更充分地利用环境资源,具有不同生态位树种(如针阔叶林)在林分垂直方向上和谐地相互配置。

(3)林分主要树种(如云杉、冷杉、红松、椴树等)必须有连续更新能力,不同年龄的立木在各垂直层次中均有分布,且在各林层的林木中应成为主体。

(4)林分中应有分布在不同层次的,错落有致的辅佐木或伴生种(如,枫桦、色木、槭类等)。

## 1.5.6 更新目标

研究对象的更新目标主要从更新株数密度和更新幼苗、幼树的分布特征两个方面进行了探讨。

### 1.5.6.1 更新株数

从云冷杉针阔混交林更新调查结果看，林分平均每公顷天然更新株数为 3000 ~ 3500 株，依据东北重点林区更新规程的更新等级为中等(2001 ~ 4000 株)，能够满足林分正常更新需要。为此，云冷杉针阔混交林目标更新株数确定为：≥3000 株。

### 1.5.6.2 更新分布格局

林分天然更新分布格局是由林木生物学特性及干扰决定的。

云冷杉类树种具有较强的耐荫性，在林冠下天然更新良好，常出现大量的幼苗，但是，如果上层林冠状况得不到改善，更新幼苗则将因随着年龄的增大而趋于喜光，如果光照条件不良，会直接影响更新保存率。只有上层林冠因为树倒而出现空隙时，这类原来在林冠下早已存在的幼苗才会成长起来，因此云冷杉的更新模式属于空隙更新模式，比较集中分布于空隙周围。红松的天然更新也有类似空隙更新的特点，由 1 ~ 2 株倒木所形成的空隙，对于红松的发生有促进作用。

从更新调查结果分析认为，低强度单株择伐形成的林冠空隙有利于云冷杉针阔混交林天然更新和幼苗、幼树的生长发育。

依据上述分析，云冷杉针阔混交林天然更新以聚集分布为理想，形成小块状混交的林分空间分布格局，为森林采伐方式的确定提供了理论依据。

## 1.5.7 林分目标结构可视化

为了把构建的林分目标结构形象、直观地表现，本研究对已制定的林分目标结构指标进行可视化研究。

### 1.5.7.1 结构可视化原理

生物全息律认为：生物体相对独立的部分是整体的缩小。比如，在植物体上，一片叶子的形状与其所生长的树形很相似、整株树冠的形状与其根的分布形状相似等等。受其启发，我们可以假设把林分看作为一个生物体的话，肯定存在一个缩小了整体信息的独立的部分，把这个理想化的独立的部分我们称为"结构树"。只要把当作整体的林分结构的关键信息能够反映到独立部分的"结构树"上，"结构树"就可以形象、直观地表达林分的结构。

通过林分结构的可视化表达，可以很直观地比较现实林结构与目标结构，并能找出现实林结构存在的不合理之处。

选择林分每公顷株数、蓄积，大、中、小径木株数、蓄积，以及针阔混交比 9 项指标来绘制林分结构的"结构树"的形状。图 1.33 是"结构树"的示意图，"树"高表示林分总蓄积($V$)、根部高度表示林分小径木蓄积量($v_1$)、树干长度表示中径木蓄积($v_2$)、树冠的高度表示大径木的蓄积($v_3$)，从这三个高度的比例上，可以看出林分大、中、小径木蓄积比例；"结构树"的冠幅宽度表示林分总株数($N$)，若是冠幅宽，说明林分的密度大，反之，密度小；"结构树"的树干上部直径表示林分大径木株数($n_3$)、根径表示林分中径木株数

（$n_2$）、根幅表示林分小径木株数（$n_1$），从这三个直径的大小关系上，可以了解林分大、中、小径木株数比例。

"结构树"树冠的形状表示林分中的针叶树和阔叶树蓄积比例（针阔比），选择曲线 $Y = aX^p$ 连接树冠顶点和树冠底部两端，$p$ 等于针阔比，当林分中针叶树蓄积等于阔叶树蓄积时 $p = 1$，曲线 $Y = aX^p$ 成为直线，树冠形状就变成等边三角形；当阔叶树蓄积大于针叶树时 $p < 1$，曲线 $Y = aX^p$ 成为往外凸起的曲线；当阔叶树蓄积小于针叶树蓄积时 $p > 1$，曲线 $Y = aX^p$ 成为往里凹陷的曲线，从树冠的形状就可以判断林分中针叶树占优势还是阔叶树占优势。

### 1.5.7.2 目标结构可视化

依据上述林分结构可视化原理，选择云冷杉针阔混交林目标结构相应的指标（表1.44）绘制目标结构"结构树"（图1.34）。

为了比较绘制的目标结构与现实林结构（表1.45），按照上述可视化原理，绘制了现实林林分结构树（图1.35）。

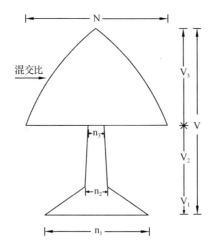

**图1.33 林分"结构树"示意图**

**表1.44 林分目标结构**

| 株数/hm² | | 蓄积量 m³/hm² | | 针阔比 |
|---|---|---|---|---|
| 小径木 | 600 | 小径木 | 80 | |
| 中径木 | 200 | 中径木 | 120 | |
| 大径木 | 160 | 大径木 | 200 | 6:4 |
| 总株数 | 1000 | 总蓄积 | 400 | |

**表1.45 现实林结构**

| 株数/hm² | | 蓄积量 m³/hm² | | 针阔比 |
|---|---|---|---|---|
| 小径木 | 791 | 小径木 | 82 | |
| 中径木 | 101 | 中径木 | 83 | |
| 大径木 | 47 | 大径木 | 90 | 6:4 |
| 总株数 | 939 | 总蓄积 | 255 | |

比较可视化的目标结构树和现实林结构树明显看出，现实林结构"结构树"的形状不合理，"树"的根部直径、根径及树干上部宽度比例不合理，表明，林分小、中、大径木的株数比例不合理，小径木株数偏多，中、大径木株数偏小；"树"的根部高、树干及冠幅高度的比例同样也是不合理，根部高度明显高于树干和冠幅高，说明林分小径木蓄积明显比中、大径木比例大，从现实林结构"树"高与目标结构"树"高的比较看出，现实林每公顷蓄积明显小于目标结构蓄积量。

可见，林分结构的可视化，可以很直观地表达林分多种复杂的结构信息，能够较好地比较研究对象结构与目标结构之间的差异。

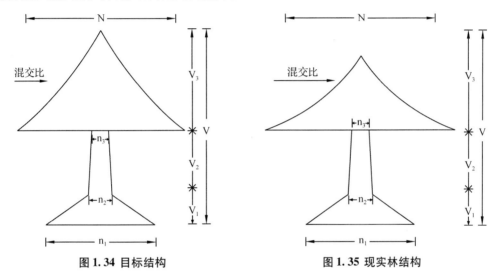

图 1.34 目标结构　　　　　　　　图 1.35 现实林结构

## 1.5.8　云冷杉针阔混交林目标结构小结

在分析现实林结构的基础上，依据云冷杉近原始林结构和整合已有研究结果，采用定性和定量结合的方法，制定了研究对象不同层次的目标结构。目标结构分为总目标结构（一级目标结构）、二级目标结构、三级目标结构及目标结构指标等四个不同的层次来描述云冷杉针阔混交林目标结构。

研究对象总目标结构为：结构合理，功能稳定，能够满足经营目标的异龄、复层、混交林结构。

总目标结构由异龄结构、复层结构、混交结构、收获结构及更新结构等 5 个二目标级结构组成，是实现总目标结构的基础结构，是否能够满足二级结构的合理性是实现林分总目标结构的前提。每个二级结构由若干个三级目标结构组成，三级结构是由更为具体的结构控制因子组成，是整个林分目标结构的基本框架。

研究对象目标结构的制定，为云冷杉针阔混交林结构调整提供了目标，同时为构建云冷杉针阔混交林经营模式提供了理论依据。

## 1.6　云冷杉针阔混交林结构调整研究

通过云冷杉针阔混交林的研究，明确了研究对象经营目标及满足经营目标的目标结构。然而，现实的林分结构与目标结构相比，往往有着较大的差距，必须经过结构调整，才能达到目标结构，实现经营目标。云冷杉针阔混交林的调整结构，指的是以林分目标结构为尺度，对现实林结构采取各种调整措施，以至满足经营要求。

云冷杉针阔混交林结构调整的关键是制定一套适合于现实林结构的科学的经营措施体系，这也是本研究的核心问题。

## 1.6.1 结构调整因子的确定

云冷杉针阔混交林结构复杂，影响其结构的因子也众多。但这些因子对于云冷杉林结构影响的程度不同，有些是主要因子、有些是次要因子，有些是间接因子、有些是直接因子。在众多的影响因子中，筛选出对云冷杉林结构影响较大的因子是构建云冷杉林结构调整的首先要解决的问题。这些影响因子的筛选过程是个复杂的过程，必须按照一定的选择原则，利用科学的方法，对诸多影响因子进行充分了解和分析，掌握各影响因子对林分结构所产生影响的大小来确定云冷杉针阔混交林结构调整因子。

1.6.1.1 结构调整因子确定原则

（1）相对独立性原则

虽然影响云冷杉林结构因子之间存在着内在的联系和互相影响关系，但确定结构因子时应该遵循相对独立性原则，选择概念清晰、涵义明确、易于理解与掌握的相互独立因子，避免因子间相互包含和交叉关系。

（2）可操作性原则

经营模式的实质就是人们对森林生态系统所采取的科学的、规范的各项干预活动。因此，组成结构调整模式的因子应该遵循可操作性强，易于调整原则。

（3）层次性原则

针对云冷杉林结构调整因子众多，并复杂的特点，选择关联性强、作用相近的因子，组成不同层次的结构调整子系统，逐步实现总目标。

（4）科学性原则

以科学的经营理论做指导，选择科学的方法，才能确定科学的结构调整因子。

1.6.1.2 结构调整因子的确定

依据上述结构调整因子确定原则，在众多影响云冷杉针阔混交林结构因子中利用针阔混交比、树种组成、采伐方式、采伐周期、采伐木的确定、采伐季节、天然更新等对研究对象结构影响较大的结构因子，作为云冷杉针阔混交林结构调整因子。

## 1.6.2 结构调整的阶段性分析

从现实林结构分析结果看，与确定的林分目标结构有着较大的差距，主要体现在林分每公顷蓄积量（255$m^3$）与目标结构蓄积量（350～400 $m^3$）差距较大；株数径阶分布不合理，现实林小、中、大径木蓄积比例（1:1:1）与目标结构小、中、大径木蓄积比例（2:3:5）也存在较大差距。这些差距决定了结构调整过程的长期性和复杂性，因此，依据现实林结构的实际状况及其与目标结构间的差距，结合经营目的，本研究提出分3阶段实现目标结构的调整方案。

### 1.6.2.1　第 1 阶段结构调整目标

第 1 阶段结构调整的主要目标为：以"育"为主、以"采"为辅，提高林分单位面积蓄积量，严格按照采伐量小于生长量的原则，采取低强度的采伐，经过 3 ~ 5 个经营周期（20 ~ 30 年），实现每公顷蓄积量达到 300 $m^3$ 左右，对林分径阶株数分布进一步调整，趋于合理。

### 1.6.2.2　第 2 阶段结构调整目标

第 2 阶段结构调整的目标为：采育结合，适当提高采伐强度，获取一定量的木材及林副产品外，林分中、大径木蓄积比例逐渐增大，林分每公顷蓄积量从第 1 阶段的 300 $m^3$ 提高到 350 $m^3$ 左右，林分结构趋于更加稳定、合理。

### 1.6.2.3　第 3 阶段结构调整目标

本阶段结构调整目标为：采育兼顾，再适当提高采伐强度，获取更多的木材及林副产品，林分每公顷蓄积量稳定在 350 ~ 400 $m^3$ 之间，实现目标蓄积量，林分采伐量与生长量基本保持平衡，径阶株数按理想结构分布，基本实现目标结构。此时，林分结构稳定，持续生产大径级木材，满足用材、防护兼顾的经营目的。

虽然明确了现实林结构调整的 3 个不同的阶段结构目标，但是，由于受现有客观条件所限，本研究只探讨第 1 阶段的结构调整模式。

## 1.6.3　树种组成调整措施

树种组成是反应林分结构的主要指标因子之一，最佳的树种组成应该是与经营目标相一致的树种组成。即组成林分的树种与各树种蓄积比例符合经营目标的树种组成。现实林的树种组成往往是不符合经营目标和经营要求的，必须对其进行调整。调整林分树种组成必须考虑两个因素，一是树种生物学特性；另一个是经营目标。

现实林树种组成是 2 冷 2 云 2 红 2 椴 1 枫 1 色，针阔混交比为 6∶4，与目标结构的树种组成的针阔混交比一致，但现实林树种组成是每公顷蓄积量为 255.1 $m^3$ 时的组成比例，而目标结构树种组成是比现实林蓄积较高时的组成比例。由于树种生物学特性不同，生长速度不同，因此，要在不同蓄积量状况下维持林分相同的树种组成比例，就必须对现有的树种组成进行调整。

从现实林各树种组成比例变化分析，冷杉、红松、椴树及云杉四个树种均在 2 成左右，其中，由于红松是禁止采伐树种，因此在林分中红松的蓄积比例在提高，本研究认为，从充分利用资源角度考虑，可以采伐已经到了自然成熟年龄的红松林木，避免资源浪费，并保持林分中红松组成比例。

冷杉是前两次采伐的主要树种，蓄积比例虽然有所下降，但还是林分中蓄积比例最多的树种，且大径阶林木较多，是近期采伐的主要对象。

云杉和椴树的蓄积比例变化不明显，可以根据其生长量进行适量采伐。值得注意的是，林分中有部分胸径已超过 60cm 的椴树，单株材积很高，在椴树蓄积量中占有一定的比重，并且是椴树天然更新的种子来源。但从充分利用资源及解放目标树和经营木考虑，可以逐渐采伐利用这部分椴树。

枫桦和色木始终占树种组成的 1.0 左右，为了给其它树种的天然更新创造条件，并保持稳定的林分针阔混交比，应适量进行采伐。

除了上述林分中占蓄积比例较大的树种以外，在林分中也有部分阔叶树种，如，榆树、白桦、水曲柳、杨树、暴马丁香等，虽然蓄积比例很小，但对维持森林生态系统稳定性、提高物种多样性及林分天然更新等方面都发挥着较大的作用，尽量保留。

## 1.6.4 采伐模式研究

本研究从采伐方式、采伐强度、采伐周期、采伐木的确定以及分布格局等几个方面探讨云冷杉针阔混交林的采伐(不分主伐和间伐)模式。

### 1.6.4.1 采伐方式的确定

依据现实林结构特征，结合经营目的，本研究确定单株择伐为云冷杉针阔混交林采伐方式。

### 1.6.4.2 择伐强度的确定

鉴于检查法关于采伐强度的试验结果，结合研究对象结构特征及目标结构，结构调整第1阶段采伐强度确定为10%。

### 1.6.4.3 择伐周期

择伐周期的确定，依据公式：

$$c\% = 1 - \frac{1}{(1+0.0p)^n} \tag{1-24}$$

变换得：

$$n = \ln\frac{1}{(1-c\%)} / \ln(1+0.0p) \tag{1-25}$$

其中：$n$ 为择伐周期、$c\%$ 为采伐蓄积强度、$p$ 为材积生长率；

利用林分 1996～2003 年的材积生长率为 3.1% 及确定的不同采伐强度，计算云冷杉针阔混交林择伐周期。选择择伐强度 10% 时，择伐周期为 3 年，但考虑林分现有每公顷蓄积量低，结合不同阶段结构调整目标方案，把研究对象结构调整第 1 阶段择伐周期调整为 5 年。

### 1.6.4.4 择伐强度与择伐周期合理性分析

进行林分结构调整，采伐强度与采伐周期是关键的因子，研究对象结构调整采伐强度与采伐周期是否合理，本研究做了以下分析。

林分生长量的大小是由林分生长率和林分蓄积量来决定的，而林分生长率的大小与采伐强度、林木年龄以及林分状况等因子有关。研究对象目前的生长率为 3.1%，通过对林分结构调整，改善林分条件，采取合理采伐强度等措施可以进一步提高研究对象目前生长率。本研究以林分生长率保持不变、不考虑林分枯损量(枯损率较小 0.58%)的情况之下，利用已确定的择伐强度和择伐周期预测结构调整第一阶段的采伐量与收获量(表 1.46)。

表1.46 结构调整第1阶段蓄积量变化（m³/hm²）

| 择伐周期 | 生长量 | 伐前蓄积量 | 采伐量 | 伐后蓄积量 |
|---|---|---|---|---|
| 第1择伐周期 | 42 | 297 | 30 | 268 |
| 第2择伐周期 | 44 | 312 | 31 | 280 |
| 第3择伐周期 | 46 | 327 | 33 | 290 |
| 第4择伐周期 | 53 | 343 | 34 | 309 |

从上表看出，在第1阶段，以择伐强度为10%、择伐周期为5年进行调整，在4个择伐周期内，可以采伐128 m³/hm²活立木蓄积，平均每年可以采伐6~8 m³/hm²，林分蓄积净增长54 m³/hm²，达到309 m³/hm²。

从以上预测结果看，只要保持林分一定的生长率，按照上述择伐强度及择伐周期进行调整，能够实现目标结构，从而说明了择伐强度及择伐周期的合理性。

### 1.6.4.5 目标树经营法

天然林林分结构调整主要是树种和直径结构调整，主要形式是采伐。因此，如何确定目标树和采伐木是结构调整的关键环节。为了合理确定目标树和采伐木，本研究提出目标树经营法。

#### 1.6.4.5.1 目标树内涵

本研究把林木划分为目标树、采伐木及经营木三种类型，它们的内涵如下。

目标树：满足经营目的，对林分的稳定性和生产性发挥重要作用的林木，通常是寿命长、经济价值高的林木，需做特别标记；

采伐木：影响目标树生长的、需要在近期采伐利用的林木；

经营木：林分中的既非目标树、也不是采伐木，是为保持林分结构需要经营的林木。一般不作特别标记，部分经营木可能成为林分未来的目标树。

从目标树的含义分析，目标树对林分结构的稳定、功能的发挥以及森林生态系统过程发挥重要作用的林木，通常位居林分中、上层林，在林分中保持一定数量的目标树，林分就会维持良好的林分结构和生产力。

#### 1.6.4.5.2 目标树经营主要技术指标

（1）目标树经营特点

目标树是生态系统演替的顶级树种和具备优良遗传基因的树木，这意味着林分具备了质量持续提高的基础；其次目标树能够达到期望的高价值，所以森林经营就具备了长期动态稳定的经济基础；再是目标树经营尽可能借用自然力（天然更新），人工投入少，自然增值大；最后目标树经营既可培育优质大径材，又可通过采伐非目标树得到中间收入。

（2）目标树株数密度

目标树株数密度的确定有2种方法，一种是根据目标树胸径来预估，另一种是根据林分收获断面积来预估。

①目标树胸径预估法：根据试验林分调查数据，目标树间平均距离约为目标树胸径的20-25倍，即阔叶树树间平均距离（m）＝目标树胸径（m）×25，针叶树间平均距离（m）＝目标树胸径（m）×20；

假设每株树所占面积形状为正六边形，正六边形面积 $F = (3/2) \times \sqrt{3} \ a^2$

目标树株数密度 $= 10000m^2/F$

②根据林分断面积预估法：本研究实验结果表明，不同立地条件(上、中、下)林分的预期收获断面积分别为 $35m^2$、$30m^2$ 和 $25m^2/hm^2$。

目标树株数密度 $= 10000m^2/$预期收获断面积

试验林分的总断面积是稳定的(林地生产力是稳定的)。目标树经营就是要提高林分质量，生产优质大径材，使目标树生长力保存旺盛。

(3)目标树形状

选择指标：树高直径比(高径比)和树高冠高比。

高径比 $=$ 树高(米)/胸径(米)，树高冠高比 $=$ 冠高/树高。

其中，高径比一般小于或等于80，如果大于80，说明它太瘦长了，这样的林分不稳定、不健康，需要调整。

树高冠高比应该是 $30\% \sim 50\%$，立地条件差的在 $50\%$ 左右，立地条件好的在 $30\%$ 左右。另外，立地条件越好枝下高越高，林木价值越高。

(4)目标树分布格局

由于目标树多为生长状况良好的优势木组成，对林分结构的稳定以及林分的天然更新等方面发挥重要作用，因此，目标树的分布格局应为随机分布或均匀分布。

(5)目标树相邻距离

依据目标树分布格局可以确定相邻目标树适宜距离。以目标树随机分布为前提，根据目标树株数密度，确定相邻目标树适宜距离。

目标树适宜距离为：云冷杉等针叶树为目标树胸径的 20 倍，阔叶树为目标树胸径的 25 倍。

(6)目标树蓄积量

依据目标树株数密度和林分平均直径，再利用当地一元材积表计算出目标树的每公顷蓄积量范围。

研究对象结构调整第 1 阶段(30a)的目标树每公顷蓄积量由期初的 $150m^3$ 提高到 $220m^3$。

(7)目标树培育目标径阶

目标树不仅能维持良好的林分结构和维持生态功能，而且能不断生产优质木材满足经营目的。目标树的采伐利用及持续培育对实现经营目的具有重要作用。虽然数量成熟龄是林木材积平均生长量最大时的年龄，但不是其经济效益最高的年龄，目标树应该培育到自然成数龄或接近自然成熟龄时其木材规格最佳，经济效益最高。本研究认为，数量成熟龄再延长 $2 \sim 3$ 龄级为各树种自然成熟龄，此时的直径总生长量为目标树的目标径阶。

鉴于以上分析，目标树目标径阶确定为：红松 $\geqslant 48cm$，云杉 $\geqslant 46cm$，冷杉 $\geqslant 40cm$，椴树 $\geqslant 46cm$，枫桦、色木、榆树、水曲柳、黄菠萝、柞木 $\geqslant 40cm$。

(8)目标树树种组成

目标树树种组成是林分树种组成的主体，因此，调整目标树树种组成结构是调整林分树种组成结构的重要部分。本研究，依据目标结构树种组成及现实林树种组成，确定目标树针阔比为 $6:4$。

#### 1.6.4.5.3 目标树的确定流程

目标树一般是干形通直、生长良好、无病虫害、经济价值高的健康林木，依照以下流程确定目标树。

①对关键树种，确定为目标树的优先顺序为：禁伐树种 > 珍稀濒危树种 > 种子树 > 其它树种；

②目标树平均距离之内不选其它目标树；

③在多个树种被选择目标树时，以经济效益优先为原则确定目标树。即以当时市场木材价格高的树种优先确定为目标树。研究地区 2003 年各树种木材价格（表 1.47）。同一树种的大径级价格是小径级的 2～4 倍，目前国内大径级材供不应求，且主要依靠进口，价格不断上扬，培育大径级材是经济上是有效益的。

**表 1.47　各树种木材平均价格\*（元/m³）**

| 树种 | 云杉 | 冷杉 | 杨树 | 白桦 | 枫桦 | 椴木 | 色木 | 榆树 | 水曲柳 | 黄波萝 | 柞木 |
|---|---|---|---|---|---|---|---|---|---|---|---|
| 价格 | 560 | 550 | 450 | 850 | 910 | 1150 | 820 | 820 | 1150 | 1150 | 1150 |

\* 材种：锯材；等级：1～2 级；规格：24～28cm、6m 长。

#### 1.6.4.5.4 目标树的现地落实

在目标树现地落实时，首先从林地上选择一株认为能够满足目标树条件的林木，按照目标树确定流程对其进行确认，如果不具备目标树条件，则另选一株，以至找到满足条件的林木确定为目标树。确定第一株目标树之后，在其平均距离之外再进行确认是否满足目标树条件，依此进行确认整个林分的目标树，并在确认的目标树上挂号标记，以便与其它林木区别。

#### 1.6.4.5.5 采伐木确定流程

采伐木的确定，首先应该为目标树创造良好的生长条件和保持目标树结构；其次，考虑林分结构的完整性、合理性以及有利于天然更新；另外，应永久保留一定数量的不同腐烂程度和分布密度的枯立木和倒木，满足野生动物和其它生物对一些特殊生境的要求。

在综合考虑上述因素的基础上，按照以下顺序来确定采伐木。

①影响目标树生长的林木确定为采伐木；

②已经达到目标树培育径阶和采伐木起伐径阶以上的林木；

③明显有缺陷或没有培育前途的林木，如：病腐木、损伤木、分叉木、弯曲木、濒死木等，在考虑林分结构的基础上，按一定比例保留为森林动物、微生物提供生存场所以外，其它均确定为采伐木；

④严重影响到其它树木生长的林木，竞争激烈的林木中选择生长状况不良的林木确定为采伐木；

⑤采伐后能形成适宜大小林隙（直径小于 20m）的林木。

#### 1.6.4.5.6 采伐木的现地落实

采伐木的确定工作与目标树的确定工作是在林分中同时进行，但优先确认目标树的基础上确定采伐木。采伐木确定前对林分进行每木调查，依据制定的采伐强度和生长量计算出采伐量，再依据径阶株数分布及针阔混交比的调整要求，把采伐量分配到每个树种的不同径阶上。做好以上前期工作之后，到现地按照本研究制定的采伐木确定流程落实采伐木。

#### 1.6.4.5.7 目标树、采伐木现地落实模拟

目标树和采伐木的现地落实是复杂的过程，确定其控制因子众多。因此，为了指导现地落实工作和检验制定的目标树、采伐木确定流程的合理与否，利用

2004年林分立木空间结构调查数据来模拟现地落实过程。

（1）绘制林分树冠投影平面图

为了更直观地显示林分结构信息，利用空间结构标准地调查数据，按一定比例绘制林分树冠投影平面图（图1.36，见彩插）。为了方便起见把树冠的东、西、南、北四个方向的冠幅，取其平均值作为树冠的半径，以树冠实、虚线反映林木高度及林木树冠之间的相互影响，即没有被遮挡的树冠以实线表示，被遮挡的树冠用虚线表示。这样绘制的林分树冠投影图，可以反映林木间的距离、林木高度以及林木树冠之间的相互影响，为目标树和采伐木的确定提供了准确的结构信息。

（2）制定目标树、采伐木落实计划

依据目标树结构标准计算出标准地内落实的目标树株数与蓄积量。经过计算，在 40 × 50m 的标准地内目标树株数以 50 ~ 70 株、蓄积量以 30 ~ 50m³ 较为合理。同样以确定的结构调整第一阶段的采伐强度计算出本次从标准地内采伐的蓄积量，计算结果为6m³左右。

（3）现地落实

在依据制定的目标树与采伐木落实计划的基础上，按照目标树与采伐木确定流程，结合林分现实结构特征，进行现地落实。在标准地内目标树与采伐木分布情况见图1.37（见彩插），确定的目标树共52 株，蓄积量为31.8 m³，采伐木共10 株，蓄积量为7.4 m³，与制定的目标树、采伐木落实计划正好相符。

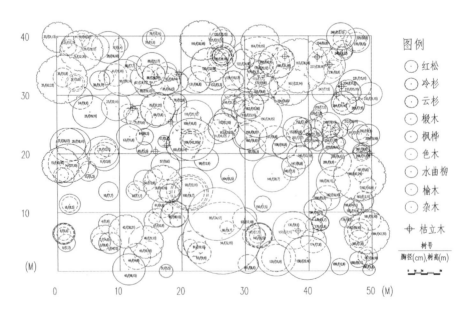

**图 1.36 林分树冠投影平面图**

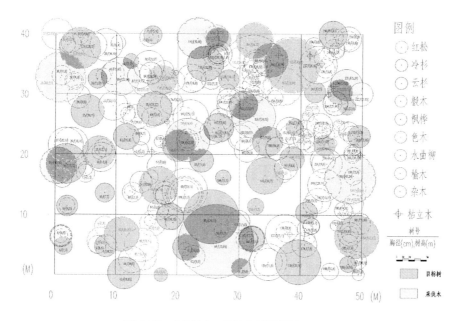

**图 1.37  目标树、采伐木树冠投影平面图**

确定采伐木和目标树时，除了考虑以上述因子以外，还应该考虑目标树与相邻目标树之间，目标树与相邻经营木之间的空间高度连续补位问题。即目标树将来被采伐时，相邻的经营木能够具备目标树条件，成为目标树，发挥维持林分结构的作用，避免目标树采伐后相邻没有可选目标树而影响林分结构的连续性。为了更直观地说明上述问题，利用标准地31、32、41、42 四个小区的部分目标树与采伐木的确定过程来解释上述问题，见图 1.38。

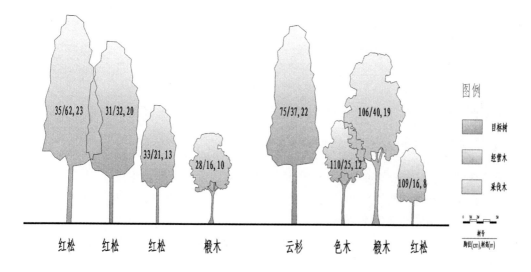

**图 1.38  目标树、采伐木垂直分布图**

从图1.38(见彩插)上看,35号树红松的胸径已到了62cm,而且严重影响了31号树红松的生长,因此确定为采伐木;第106号树椴树同样影响了110号树色木和109号树红松的生长,而且与目标树75号云杉是同一个林层,垂直方向上没有形成空间高度连续性,因此确定其为采伐木;在将来目标树31号红松和75号云杉被采伐时与其相邻的33号红松、28号椴树与110号色木、109号红松依次相继成为目标树,持续林分的稳定结构。

初次确定目标树的工作量比较大,但一旦确定之后,可以为以后的多次采伐木的定株选择和作业设计节省大量工作量,并可以实现单株木定向集约经营。

# 1.7 云冷杉针阔混交林经营模式

林业具有不确定性、多样性和要计划性,要充分了解和认识林业(森林)的特点是实现森林资源可持续经营的前提,林业的特点决定了森林经营管理过程的复杂性和长期性。因此,提出科学合理、规范的经营管理体系,即经营模式是森林资源可持续经营的需要和保障,其主要内容包括区划、调查、分析、评价、规划、决策、实施、检查及调整。

经营模式中,区划及调查是一切经营活动的前提和条件,通过区划及调查,才能获取森林资源和经营的信息,为经营模式的构建提供依据;评价是基础,在区划调查的基础上,对森林资源进行客观的评价是经营模式的基础;规划是经营模式重点,在前两项工作的基础上,提出合理的经营方案,包括目标结构、经营目标以及结构调整等;监测是经营模式的关键环节,通过监测,发现经营过程中存在的不协调因素,为经营模式的调整提供依据;调整是依据监测结果,对经营模式中存在的不合理、不完善之处进行调整,进而使经营模式更加科学、合理。

研究对象为过伐林,是当地主要的森林类型。然而,迄今为止,尚未有一个科学实用、可操作性强的过伐林经营模式能在生产经营实践中推广应用。由于过去的经营,往往是以木材生产为一切经营活动的出发点和落脚点,不考虑其生态功能,而导致林分结构不合理,生态功能日渐衰退,因此,以生态学理论为指导,借助生态系统经营技术,探索在满足经济效益的同时兼顾其生态效益的云冷杉针阔混交林经营模式,具有非常重要的科学意义和实践价值。

本章整合前几章单项研究的结果,构建了云冷杉针阔混交林经营模式。

## 1.7.1 云冷杉针阔混交林经营原则

云冷杉针阔混交林在该地区的经济社会与生态稳定中发挥着巨大的作用,研究对象的经营效果直接影响其结构恢复与功能发挥,如何经营好过伐林区云冷杉针阔混交林资源,充分发挥其各种功能是贯串本研究的主线。为了科学经营云冷杉针阔混交林,本文依据经营目标及现实林结构特征,提出云冷杉针阔混交林经营中遵循的3个基本原则,即可持续经营原则、森林生态系统完整性原则和经济效益与其它效益协调发挥原则。

(1)可持续经营原则

人类社会发展史和文明史不可辩驳的事实证明,尊重森林,与森林和谐共处,长期维持森林的效益是人类最终明智的唯一选择。研究对象为过伐林,尽快恢复其良好的林分结构和充分发挥其多种功能是该地区经济社会发展和环境建设的迫切需要。可见,云冷杉针阔混交林经营必须以可持续经营作为首要指导原则，实现云冷杉针阔混交林的可持续经营。

（2）森林生态完整性原则

云冷杉针阔混交林是由乔木、灌木、草本、野生动物、微生物等生物成分，和土壤、水分、空气等非生物成分组成的复杂的生态系统。根据系统科学的基本原理，森林中的任何产出和功能是生态系统各要素综合、协同作用的涌现效应。系统的结构决定其功能，结构完整并且合理，功能才能正常发挥。要维持和提高云冷杉针阔混交林的多种功能和效益，就必须维持森林生态系统结构的完整性，并不断优化系统的结构，以实现整体功能的最优。因此，维护森林完整性，是云冷杉针阔混交林经营的重要原则之一。

（3）经济效益与其它效益协调发挥原则

研究对象在该地区发挥重要经济作用，同时发挥着水源涵养、水土保持等生态功能，以往的片面追求短期经济利益的经营方式，导致林分结构被破坏，生态环境急剧恶化。在惨痛的教训中人们才意识到云冷杉针阔混交林经营不能只考虑短期经济效益，必须兼顾生态效益、社会效益和长期经济效益，并达到各种效益的协调发展，最大限度地满足经营目标才是最终目的。

## 1.7.2　云冷杉针阔混交林经营模式的构建

森林经营模式（forest management model）是指为达到森林经营目标的一系列可以操作的经营技术措施的标准形式。由于森林经营是在目前人类知识与技术的不完善和森林生态系统的复杂性、不确定性条件下而采取的一种循序渐进的适应性过程。这就意味着森林经营模式的构建也是一种不断满足经营目标、不断完善经营措施的过程，因此，经营模式的构建应该不断适应区域社会发展的需要。森林经营模式体系直接为森林经营单位或森林经营者服务，主要是在区域可持续发展战略目标的约束下，根据社会需求、市场需求及经营者的需求，能实现森林经营目标的各种森林经营模式的集合。

依据上述森林经营模式的含义，可以把研究对象经营模式的定义理解为，为实现云冷杉针阔混交林经营目标而采取的一系列可以操作的经营技术措施的标准形式，是根据约束条件和需求，融合了经营理念、经营目标、经营原则、目标结构、结构调整理论与方法技术等与云冷杉针阔混交林经营有关要素的有机整体或体系，它对该地区云冷杉针阔混交林经营应该具有全面指导意义。云冷杉针阔混交林经营的理论和技术，最终由经营模式来体现，通过经营模式在生产经营中的实践应用来转变为现实生产力，发挥研究对象的综合效益。

本研究以经营理论基础、经营目标体系、目标结构体系、区划调查体系、结构调整理论与技术等5个方面构建云冷杉针阔混交林经营模式。

### 1.7.2.1　经营理论基础

（1）经营理念

经营理念：森林经营应回归自然，尊重自然规律，利用自然的全部生产力。即尽可能地利用森林生产力，尽可能地保护和维持森林健康，并尽可能地多收获的森林经营理念。

经营理念是构建云冷杉针阔混交林经营模式中遵循的最高经营思想准则，是制定一切经营活动的出发点和落脚点。

（2）指导理论

以生态学理论、生态系统经营理论及近自然森林经营理论为指导。

以生态学作为指导理论，处理和理顺经营活动中出现的一切复杂的人与自然、人与生态环境之间的矛盾和关系。

以生态系统经营理论和近自然森林经营理论为指导恢复和改善过伐林结构，满足经营目标，增进森林生态系统的健康和完整性，使人类与自然在一个较大的空间规模和较长的时间尺度上协同、持续发展。

（3）理论基础

以系统结构功能转化机理为理论基础指导构建云冷杉针阔混交林经营模式。

#### 1.7.2.2 经营目标体系

云冷杉针阔混交林经营模式的经营目标体系由总目标、一级目标和二级目标构成，一级目标为林种目标、二级目标为材种目标（表1.48）。

**表1.48 经营目标体系**

| 一级经营目标（总经营目标） | 长期维持和不断优化云冷杉针阔混交林结构经济、生态、社会效益的可持续经营 |
|---|---|
| 二级经营目标（林种经营目标） | 兼顾生态效益的用材林 |
| 三级经营目标（材种经营目标） | 大径级材 |

#### 1.7.2.3 目标结构体系

云冷杉针阔混交林目标结构总结为四级结构体系，见表1.49和图1.41。

**表1.49 云冷杉针阔混交林目标结构（指标）**

| 指标 | 标准 |
|---|---|
| 1 总目标结构 | 异龄、复层、混交林 |
| 2 林分最高蓄积量 | $350 \sim 400 m^3/hm^2$ |
| 3 林分株数密度 | $950 \sim 1050$ 株/$hm^2$ |
| 4 材积按径阶分布 | 小径木（$6 \sim 26cm$）：中径木（$28 \sim 34 cm$）：大径木（$\geqslant 36cm$）= 2：3：5 |
| 5 株数径阶分布 | 反"J"型分布 |
| 6 直径递减系数 q | $1.2 \sim 1.4$ |
| 7 天然更新分布格局 | 聚集分布 |
| 8 天然更新密度 | $\geqslant 3000/hm^2$ 株（不分高度级） |
| 9 针阔混交比 | 6：4 |
| 10 树种组成 | 2冷2云2红2椴1枫1色 |
| 11 垂直结构 | 不同生态位树种在林分垂直方向上和谐地相互配置，分为上、中、下3个林层 |

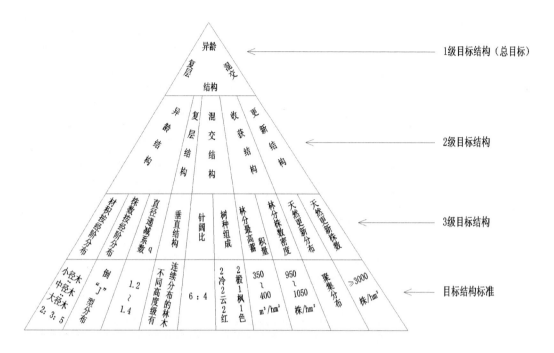

图1.41 目标结构体系

### 1.7.2.4 区划、调查体系

区划、调查体系是构建云冷杉针阔混交林经营模式的基础，本研究根据经营目标，提出满足研究对象集约经营要求的区划、调查体系，见表1.50、表1.51。

表1.50 区划体系与区划指标

| 区划体系 | 林业局 → 林场 → 经营区 → 林班 → 固定小班 |
| --- | --- |
| 区划指标 | 经营区和二级林种、立地类型、土壤、优势树种或优势树种组、郁闭度、森林健康等级、针阔混交比、林地生产力等级、林分层次结构、生物多样性、枯落物层厚度、权属 |

表1.51 调查指标体系

| 调查指标分类 | 调查指标 |
| --- | --- |
| 经济功能类指标 | 林分蓄积量、林分平均高、林分平均直径；珍贵树种数量及分布 |
| 生态功能类指标 | 林分健康等级、生物多样性、站杆倒木储量、病虫危害程度、关键树种数量及分布、立地质量、土壤类型、枯落物层厚度、林分生产力 |
| 林分结构类指标 | 树种组成、郁闭度、层次结构、水平结构、天然更新、针阔混交比、株数径阶分布、灌木层覆盖度、草本层覆盖度 |

#### 1.7.2.5 结构调整理论技术体系

本研究依据目标结构与经营目标，提出结构调整理论与技术体系。利用森林生态系统经营技术与异龄、复层、混交林的近自然经营技术，提出目标树控制采伐的调整理论与技术。

结构调整分 3 个阶段(表 1.52)进行，结构调整技术见表 1.53。

**表 1.52　结构调整阶段划分**

| 阶段划分 | 调整目标 |
| --- | --- |
| 第 1 阶段 20 ~ 25 年 | 以"育"为主、以"采"为辅，实现林分蓄积量达到 300 $m^3/hm^2$ 左右，对林分径阶株数分布进一步调整，趋于合理。 |
| 第 2 阶段 20 ~ 25 年 | 采育结合，适当提高采伐强度，实现林分蓄积量 300 ~ 350 $m^3/hm^2$ 之间，林分结构趋于更加稳定、合理。 |
| 第 3 阶段 | 采育兼顾，再适当提高采伐强度实现目标蓄量 350 ~ 400 $m^3/hm^2$，获取更多的木材及林副产品，径阶株数按理想结构分布，基本实现目标结构。 |

**表 1.53　结构调整体系**

| 调整因子 | | 调整措施 |
| --- | --- | --- |
| 更新 | | 以天然更新为主，必要时采取人工更新，强调乡土树种，采用单株择伐作业体系，控制林分郁闭度，适量保留枯倒木数量等措施，促进林分天然更新 |
| 树种组成 | | 保护珍稀濒危树种、合理利用禁伐树种避免资源浪费、保持林分6:4的针阔混交比和 2 冷 2 云 2 红 2 椴 1 枫 1 色的树种组成 |
| 采伐 | 采伐强度 | 10% |
| | 采伐周期 | 5 年 |
| | 采伐方式 | 单株择伐 |
| | 采伐木确定 | 目标树控制法确定采伐木 |
| | 起伐径阶 | 云杉 40 cm、冷杉 32 cm、椴树 38 cm、枫桦 30 cm、色木 30cm |

#### 1.7.2.6 经营模式结构体系

本研究在对云冷杉针阔混交林经营目标、目标结构、区划、调查与结构调整等方面进行深入研究、分析的基础上，进一步理顺和整合各研究结果及其之间的关系，提出了云冷杉针阔混交林经营模式结构体系(表 1.54)，为实现云冷杉针阔混交林可持续经营提供了理论依据和技术支撑。

表 1.54 云冷杉针阔混交林经营模式结构体系

| 经营理论基础 | 经营目标体系 | 目标结构体系 | 经营技术体系 | 结构调整阶段 |
|---|---|---|---|---|
| 1. 经营理念：森林经营应回归自然，尊重自然规律，利用自然的全部生产力。即尽可能地利用森林生产力，尽可能地保护和维持森林健康，并尽可能地多收获的森林经营理念<br><br>2. 指导理论：<br>·生态学理论<br>·森林生态系统经营理论<br>·近自然森林经营理论<br><br>3. 理论基础：<br>·以系统结构功能转化机理理论基础指导构建云冷杉针阔混交林经营模式 | 1. 经营总目标：<br>·长期维持和不断优化云冷杉针阔混交林结构<br>·经济、生态、社会效益的可持续经营<br><br>2. 经营林种：<br>·兼顾生态效益的用材林<br><br>3. 经营材种：<br>·大径级材 | 1. 总目标结构（一级）：<br>·异龄、复层、混交林结构<br><br>2. 二、三级目标结构及指标<br>（1）异龄结构：·材积径级分布：小径木：中径木：大径木＝2:3:5·株数径阶分布：呈反"J"型分布·直径递减系数 q 值范围：1.2~1.4<br>（2）复层结构：·林分层次结构：具有发达的乔木层、灌木层及草本层结构·乔木层结构：不同高度级有连续分布的林木，充分利用空间位置<br>（3）混交结构：·针阔混交比：6:4<br>·树种组成：2 云 2 冷 2 红 2 椴 1 枫 1 色<br>（4）收获结构：<br>·林分蓄积量范围：350~400m³/hm²<br>·林分株数密度范围：950~1050 株/hm²<br>（5）更新结构：<br>·天然更新分布：聚集分布为宜<br>·天然更新幼树、幼苗株数：≥3000 株/hm² | 1. 经营技术：<br>·森林生态系统经营技术<br>·异龄、复层、混交林的近自然经营技术<br><br>2. 更新技术：<br>·以天然更新为主，必要时采取人工更新，强调乡土树种，采用单株择伐作业体系，控制林分郁闭度，适量保留枯倒木数量等措施，促进林分天然更新。<br><br>3. 利用技术：<br>·单株择伐结合目标树经营技术。<br>（1）指导原则：有利于树种结构、年龄结构、层次结构和分布格局调整，有利于森林的天然更新和异龄复层混交林结构。<br>（2）目标树结构及指标根据经营目标及现实林结构来确定目标树结构。<br>·目标树蓄积量：150~200 m³/hm²<br>·株数：250~300 株/hm²<br>·树种组成：2 云 2 冷 2 红 1 枫 1 色<br>·分布格局：随机、均匀<br>·相邻目标树距离：3~7m<br>·培育径阶：云杉≥46、红松≥48、冷杉≥40、椴树≥46、枫桦≥36、色木≥38cm<br>（3）第一阶段采伐指标<br>·采伐方式：单株择伐·采伐强度：10%<br>·择伐周期：5 年<br>·采伐木确定：结合目标树确定，见采伐木确定流程。<br>·采伐径阶：云杉 40cm、冷杉 32cm、椴树 38cm、枫桦 30cm、色木 30cm | 1. 第一阶段：以"育"为主、以"采"为辅，实现林分蓄积量达到 300 m³/hm² 左右，对林分径阶株数分布进一步调整，趋于合理。<br><br>2. 第二阶段：采育结合，适当提高采伐强度，实现林分蓄积量 300~350 m³/hm² 之间，林分结构趋于更加稳定、合理。<br><br>3. 第三阶段：采育兼顾，再适当提高采伐强度实现目标蓄积量 350~400 m³/hm²，获取更多的木材及林副产品，径阶株数按理想结构分布，基本实现目标结构。 |

# 参考文献

安慧君．2003. 阔叶红松林空间结构的研究．北京林业大学博士学位论文．北京：北京林业大学图书馆

国家林业局森林资源管理司．2002. 东北、内蒙古国有重点林区采伐更新作业调查设计规程(试行).

惠刚盈、盛炜彤．1995. 林分直径结构模型的研究．林业科学研究, 8(2)：127 – 131

惠刚盈，[德]克劳斯·冯多佳．2003 森林空间结构量化分析方法．北京：中国科学技术出版社

胡艳波．2003. 吉林蛟河天然红松阔叶林的空间结构分析．林业科学研究, 16(5)：523 – 530

林朝楷．2003. 农业新技术，(1)：30 – 31

李景文等．1997. 红松混交林生态与经营．哈尔滨：东北林业大学出版社

孟宪宇．1991. 削度方程和林分直径结构在编制材种表中的重要意义．北京林业大学学报, 13(2)：14 – 16

孟宪宇．1996. 测树学(第 2 版)．北京：中国林业出版社

邱水文．1991. 林木直径分布收获模型综述．华东森林经理, (2)：28 – 32

孙国华．1995. 长白山区山野菜资源及其开发前景．吉林林业科技, (5)：32 – 36

孙时轩．1990. 造林学(第 2 版)．北京：中国林业出版社

徐化成．2001. 中国红松天然林．北京：中国林业出版社

于政中．1998. 森林经理学(第 2 版)．北京：中国林业出版社

赵焕臣等．1986. 层次分析法．北京：科学出版社

David F. N. and Moor P. G. . 1954. Notes on contagious Distibution in palant populations, Ann. Bot. Lond. N. S. 18

Fueldner, 1995. K. Strukturbeschreibung von Buchen-Edellaubholz Mischwaeldem[M] Goettingen：Cuvillier Verlag Goettingen

Lloyd M. 1967. Mean Crowding[J]. Anim. Ecol, 36

Meyer H. A. Structure, 1952. growth, and drain in balanced uneven-aged forests[J]. For, (50)：85 – 92

## 附表 样地中出现的植物名录

| 中文名 | 拉丁名 | 中文名 | 拉丁名 |
| --- | --- | --- | --- |
| 冷杉 | *Abies nephrolepis* | 土三七 | *Sedum aizoon* |
| 红皮云杉 | *Picea koraiensis* | 唢呐草 | *Mitella nuda* |
| 红松 | *Pinus koraiensis* | 华金腰子 | *Chrysosplenium sinicum* |
| 落叶松 | *Larix olgensis* | 蚊子草 | *Filipendula palmata* |
| 枫桦 | *Betula costata* | 山野豌豆 | *Vicia amoena* |
| 白桦 | *Betula platyphylla* | 歪头菜 | *Vicia unijuga* |
| 紫椴 | *Tilia amurensis* | 大叶野豌豆 | *Vicia pseudorobus* |
| 色木 | *Acer mono* | 山酢浆草 | *Oxalis acetosella* |
| 青楷槭 | *Acer tegmentosum* | 毛蕊老鹳草 | *Geraniumwilfordi* |
| 花楷槭 | *Acer ukurunduense* | 鼠掌老鹳草 | *Geranium sibiricum* |
| 山杨 | *Populus davidiana* | 鸡腿堇菜 | *Viola acuminata* |
| 榆树 | *Ulmus pumila* | 高山露珠草 | *Circaea alpina* |
| 水曲柳 | *Fraxinus mandshurica* | 柳兰 | *Chameneron angustifolium* |
| 大叶小檗 | *Berberis amurensis* | 独活 | *Heracleum hemsleyanum* |
| 五味子 | *Schisandra chinensis* | 山芹菜 | *Spuriopimpinella brachycarpa* |
| 狗枣猕猴桃 | *Actinedia kolomikta* | 小叶芹 | *Aegopodium alpestre* |
| 东北茶藨 | *Ribes mandshuricum* | 山茄子 | *Brachybotrys pariformis* |
| 东北山梅花 | *Philadelphus schrenkii* | 山菠菜 | *Prunella asiatica* |
| 刺蔷薇 | *Rosa davurica* | 野芝麻 | *Lamium album* |
| 珍珠梅 | *Sorbaria sorbifolia* | 美汉草 | *Meehania urticifolia* |
| 土庄绣线菊 | *Spiraea pubescens* | 连钱草 | *Glechoma hederacea* var. *longituba* |
| 柳叶绣线菊 | *Spiraea salicifolia* | 车前 | *Plantago asiatica* |
| 山荆子 | *Malus baccata* | 北方拉拉藤 | *Galium boreale* |
| 蓬蘽悬钩子 | *Rubus crataegifolius* | 茜草 | *Rubia cordifolia* |
| 胡枝子 | *Lespedeza bicolor* | 艾蒿 | *Artemisia argyi* |
| 卫矛 | *Euonymus alatus* | 兔儿伞 | *Cacaria aconitifolia* |
| 瘤枝卫矛 | *Euonymus pauciflorus* | 山尖子 | *Cacaliahastata* |
| 刺五加 | *Acanthopanax senticosus* | 北橐吾 | *Ligularia sibirica* |
| 杜鹃 | *Rhododendron mucronulatun* | 齿叶风毛菊 | *Saussurea amuresis* |
| 忍冬 | *Lonicera japonica* | 风毛菊 | *Saussureajaponica* |
| 鸡树条荚蒾 | *Viburnum sargentii* | 万年蒿 | *Artemisia sacrorum* |
| 暴马丁香 | *Syringa reticulata* var. *mandshuica* | 朝鲜一枝黄花 | *Solidago virgaurea* |
| 榛子 | *Corylus heterophylla* | 和尚菜 | *Adenocaulon himalaicum* |
| 毛榛 | *Corylus mandshurica* | 蟹甲草 | *Cacalia tebakoensis* |
| 花蕊 | *Phlox laxiflorum* | 大叶樟 | *Deyeuxialangsdorffii* |

| 中文名 | 拉丁名 | 中文名 | 拉丁名 |
|---|---|---|---|
| 木贼 | *Equisuum hyemale* | 宽叶苔草 | *Carex siderosticra* |
| 掌叶铁线蕨 | *Adiantum pedatum* | 羊胡子草 | *Eriophorum vaginatum* |
| 猴腿蹄盖蕨 | *Athyrium multidentatum* | 苔草 | *Carex* sp. |
| 中华蹄盖蕨 | *Athyrium sinense* | 莎草 | *Pycreus* sp. |
| 粗茎鳞毛蕨 | *Dryopteris austriaca* | 山韭菜 | *Allium tuberosum* |
| 狭叶荨麻 | *Urtica argustifolia* | 轮叶百合 | *Liliumdistichum* |
| 繁缕 | *Stellaria media* | 单叶舞鹤草 | *Maianthemum bifolium* |
| 草乌头 | *Aconitum kusnezoffii* | 北重楼 | *Paris verticillata* |
| 类叶升麻 | *Actaea spicata* var. *asiatica* | 鹿药 | *Smilacina japonica* |
| 驴蹄草 | *Caltha palustris* var. *sibivica* | 藜芦 | *Veratrum nigrum* |
| 尖萼耧斗菜 | *Aquilegia oxjcepala* | 七筋姑 | *Clintonia udensis* |
| 唐松草 | *Thalictrum aquileqifolium* var. *sibiricum* | 轮叶沙参 | *Adenophora tetraphylla* |
| 白花碎米荠 | *Cardamine leucantha* | 长白楤木 | *Aralia continentalis* |

# 2 长白山云冷杉针叶混交林经营模式

## 2.1 云冷杉针叶混交林结构特征

研究对象是 20 世纪 60~70 年代进行过强度择伐后 1987 年以来经过了 20 多年的经营管理正在恢复中的云冷杉针叶混交林，针阔比有 10:0、9:1、8:2 和 7:3。以近原始林作为对照样地。本章主要分析这三种针阔比云冷杉针叶混交林的结构特征。

### 2.1.1 树种组成

表 2.1 树种组成变化

| 小区号 | 树种组成 | 年份 |
|---|---|---|
| Ⅱ大区 4 小区 | 4 冷 2 云 2 红 1 白 1 落 | 1989 |
| | 4 冷 2 云 2 红 1 白 1 落 | 1990 |
| | 4 冷 2 云 2 红 1 白 1 落 | 1994 |
| | 4 冷 2 云 2 红 1 白 1 落 | 1995 |
| | 4 冷 2 云 2 红 1 白 1 落 | 1999 |
| | 4 冷 2 云 2 红 1 白 1 其他 | 2001 |
| | 4 冷 2 云 2 红 1 白 1 其他 | 2003 |
| | 4 冷 2 云 2 红 1 白 1 其他 | 2005 |
| | 4 冷 2 云 2 红 1 白 1 其他 | 2007 |
| Ⅰ大区 4 小区 | 3 冷 2 云 2 红 2 色 1 椴 | 1987 |
| | 3 冷 2 云 2 红 1 色 1 椴 1 桦 | 1989 |
| | 3 冷 2 云 2 红 1 色 1 椴 1 桦 | 1991 |
| | 3 冷 2 云 2 红 1 色 1 椴 1 桦 | 1992 |
| | 3 冷 2 云 2 红 1 色 1 椴 1 桦 | 1994 |
| | 3 冷 2 云 2 红 1 色 1 椴 1 桦 | 1995 |
| | 3 冷 2 云 2 红 1 椴 1 色 1 桦 | 1997 |
| | 3 冷 2 云 2 红 1 椴 1 色 1 桦 | 1999 |
| | 3 冷 2 云 2 红 1 椴 1 色 1 桦 | 2001 |
| | 3 冷 2 云 2 红 1 椴 1 色 1 桦 | 2003 |
| | 3 冷 2 云 2 红 1 椴 1 色 1 桦 | 2005 |

| 针阔比 | 树种组成 | 年份 |
|---|---|---|
| 近原始林 | 3 椴 3 冷 1 红 1 云 1 色 1 其他 | 1986 |
| | 3 冷 3 椴 1 红 1 云 1 色 1 其他 | 1988 |
| | 3 椴 3 冷 1 红 1 云 1 色 1 其他 | 1990 |
| | 4 椴 3 冷 1 云 1 色 1 红 | 1993 |
| | 4 椴 3 冷 1 云 1 色 1 红 | 1994 |
| | 4 椴 3 冷 1 云 1 色 1 红 | 1996 |
| | 4 椴 3 冷 1 云 1 色 1 红 | 1998 |
| | 4 椴 3 冷 1 云 1 色 1 红 | 2000 |
| | 4 椴 3 冷 1 云 1 色 1 红 | 2002 |
| | 4 椴 3 冷 1 云 1 红 1 色 | 2004 |
| | 4 椴 3 冷 1 云 1 红 1 色 | 2006 |
| | 4 椴 3 冷 1 云 1 红 1 色 | 2008 |

表 2.1 为研究对象树种组成变化。从统计结果来看，Ⅱ 大区 4 小区的 1989～1999 年间针阔比为 9:1，2001～2007 年间针阔比为 8:2；Ⅰ 大区 4 小区的针阔比一直保持 7:3；不同针阔比云冷杉针叶混交林的树种组成变化不大。这是因为树种组成不可能在短期内调整到预期目标，是一个渐进、复杂的过程。如果调整幅度过大，就会破坏生态系统的稳定性，影响其持续发展演替。

9:1 的云冷杉针叶混交林的树种组成为 4 冷 2 云 2 红 1 白 1 落，8:2 的云冷杉针叶混交林的树种组成为 4 冷 2 云 2 红 1 白 1 其他，7:3 的云冷杉针叶混交林的树种组成为 3 冷 2 云 2 红 2 色 1 椴 或 3 冷 2 云 2 红 1 色 1 椴 1 桦。显然，从树种比例来看研究区是由冷杉、云杉和红松为主要树种的，针叶树比例大于 7，阔叶树比例小于 3 的混交林。近原始林的针阔比为 5:5。其中，椴树占 3～4 成、冷杉占 3 成、云杉占 1 成、红松占 1 成、色木槭占 1 成，另有零星生长的枫桦、水曲柳、榆树和杂木组成。

## 2.1.2 直径结构

### 2.1.2.1 径阶株数分布

图 2.1、图 2.2 和图 2.3 为不同针阔比云冷杉针叶混交林径阶株数分布形式，从图中看出，不同针阔比的混交林其径阶株数分布形式主要为反"J"型曲线或不对称的左偏单峰山状曲线，株数随径阶的增大趋于减少。前人研究指出，异龄林中最小径阶的林木株数最多，随着直径的增大，林木株数开始时急剧减少，达到一定直径后，株数减少幅度渐趋平缓，而呈现为近似双曲线形式的反"J"型曲线，或左偏单峰山状曲线形式。研究区云冷杉针叶混交林的直径分布符合异龄林直径分布规律，说明直径分布基本符合正常分布规律。

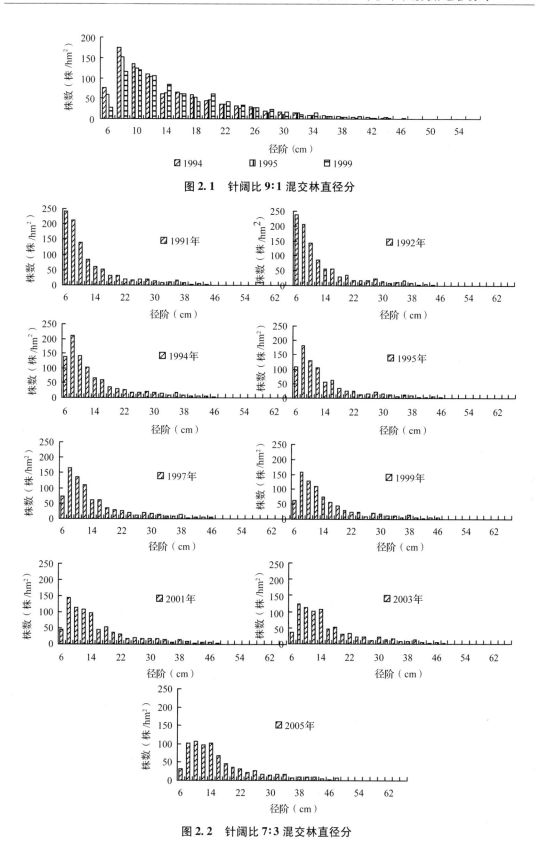

图 2.1　针阔比 9:1 混交林直径分

图 2.2　针阔比 7:3 混交林直径分

利用 spss 软件采用常用的几种函数如，对数函数（$y = b_0 + b_1 lnx$）、逆函数（$y = b_0 + b_1/x$）、二次函数（$y = b_0 + b_1 x + b_2 x^2$）、三次函数（$y = b_0 + b_1 x + b_2 x^2 + b_3 x^3$）、复合函数（$y = b_0 b_1^x$）、幂函数（$y = b_0 x^{b_1}$）、生长函数（$S$ 曲线）（$y = e^{(b_0 + b_1/x)}$）、指数函数（$y = b_0 e^{(b_1 x)}$）、逻辑函数（$y = 1/(1/u + b_0 b_1^x)$）（其中 $u$ 为函数的上限）等 9 种函数进行拟合（图 2.4），结果显示，对数函数、逆函数、二次函数和三次函数模型均极显著，其它函数不显著。

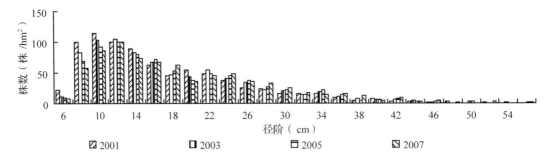

图 2.3　针阔比 8∶2 混交林直径分

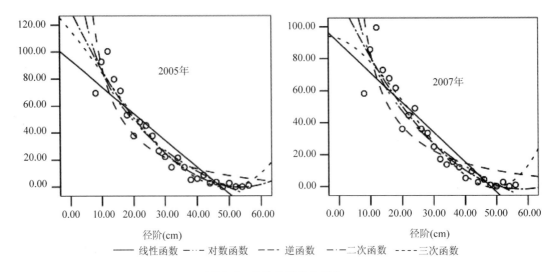

图 2.4　径阶株数分布拟合

由于占篇幅较大，文中只列出了 2005 年和 2007 年的 8∶2 混交林的直径分布图，作为举例说明。表 2.2 为以 2007 年 8∶2 云冷杉针叶混交林的不同直径结构函数各参数值。函数表达式如下：

对数函数：$y = 197.595 - 50.179\ln(x)$；

逆函数：$y = -8.666 + 926.770/x$；

二次函数：$y = 119.217 - 4.161x + 0.036x^2$；

三次函数：$y = 92.589 - 0.709x + -0.087x^2 + 0.001x^3$；

其中，$x$ 为径阶（cm），$y$ 为各径阶株数。

表 2.2　径阶株数分布线性函数相关参数值

| 径阶株数分布函数 | 相关系数($R^2$) | F 值 | 显著水平 Sig. | 常数 | $b_1$ | $b_2$ | $b_3$ |
|---|---|---|---|---|---|---|---|
| 对数函数 | 0.8748 | 160.7 | 7.35E−12 | 197.595 | −50.179 | | |
| 逆函数 | 0.7380 | 64.8 | 3.87E−08 | −8.666 | 926.770 | | |
| 二次函数 | 0.9043 | 103.9 | 6.18E−12 | 119.217 | −4.161 | 0.036 | |
| 三次函数 | 0.9147 | 75.1 | 2.15E−11 | 92.589 | −0.709 | −0.087 | 0.001 |

#### 2.1.2.2　直径结构函数线性化

由于以往研究的生长模型函数是非线性函数，很难直观的判断和调整。异龄林直径的理想状态及其表达始终是天然林经营的重点和难点，通过线性转化，我们可以比较直观表述其状态，通过直线斜率的变化可以直观的判断各径阶株数的变化，探讨其在实际经营作业中的可操作性。以下是将非线性函数转化为线性函数的过程。

##### 2.1.2.2.1　非线性函数的线性化

常用的 3 种非线性函数的线性化过程如表 2.3 所示。

表 2.3　几种非线性函数的线性化

| 函数 | 负指数函数 | 幂函数 | 对数函数 |
|---|---|---|---|
| 线性化方法 | $y = b_1 e^{-ax}$ 令 $Y = \ln y$，$X = x$，$b = \ln b_1$ 则得直线方程 $Y = -aX + b$ | $y = b_1 x^a$ 令 $Y = \ln y$，$X = \ln x$，$b = \ln b_1$ 则得直线方程 $Y = aX + b$ | $y = b + a\ln x$ 令 $Y = y$，$X = \ln x$ 则得直线方程 $Y = aX + b$ |
| 图形 | | | |

##### 2.1.2.2.2　线性函数参数的调整

下面说明一下调整参数 $a$、$b$ 时直线形式的变化。如图 2.5 所示，图中实线为原直线，虚线为调整参数 $a$、$b$ 后的直线形式。

当 $b$ 不变、$a$ 增大时，直线变化为图中 $A$ 所示；

当 $b$ 不变、$a$ 减小时，直线变化为图中 $B$ 所示；

当 $a$ 不变、$b$ 增大时，直线变化为图中 $C$ 所示；

当 $a$ 不变、$b$ 减小时，直线变化为图中 $D$ 所示；

当 $b$、$a$ 都增大时，直线变化为图中 $C$ 或 $F$ 或 $G$ 所示；

当 $b$、$a$ 都减小时，直线变化为图中 $D$ 或 $E$ 或 $H$ 所示；

当 $b$ 减小，$a$ 增大时，直线变化为图中 $D$ 所示；

当 $b$ 增大，$a$ 减小时，直线变化为图中 $C$ 所示。

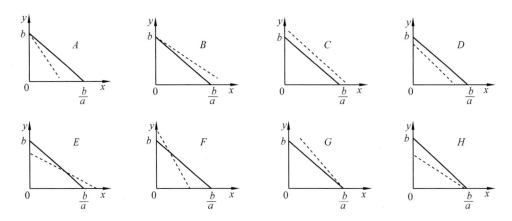

**图 2.5　参数 a、b 变化对直线形式的影响**

#### 2.1.2.2.3　天然林直径结构线性函数的建立

将直径分布曲线函数转化为线性分布函数，再通过调整直线斜率调整林木直径结构，使林木直径结构调整更直观，便于操作。从表 2.2 可知，研究区径阶株数在单对数坐标图上呈直线分布，故本研究采取了两种单对数直线方法，即径阶自然对数与株数分布线性函数、径阶与株数自然对数线性函数两种形式线性分布拟合，结果显示（表 2.4），后者的相关系数均比前者高，文中以 Ⅱ 大区 4 小区 1994 年到 2007 年的调查数据建立单对数线性函数举例说明，具体相关系数见表 2.4。从表 2.4 可知，径阶与株数自然对数拟合函数的相关系数均在 0.9068 ~ 0.9750 之间，而径阶自然对数与株数拟合函数的相关系数在 0.8748 ~ 0.9388 之间，表明径阶与株数自然对数拟合函数更能很好地反映直径分布形式。结果得出，采用径阶与株数自然对数拟合研究区直径分布规律更具有现实意义。以下就是对径阶与株数自然对数拟合函数的建立和结构调整过程的分析研究。

**表 2.4　直径结构线性函数相关系数比较**

| 年份 | 两种对数函数 | 函数形式 | 相关系数($R^2$) |
|---|---|---|---|
| 1994 | 径阶自然对数 | $y = -77.274x + 290.93$ | 0.8821 |
|  | 株数自然对数 | $y = -0.118x + 6.1457$ | 0.9750 |
| 1995 | 径阶自然对数 | $y = -71.549x + 269.12$ | 0.8970 |
|  | 株数自然对数 | $y = -0.1174x + 6.0155$ | 0.9688 |
| 1999 | 径阶自然对数 | $y = -66.902x + 254.67$ | 0.9313 |
|  | 株数自然对数 | $y = -0.115x + 6.0779$ | 0.9714 |
| 2001 | 径阶自然对数 | $y = -62.917x + 241.06$ | 0.9388 |
|  | 株数自然对数 | $y = -0.1135x + 6.0649$ | 0.9547 |
| 2003 | 径阶自然对数 | $y = -58.432x + 225.96$ | 0.9229 |
|  | 株数自然对数 | $y = -0.1091x + 6.007$ | 0.9369 |
| 2005 | 径阶自然对数 | $y = -53.961x + 210.63$ | 0.9064 |
|  | 株数自然对数 | $y = -0.105x + 5.930$ | 0.9328 |
| 2007 | 径阶自然对数 | $y = -50.179x + 197.6$ | 0.8748 |
|  | 株数自然对数 | $y = -0.1025x + 5.8758$ | 0.9068 |

注：径阶自然对数函数中 $x$ 为径阶自然对数，$y$ 为株数；株数自然对数函数中 $x$ 为径阶，$y$ 为株数自然对数

引用研究区 123 个固定样地的调查数据,拟合直径结构,结果显示,径阶与株数对数呈线性相关(见表 2.5)。从表 2.5 数据可知,相关系数均达 0.91 以上,85% 的小区的相关系数在 0.97 以上,平均相关系数为 0.98。天然林的直径结构线性表达比传统反"J"型曲线直观,而且便于在实际经营中应用。

表 2.5 线性拟合的相关系数

| 相关系数 | 0.91 ~ 0.93 | 0.94 ~ 0.96 | 0.97 ~ 0.98 | 0.99 ~ 1.00 | 计 |
|---|---|---|---|---|---|
| 小区数 | 5 | 14 | 65 | 39 | 123 |

不同针阔比云冷杉针叶混交林直径结构函数和参数 $a$、$b$ 值如表 2.6 所示,从 $a$、$b$ 值来看,随着针叶树比例的减小呈逐渐减小趋势,而 $b$ 值的增大和减小直接影响小径阶株数的变化趋势,$b$ 值减小了,说明研究区的小径阶株数在逐渐减少,同时 $a$ 值也在减小,说明大径阶株数在增多。

由于篇幅所限,以针阔比 8:2 的 2001 年、2003 年和 2007 年的直径分布图为例说明变化形式(图 2.6)。从图中得知,大径阶株数逐渐增加,小径阶株数则相反;而线性函数的参数 $a$、$b$ 值来看,$a$ 值的大小顺序为 2007 年 < 2003 年 < 2001 年,同样 $b$ 值大小顺序 2007 年 < 2003 年 < 2001 年,这与图 2.4 参数 $a$、$b$ 值减小,小径阶株数减少,大径阶株数增多结论相一致。这对于将来采伐管理过程中确定各径阶保留株数提供了重要依据,采伐经营者可根据经营目标结构调整参数 $a$ 或 $b$ 值,控制采伐调整的目的。

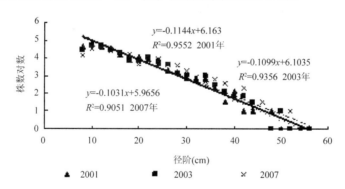

图 2.6 径阶与株数自然对数关系

表 2.6 径阶株数分布线性函数相关参数值

| 针阔比 | 年份 | 参数 $a$ | 参数 $b$ | 相关系数($R^2$) | F 值 | 显著水平 Sig. |
|---|---|---|---|---|---|---|
| 9:1 | 1994 | 0.1180 | 6.1457 | 0.9750 | 462.6723 | 2.68E – 15 |
| | 1995 | 0.1174 | 6.0155 | 0.9688 | 271.1914 | 1.05E – 12 |
| | 1999 | 0.1150 | 6.0779 | 0.9714 | 176.4734 | 1.09E – 11 |
| 8:2 | 2001 | 0.1135 | 6.0649 | 0.9547 | 119.4219 | 4.01E – 10 |
| | 2003 | 0.1091 | 6.0074 | 0.9369 | 67.3470 | 5.46E – 08 |
| | 2005 | 0.1050 | 5.9304 | 0.9328 | 62.7000 | 9.7E – 08 |
| | 2007 | 0.1025 | 5.8758 | 0.9068 | 58.6646 | 1.21E – 07 |
| 7:3 | 1991 | 0.0973 | 5.5461 | 0.9283 | 273.3544 | 1.62E – 13 |
| | 1992 | 0.0970 | 5.5468 | 0.9289 | 267.0687 | 2.04E – 13 |
| | 1994 | 0.0952 | 5.5771 | 0.9514 | 480.8728 | 6.44E – 17 |

续表

| 针阔比 | 年份 | 参数 $a$ | 参数 $b$ | 相关系数($R^2$) | F 值 | 显著水平 Sig. |
|---|---|---|---|---|---|---|
| | 1995 | 0.0927 | 5.3663 | 0.9401 | 393.9148 | 1.56E – 15 |
| | 1997 | 0.0917 | 5.3747 | 0.9391 | 397.4461 | 1.42E – 15 |
| | 1999 | 0.0914 | 5.3772 | 0.9260 | 248.7149 | 7.97E – 14 |
| | 2001 | 0.0896 | 5.3737 | 0.9291 | 265.0062 | 4.07E – 14 |
| | 2003 | 0.0884 | 5.3640 | 0.9297 | 260.1770 | 2.21E – 14 |
| | 2005 | 0.0868 | 5.3412 | 0.9225 | 245.4355 | 4.2E – 14 |

注：$a$、$b$ 为线性函数 $y = -ax + b$ 的参数值，式中 $y$ 为径阶株数自然对数，$x$ 为径阶(cm)，$-a$ 为斜率，$b$ 为截距($y$ 坐标)。

### 2.1.2.3 近原始林径阶株数分布

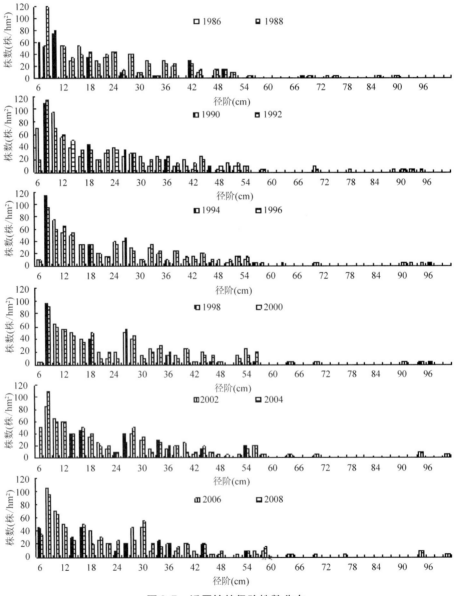

图 2.7 近原始林径阶株数分布

图 2.7 为近原始林(未经人为干扰)直径分布形式。从图可以看出，直径分布范围很广，按 2cm 径阶统计，林木直径分布范围为 6cm～102cm 径阶。正因为原始林是未经过人为干扰的林分，故仍有直径 100cm 左右的过熟林木生长。直径分布呈左偏单峰山状曲线形式，即除了 6、8 径阶株数少外，随直径的增大，株数逐渐减少。因为，近原始林是未经过人为干扰，所以在一定程度上能反映研究区天然异龄林直径分布规律，即随直径的增大，株数逐渐减少。进一步证明了不同针阔比云冷杉针叶混交林直径分布基本符合天然异龄林分布规律。

### 2.1.2.4 近原始林直径结构函数线性化

从表 2.7 可知，近原始林直径结构线性函数参数 $a$、$b$ 比云冷杉针叶混交林小，说明原始林长期未经过人为和自然活动影响，林分中很多生长成大径木(过熟林木)，比起过伐林其大径阶林木株数多。但是总体趋势符合天然异龄林直径分布规律，在单对数坐标图上也呈直线分布。

表 2.7　近原始林直径结构线性函数

| 年份 | 函数 | 相关系数 |
|---|---|---|
| 1986 | $y = -0.0413x + 3.8248$ | 0.5454 |
| 1988 | $y = -0.0488x + 4.2996$ | 0.6949 |
| 1990 | $y = -0.0481x + 4.3891$ | 0.7400 |
| 1993 | $y = -0.0479x + 4.2996$ | 0.7203 |
| 1994 | $y = -0.0463x + 4.2312$ | 0.7289 |
| 1996 | $y = -0.0455x + 4.1621$ | 0.6823 |
| 1998 | $y = -0.0444x + 4.0762$ | 0.6484 |
| 2000 | $y = -0.0435x + 4.0295$ | 0.6317 |
| 2002 | $y = -0.0427x + 3.9796$ | 0.5861 |
| 2004 | $y = -0.0476x + 4.2820$ | 0.6995 |
| 2006 | $y = -0.0471x + 4.2582$ | 0.7259 |
| 2008 | $y = -0.0462x + 4.1709$ | 0.6953 |

### 2.1.2.5 主要树种直径分布

7:3 混交林中冷杉的直径分布呈左偏单峰山状曲线，而云杉和红松的直径分布出现缺损现象(图 2.8)。如云杉大于 26cm 后株数缺损，红松在 18～26cm 间出现缺损株数现象，说明云杉和红松大径组和特大径组株数短缺(各径组划分标准见表 2.8)。阔叶树种中椴树、色木械和枫桦呈现出左偏单峰山状曲线形式，径阶株数分布比较合理。9:1 和 8:2 混交林的主要树种云杉、冷杉和红松的直径分布呈左偏单峰山状曲线各径阶株数分布较合理；阔叶树种中，白桦、枫桦和椴树的直径分布也呈左偏单峰山状曲线(图 2.9)，说明径阶株数分布较合理。

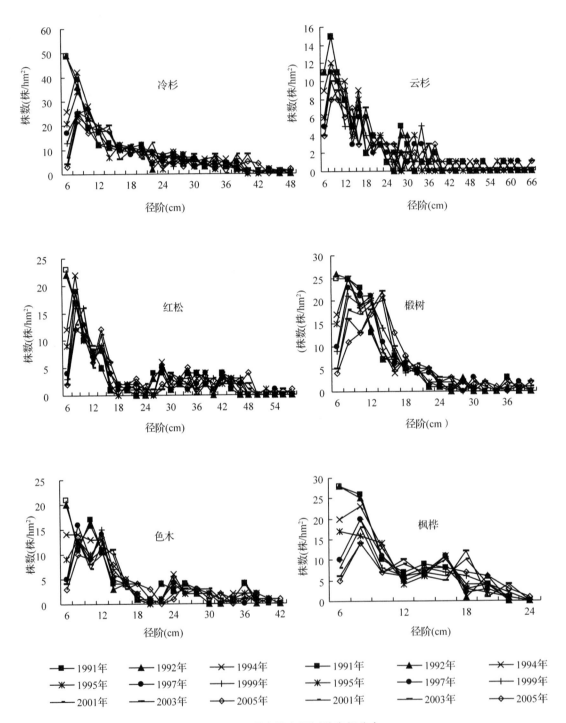

图2.8　7:3混交林主要树种直径分布

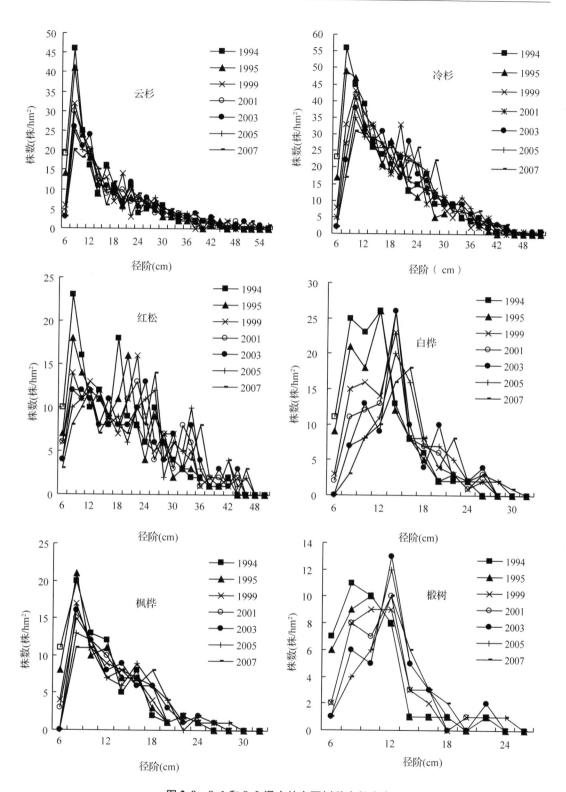

**图2.9 9:1和8:2混交林主要树种直径分布**

#### 2.1.2.6 各径组株数

依据"森林资源规划设计调查主要技术规定"(国家林业局,2003)中各径级组的划分标准(表2.8),将林木按胸径大小划分不同径级组,结果如表2.9所示。

**表2.8 径级组的划分标准**

| 径组 | 小径组 | 中径组 | 大径组 | 特大径组 |
|---|---|---|---|---|
| 标准 | 6~12 cm | 14~24 cm | 26~36 cm | >38 cm |

注:林木调查起测胸径为5.0 cm,胸径以2 cm为径阶距

**表2.9 云冷杉针叶混交林各径组株数分配比例**

| 针阔比 | 年月 | 小径组 | 中径组 | 大径组 | 特大径组 | 合计 |
|---|---|---|---|---|---|---|
| 9:1 | 1994年8月(伐前) | 5.5 | 3.3 | 1.0 | 0.2 | 10 |
| | 1995年6月 | 5.4 | 3.5 | 1.0 | 0.2 | 10 |
| | 1999年6月 | 4.5 | 4.0 | 1.2 | 0.3 | 10 |
| | 平均 | 5.1 | 3.6 | 1.1 | 0.2 | 10 |
| 8:2 | 2001年5月 | 4.2 | 4.2 | 1.3 | 0.3 | 10 |
| | 2003年6月 | 3.8 | 4.3 | 1.5 | 0.4 | 10 |
| | 2005年10月 | 3.5 | 4.3 | 1.8 | 0.4 | 10 |
| | 2007年6月 | 3.3 | 4.4 | 1.8 | 0.5 | 10 |
| | 平均 | 3.7 | 4.3 | 1.6 | 0.4 | 10 |
| 7:3 | 1991年10月 | 6.7 | 2.1 | 0.9 | 0.2 | 10 |
| | 1992年4月 | 6.7 | 2.1 | 0.9 | 0.2 | 10 |
| | 1994年8月(伐前) | 6.2 | 2.4 | 1.0 | 0.3 | 10 |
| | 1995年6月 | 6.2 | 2.5 | 1.0 | 0.3 | 10 |
| | 1997年5月 | 5.8 | 2.8 | 0.9 | 0.4 | 10 |
| | 1999年4月 | 5.5 | 3.1 | 0.9 | 0.5 | 10 |
| | 2001年4月 | 5.0 | 3.4 | 1.1 | 0.5 | 10 |
| | 2003年5月 | 4.6 | 3.6 | 1.2 | 0.5 | 10 |
| | 2005年11月 | 4.3 | 3.8 | 1.3 | 0.6 | 10 |
| | 平均 | 5.7 | 2.9 | 1.0 | 0.4 | 10 |

不同针阔比混交林其各径组的株数均不同(表2.9)。株数由多到少顺序为:小径组 > 中径组 > 大径组 > 特大径组。在20多年的经营过程中,各径组间株数差距逐渐减小,9:1的平均各径组比例为5.1:3.6:1.1:0.2;8:2的平均各径组比例为3.7:4.3:1.6:0.4;7:3的平均各径组比例为5.7:2.9:1.0:0.4。图2.10显示,三个不同针阔比混交林的各径组株数均显示出小径组株数比例逐渐减少,中径组、大径组和特大径组株数比例逐渐增大的趋势。

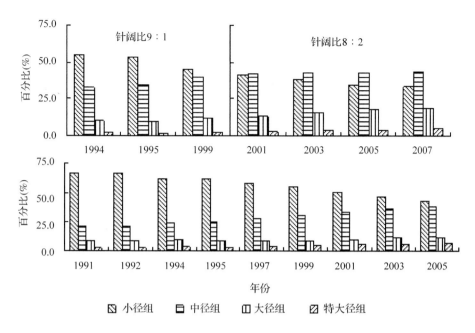

图 2.10　云冷杉针叶混交林各径组株数分配比例

### 2.1.2.7　直径 $q$ 值分布

大多数天然林直径分布为反"J"型(于政中,1993;Garcia, *et al.*, 1999)。同龄林与异龄林在林分结构上有着明显的区别,异龄林分中较常见的情况是最小径阶的林木株数最多,随着直径的增大,林木株数开始时急剧减少,达到一定直径后,株数减少幅度渐趋平稳,而呈现为近似双曲线形式的反"J"型曲线。

de Liocourt(1898)研究认为,理想的异龄林株数按径级依常量 $q$ 值递减。此后,Meyer(1933)发现,异龄林株数按径级的分布可用负指数分布表示,公式如下:

$$N = ke^{-aD} \tag{2-1}$$

式中:$N$——株数;$e$——自然对数的底;$D$——胸径;$a$、$k$——常数。

Husch(1982)把 $q$ 值与负指数分布联系起来,得到

$$q = e^{ah} \tag{2-2}$$

式中:$q$——相邻径级株数之比;$a$——负指数分布的结构常数;$h$——径级距;$e$——自然对数的底。

显然,如果已知现实异龄林株数按径级的分布,通过对(2-1)式作回归分析,求出常数 $k$ 和 $a$,再把 $a$ 和径级宽度 $h$ 代入(2-2)式可求得 $q$。de Liocourt(1898)认为,$q$ 值一般在 $1.2 \sim 1.5$ 之间。也有研究认为,$q$ 值在 $1.3 \sim 1.7$ 之间(Garcia *et al.*, 1999)。如果异龄林的 $q$ 值落在这个区间内,认为该异龄林的株数分布是合理的,否则是不合理的。

表 2.10　云冷杉针叶混交林 $q$ 值分布

| 针阔比 | 9∶1 | | | 8∶2 | | | |
|---|---|---|---|---|---|---|---|
| 年份 | 1994 | 1995 | 1999 | 2001 | 2003 | 2005 | 2007 |
| $q$ 值 | 1.25 | 1.25 | 1.24 | 1.22 | 1.20 | 1.18 | 1.18 |

**表 2.11　云冷杉针叶混交林 $q$ 值分布**

| 针阔比 | 7:3 | | | | | | | | |
|---|---|---|---|---|---|---|---|---|---|
| 年份 | 1991 | 1992 | 1994 | 1995 | 1997 | 1999 | 2001 | 2003 | 2005 |
| $q$ 值 | 1.24 | 1.23 | 1.22 | 1.21 | 1.20 | 1.20 | 1.19 | 1.19 | 1.19 |

　　从表 2.10、表 2.11 可知，两个小区 $q$ 值呈逐渐下降趋势，说明研究对象大径阶林木比例逐渐增多，小径阶林木比例逐渐减少。$q$ 值均在 1.18 ~ 1.25 之间，而前人研究认为，$q$ 值在 1.2 ~ 1.5 之间或 1.3 ~ 1.7 之间异龄林的株数分布最合理，反映出最近几年 $q$ 值有所下降，直径结构不合理。其中，9:1 的 3 个不同年份株数分布都较合理，8:2 混交林的 2005 年和 2007 年的 $q$ 值小于 1.2，说明株数分布中，小径阶株数比例有所减少，大径阶林木株数比例有所增多；7:3 混交林的 $q$ 值总体呈逐渐减小趋势（图 2.11），说明小径阶株数比例有所减少，大径阶林木株数比例有所增多。2001 年以后 $q$ 值小于 1.2，$q$ 值分布小于 1.2，反映了林木小径阶株数偏少，直径结构不合理。

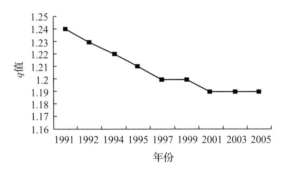

**图 2.11　7:3 云冷杉针叶混交林 $q$ 值分布**

## 2.1.3　空间结构

　　与林木空间位置有关的结构统称为林分空间结构（spatial structure of stand）。林分内林木的空间结构反映着同一森林群落内林木物种的空间关系，即林木的分布空间及其属性在空间上的排列方式。它决定了林木之间的竞争势及其空间生态位和林分的功能，它在很大程度上决定了林分的稳定性、发展的可能性和经营空间的大小。林分的空间结构可以从混交、竞争和林木空间分布格局 3 个方面进行描述（惠刚盈等，2001，2003）。相应地，描述林分空间结构的定量指标称为林分空间结构指数，包括混交度、大小比数和角尺度等。林分空间结构有二维结构和三维结构，本节所说的林分空间结构指二维结构。

　　林分空间结构被认为是决定生境和物种多样性的重要因子（Pretzach，1999）。空间位置信息有助于改善传统的经营模型及单木生长和发育的预估。通过研究林木之间的空间关系，对林分空间结构进行定量分析，提高林分经营决策的准确性。

　　由于空间结构分析过程中林木胸径和树高两个变量的不同其空间结构指数的数值也有所不同，本研究主要根据胸径和树高两个变量来分析空间结构，采用混交度、大小比数和角尺度 3 个方面描述林分空间结构指数。

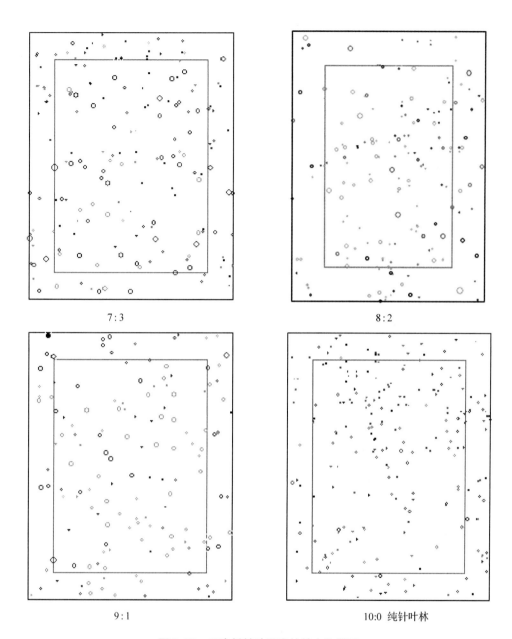

图2.12　云冷杉针叶混交林林木位置图

混交度、角尺度、大小分化度或大小比数这些空间结构指数，在描述林分空间结构中以每株树木为考查对象，通过各结构单元结构指数的取值及频率分布，可以表现出林木及其属性的信息，对表现空间结构显示出优越性。

在研究区内选择具有代表性的40m×50m的四个样地，其针阔比分别为10:0、9:1、8:2、7:3，其树种组成如表2.12所示，林木位置如图2.12所示。

表 2.12　各样地树种组成

| 针阔比 | 树种组成 |
|---|---|
| 10:0 | 10 冷 + 云杉 – 红松 – 枫桦 – 白桦 – 椴树 – 杂木 – 色木槭 |
| 9:1 | 6 冷 2 红 1 云 + 椴 – 白桦 – 枫桦 – 杨树 – 色木槭 |
| 8:2 | 5 冷 2 红 1 云 1 白 1 椴 + 杂木 – 色木槭 – 枫桦 – 黄菠萝 – 红豆杉 |
| 7:3 | 4 云 2 冷 2 椴 1 红 + 落叶松 + 枫 + 色木槭 – 白桦 – 杨树 – 榆树 – 杂木 – 紫杉 |

### 2.1.3.1　角尺度

角尺度($W$)被定义为 $\alpha$ 角小于标准角 $\alpha_0$ 的个数占所考察的 4 个夹角的比例。由全林分所有单木的 $W_i$ 取值，可计算出 $W_i$ 值的分布，也就是每种取值可能在林分中出现的频率，以及分布的特征值即均值($\overline{W}$)，两者能反映出林分整体的分布格局。

表 2.13　角尺度及其频率分布

| 针阔比 | 角尺度($W$) | | | | | |
|---|---|---|---|---|---|---|
| | 0 | 0.25 | 0.50 | 0.75 | 1 | 平均 |
| 10:0 | 0.01 | 0.15 | 0.54 | 0.22 | 0.08 | 0.53 |
| 9:1 | 0 | 0.17 | 0.58 | 0.20 | 0.04 | 0.48 |
| 8:2 | 0.01 | 0.17 | 0.53 | 0.20 | 0.10 | 0.53 |
| 7:3 | 0 | 0.21 | 0.57 | 0.19 | 0.03 | 0.47 |

由角尺度的定义可知，当林分的分布格局从均匀向随机、再向聚集分布变化，角尺度平均值随之由小到大，角尺度分布则由不对称到对称、再到不对称。均匀分布的林分，角尺度分布 0.5 取值左侧的频率明显高于右侧；随机分布林分的角尺度分布在 0.5 取值两侧的频率基本呈对称分布；聚集分布中 0.5 取值右侧的频率则明显高于左侧(惠刚盈，2006)。

根据惠刚盈和 Gadow(2002)对大量不同分布状况林分的模拟研究结论：当 $\overline{W} < 0.475$ 时为均匀分布，当 $0.475 \leqslant \overline{W} \leqslant 0.517$ 时为随机分布，当 $\overline{W} > 0.517$ 时为聚集分布。本研究也以此做为林分分布的判别标准。

不同针阔比混交林的角尺度及其频率分布如表 2.13、图 2.13 所示，其中针叶林和 8:2 混交林的林木呈聚集分布($W = 0.53$)，9:1 混交林的林木呈随机分布($W = 0.48$)，7:3 混交林的呈均匀分布($W = 0.47$)。

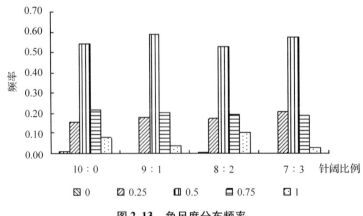

图 2.13　角尺度分布频率

表 2.14　主要树种角尺度及其频率分布

| 针阔比 | 树种 | 0 | 0.25 | 0.5 | 0.75 | 1 |
|---|---|---|---|---|---|---|
| | 云杉 | 0.00 | 0.17 | 0.47 | 0.30 | 0.07 |
| 10:0 | 冷杉 | 0.02 | 0.13 | 0.56 | 0.21 | 0.09 |
| | 红松 | 0.00 | 0.17 | 0.61 | 0.17 | 0.06 |
| | 云杉 | 0.00 | 0.00 | 0.59 | 0.41 | 0.00 |
| 9:1 | 冷杉 | 0.00 | 0.27 | 0.50 | 0.17 | 0.06 |
| | 红松 | 0.00 | 0.13 | 0.70 | 0.17 | 0.00 |
| | 云杉 | 0.00 | 0.25 | 0.25 | 0.38 | 0.13 |
| 8:2 | 冷杉 | 0.01 | 0.18 | 0.48 | 0.21 | 0.11 |
| | 红松 | 0.00 | 0.06 | 0.67 | 0.17 | 0.11 |
| | 云杉 | 0.00 | 0.10 | 0.71 | 0.19 | 0.00 |
| 7:3 | 冷杉 | 0.00 | 0.25 | 0.50 | 0.20 | 0.05 |
| | 红松 | 0.00 | 0.18 | 0.64 | 0.09 | 0.09 |

　　图 2.14 至图 2.17 为云冷杉针叶混交林主要树种角尺度及其频率分布图，其中，针叶林的，云杉、冷杉和红松聚集分布；9:1 的云杉聚集分布，红松随机分布；8:2 的云杉、冷杉、红松聚集分布；7:3 的云杉和红松聚集分布，冷杉随机分布。具体数据如表 2.14 所示。

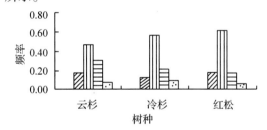

图 2.14　针阔比 10:0 混交林角尺度频率

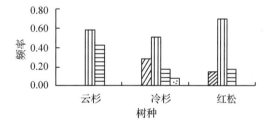

图 2.15　针阔比 9:1 混交林角尺度分布频率

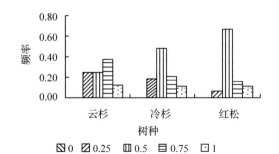

图 2.16　针阔比 8:2 混交林角尺度分布频率

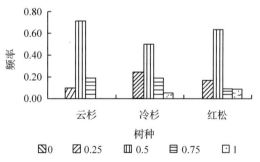

图 2.17　针阔比 7:3 混交林角尺度分布频率

### 2.1.3.2 大小比数
#### 2.1.3.2.1 胸径大小比数

**表 2.15 胸径大小比数及其频率分布**

| 针阔比 | 大小比数($U$) | | | | | |
|---|---|---|---|---|---|---|
| | 0 | 0.25 | 0.50 | 0.75 | 1 | 平均 |
| 10:0 | 0.17 | 0.22 | 0.22 | 0.18 | 0.21 | 0.53 |
| 9:1 | 0.23 | 0.17 | 0.21 | 0.21 | 0.18 | 0.49 |
| 8:2 | 0.21 | 0.18 | 0.22 | 0.16 | 0.22 | 0.51 |
| 7:3 | 0.18 | 0.24 | 0.20 | 0.20 | 0.18 | 0.50 |

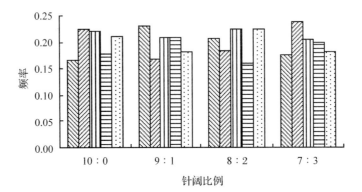

**图 2.18 胸径大小比数分布频率**

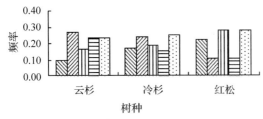

**图 2.19 针阔比 10:0 混交林大小比数频率**

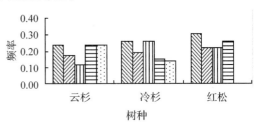

**图 2.20 针阔比 9:1 混交林大小比数分布频率**

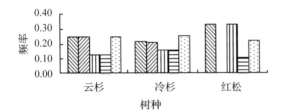

**图 2.21 针阔比 8:2 混交林大小比数分布频率**

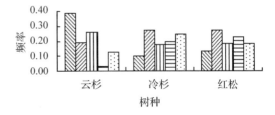

**图 2.22 针阔比 7:3 混交林大小比数分布频率**

胸径大小比数值不同反映了树种的优势程度，即优势、亚优势、中庸、劣态和绝对劣态状态，根据大小比数的定义，大小比数的取值越大，代表比参照树胸径大的相邻木越多（即相邻木个体越占优势），而相应地参照树越不占优势。各样地的胸径大小比数和频率分布见表2.15。从表中数据看出，几个样地的树木生长几乎处于中庸状态，大小比数值在0.49～0.53之间，胸径大小差异分化不大，各级上分布很均匀，均在0.17～0.23之间，说明各样地中林木分化不明显。

主要树种中（图2.19至图2.22），只有7∶3的云杉有优势、亚优势和中庸居多，冷杉和红松优势的少，亚优势的最多，中庸、劣态和绝对劣态所占频率也在0.22左右；8∶2的云杉和冷杉优势和亚优势的居多，频率为0.25左右，其次是中庸和劣态，频率为0.15左右，红松无亚优势林木，优势和中庸的居多，频率均大于0.3以上，也有0.2频率的绝对劣态林木生长；9∶1的云杉优势、劣态和绝对劣态的居多，频率为0.24左右，冷杉优势和中庸的居多，频率为0.25左右，红松优势树种最多，频率为0.3左右，其余红松处于亚优势、中庸和劣态频率平均分布状态。而蓄积所占比例少的阔叶树种既有优势树木，又有劣态树木。

从总体来看，各树种分化明显，不同生长状态的林木树种均存在。

#### 2.1.3.2.2　树高大小比数

表2.16　树高大小比数及其频率分布

| 针阔比 | 树高大小比数($S$) | | | | | |
| --- | --- | --- | --- | --- | --- | --- |
| | 0 | 0.25 | 0.5 | 0.75 | 1 | 平均 |
| 10∶0 | 0.17 | 0.22 | 0.22 | 0.18 | 0.21 | 0.53 |
| 9∶1 | 0.19 | 0.17 | 0.21 | 0.25 | 0.18 | 0.51 |
| 8∶2 | 0.18 | 0.21 | 0.22 | 0.16 | 0.23 | 0.53 |
| 7∶3 | 0.15 | 0.23 | 0.20 | 0.25 | 0.17 | 0.53 |

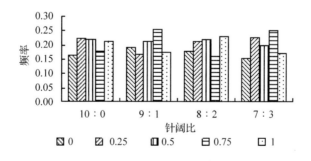

图2.23　不同针阔比混交林树高大小比数分布

胸径大小比数结合树高大小比数更能客观的反映树种的优势程度，即优势、亚优势、中庸、劣态和绝对劣态状态。树高大小比数的取值越大，代表比参照树树高高的相邻木越多（即相邻木个体越占优势），而相应地参照树越不占优势。各样地的树高大小比数和频率分布见表2.16、图2.23。从表中数据看出，几个样地的树木生长几乎处于中庸状态，平均大小比数值在0.51～0.53之间。树高大小比数在各级上分布也较均匀，均在0.15～0.25之间。

### 2.1.3.3 混交度

混交度中7:3的混交度最大(0.80)，其它三种针阔比的均在0.54~0.57之间，7:3混交林属于强度混交或极强度混交状态，其它三个样地的混交林处于中度混交状态，具体数据见表2.17。不同混交度值来看，极强度混交，即混交度为1的所占比例最多(0.28%~0.41%)，说明每种林木相互混交度还是很高。混交度为0，即零度混交的所占比例甚少，仅为0~0.1%。进一步说明各树种间的混交度都很高。有研究表明，越向稳定群落发展，其强度和极强度混交的频率呈越高趋势(安慧君，2005)。

表 2.17  混交度及其频率分布

| 针阔比 | 混交度(M) | | | | | |
|---|---|---|---|---|---|---|
| | 0 | 0.25 | 0.50 | 0.75 | 1 | 平均 |
| 10:0 | 0.05 | 0.21 | 0.22 | 0.21 | 0.31 | 0.57 |
| 9:1 | 0.10 | 0.22 | 0.22 | 0.17 | 0.30 | 0.56 |
| 8:2 | 0.07 | 0.22 | 0.21 | 0.21 | 0.28 | 0.54 |
| 7:3 | 0.00 | 0.02 | 0.19 | 0.38 | 0.41 | 0.80 |

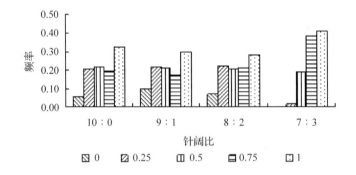

图 2.24  不同针阔比混交林角尺度分布频率

表 2.18  云冷杉针叶混交林混交度频率

| 针阔比 | | | 10:0 | | | 针阔比 | | | 9:1 | | |
|---|---|---|---|---|---|---|---|---|---|---|---|
| 树种 | 0.00 | 0.25 | 0.50 | 0.75 | 1.00 | 树种 | 0.00 | 0.25 | 0.50 | 0.75 | 1.00 |
| 云杉 | 0.00 | 0.27 | 0.17 | 0.17 | 0.40 | 云杉 | 0.00 | 0.00 | 0.06 | 0.59 | 0.35 |
| 冷杉 | 0.11 | 0.32 | 0.36 | 0.13 | 0.08 | 冷杉 | 0.14 | 0.38 | 0.37 | 0.06 | 0.04 |
| 红松 | 0.00 | 0.00 | 0.00 | 0.39 | 0.61 | 红松 | 0.13 | 0.04 | 0.04 | 0.35 | 0.43 |
| 白桦 | 0.00 | 0.00 | 0.00 | 0.25 | 0.75 | 白桦 | 0.00 | 0.00 | 0.00 | 0.00 | 1.00 |
| 椴树 | 0.00 | 0.11 | 0.22 | 0.22 | 0.44 | 椴树 | 0.00 | 0.00 | 0.00 | 0.09 | 0.91 |
| 枫桦 | 0.00 | 0.00 | 0.00 | 0.35 | 0.65 | 枫桦 | 0.00 | 0.00 | 0.00 | 0.00 | 1.00 |
| 色木槭 | 0.00 | 0.00 | 0.00 | 0.40 | 0.60 | 色木槭 | 0.00 | 0.00 | 0.00 | 0.00 | 1.00 |
| 杂木 | 0.00 | 0.20 | 0.20 | 0.27 | 0.33 | 杨树 | 0.00 | 0.00 | 0.00 | 0.00 | 1.00 |

表 2.19 云冷杉针叶混交林混交度频率

| 针阔比 | | | 8:2 | | | 针阔比 | | | 7:3 | | |
| --- | --- | --- | --- | --- | --- | --- | --- | --- | --- | --- | --- |
| 树种 | 0.00 | 0.25 | 0.50 | 0.75 | 1.00 | 树种 | 0.00 | 0.25 | 0.50 | 0.75 | 1.00 |
| 云杉 | 0.00 | 0.00 | 0.00 | 0.13 | 0.88 | 云杉 | 0.00 | 0.00 | 0.16 | 0.26 | 0.58 |
| 冷杉 | 0.14 | 0.38 | 0.30 | 0.14 | 0.05 | 冷杉 | 0.00 | 0.03 | 0.35 | 0.45 | 0.18 |
| 红松 | 0.00 | 0.00 | 0.06 | 0.39 | 0.56 | 红松 | 0.00 | 0.00 | 0.23 | 0.45 | 0.32 |
| 白桦 | 0.00 | 0.00 | 0.00 | 0.27 | 0.73 | 白桦 | 0.00 | 0.00 | 0.00 | 0.00 | 1.00 |
| 椴树 | 0.00 | 0.15 | 0.31 | 0.23 | 0.31 | 椴树 | 0.00 | 0.00 | 0.17 | 0.47 | 0.36 |
| 枫桦 | 0.00 | 0.00 | 0.00 | 0.40 | 0.60 | 枫桦 | 0.00 | 0.06 | 0.11 | 0.39 | 0.44 |
| 色木槭 | 0.00 | 0.00 | 0.00 | 0.40 | 0.60 | 色木槭 | 0.00 | 0.09 | 0.18 | 0.27 | 0.45 |
| 杂木 | 0.00 | 0.19 | 0.25 | 0.25 | 0.31 | 杨树 | 0.00 | 0.00 | 0.00 | 0.00 | 1.00 |
| 红豆杉 | 0.00 | 0.00 | 0.00 | 0.00 | 1.00 | 榆树 | 0.00 | 0.00 | 0.00 | 0.00 | 1.00 |
| — | — | — | — | — | — | 杂木 | 0.00 | 0.00 | 0.00 | 0.50 | 0.50 |
| — | — | — | — | — | — | 落叶松 | 0.00 | 0.00 | 0.00 | 0.29 | 0.71 |
| — | — | — | — | — | — | 紫杉 | 0.00 | 0.00 | 0.00 | 0.00 | 1.00 |

主要树种中(表 2.18、表 2.19),9:1 混交林的冷杉主要为弱度和中度混交,其它树种均为强度或极强度混交;8:2 的冷杉弱度和中度混交外,其它树种均为强度或极强度混交;7:3 的云杉大部分为极强度混交,另有一部分为中度和强度混交,冷杉中度和强度混交的居多,红松大部分为强度混交,另有一部分为中度和极强度混交。图 2.25 至图 2.28 为不同针阔比混交林的混交度分布图。总体来看,云杉在各样地中极强度混交的频率较大,其次是红松强度混交的也较多。

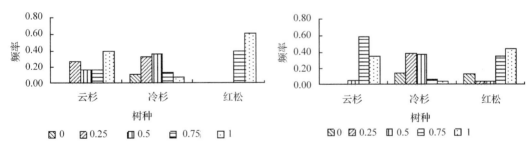

图 2.25 针阔比 10:0 混交林混交度分布频率　　图 2.26 针阔比 9:1 混交林混交度分布频率

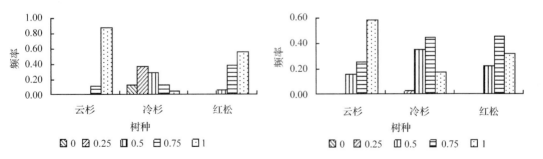

图 2.27 针阔比 8:2 混交林混交度分布频率　　图 2.28 针阔比 7:3 混交林混交度分布频率

## 2.1.4　林冠大小

树冠投影面积通过测定冠幅东西和南北方向，根据椭圆面积计算。计算公式如下：

树冠投影面积 $= \pi \times a/2 \times b/2$；

其中，$\pi$ 为圆周率，$a$ 为冠幅东西直径，$b$ 为冠幅南北直径；

树冠投影面积越大，林木冠层降水截流量也就越高，能有效降低雨水对土壤的侵蚀度，防治水土流失，有效增加了林分涵养水源、减少土壤侵蚀和降低水土流失现象，是评价防护林的主要因素之一。表 2.20 为不同针阔比混交林单位投影面积，从表中可知，树冠投影面积最大的为 7:3 混交林，其林冠投影面积之和超过了样地面积的两倍，针叶林投影面积之和最小，为 1.5 倍左右，针阔比 8:2 和 9:1 的大于 1.5 倍。林冠投影面积之和均超出了样地面积，说明大部分相邻树冠之间是重合的，这也是复层异龄林的一个特点之一，能充分利用林地上层空间。图 2.29 可知，针阔比 7:3 混交林的林冠投影面积最大，其次是 8:2、9:1，10:0 针叶林的林冠投影面积最小。

表 2.20　云冷杉针叶混交林单位投影面积

| 针阔比 | 7:3 | 8:2 | 9:1 | 10:0 |
| --- | --- | --- | --- | --- |
| 单位投影面积（$m^2/hm^2$） | 20145 | 15382 | 15295 | 14864 |

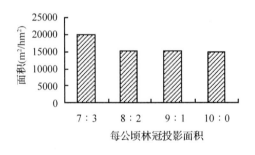

图 2.29　投影面积

## 2.1.5　生长收获

影响蓄积生长量的因素很多，其中树种组成是一个重要的影响因素，在确定树种组成时，必须要考虑林分生长量和稳定性，尤其是在对生态效益为主，培育用材林的天然林类型进行经营时稳定性和生长量都极为重要。

从图 2.30 可知，不同树种各年份蓄积量呈逐渐增多趋势，增加趋势比较稳定。

表 2.21 云冷杉针叶混交林蓄积量

| 针阔比 | 蓄积量（m³/hm²） | 蓄积生长量（m³/年） | 调查年份 |
|---|---|---|---|
| 9:1 | 189.2 | | |
| | 164.1 | 11.41 | 1995 年 6 月 |
| | 195.4 | 8.46 | 1999 年 6 月 |
| 8:2 | 208.5 | | |
| | 229.9 | 7.10 | 2001 年 5 月 |
| | 243.2 | 11.54 | 2003 年 6 月 |
| | 257.4 | 7.21 | 2005 年 10 月 |
| | 168.1 | 7.65 | 2007 年 6 月 |
| 7:3 | 169.8 | | |
| | 189.7 | 2.95 | 1992 年 4 月 |
| | 165.3 | 5.85 | 1995 年 6 月 |
| | 175.2 | 4.37 | 1997 年 5 月 |
| | 185.5 | 4.48 | 1999 年 4 月 |
| | 200.1 | 6.44 | 2001 年 4 月 |
| | 215.2 | 6.64 | 2003 年 5 月 |
| | 224.7 | 4.19 | 2005 年 11 月 |

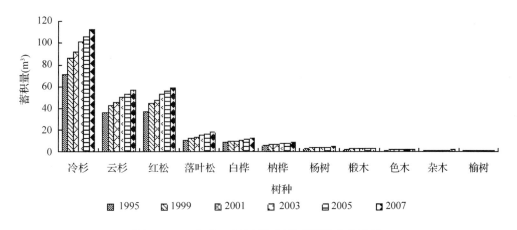

图 2.30 Ⅱ大区 4 小区不同树种蓄积量变化过程

9:1 的蓄积生长量最多，平均蓄积生长量为 9.9 m³/年，其次为 8:2，为 8.4 m³/年，7:3 的为 5.0 m³/年（表 2.21）。

## 2.1.6 稳定值

为了研究林分稳定性，这里使用了稳定值这一概念。稳定值是指每公顷林木株数与每公顷蓄积量乘积除以 1000 的值（巩文，2003）。

因为，如果用每公顷林木株数，则幼林每公顷林木株数多，近成过熟林每公顷株数少，不宜采用株数；如用每公顷蓄积量，则正好相反，近成过熟林每公顷蓄积量大，中幼林株数多蓄积少。株数与蓄积的乘积正好可以弥补这一缺陷，可以较好地反映林分的稳定性。

　　具体稳定值变化如表 2.22 所示，从不同针阔比混交林稳定值变化来看（图 2.31、图 2.32），1994 年、1995 年两年经过采伐稳定值有所波动，以后即使每隔 5 年进行一次择伐，稳定值仍呈现逐渐增加趋势。说明混交林生长越来越趋于稳定。而原始林的稳定值趋于平缓（图 2.33），出现两次增加和减少的过程，但是总体上没有太大的变化。

**表 2.22　不同针阔比混交林稳定值比较**

| 针阔比 | 株数（株/hm²） | 稳定值 | 调查年份 |
|---|---|---|---|
| | 975 | 184 | 1994 年 8 月 |
| 9∶1 | 883 | 145 | 1995 年 6 月 |
| | 878 | 171 | 1999 年 6 月 |
| | 863 | 180 | 2001 年 5 月 |
| 8∶2 | 847 | 195 | 2003 年 6 月 |
| | 835 | 203 | 2005 年 10 月 |
| | 823 | 212 | 2007 年 6 月 |
| | 1009 | 170 | 1991 年 10 月 |
| | 1009 | 171 | 1992 年 4 月 |
| | 963 | 183 | 1994 年 8 月 |
| | 845 | 140 | 1995 年 6 月 |
| 7∶3 | 831 | 146 | 1997 年 5 月 |
| | 831 | 154 | 1999 年 4 月 |
| | 820 | 164 | 2001 年 4 月 |
| | 809 | 174 | 2003 年 5 月 |
| | 789 | 177 | 2005 年 11 月 |

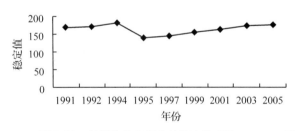

**图 2.31　针阔比 7∶3 混交林稳定值变化**

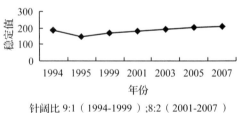

针阔比 9∶1（1994-1999）;8∶2（2001-2007）

**图 2.32　针阔比 9∶1 转换 8∶2 混交林稳定值变化**

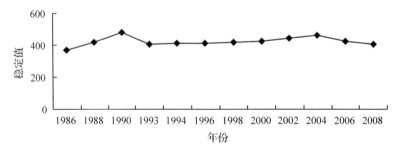

**图 2.33　原始林稳定值变化**

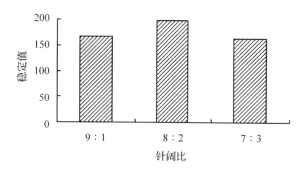

**图2.34　不同针阔比混交林稳定值比较**

不同针阔比混交林各年份稳定值都有所不同(图2.34)，最大的为8:2(2007年)的云冷杉针叶混交林(212)，其次为2005年的(203)，7:3中1994年、2003年和2005年的稳定值都较高，稳定值均大于170；9:1的1994年和1999年的稳定值也大于170。不同针阔比平均稳定值最大的为8:2的混交林，其稳定值最小为180，说明8:2混交林生长相对稳定。

## 2.1.7　林下植被特征

### 2.1.7.1　植物多样性

表2.23为不同针阔比混交林乔木、灌木和草本植物多样性指数。从表可知，乔木多样性指数中，8:2混交林的丰富度指数最大，其次为7:3混交林；辛普森指数和香浓指数最大的为7:3混交林，其次为8:2混交林；均匀度指数中7:3混交林的最大，其次为8:2混交林；生态优势度中9:1的最大(0.397)，其次为8:2(0.297)，7:3的生态优势度最小(0.166)，生态优势度指数均在0.166~0.397之间，不同针阔比混交林的优势程度差异不是很大。

**表2.23　乔、灌、草多样性指数**

| 项目 | 乔木 | | | | 灌木 | | | | 草本 | | | |
|---|---|---|---|---|---|---|---|---|---|---|---|---|
| | 10:0 | 9:1 | 8:2 | 7:3 | 10:0 | 9:1 | 8:2 | 7:3 | 10:0 | 9:1 | 8:2 | 7:3 |
| $R$ | 0.040 | 0.045 | 0.058 | 0.047 | 0.213 | 0.092 | 0.294 | 0.147 | 0.148 | 0.014 | 0.208 | 0.008 |
| $D$ | 0.745 | 0.603 | 0.703 | 0.834 | 0.895 | 0.814 | 0.875 | 0.786 | 0.921 | 0.864 | 0.901 | 0.855 |
| $H'$ | 1.723 | 1.321 | 1.646 | 1.965 | 2.319 | 1.951 | 2.058 | 1.765 | 2.676 | 2.188 | 2.411 | 2.119 |
| $E_a$ | 0.627 | 0.545 | 0.555 | 0.800 | 0.803 | 0.699 | 0.826 | 0.709 | 0.790 | 0.798 | 0.788 | 0.800 |
| $C$ | 0.255 | 0.397 | 0.297 | 0.166 | 0.105 | 0.186 | 0.125 | 0.214 | 0.079 | 0.136 | 0.099 | 0.145 |

注a：$R$为物种丰富度指数；$D$为辛普森多样性指数；$H'$为香农多样性指数；$E_a$为Alatalo均匀度指数；$C$为生态优势度

灌木多样性指数中，8:2的丰富度指数、辛普森指数和香浓指数、均匀度指数最大，几个样地生态优势度均在0.105~0.214之间，优势程度差异很小。

草本多样性指数中 8:2 的丰富度、辛普森指数和香浓指数最大；均匀度指数最大的为 7:3，其次为 9:1；各样地生态优势度均在 0.079 ~ 0.145 之间，优势程度差异小。

从以上数据分析结果来看，研究区乔、灌、草各层植物多样性指数、丰富度、辛普森指数、香浓指数和均匀度指数值相差很小。

### 2.1.7.2 更新特征

### 2.1.7.2.1 更新密度

(1)云冷杉针叶混交林更新密度

森林更新的特点是森林群落长期自然选择的结果，其更新能力的强弱，影响森林植物群落结构、演替方向和生态系统功能的发挥，是关系到森林可持续发展与生态系统稳定性的一个关键因素，同时也是衡量一种主伐方式好坏的基本标志之一(周佐山，1984)。

依据"森林资源规划设计调查主要技术规定"(国家林业局，2003)中规定的天然更新等级标准(表2.24)，结合本研究中没有区分幼苗幼树高度的情况，对研究对象制定了更新密度等级标准(表2.25)。图2.35为研究对象林下幼苗幼树更新情况，每公顷更新株数最多的为 8:2 混交林，其更新株数在 4759 ~ 6370 株/hm² 间，更新等级属于中等，并且更新株数从 2001 年开始呈逐渐上升趋势，说明林分更新好转；7:3 的次之，更新株数在 2636 ~ 6386 株/hm² 间，近两年的更新等级属于中等水平；最差的为 9:1 混交林，其更新株数在 1833 ~ 3981 株/hm² 之间，属于更新不良状态。平均更新株数如图2.36 所示，8:2 的最多，为 6679 株/hm²，7:3 次之，为 4228 株/hm²，9:1 的最差，为 3122 株/hm²，研究区 8:2 的更新相对最好，能够满足林分的正常更新需要。云冷杉针叶混交林林下阴暗、潮湿和风小的生态环境给林下更新幼苗、幼树的生长和发育带来了其自身的规律性和特点。

**表 2.24　天然更新等级划分**　　　　　　　单位：株/hm²

| 等级/高度 | 良　好 | 中　等 | 不　良 |
|---|---|---|---|
| ≤30cm | >5000 | 3000 – 5000 | <3000 |
| 31 – 50cm | >3000 | 1000 – 3000 | <1000 |
| ≥51cm | >2500 | 500 – 2500 | <500 |

**表 2.25　天然更新等级划分**　　　　　　　单位：株/hm²

| 等级 | 良　好 | 中　等 | 不　良 |
|---|---|---|---|
| 研究区 | >10000 | 4500 – 10000 | <4500 |

**表 2.26　更新株数百分比例**

| 树种 | 9:1 | 8:2 | 7:3 |
|---|---|---|---|
| 针叶树种 | 91 | 78 | 89 |
| 阔叶树种 | 9 | 22 | 11 |
| 合计 | 100 | 100 | 100 |

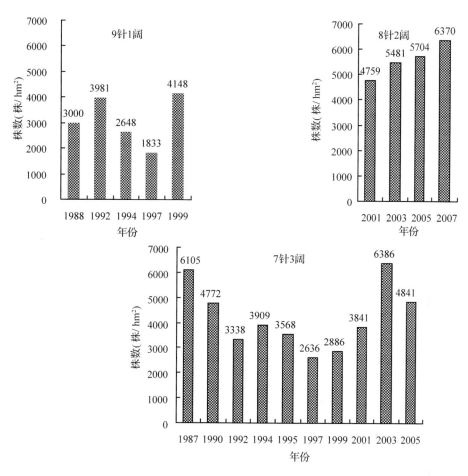

图 2.35 云冷杉针叶混交林更新株数

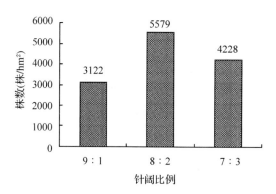

图 2.36 不同针阔比混交林更新株数比较

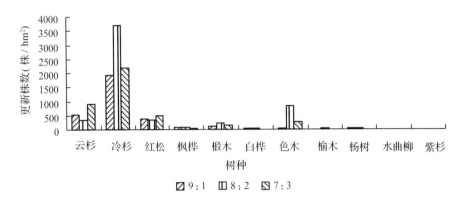

**图 2.37　不同针阔比混交林树种更新株数比较**

不同针阔比混交林的针叶树和阔叶树更新株数比例为 9:1 的针叶树和阔叶树更新比例为 9:1，8:2 的更新比例为 8:2，7:3 的更新比例为 9:1（表 2.26），更新株数针阔比例较合理。

不同树种中（图 2.37），冷杉更新最好，其次为云杉和红松，其中 8:2 的冷杉更新最多，云杉和红松中 7:3 的更新最好；阔叶树中有更新树种的有椴树、色木槭、枫桦、白桦、榆树、水曲柳和紫杉等。

（2）近原始林更新特征

近原始林林下更新情况见图 2.38 所示，最多年份可达 10000 株/hm²，最少年份为 2679 株/hm²，平均每年更新株数为 5203 株/hm²；从平均更新株数来看可以满足林分的可持续发展要求，更新状况中等（4500 – 10000 株/hm²）。树种中（图 2.39），冷杉更新最多，达到 3358 株/hm²，其次为云杉和红松，分别为 969 株/hm² 和 952 株/hm²，可以看出针叶树种更新良好，而相对的阔叶树种更新较差，只有色木槭、椴树和榆树等更新幼苗。

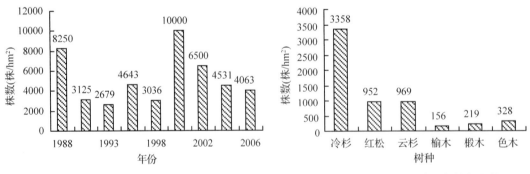

**图 2.38　近原始林更新株数统计**　　**图 2.39　近原始林树种更新株数比较**

研究对象更新与近原始林相比较，其更新较差，但是更新较稳定，呈逐渐上升趋势；而近原始林的更新株数有的年份较多，有的年份较少，不稳定。所以在今后经营管理中应当采纳两种不同样地的有利于更新的人为活动，继续进行经营性采伐促进更新的同时，尽可能的减少进入林地的次数，减少对更新幼苗的踩踏等，以及其它影响更新幼苗幼树生长的人为活动，促进更新株数的生长，避免径阶株数短缺或树种短缺现象。

#### 2.1.7.2.2 更新格局

分布格局采用方差均值比率法结合四种聚集度指标方法进行分析。以 2008 年的针阔比为 7:3 的混交林更新调查数据为例说明了幼苗幼树更新分布格局，结果见表 2.27。林分空间分布格局为聚集分布，即 $V/m > 1$、$\overline{m}/m > 1$、$I > 0$、$K$ 值很小、$CA > 0$，经对聚集程度显著性检验，差异极显著。

表 2.27　更新幼苗空间分布格局(7:3 为例)

| 指标 | 方差均值比 | | $\overline{m}/m$ | $I$ | $K$ | $CA$ |
|------|------|------|------|------|------|------|
| | $V/m$ | $\mid t \mid$ | | | | |
| 数值 | 4.75 | 26.88** | 1.33 | 3.75 | 4.05 | 0.25 |
| 分布格局 | 聚集 | 聚集 | 聚集 | 聚集 | 聚集 | 聚集 |

注：** 差异极显著

更新幼苗聚集分布的可能原因一是环境资源分布不均匀，由于林内茂盛的林下植被，及其枯枝落叶常常阻隔了林木种子与土壤接触，使种子发芽困难，即使发了芽，也因严实的活地被物的遮盖，影响光照难以成长。因此，林分内幼苗多聚集在倒木上和林隙内，呈聚集分布。二是不同生活型植物有各自特定的繁殖方式和繁殖适应性，云冷杉幼苗耐荫是聚集程度强的主要原因。三是不同程度的强度择伐使林分生境的异质性增大，20 世纪60 - 70 年代进行的强度择伐和 1991 年与 1996 年进行的 10% 和 12% 的择伐，导致林分内出现不同程度的林隙或林中空地，使得喜光树种和耐荫树种都得到了自身的生长环境，促进了更新幼苗的聚集程度。

## 2.1.8　小结

综合上述长白山云冷杉针叶混交林结构特征研究，掌握了研究对象树种组成、直径结构、q 值分布、林冠大小、稳定值、空间结构特征和林下植被特征等：

（1）树种组成：树种组成中占有 7 成以上的针叶树种和 3 成以下的阔叶树种。具体树种为，冷杉、云杉和红松为主的针叶树种，另有阔叶树，如白桦、色木槭、椵树、杨树、榆树和杂木等混交成为云冷杉针叶混交林。

（2）直径结构：研究对象直径分布规律为，径阶株数分布曲线呈反"J"型，株数随径阶的增大趋于减少。各径组株数分配大小顺序为，小径组 > 中径组 > 大径组 > 特大径组，分配比例分别在小径组3.7 ~5.7 之间，中径组2.9 ~4.3 之间，大径组1.0 ~1.6 之间，特大径组0.2 ~0.4 之间。直径结构函数拟合结果显示，在单对数坐标图上呈直线分布，相关系数均达 0.91 以上，85% 的小区的相关系数在 0.97 以上，平均相关系数为 0.98。

从 q 值变化来看，从试验地设置至今，两个小区 q 值呈逐渐下降趋势，说明大径阶株数比例增多，小径阶株数比例较少。9:1 混交林的株数分布都较合理，8:2 混交林的 2003 年以后大径组株数偏多，小径组株数偏少；7:3 混交林的 1999 年以后株数分布不合理，同样大径组株数偏多，小径组株数偏少。

（3）空间结构：采用空间结构参数角尺度、大小比数和混交度来反映了林木空间结构信息。结果显示：

角尺度来看，9∶1 为随机分布、8∶2 为聚集分布、7∶3 为均匀分布。

大小比数来看，林木生长处于中庸状态，大小比数值在 0.49 ~ 0.53 之间，胸径大小差异分化不大，各级上分布很均匀，均在 0.17 ~ 0.23 之间；树高大小比数在各级上分布也较均匀，均在 0.15 ~ 0.25 之间，说明各样地中林木生长分化不明显。

混交度中 7∶3 的混交度最大（0.80），其它三种针阔比的均在 0.54 ~ 0.57 之间，说明 7∶3 混交林属于强度混交或极强度混交状态，其它三个样地的混交林处于中度混交状态。

（4）天然更新：研究对象每公顷更新株数最多的为 8∶2 的混交林，其更新株数在 4759 ~ 6370 株/hm² 之间，林下更新等级属于中等；7∶3 的次之，更新株数在 2636 ~ 6386 株/hm² 间，最差的为 9∶1 混交林，其更新株数在 1833 ~ 3981 株/hm² 之间；主要树种中，冷杉更新最好，其次为云杉和红松。总体上，更新株数偏少。

更新格局以 7∶3 为例进行了分析，几种分析方法结果均显示聚集分布，这符合幼苗更新分布格局形式。

（5）稳定值：经过采伐后的林分稳定值逐渐增大，不同针阔比混交林各年份稳定值中 8∶2 的最大，最低的为 9∶1；不同针阔比平均稳定值最大的为 8∶2，最小的为 7∶3。

## 2.2　云冷杉针叶混交林经营目标

### 2.2.1　确定经营目标的意义

研究对象是研究区主要森林类型之一，对当地的经济、环境及社会的发展与稳定，发挥着巨大的作用。森林所发挥的巨大作用是通过其自身的各种功能来实现的。森林各种功能在不同的环境、不同的历史时期及不同的社会需求背景下所发挥的作用均不同。在森林众多的功能中能够准确选择出经济社会发展所迫切需要的、与自然环境最协调发展的主导功能，并最大范围地发挥其作用是森林经营管理的主要目标。

确定研究对象经营目标是经营管理工作要达到的预期标准。森林经营管理和其它工作一样，应该首先明确其经营目标，才能根据经营目标构建云冷杉针叶混交林经营模式，编制云冷杉针叶混交林经营计划，从而实施经营计划，以调整和优化现有混交林的结构，实现以云冷杉针叶混交林的多种功能和效益。可见，云冷杉针叶混交林经营的过程是沿着经营目标指引的方向进行的，所以，云冷杉针叶混交林经营目标是云冷杉针叶混交林经营管理的行动指南。云冷杉针叶混交林经营效果要根据其经营计划确定的经营目标来评价。因此，经营目标正确与否，不仅关系到所制定的云冷杉针叶混交林经营目标本身的价值，而且关系到云冷杉针叶混交林经营计划的科学性、可行性，以及云冷杉针叶混交林经营的综合效益高低。所以，确定云冷杉针叶混交林经营目标是构建云冷杉针叶混交林经营模式的核心。因此，科学地确定云冷杉针叶混交林的经营目标，在云冷杉针叶混交林经营研究和经营实践中都具有重要的意义。

### 2.2.2　主导功能的确定

根据研究区云冷杉针叶混交林的主导功能进行分析，确立评价指标，构建出层次结构（如图 2.40 所示）。

　　层次分析法采用的是两两比较的方法。决策者或专家要根据隶属于同一个指标的两项子指标相对于父指标，哪个更重要，重要多少。为了对重要性判断定量化，引用9级分制进行比较。

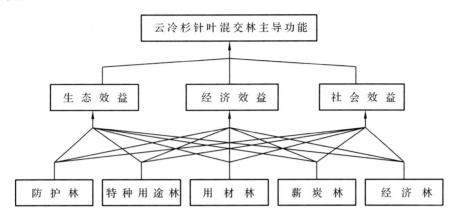

**图 2.40　云冷杉针叶混交林主导功能的层次结构模型**

　　比较判断矩阵的构建主要通过专家咨询法获得各指标两两之间的相对重要性，按照从上到下的顺序，分层次设计咨询表格。专家按1~9比例标度的含义为各评价指标两两之间的相对重要性赋值，填写表中对角线的二角形部分，形成评价指标的两两比较矩阵。

　　根据层次分析法原理，通过问卷形式和访谈形式，征询有关专家学者，构造以下判断矩阵。结果见表2.28至表2.32。判断矩阵一致性比例小于0.1为通过一致性检验。

　　采用层次分析法对研究区进行分析结果为（$W_i$ 为权重值）：准则层各因子权重值大小排序为：生态效益 > 经济效益 > 社会效益，表明研究区主导功能以生态效益为主，经济效益次之。

**表 2.28　总目标判断矩阵**

| 总目标 | 经济效益 | 生态效益 | 社会效益 | $W_i$ |
|---|---|---|---|---|
| 经济效益 | 1 | 1/3 | 2 | 0.210 |
| 生态效益 | 3 | 1 | 8 | 0.694 |
| 社会效益 | 1/2 | 1/8 | 1 | 0.095 |

注：总目标判断矩阵一致性比例：0.01 < 0.1，通过一致性检验

**表 2.29　经济效益判断矩阵**

| 项目 | 防护林 | 特种用途林 | 用材林 | 薪炭林 | 经济林 | $W_i$ |
|---|---|---|---|---|---|---|
| 防护林 | 1 | 1/3 | 1/8 | 1/6 | 1/4 | 0.035 |
| 特种用途林 | 3 | 1 | 1/7 | 1/5 | 1/3 | 0.062 |
| 用材林 | 8 | 7 | 1 | 4 | 7 | 0.548 |
| 薪炭林 | 6 | 5 | 1/4 | 1 | 4 | 0.248 |
| 经济林 | 4 | 3 | 1/7 | 1/4 | 1 | 0.106 |

注：经济效益判断矩阵一致性比例：0.09 < 0.1，通过一致性检验

**表 2.30　生态效益判断矩阵**

| 项目 | 防护林 | 特种用途林 | 用材林 | 薪炭林 | 经济林 | $W_i$ |
|---|---|---|---|---|---|---|
| 防护林 | 1 | 2 | 8 | 6 | 8 | 0.497 |
| 特种用途林 | 1/2 | 1 | 4 | 4 | 6 | 0.286 |
| 用材林 | 1/8 | 1/4 | 1 | 4 | 4 | 0.115 |
| 薪炭林 | 1/6 | 1/4 | 1/4 | 1 | 3 | 0.066 |
| 经济林 | 1/8 | 1/6 | 1/4 | 1/3 | 1 | 0.037 |

注：生态效益判断矩阵一致性比例：0.09 < 0.1，通过一致性检验

**表 2.31　社会效益判断矩阵**

| 项目 | 特种用途林 | 防护林 | 用材林 | 薪炭林 | 经济林 | $W_i$ |
|---|---|---|---|---|---|---|
| 特种用途林 | 1 | 3 | 4 | 3 | 5 | 0.414 |
| 防护林 | 1/3 | 1 | 5 | 5 | 7 | 0.331 |
| 用材林 | 1/4 | 1/5 | 1 | 2 | 4 | 0.122 |
| 薪炭林 | 1/3 | 1/5 | 1/2 | 1 | 2 | 0.085 |
| 经济林 | 1/5 | 1/7 | 1/4 | 1/2 | 1 | 0.047 |

注：社会效益判断矩阵一致性比例：0.09 < 0.1，通过一致性检验

**表 2.32　指标层 5 个因素的判断矩阵计算结果及总排序**

| 准则层／指标层 | 经济效益 0.210 | 生态效益 0.694 | 社会效益 0.095 | $W_i$ | 指标层排序 |
|---|---|---|---|---|---|
| 特种用途林 | 0.035 | 0.497 | 0.414 | 0.251 | 2 |
| 防护林 | 0.062 | 0.286 | 0.331 | 0.384 | 1 |
| 用材林 | 0.548 | 0.115 | 0.122 | 0.207 | 3 |
| 薪炭林 | 0.249 | 0.066 | 0.085 | 0.106 | 4 |
| 经济林 | 0.106 | 0.037 | 0.048 | 0.053 | 5 |

指标层权重值大小依次为防护林 > 特种用途林 > 用材林 > 薪炭林 > 经济林，表明研究区最适合培育防护林和特种用途林的同时兼顾用材林。

综合以上分析，云冷杉针叶混交林的主导功能确定为生态效益为主，即以生态公益林中的防护林为主。在不影响发挥生态效益的前提下，适当培育用材林。

## 2.2.3　确定经营目标

根据云冷杉针叶混交林资源的可持续、森林的近自然状态(异龄、复层、混交)、林分的稳定性和植物的多样性、林分主导功能与其它功能兼顾的经营原则，依据研究区混交林的历史背景和经营现状，以及立地条件、社会经济情况、自然资源分布和主导功能相结合，以与森林和谐共存理念及森林资源可持续经营理念为指导，以近自然森林经营理论和森林生态系统经营理论为基础，结合国内外天然林及云冷杉针阔混交林研究和实践成果，

提出云冷杉针叶混交林的经营目标。

确定研究区经营目标主要从以下几个方面来阐述：

采用层次分析法确定研究区主导功能。结果表明，研究区以培育生态效益为主的防护林最佳，其次是培育特种用途林和用材林。这对制定研究区经营目标具有重要的参考价值。研究区是我国开发利用较早的林区之一，也是东北主要的木材生产基地，具有用材和防护双重作用。

研究区将近300名林业工作者，为完成林场各项生产任务的主要劳动力，也解决了一部分人的就业问题。研究区附近空气好，是个很好的旅游休闲的地方。

从1959年在金沟岭林场和地阴沟林场进行采育伐的试点工作，由局党政主要领导为核心组织了有领导、工程技术人员、工人群众三结合的工作组进驻到林场，进行试点。1986年在金沟岭实验林场成立了一个十人左右的科研小组，为了调查总结采育林的生长状况，共选设了131块各类标准地，伐倒标准木、解析木2800多株，为总结这一科技成果"百万亩采育林"取得了第一手资料。该成果于1989年通过了省科委组织的以我国著名林学家、生态学家王战教授为首的专家鉴定小组，鉴定通过并荣获省科技进步一等奖。还科学地设置了检查法基地，是研究云冷杉针叶混交林生长、经营管理具有重要的科学意义的研究区。

研究区云冷杉针叶混交林组成树种多、林分结构复杂。因此，必须了解主要树种的生物学特性、生命周期、生长速度等，对制定经营目标有重要意义。云冷杉针叶混交林主要是由云杉、冷杉和红松等针叶树组成，占总蓄积量的7成以上，分析其生物学特性，对研究制定经营目标具有重要意义。下面是其主要树种的生物学特征分析：

云杉生物学特性：云杉生长速度缓慢，10年内高生长量较低，后期生长速度逐渐加快，且能较长时间地保持旺盛的生长。树干高大通直，节少，材质略轻柔，纹理直、均匀，结构细致，易加工，木材蓄积量丰富，可供建筑、飞机、乐器（钢琴、提琴）、舟车、家具、器具、箱盒、刨制胶合板与薄木以及木纤维工业原料等用材，并是造纸的原料，云杉针叶含油率约0.1~0.5%，可提取芳香油。树皮含单宁6.9~21.4%，也可提取。其经济效益很高。

冷杉生物学特性：冷杉的树皮、枝皮含树脂，著名的加拿大树脂即是从香脂冷杉的幼树皮和枝皮中提取的，是制切片和精密仪器最好的胶接剂。国产冷杉也可提取相似的胶接剂。冷杉的木材色浅，心边材区别不明显，无正常树脂道，材质轻柔、结构细致，无气味，易加工，不耐腐，为制造纸浆及一切木纤维工作的优良原料，可作一般建筑枕木（需防腐处理）、器具、家具及胶合板，板材宜作箱盒、水果箱等。冷杉的树干通直，枝叶茂密，四季常青，可作园林树种。

红松生物学特性：红松是象化石一样珍贵而古老的稀有经济树种，树干粗壮。树高入云，挺拔顺直，是天然的栋梁之材。红松材质轻软，结构细腻，纹理密直通达，形色美观又不容易变形，并且耐腐朽力强，所以是建筑、桥梁、枕木、家具制作的上等木料，不论是在古代的楼宇宫殿、还是近代的人民大会堂等著名建筑中红松都起到了脊梁的作用。红松的枝丫、树皮、树根也可用来制造纸浆和纤维板。从松根、松叶、松脂中还能撮松节油、松针油、松香等工业原料；红松生长缓慢，树龄很长，不畏严寒，四季常青，四百年的红松正为壮年，一般红松可活六七百年，红松是长寿的象征。从树种生物学特性来看，研究区主要树种云杉、冷杉和红松的经济价值很高。

鉴于上述经济效益、生态效益和社会效益，以及主要树种的生物学特性分析，研究区主导功能的发挥和国民经济用材的需求结合，本研究认为研究区云冷杉针叶混交林以最大限度的发挥生态效益的基础上兼顾培育用材林为宜。故经营目标确定为以生态效益为主，兼顾培育用材林的多目标经营异龄、复层、混交林。

## 2.3 云冷杉针叶混交林目标结构

目标结构是指能够实现经营目标的林分结构，目标结构的制定意义在于，目标结构作为现实林经营的尺度，以指导现实林结构调整和把握现实林经营方向。

以森林资源可持续经营理念为指导，以近自然森林经营理论和森林生态系统经营理论为基础，结合国内外天然林及云冷杉针阔混交林研究和实践成果，提出云冷杉针叶混交林的目标结构体系。

### 2.3.1 建立目标结构的原则

必须依据现实林结构和经营目标来制定目标结构，目标结构的构建合理与否，不仅影响其主导功能的发挥，而且还影响其它功能的发挥，影响整个经营过程。

科学性原则：目标结构必须建立在科学的基础上，能充分反映可持续发展和森林可持续经营的内在机制和基本内涵，指标名称规范、含义明确、测算方法标准、统计分析方法规范、结果明确。

系统性原则：包括目标结构体系的完整性和结构的层次性。一是指标体系要能够反映可持续经营的基本内涵和目标，二是指标体系要构成一个目标明确、层次分明、相互衔接的有机整体。

可操作性原则：所构建目标结构要有明确的科学依据和科学的计量方法，尽可能采用比较成熟的和通用的指标，每个指标应涵义明确，同时要考虑指标基础数据获取的难易程度，有可靠的资料来源，要容易监测，简便易算，具有技术和经济可行性，评价方法易于掌握，便于操作和比较，易在实践中推广应用。

全面性原则：目标结构作为森林可持续经营管理中的重要内容，在确定目标结构时应从不同角度全面考虑森林的各个指标因子和生长特征，以全面正确地评价的基础上确定目标结构。

### 2.3.2 建立目标结构

目标结构是指能够实现经营目标的林分结构，是现实林经营最终达到的理想结构，即能充分发挥森林的生态效益，在经营性采伐中获得所需林产品的森林理想结构。鉴于确定目标结构的持续性原则、经济性原则、保护生物多样性原则和预防性原则为依据，主要从树种组成、直径结构和空间结构三个方面制定目标结构。

#### 2.3.2.1 树种组成

为了保证森林资源的可持续性，在确定目标结构时应首先确定合理的树种组成。树种组成是重要林分结构因子，是影响林分健康性、稳定性和多样性的重要因子之一。由于不同树种的生物学特性及生态学特性不同，林分所表现的健康性、稳定性和多样性也各不相同，使得混交林的结构更加复杂化。在很大程度上影响着林分的更新和演替方向，合理的树种组成应该有利于天然更新的完成，促使林分生态系统向着稳定的方向演替，保证森林资源的可持续。因此为了保证云冷杉针叶混交林的稳定生长和资源的可持续，必须合理调整树种组成。

在以云冷杉为主的针叶混交林中，除了云杉、冷杉、红松等针叶树种占 7 成以上外，还混有白桦、色木槭、椴树和枫桦等阔叶树种。这些阔叶树种的抗旱、抗火以及萌生能力都特别强。当林分受到采伐、火烧等干扰后，这些树种就以抗火强、多代伐根萌芽能力及对干燥立地条件的忍耐能力，在森林恢复中最先重新成林，避免出现荒山秃岭的后果。另外，针叶树种与这些繁殖能力强，生长速度快，没有共同病虫害的阔叶树种协调搭配起来，有利于避免林分生态系统病虫害的发生。因此，在森林经营过程中，适当保留这些阔叶树种是必要的

本着生态功能最强，林分稳定性最好，多样性和丰富度最大，木材及林产品产量最高为原则，确定树种组成比例。从研究区树种组成变化过程来看被调查实验区的树种组成变化不大，9∶1 混交林经过几年的经营过程变成了 8∶2，而 7∶3 的混交林在将近 20 年的生长过程一直没有变化，这说明了研究区林分生长较稳定，树种组成较合理。即 8∶2 和 7∶3 的云冷杉针叶混交林生长较稳定，是研究区内较适宜的目标树种组成。即以云杉、冷杉和红松蓄积量占 7 成到 8 成，白桦、椴树、枫桦、杂木、色木槭、杨树和榆树占 3 成，另有紫杉、黄菠萝、水曲柳、红豆杉等也是该地区的珍贵树种，对林分的稳定和物种的多样性具有重要的意义。研究认为，各树种组成中冷杉占 3 ~ 4 成、云杉 2 成、红松 2 成、其它阔叶树种色木槭、枫桦、椴树、白桦、杂木、榆树和杨树以及研究区生存的珍贵树种占 2 ~ 3 成为较合理。

### 2.3.2.2 直径结构

天然异龄林合理的直径结构呈反"J"型形式。研究区近原始林和云冷杉针叶混交林直径结构均符合此规律。但是，反"J"型曲线形式多样，不同形式的反"J"型曲线其各径组株数均不同，对应的各径阶株数也都有所不同，林分结构会改变。林分结构不同，其功能也不一样，结构决定其功能，功能是结构的表现形式。为了探索稳定状态的直径结构，本文分析以下几个因子，确定研究对象理想直径结构。

(1)$q$ 值分布

$q$ 值的大小决定了林分各径组株数的多少，$q$ 值越小，大径组株数越多。研究区林分 $q$ 值范围在 1.18 ~ 1.25 之间，前人研究认为，$q$ 值在 1.2 ~ 1.5 之间或 1.3 ~ 1.7 之间时异龄林的株数分布较合理。经综合考虑，研究认为，$q$ 值标准设定为 1.2 ~ 1.5 较合理。

(2)稳定值

从稳定值来看，研究对象稳定值逐渐增大，说明生长逐渐进入稳定状态。但由于 $q$ 值逐渐减小，各径组株数分布趋于不合理状态，故将结合 $q$ 值大小和稳定值最大原则，确定合理的直径结构函数。

（3）冠幅大小

林木树冠的大小，影响林木降水截流量，树冠投影面积越大，林木冠层降水截流量也就越高，能有效降低雨水对土壤的侵蚀度，防治水土流失。

（4）蓄积生长量

结合研究对象蓄积生长量情况和前人研究结果，认为蓄积生长量不能小于 $7m^3/hm^2$。

（5）更新特征

森林更新的特点是森林群落长期自然选择的结果。林冠下天然更新能力的强弱，影响着森林植物群落结构的格局和演替趋势。研究区 8:2 的更新等级为中等（4500~10000 株/$hm^2$），7:3 的更新近今年逐渐好转，更新等级中等，9:1 的更新不良（<4500 株/$hm^2$）。

综合考虑达到几个指标要求的小区年份，本着生态效益最大，径阶株数合理，稳定性良好，促进天然更新、保证各径组株数、蓄积生长量最好的原则，研究认为云冷杉针叶混交林针阔比保持在 8:2 或 7:3 为最稳定，有利于充分发挥生态效益、经济效益和社会效益。最终选择了直径结构线性分布函数作为理想直径分布函数。公式如下：

$$y = -ax + b \tag{2-3}$$

式中，$y$ 为径阶株数自然对数，$x$ 为径阶（cm），$-a$ 为斜率，$b$ 为截距（$y$ 坐标）。

对云冷杉针叶混交林的直径结构进行线性化处理后结果显示，在单对数坐标图上显著线性相关，相关系数均达到了 0.91 以上，85% 的小区的相关系数在 0.97 以上，平均相关系数为 0.98。说明采用单对数函数对研究区的林分直径结构进行拟合是可行的，它能很好地反应林分直径结构形式。

各径组株数比例方面，林木生长中由于林木本身或外界的影响会减少一部分林木，而研究区林木直径越小的株数越多，这保证了林木正常演替，避免了在林分生长过程中出现某径阶株数缺省的问题。

### 2.3.2.3 空间结构

对空间结构调整，提倡"以树为本、培育为主、生态优先"的经营理念，以培育健康稳定的森林为最终经营目标，根据结构决定功能的原理，以优化林分空间结构为手段，注重改善林分空间结构状况，按照森林的自然生长和演替过程安排经营措施，确定调整目标。根据角尺度、混交度、大小比数频率分布情况，结合林木具体位置图，对空间结构进行分析，探索目标空间结构。

角尺度：一般情况下，天然混交林处于顶级群落时，水平分布格局大部分为随机分布，故将不合理的林分经过调整逐渐趋于随机分布是角尺度参数调整的最终目标。

混交度：混交度越高，林分生长越趋于稳定。研究中发现，7:3 的混交度高达 0.8，在调整过程中可以模仿 7:3 混交林的混交模式。

大小比数：胸径和树高大小比数来看，几个样地的林木生长处于中庸状态，大小比数在各级上分布较均匀。理想的林分林木大小比数为中庸级所占的比例应该远高于其它级别，绝对劣势和劣势级占的比例越小越好。

综上所述，目标空间结构应为，角尺度调整为随机分布状态，大小比数为中庸级占有的比例远高于其它级别，劣势级应降至最低，混交度越高越好。

## 2.4　云冷杉针叶混交林结构调整

本研究结构调整主要以针阔比8∶2混交林为例,从树种组成、直径结构和空间结构等三个方面进行调整。

### 2.4.1　树种组成调整

树种组成调整是一个渐进、复杂的过程,不可能在短期内调整到预期目标。如果调整幅度过大,就会破坏生态系统的稳定性,影响其正向演替发展。试验地历年数据表明,试验地树种组成变化不大。如9∶1混交林经过几年的经营变成了8∶2,而7∶3的混交林在将近20年的生长过程中基本没有变化,这也说明了研究区林分生长较稳定,树种组成较合理。

本研究认为,各树种组成中冷杉占3~4成、云杉2成、红松2成,色木槭、枫桦、椴树、白桦、杂木、榆树、杨树等其它阔叶树种以及珍贵树种占2~3成最合理。

现有8∶2云冷杉针叶混交林的树种组成为4冷2云2红1白1其它。1其它中有色木槭、杨树、榆树、椴树、枫桦和杂木等少量阔叶树种生长。从树种组成比例来看,各树种比例合理。

### 2.4.2　直径结构调整

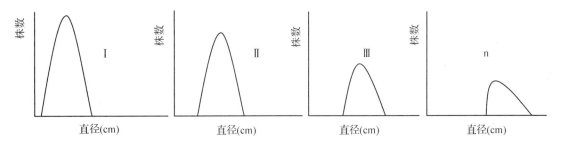

图2.41　不同龄级林木直径分布

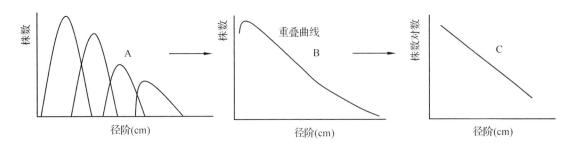

图2.42　异龄级林直径分布

#### 2.4.2.1　确定理想直径结构

天然林是由n个不同龄级的同龄林组成,而同龄林的直径分布形式通常为正态分布(图2.41)。直径分布变化可以用n个连续的阶段表示,n为天然林最大龄级。图2.41 I

为 Ⅰ 龄级林木直径分布图，左右大体上同型的单峰型。图2.41 Ⅱ 为 Ⅱ 龄级，依次类推龄级依次增大，这些林木在生长过程中，通过经营性采伐劣势木，减少株数，剩余的林木直径继续生长，其分布为逐渐向右方向移动的同时，分布的幅度随着右端不断拉长，逐渐扩大呈左偏单峰型。将所有龄级直径分布图叠加(图2.42A)便是天然异龄林的左偏单峰山状曲线形式(图2.42B)，即天然异龄林直径分布形式，呈左偏单峰山状曲线或反"J"型曲线。在合理采伐和自然死亡等干扰下，将会围绕理想结构上下波动，但能维持林分结构的动态平衡。森林连续采伐应当以不破坏或容易恢复到初始结构状态为基础。这样的林分直径分布经过株数对数与径阶关系的拟合呈线性关系(图2.42C)，经显著性检验差异极显著。

要使研究区林木直径结构处于合理状态，需依靠林木自身生长能力的同时，采用合理的人为措施选择采伐木为主的长期结构调整来实现目的。

研究区不同针阔比混交林的实际直径株数分布均呈左偏单峰山状曲线或反"J"型曲线形式，基本满足了异龄林直径分布形式。各径组林木株数中9:1和7:3混交林的小径组、中径组、大径组和特大径组林木株数比例呈逐渐减少趋势。8:2混交林以中径组林木株数为最多，其它径组林木株数随径组的增大，呈减少趋势。在各径组林木株数调整过程中8:2混交林的小径组林木株数偏少，经过调整达到小径组、中径组、大径组和特大径组株数比例呈逐渐减少趋势。

8:2混交林的 $q$ 值小于1.2，这也进一步证明了其小径组林木株数偏少，大径组林木株数偏多。直径结构调整时，保护小径组林木。

以8:2云冷杉针叶混交林2007年直径分布为例，进行直径结构调整。其理想直径结构函数如下所示：

$$y = -0.1091x + 6.0074 \qquad 公式(2-4)$$

2.4.2.2　现实林直径结构调整

表2.33　8:2云冷杉针叶混交林直径结构函数参数变化

| 针阔比 | 参数 a | | 参数 b | |
| --- | --- | --- | --- | --- |
| | $a_1$ | $a_2$ | $b_1$ | $b_2$ |
| 8:2 | 0.1025 | 0.1091 | 5.9304 | 6.0074 |

注：$a_1$、$b_1$为调整前参数值；$a_2$、$b_2$为调整后的参数值

表2.34　云冷杉针叶混交林调整前、后各径组株数估算(8:2为例)

| 径组 | 小径阶 | 中径阶 | 大径阶 | 特大径阶 | 合计 |
| --- | --- | --- | --- | --- | --- |
| 调整前(株/hm²) | 614 | 342 | 100 | 35 | 1091 |
| 调整后(株/hm²) | 627 | 329 | 89 | 28 | 1073 |
| 采伐株数(株) | -13 | 14 | 11 | 7 | 32 |
| 调整前比例 | 56 | 32 | 9 | 3 | 100 |
| 调整后比例 | 58 | 31 | 8 | 3 | 100 |

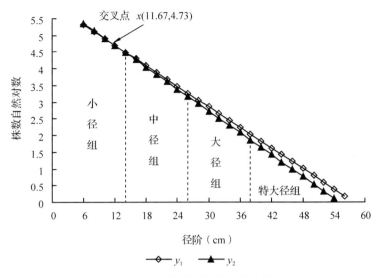

**图 2.43  调整前后直径分布变化**

表 2.33 为调整前、后 8∶2 混交林参数变化。表 2.34 为根据表 2.35 和图 2.50 估算出的各径组采伐株数表。对 8∶2 混交林直径结构调整结果表明，小径组、中径组、大径组和特大径组的株数比例应保持在 58∶31∶8∶3，总株数以 1090 株左右为宜。研究区小径组株数偏少，其它径组株数均偏多。其中，中径组、大径组和特大径组株数分别多 14 株、11 株和 7 株；而小径组缺少 13 株。在经营过程中，需要采伐株数多的径组林木，对株数少的径组林木不但不采伐，在条件允许情况下可以人工促进天然更新，以保证各径阶林木的正常演替。由于研究区是受到强度采伐后进行恢复性经营管理过程中的过伐林，进行人工更新比较困难，况且研究区目前缺少的小径组林木株数不算太多，天然更新状况较好，所以尽量的依靠天然更新或人工促进天然更新的方法逐渐恢复直径结构合理分布状态。

## 2.4.3  空间结构调整

竞争是生物界普遍存在的一种现象。在资源不足的情况下，林木之间的竞争是不可避免的。究竟维持怎样的竞争格局才更有利于林分的生长发育，尚缺乏足够的证据。由于形态大小相近的生物间存在利害关系，大小相近的林木间的竞争使林木格局从聚集变为均匀。在天然老龄林中，表现为大树(优势木和亚优势木)呈均匀分布，小树呈聚集分布。竞争逐渐淘汰位于大树之间、与大树年龄和大小相似、距离较近、空间生态位重叠的竞争木，而竞争能力较弱的更新起来的小径木却可以与大树相伴生长，最终形成大树均匀分布，小树与大树相邻的竞争格局，这就是自然稀疏过程。自我自然稀疏好的林分无需人为调整，而自然稀疏不好的林分需要人为地去进行结构上的调整，以其达到结构上的优化。

除了依靠自然界中风倒作用稀疏林木外，可采取择伐方式除去上层林木，扩大林木间距，减缓相邻林木间的竞争，使得长期被压的云杉和冷杉等下层幼树迅速转入高生长，可使一部分林木转入上层木。

天然林经营的关键是构成直径结构的各世代的林木很顺利的向右持续移动的经营为理想经营。也就是说，落到林窗的种子和幼树得到适当的光照后能够自由生长，各径组林木得到自由生长空间，到了某种采伐时间后又通过采伐，适当分配林内的光照条件促进保留木生长，使之不断循环生长繁衍。

林分经营法是全面观察林分内的树木的配置和生长更新状况，考虑将来的林分的发展方向，根据长期经验进行判断需采伐林木，为保留木提供充足的阳光促进其生长。这样森林可以自然生长发育。

综上所述，林分能得到自由生长空间，与其林分空间结构关系密切，为了调整林分的空间结构达到最优状态，下面对研究区林木空间位置从角尺度、大小比数和混交度等几个方面进行调整。

### 2.4.3.1　角尺度

首先分析林木的水平分布格局，判断所经营林分的角尺度分布是否随机分布，0.5 取值的两侧是否对称，如果不是，则将分布格局向随机分布调整，原有的随机分布结构单元尽量不做调整，主要是平衡格局中聚集和均匀分布的结构单元的比例，促进林分的角尺度分布更为均衡。

8∶2 混交林的角尺度平均值为 0.53，属于聚集分布。角尺度分布中取值 0.5 的左右两侧频率相差 12%，右侧高于左侧；取值 1 的单木比例比取值 0 的单木高 9%，取值 0.75 的单木比例比取值 0.25 的单木高 3%。由于随机分布是林分调整的目标分布格局，故现有聚集分布调整为随机分布，须将角尺度分布中 0.5 取值的两侧比例分配为均衡，降低 $\overline{W}$ 值，从角尺度 0.75 的相邻木中选择全林株数 3%（823 × 3% ≈ 25）的单木，在角尺度取值为 1 的相邻木中选择全林株数 0.09%（823 × 0.09% ≈ 1）的单木作为被伐木。

### 2.4.3.2　大小比数

中庸（0.5）状态占 22%；劣态和亚优势状态的分别占 18% 和 16%；绝对劣态和优势的分别占 21% 和 22%；由此可见，各级别状态的林木所占比例相差不大，表明在林分中还存在部分被压迫林木，理论上中庸级占有的比例应该远高于其它级别，劣势级应降至最低，在调整过程中将被压迫的林木作为首选被伐木，结合采伐角尺度取值为 1 和 0.75 的林木的相邻木进行选择被采伐木。

### 2.4.3.3　混交度

平均混交度为 0.54，其中，极强度混交林木（1）占 28%，强度混交（0.75）占 21%，中度混交（0.5）占 21%，弱度混交（0.25）占 22%，零度混交（0）占 7%。有研究结果表明，越向稳定群落发展，强度和极强度混交的频率有越高的趋势。研究区 8∶2 混交林的混交度为 0.54，介于中度混交和强度混交之间，并没有达到很高的混交度。在结构调整过程中结合角尺度和大小比数，选择零度混交和弱度混交林木的相邻木，提高树种的混交度。

首先伐除不具活力的非健康个体，并针对顶极或主要伴生树种的中大径木的空间结构参数如角尺度（$W=1$ 或 $W=0.75$ 林木的相邻木属于潜在的采伐对象）、竞争树大小比数（$U=1$ 或 $U=0.75$ 林木的相邻木属于潜在的采伐对象）和混交度（$M=0$ 或 $M=0.25$ 林木的相邻木属于潜在的采伐对象）来进行空间结构调整，使经营对象处于竞争优势或不受到挤压的威胁，整个林分的格局趋于随机分布，混交度得到提高，从而使组成林分的林木个体和组成森林的森林分子即林分群体均获得健康。视经营中获得的林产品为中间产物而不是经营目标，认为唯有创建或维护最佳的森林空间结构，才能获得健康稳定的森林。

## 2.4.4　天然更新

云冷杉针叶混交林更新研究结果显示，几种不同针阔比云冷杉针叶混交林更新密度中，8∶2 的更新中等，7∶3 的也逐渐趋于中等水平，9∶1 的更新不良。各针阔比混交林的更新株数 8∶2 和 7∶3 的基本能满足更新需求，9∶1 的不能满足更新需求。但是总体还没达到更新良好状态，在调整过程中不能采伐小径阶株数和中径阶株数，或条件允许的情况下补植相应径阶的株数。迹地更新(或补植)应适地适树，采用先进的整地和合理的幼林抚育措施，保证成活成林。

## 2.4.5　采伐技术

### 2.4.5.1　采伐方式

从森林自身的特点来看，云冷杉针叶混交林是典型的复层异龄林，而且云冷杉树种具有耐阴性，因此适合于采用择伐的方式。近几年来汪清林业局主要采用择伐的方式来经营云冷杉针叶混交林。择伐后，林内卫生条件得到改善，林地环境不会发生剧烈变化，森林的更新是连续进行的，天然更新起来的森林同样是复层异龄林。所以今后采伐方式仍采用择伐方式，是以最大限度的发挥森林的生态、经济和社会效益的生态采伐方式。

择伐方式的优点主要表现在以下几个方面：

(1)可以保证林地上永远有林木的庇护，创造一个稳定的环境条件，并有利于主动的树种择优和促进森林的再组织过程；

(2)林内的动植物种群保持相对不变，很难发生突然灾难性的变化；

(3)择伐形成的异龄林，具有较大的抵抗或减轻自然灾害的能力；

(4)林内存在永久的母树种源，可大大降低更新费用；

(5)幼苗可以得到上层树冠的保护，不易遭到日灼、霜冻、风折、干旱等危害；

(6)择伐往往形成多层林，可充分利用光能，增大林分的生物量；

(7)具有美化风景的作用。

鉴于以上优点，建议采用择伐方式进行采伐，以减少过度采伐或大面积采伐对林木及周围生境的负面影响。

### 2.4.5.2　采伐强度

以云冷杉为主的林分，采伐强度不应超过 25%，采伐强度越大，更新效果越差。原因是云冷杉属于耐阴性树种，采伐强度大时，光照增强，阳性植物与之争夺营养，不利于它的更新和生长。确定具体采伐强度时，通过调整理论直径结构线性函数和现实林直径结构线性函数的参数 a、b 值来确定各径组需采伐的株数，同时遵循采伐量少于生长量的原则。

### 2.4.5.3　采伐木的确定

采伐木的确定，首先应该考虑树种组成上有没有要求，其次是考虑直径结构函数的要求，确定采伐哪个径阶的林木。其次考虑空间格局各参数，如角尺度、大小比数和混交度来确定采伐木。最后结合林木在具体样地内的位置，考虑林分结构的完整性、合理性以及有利于天然更新。对于自己不能选择场所的树木，以后的生长受到相邻树木的大小、有无枝或枝的大小不同影响光照条件等各种偶然因素的制约。叶量的多少直接反映了林木长势的好坏，在选择采伐木的时候关注林木的叶量，先采伐叶生长量少的林木。

另外，应永久保留一定数量的不同腐烂程度和分布密度的枯立木和倒木，满足野生动物和其它生物对一些特殊生境的要求，纵观全局确定采伐木。

在综合考虑上述因素的基础上，按照以下顺序来确定采伐木。

（1）首先伐除老、病、残和成熟的林木，以及叶量少，冠幅小的林木；

要求老、病、残林木都要伐掉，从生态学角度看，有其不合理的地方。枯立木和倒木的存在和许多生物种类密切相关，而且云冷杉林的天然更新多发生在枯倒木上。因此择伐时林地中应保留倒木和枯立木，以便为野生动物、鸟类等提供生境，满足更新的要求。考虑降水截流，防治水土流失、土壤侵蚀等现象，尽量采伐叶量少，冠幅小的林木。树冠大小影响林木长势的好坏，同时也影响林地土壤侵蚀和水土流失现象，故在采伐管理过程中应采伐冠幅小、叶量少的林木。

（2）采伐径阶结构不合理的林木，调整森林的径级结构使之有利于各径级林木向更大径级转移。

径阶结构不合理的林木是指根据异龄林径阶与株数对数分布呈线性的规律，分布在线性之外的林木。采育结合，不按径级采伐，而是选择只要不符合直径分布规律的各径组的林木均进行采伐。

（3）保持适当的针阔比，保留价值增长快的珍贵树种，如红松、水曲柳等。

保持适当的针阔比就是要求保持针阔混交的状态。云冷杉针叶混交林的针阔比保持在8：2 和 7：3 较好，并且主要树种组成也调整到目标树种组成。保留稀少的、有价值的珍贵树种。

（4）保持合理的林木空间分布，尽量使保留木特别是被压木得以最大程度的生长。

保持合理的林木空间分布，使林木分布格局调整到随机分布状态，减少保留木特别是被压木的挤压，使其得到最大程度的生长。得到最大收获的同时促进更新，提高保留木的质和量，创造生态稳定的云冷杉针叶混交林，并持续发展。

### 2.4.5.4 采伐作业

采伐作业质量的高低，直接影响幼苗、幼树和保留木的生长环境。采伐作业对苗木的损伤主要是受采伐强度、林分密度、采伐树种、采伐技术等因素的影响。因此，在采伐作业过程中应注意以下几点：

（1）在伐木过程中，应严格控制树倒方向，特别是采伐阔叶树时，应选定最佳倒向，防止损伤幼苗、幼树和保留木，减少对森林更新和生长环境的影响。即方便于集材作业也保护好幼树和保留木。

（2）避免造成集中连片采伐，保持森林资源的可持续性，尽可能降低对生态景观的影响。

（3）根据地形、坡度选择适当的采伐方式，要严格控制采伐强度，尽可能采取低强度择伐方式或抚育方式，减少对伐区水土、植被等的不良影响。

（4）选择恰当的集材方式和集材工具。如尽量选用原木生产方式利用畜力或人工集材减少对林地土壤的破坏。锯手、司机执行保护幼树经济承包，奖罚严明。打枝、造材时最大限度地避免幼苗幼树受伤害。

（5）对必需的土木工程采取必要的工程或生物措施，如集材道路面铺设砾石或以植被固定，以减少侵蚀和冲刷，降低水土流失强度。

（6）通过有规范地收集和处理采伐作业和日常生活的消耗品，尽量避免漏油等导致的污染，减少对水质的影响程度。

（7）伐区清理要尽量把采伐剩余物留在迹地上，并保留一些倒木和枯立木，把剩余物散铺或带状堆腐，从而达到减少对土壤干扰，增加幼林地地表覆盖度，保蓄养分之目的。依靠迹地留下的大量有机物，为下一代的森林更新创造良好的物质基础。

## 2.5　云冷杉针叶混交林经营模式

鉴于目前长白山过伐林区云冷杉针叶混交林缺乏系统的经营模式，本文通过对现实林结构特征的分析，确定其经营目标及目标结构，提出其合理的结构调整理论与技术，构建一整套可行的经营模式，为长白山过伐林区云冷杉针叶混交林的恢复与可持续经营提供理论依据和技术支撑。

## 2.5.1　经营模式

根据针阔比的不同，选择 9∶1、8∶2 和 7∶3 三种比例的云冷杉针叶混交林，提出其经营模式。

### 2.5.1.1　经营目标体系

结合研究区主导功能、社会需求和主要树种的生态学特征，首先考虑最大限度的发挥生态效益，其次是经济效益和社会效益。即经营目标为，以生态效益为主，兼顾培育用材林的多目标经营体系。这样既能符合当今提出生态建设放在首要任务的方针政策，也能提供林产品。满足了生态效益、经济效益和社会效益的最合理化。

经营目标体系分为总目标体系和子目标体系。

经营总目标体系为，培育以防护林为主的健康稳定的森林生态系统，在充分发挥生态功能的基础上通过经营性采伐，获得一定的林产品，满足社会对林产品的需要。

总目标分解为三个子目标：

（1）森林经营目标。恢复和重建森林的稳定性，林分结构合理，生态环境得到改善，改善并提高林分景观多样性、遗传多样性和生物多样性，提高云冷杉针叶混交林的生态系统的稳定性。长期保持林地土壤的养分，维持林地土壤良好的物理结构。

（2）经济效应目标。采取逐步择伐的经营措施调整林分结构，在结构调整过程中，进行经营性采伐，获得社会所需的林产品。

（3）三大效益有机结合目标。森林能够产生生态、经济和社会三大效益。在这三大效益当中，森林生态效益是保护经济效益的基础，也是实现社会效益的保障；经济效益是手段，只有经济发展了，物质文化、生活水平才能提高，才能更好地保护生态环境；社会效益是目标，因为生态、经济效益的提高是社会物质文明和精神文明提高的自然物质基础。因此，森林三大效益同时产生，同时存在，有机结合。

### 2.5.1.2　经营原则

遭受了强度择伐后的长白山云冷杉针叶混交林大部分处于过伐林状态，曾经为人类生存和发展源源不断地提供物质资源(水源、木材、林产品等)和环境支撑的以经济效益为主的云冷杉针叶混交林现已原始结构被破坏，环境恶化，结构逐渐被破坏，影响了周围生态环境质量和生活水平质量，降低了森林的生态、经济和社会效益的充分发挥。目前研究区森林经营必须以可持续经营作为首要指导原则，实现多功能森林可持续经营，最大限度的发挥森林的生态效益，其次在抚育经营管理中获取经济效益。

(1)生态效益最大化原则。恢复和重建林分结构，加强植被和土壤养分管理，维持生物多样性，防止水土保持，维持良好的森林生态功能。

(2)可持续经营原则。可持续经营是森林经营必须遵循的基本准则，包括资源可持续、生态可持续和经济可持续，其中资源可持续是生态和经济可持续的基础和前提。

(3)近自然林经营原则。由于近自然经营对促进林分蓄积增长，维持地力，增加林分物种多样性，提高森林群落稳定性具有重要意义。尽量利用和促进森林的天然更新，林木灌木、草本尽可能地自然竞争，自然淘汰，具有低成本，高生态的特点。

(4)经济效益兼顾原则。在不影响充分发挥森林生态效益的前提下，为社会提供所需的林产品。

### 2.5.1.3　目标结构体系

培育以多层次复合的异龄混交林。目标结构分总目标结构和子目标结构体系。

总目标结构：异龄、复层、混交结构；

子目标结构：主要从树种组成、直径结构、空间结构三个方面制定子目标结构；表2.35 为研究对象总目标和子目标结构体。

**表 2.35　云冷杉针叶混交林目标结构**

| 总目标结构 | 子目标 | 标准 |
|---|---|---|
| 异龄 | 直径结构 | 径阶与株数分布：反"J"型曲线形式 |
|  |  | 径阶与株数自然对数分布：$y = -ax + b$($y$ 为径阶株数自然对数) |
| 复层 | 垂直结构 | 上、中、下 3 个林层 |
| 混交 | 针阔比 | 8 : 2 或 7 : 3 |
|  | 树种组成 | 3(或4)冷 2 云 2 红 2(或3)色(或枫桦、椴树、白桦、杂木、榆树和杨树以及珍贵树种) |
|  | 空间结构 | 角尺度：随机分布 |
|  |  | 大小比数：中庸级最多，劣势级最低 |
|  |  | 混交度：最大化 |

## 2.5.2　结构调整技术

依据云冷杉针叶混交林现实林结构特征、经营原则、经营目标与目标结构，提出结构调整理论与技术体系。利用森林生态系统经营技术与异龄、复层、混交林的近自然经营技术，提出结构调整理论与技术。

### 2.5.2.1 树种组成

树种组成调整中，根据目标树种组成将现实林树种组成调整到目标树种组成比例，结合直径结构确定需采伐的树种直径大小，根据林木空间结构参数确定采伐树种的位置，同时依据直径结构分布形式和空间结构确定其采伐株数，最终达到合理的树种组成结构。

云冷杉针叶混交林针阔比 8:2 或 7:3 为最合理。其中各树种蓄积量比例应保持在冷杉占 3~4 成，云杉 2 成，红松 2 成，其他阔叶树种色木槭、枫桦、椴树、白桦、杂木、榆树和杨树以及研究区生存的珍贵树种占 2~3 成为较合理。

### 2.5.2.2 直径结构

实际直径分布呈左偏单峰山状曲线或反"J"型曲线形式。

径阶与径阶株数自然对数分布拟合后，在单对数坐标图上呈直线分布。将现实林直径结构函数的参数 a、b 调整为理想直径结构函数参数 a、b 一致，根据直线分布形式估算各径阶林木株数，与实际林木株数比较，多的林木株数采伐，缺损的进行补植或等待进阶林木来补充。

理想直径结构函数公式为：$y = -ax + b$

式中，$y$ 为径阶株数自然对数，$x$ 为径阶(cm)，$-a$ 为斜率，$b$ 为截距($y$ 坐标)。

确定理想直径结构线性函数的思路为：

（1）拟合现实林直径结构

对现实林直径分布函数进行拟合，选择最能反映直径分布规律的函数作为现实林直径分布函数；

（2）线性转化

通过非线性函数的线性化方法，将现实林直径结构函数转化为直径线性分布函数，求出线性分布函数的参数 a、b 值。

（3）确定理想直径结构线性函数

将现实林直径线性分布函数参数调整到理想直径线性分布函数。

（4）估算采伐株数

根据现实林直径线性函数和理想直径结构线性函数，估算各径阶林木株数差，确定各径阶采伐株数，结合树种组成确定采伐树种。

### 2.5.2.3 空间结构

角尺度：首先分析林木的水平分布格局，判断所经营林分的角尺度分布是否随机分布，0.5 取值的两侧是否对称，如果不是，则将分布格局向随机分布调整，原有的随机分布结构单元尽量不做调整，主要是平衡格局中聚集和均匀分布的结构单元的比例，促进林分的角尺度分布更为均衡。

大小比数：中庸级所占比例应该远高于其它级别，劣势级应降至最低，在调整过程中将被压迫的林木作为首选被伐木，结合潜在被采伐的角尺度取值为 1 和 0.75 的林木的相邻木选择被采伐林木。

混交度：结合角尺度和大小比数，选择零度混交和弱度混交(混交度为 0 和 0.25 的相邻木)的树种，提高树种的混交度。

#### 2.5.2.4 采伐作业

采伐方式：单株择伐；

采伐强度：依据直径结构函数确定采伐强度，遵循采伐量少于生长量原则；

采伐周期：不能少于 10 年，频繁的进入林地影响幼苗幼树更新，减少更新株数密度。

采伐木的确定：首先应考虑树种组成上有没有要求；其次是考虑直径结构分布函数的要求，确定采伐哪个径阶的林木；之后是空间格局各参数，如角尺度、大小比数和混交度多少来确定采伐参数多少的林木的相邻木为最合理；最后结合林木在具体样地内的位置，考虑林分结构的完整性、合理性以及有利于天然更新。另外，应永久保留一定数量的不同腐烂程度和分布密度的枯立木和倒木，满足野生动物和其它生物对一些特殊生境的要求，纵观全局确定采伐木。

**表 2.36　云冷杉针叶混交林经营模式指标体系**

| 指标 | 标准 |
| --- | --- |
| 总目标结构 | 异龄、复层、混交林 |
| 针阔比 | 8:2 或 7:3 |
| 树种组成 | 3(或 4)冷 2 云 2 红 2(或 3)色(或枫桦、椴树、白桦、杂木、榆树和杨树以及珍贵树种) |
| 径阶株数分布 | 反"J"型曲线形式 |
| 径阶与径阶株数对数分布 | 线性分布，$y = -ax + b$ |
| 直径递减系数 $q$ | 1.2 ~ 1.5 |
| 稳定值 | ≥170 |
| 蓄积生长量 | ≥7m³/(hm² · a) |
| 冠幅投影面积 | 投影面积≥2 倍样地面积 |
| 垂直结构 | 分为上、中、下 3 个林层 |
| 角尺度 | 随机分布(0.5 左右基本平衡) |
| 大小比数 | 中庸级最多，劣势级最低(0.5 的最多，0 或 0.25 的最少) |
| 混交度 | 最大化(0.75 以上) |
| 天然更新密度 | ≥5000 株/hm²(不分高度级) |
| 天然更新分布格局 | 聚集分布 |
| 更新方式 | 天然更新或人工促进天然更新 |
| 采伐方式 | 择伐 |
| 采伐周期 | 不能少于 10 年 |

更新技术：以天然更新为主，必要时采取人工促进天然更新，强调乡土树种，采用单株择伐作业体系，控制林分郁闭度，适量保留枯倒木数量等措施，促进林分天然更新。表2.36 为研究对象经营模式指标体系。

# 3 云冷杉林健康评价

## 3.1 森林健康经营研究思路

我们认为森林健康经营是以可持续发展为经营理念，从森林的结构功能调整为主的适应森林经营目的的过程(图3.1)。森林健康经营包括对林分和景观层次的经营，针对不同特征的森林生态系统，按照系统自然的发展过程以及经营的主要目的，实施科学的经营，维持生态系统的完整性和稳定性，提高其自我调节和抵抗外界干扰的能力，使生态系统能够持续地发挥多种功能，满足现在和将来人类所期望的多目标、多价值、多用途、多产品和多服务水平的需要。

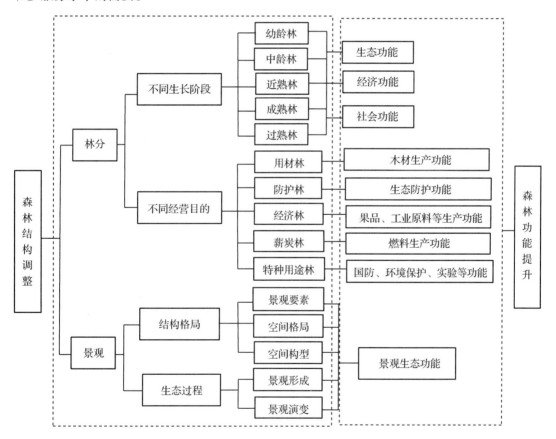

图 3.1 森林健康经营体系

依据森林结构功能和适应性经营理论，建立了森林健康经营适应性经营过程，它是一个以反馈和调整为核心内容的森林健康经营过程(图3.2)。

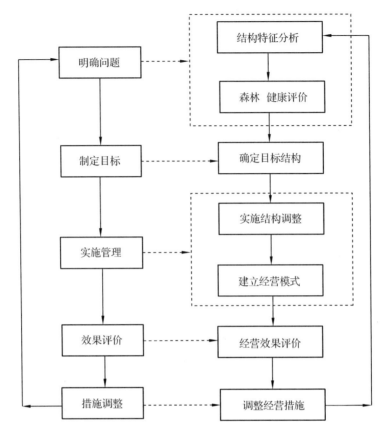

**图 3.2    森林健康经营示意图**

## 3.2    数据

本研究数据主要是基础数据和历年调查数表资料：

（1）研究对象历年调查的基础数据，包括每两年进行的每木调查、天然更新和生物多样性调查资料等；

（2）2007 年 1∶10 000 的林相图及森林资源二类调查数据、1∶50 000 的地形图；

（3）2007 年 TM 遥感影像数据，空间分辨率 30 m×30 m

（4）云冷杉森林健康调查样地；

（5）云冷杉生长调查数据。

根据研究内容设置了两组样地，第一组样地是根据森林的不同生长阶段设置的，设置在检查法实验区的 1 大区。1 大区面积为 92.5hm²，分为 5 个小区，各小区面积基本相同，在 5 个小区中系统设立了 112 块固定样地。本研究以最近一次调查的数据计算固定样地林分所处的生长阶段，由于调查区域幼龄林和过熟林较少，所有本研究中仅划分了中龄林、近熟林、成熟林三个生长阶段，分别选取样地作为调查的对象，并设置了 12 块面积为 0.04hm²（20m×20m）的临时样地，共调查样地 36 块。第二组样地是根据森林的不同经营目的设置的，分为防护林和用材林，样地大小 40m×40m，40m×50m 不等，共调查样地 7

块。两组样地中，固定样地共有 1986 – 2011 年间的 13 次调查数据，其他设置的临时样地，分别在 2010 年和 2011 年进行了样地调查。样地的基本情况见表 3.1 和表 3.2。

表 3.1　第一组样地基本情况一览表

| 样地号 | 样地面积 | 树种组成 | 针阔比 |
|---|---|---|---|
| 1 – 1 – 1 | 0.04 | 5 冷 2 云 1 枫 1 色 1 椴 + 榆 | 7：3 |
| 1 – 1 – 10 | 0.04 | 3 冷 3 云 1 红 1 枫 1 色 1 椴 – 榆 | 7：3 |
| 1 – 1 – 15 | 0.04 | 3 冷 2 红 2 椴 2 云 1 白 + 枫 – 色 | 7：3 |
| 1 – 1 – 16 | 0.04 | 5 云 2 冷 1 色 1 红 1 椴 + 枫 + 榆 | 8：2 |
| 1 – 1 – 17 | 0.04 | 3 云 3 红 3 冷 1 榆 + 色 – 椴 – 枫 | 9：1 |
| 1 – 2 – 8 | 0.04 | 3 云 3 冷 2 红 1 杂 1 椴 + 枫 | 8：2 |
| 1 – 2 – 9 | 0.04 | 4 冷 3 云 1 色 1 红 1 椴 – 枫 – 柞 – 杂 | 8：2 |
| 1 – 2 – 10 | 0.04 | 5 冷 2 云 1 红 1 色 1 椴 | 8：2 |
| 1 – 2 – 11 | 0.04 | 5 冷 3 红 1 云 1 椴 – 枫 | 9：1 |
| 1 – 2 – 12 | 0.04 | 5 冷 3 枫 1 色 1 云 + 杨 – 榆 – 杂 | 6：4 |
| 1 – 2 – 13 | 0.04 | 4 云 3 冷 1 色 1 枫 1 红 + 柞 + 椴 + 榆 + 水 | 8：2 |
| 1 – 2 – 15 | 0.04 | 6 冷 4 云 + 色 + 红 + 枫 – 杂 | 10：0 |
| 1 – 3 – 3 | 0.04 | 5 冷 2 色 2 红 1 椴 + 榆 – 云 | 7：3 |
| 1 – 3 – 9 | 0.04 | 5 冷 4 红 1 云 + 杂 – 枫 | 10：0 |
| 1 – 3 – 20 | 0.04 | 3 冷 2 红 2 云 2 色 1 椴 + 白 + 杂 + 柞 – 枫 | 7：3 |
| 1 – 3 – 21 | 0.04 | 5 冷 3 云 1 红 1 枫 + 色 + 椴 + 柞 – 杂 | 9：1 |
| 1 – 4 – 6 | 0.04 | 3 冷 3 云 3 椴 1 红 + 枫 + 杂 + 色 – 落 | 7：3 |
| 1 – 4 – 7 | 0.04 | 4 冷 2 红 1 椴 1 云 1 白 1 色 + 杂 | 7：3 |
| 1 – 4 – 12 | 0.04 | 5 冷 2 红 2 椴 1 榆 + 杂 – 枫 – 色 | 7：3 |
| 1 – 4 – 14 | 0.04 | 2 落 2 云 2 红 2 冷 1 椴 1 色 – 枫 – 水 – 杂 | 8：2 |
| 1 – 4 – 21 | 0.04 | 3 云 3 云 2 红 1 椴 1 色 – 杂 – 枫 – 榆 | 8：2 |
| 1 – 5 – 1 | 0.04 | 3 云 3 红 2 冷 1 椴 1 色 + 杂 | 8：2 |
| 1 – 5 – 12 | 0.04 | 4 冷 2 红 1 云 1 色 1 椴 1 枫 | 7：3 |
| 1 – 5 – 22 | 0.04 | 5 冷 3 云 2 红 1 椴 | 9：1 |
| 1 | 0.04 | 4 云 2 椴 2 枫 1 冷 1 色 + 红 + 杂 – 水 | 5：5 |
| 2 | 0.04 | 3 云 3 冷 2 椴 2 枫 + 红 – 杂 – 白 | 6：4 |
| 3 | 0.04 | 5 冷 1 杂 1 白 1 榆 1 椴 1 云 + 枫 – 红 | 6：4 |
| 4 | 0.04 | 5 云 2 杂 1 榆 1 色 1 椴 + 冷 + 枫 + 红 | 5：5 |
| 5 | 0.04 | 4 云 3 冷 1 红 1 椴 1 杂 + 枫 – 色 | 8：2 |
| 6 | 0.04 | 4 云 3 冷 1 椴 1 枫 1 白 + 杂 + 杨 – 色 | 7：3 |
| 7 | 0.04 | 6 云 1 冷 1 红 1 椴 1 色 – 白 – 枫 | 8：2 |
| 8 | 0.04 | 4 云 4 冷 1 红 1 椴 + 色 – 枫 – 杂 | 9：1 |
| 9 | 0.04 | 4 云 3 红 1 冷 1 色 1 水 + 椴 – 落 – 杂 | 8：2 |
| 10 | 0.04 | 5 云 3 冷 1 枫 1 红 + 榆 + 杂 – 水 – 色 | 9：1 |
| 11 | 0.04 | 5 云 3 冷 2 红 + 椴 – 杂 | 10：0 |
| 12 | 0.04 | 4 冷 4 云 1 椴 1 杂 + 红 | 8：2 |

表 3.2　第二组样地基本情况一览表

| 样地号 | 样地面积 | 树种组成 | 针阔比 |
|---|---|---|---|
| 13 | 0.2 | 4 椴 3 冷 1 云 1 红 1 色 + 水 + 杂 + 枫 - 榆 | 5:5 |
| 14 | 0.2 | 2 冷 2 云 2 枫 1 色 1 椴 1 水 1 红 + 杂 + 榆 | 5:5 |
| 15 | 0.2 | 3 冷 2 云 1 杂 1 榆 1 水 1 枫 1 红 + 椴 + 色 | 6:4 |
| 16 | 0.2 | 3 云 3 红 2 冷 1 椴 1 枫 + 白 + 色 | 8:2 |
| 17 | 0.16 | 4 冷 3 红 1 云 1 椴 1 白 - 杂 - 枫 | 8:2 |
| 18 | 0.2 | 3 冷 3 红 1 椴 1 云 1 色 1 白 - 枫 - 水 - 杨 - 柞 | 7:3 |
| 19 | 0.16 | 3 云 2 冷 2 椴 1 红 1 枫 1 色 + 杂 | 6:4 |

云冷杉生长调查数据，包括根据林木直径株数分布，每块样地均利用生长锥法实测了部分林木的胸径处年龄（4~8 株），所有样地共测 192 株；354 株解析木数据。

## 3.3　云冷杉林健康耦合关系

### 3.3.1　林分结构与森林健康的耦合关系

本研究选择株数密度、林龄、郁闭度、单位面积蓄积量、平均胸径、平均树高、病虫害程度、单位面积更新株数、物种多样性、群落层次结构、灌草盖度、干扰等级、近自然度、混交度、角尺度、大小比等 16 个林分结构和环境因子作为耦合关系因子，表达林分结构、环境与健康的关系，以便建立耦合关系模型。

表 3.3　数据量化处理

| 量化值 | 结构和环境因子 | | | |
|---|---|---|---|---|
| | 林龄 | 群落层次结构 | 干扰等级 | 近自然度 |
| 5 | 过熟林 | 衰退结构 | 极轻 | 顶级群落 |
| 4 | 成熟林 | 完整结构 | 较轻 | 中间群落 |
| 3 | 近熟林 | 完整结构 | 中等 | 先锋群落 |
| 2 | 中龄林 | 复杂结构 | 较重 | 非乡土树种的先锋群落 |
| 1 | 幼龄林 | 简单结构 | 严重 | 引进树种或不适立地群落 |

本研究数据中，如群落层次结构、干扰等级、近自然度、林龄等林分结构因子是非数值型数据，需要把它们转化为数值型数据，进行量化处理，如表 3.3 所示。

为了使因子分析能够均等地对待每一个原始变量，消除由于单位的不同而可能带来的一些不合理的影响，先将各原始变量作标准化处理，再进行主成分分析。计算得到各主成分因子的特征值、贡献率如表 3.4 所示。

表3.4 特征值及贡献率解释

| 因子 | 初始特征值 | | | 提取因子载荷 | | |
|---|---|---|---|---|---|---|
| | 特征值 | 贡献率(%) | 累计贡献率(%) | 特征值 | 贡献率(%) | 累计贡献率(%) |
| 1 | 2.633 | 16.458 | 16.458 | 2.633 | 16.458 | 16.458 |
| 2 | 2.301 | 14.382 | 30.840 | 2.301 | 14.382 | 30.840 |
| 3 | 2.109 | 13.179 | 44.019 | 2.109 | 13.179 | 44.019 |
| 4 | 1.785 | 11.156 | 55.175 | 1.785 | 11.156 | 55.175 |
| 5 | 1.433 | 8.957 | 64.133 | 1.433 | 8.957 | 64.133 |
| 6 | 1.206 | 7.538 | 71.671 | 1.206 | 7.538 | 71.671 |
| 7 | 0.958 | 5.989 | 77.661 | | | |
| 8 | 0.860 | 5.375 | 83.036 | | | |
| 9 | 0.682 | 4.264 | 87.299 | | | |
| 10 | 0.640 | 4.002 | 91.301 | | | |
| 11 | 0.498 | 3.115 | 94.416 | | | |
| 12 | 0.364 | 2.277 | 96.694 | | | |
| 13 | 0.261 | 1.629 | 98.322 | | | |
| 14 | 0.181 | 1.132 | 99.454 | | | |
| 15 | 0.057 | 0.357 | 99.811 | | | |
| 16 | 0.030 | 0.189 | 100.00 | | | |

根据主成分的统计信息(表3.4),包括特征值由大到小排列,各主成分的贡献率和累计贡献率。前6个主成分因子特征值均>1,同时特征值累计贡献率达到71.671%,符合统计学的原理。因此,这6个主成分因子能够代表研究对象森林的结构特征。而各因子的典型代表变量,即所反映的结构因子的信息可以通过因子载荷矩阵表得到(表3.5)。

从表3.5中可以看出,第一主成分因子主要反映了干扰等级和近自然度,它们的载荷分别为0.931、0.851,可将它定义为经营性指标;第二主成分因子主要反映了林分的林龄和蓄积量,它们的载荷分别为0.733、0.814,可理解为生产力指标;第三主成分因子主要反映了林分的郁闭度和混交度,它们的载荷分别为0.672、0.769,可以把它作为空间结构指标;第四主成分因子主要反映了群落层次结构,它的载荷为0.793,可作为垂直结构指标;第五主成分因子主要反映了更新株数,它的载荷为0.830,可作为更新能力指标;第六主成分因子主要反映了病虫害程度和物种多样性,它们的载荷分别为0.690、0.820可将它定义为持续性指标。

表3.5 旋转后的因子载荷矩阵表

| | 主成分因子 | | | | | |
|---|---|---|---|---|---|---|
| | 1 | 2 | 3 | 4 | 5 | 6 |
| 株数密度 | 0.098 | −0.682 | 0.348 | 0.054 | 0.468 | 0.036 |
| 林龄 | 0.177 | 0.733 | 0.265 | −0.244 | −0.015 | 0.011 |
| 郁闭度 | −0.135 | 0.070 | 0.672 | −0.007 | 0.218 | 0.219 |

| | 主成分因子 | | | | | |
|---|---|---|---|---|---|---|
| | 1 | 2 | 3 | 4 | 5 | 6 |
| 蓄积量 | 0.550 | 0.814 | 0.388 | 0.306 | 0.425 | 0.137 |
| 平均胸径 | 0.043 | 0.123 | -0.170 | 0.304 | 0.039 | -0.051 |
| 平均数高 | -0.325 | 0.225 | -0.552 | -0.160 | 0.442 | 0.085 |
| 病虫害程度 | -0.468 | 0.328 | 0.556 | 0.072 | 0.070 | 0.690 |
| 更新株数 | 0.036 | -0.117 | -0.022 | 0.059 | 0.830 | -0.182 |
| 物种多样性 | 0.152 | -0.018 | 0.117 | -0.022 | -0.120 | 0.820 |
| 灌草盖度 | -0.357 | 0.039 | 0.228 | 0.294 | 0.028 | 0.556 |
| 群落层次结构 | -0.305 | 0.475 | 0.053 | 0.793 | 0.422 | 0.318 |
| 干扰等级 | 0.931 | -0.133 | -0.048 | -0.026 | -0.175 | -0.121 |
| 近自然度 | 0.851 | 0.212 | -0.014 | -0.024 | 0.102 | 0.096 |
| 混交度 | -0.055 | 0.151 | 0.769 | 0.220 | 0.128 | -0.169 |
| 角尺度 | -0.007 | -0.048 | 0.069 | -0.053 | 0.022 | -0.048 |
| 大小比 | -0.004 | -0.046 | -0.017 | 0.587 | 0.065 | 0.019 |

## 3.3.2 耦合关系模型

本文选择线性结构模型来描述森林结构和环境因子与森林健康的关系，模型表达式如下：

$$Q = m_1x_1 + m_2x_2 + \cdots + m_nx_n \tag{3-1}$$

$$\begin{cases} m_{11}x_1 + m_{12}x_2 + \cdots + m_{1n}x_n \\ m_{21}x_1 + m_{12}x_2 + \cdots + m_{1n}x_n \\ m_{31}x_1 + m_{12}x_2 + \cdots + m_{1n}x_n \\ \cdots\cdots\cdots\cdots\cdots\cdots\cdots\cdots\cdots \\ m_{p1}x_1 + m_{p2}x_2 + \cdots + m_{pn}x_n \end{cases}$$

式中：$Q$ 为因变量；$x_1$，$x_2$，$\cdots x_n$ 为自变量；$m_1$，$m_2$，$\cdots m_n$ 为自变量系数。

模型表达式中代表自变量系数的 $m$ 值可以由因子得分系数矩阵（表3.6）中得到，并根据因子得分系数和原始变量的观测值（即自变量 $x$）可以计算出各林分在6个主成分因子上的得分，用 $Fi$ 表示（$i=1,2,3,4,5,6$）：

$F_1 = 0.031X_1 + 0.096X_2 - 0.048X_3 + 0.234X_4 + 0.044X_5 - 0.103X_6 - 0.176X_7 + 0.039X_8 + 0.054X_9 - 0.146X_{10} - 0.092X_{11} + 0.363X_{12} + 0.352X_{13} - 0.011X_{14} + 0.004X_{15} - 0.009X_{16}$

$F_2 = -0.313X_1 + 0.359X_2 + 0.039X_3 + 0.073X_4 + 0.372X_5 + 0.072X_6 + 0.160X_7 - 0.063X_8 - 0.018X_9 - 0.006X_{10} + 0.200X_{11} - 0.026X_{12} + 0.123X_{13} + 0.045X_{14} - 0.007X_{15} - 0.036X_{16}$

......

$F_6 = -0.001X_1 - 0.029X_2 + 0.082X_3 + 0.036X_4 - 0.053X_5 + 0.135X_6 + 0.370X_7 - 0.133X_8 + 0.601X_9 + 0.372X_{10} + 0.224X_{11} - 0.082X_{12} + 0.068X_{13} - 0.048X_{14} + 0.000X_{15} - 0.025X_{16}$

注：式中 $x_1$：株数密度，$x_2$：林龄，$x_3$：郁闭度，$x_4$：单位面积蓄积量，$x_5$：平均胸径，$x_6$：平均树高，$x_7$：病虫害程度，$x_8$：单位面积更新株数，$x_9$：物种多样性，$x_{10}$：群落层次结构，$x_{11}$：灌草盖度，$x_{12}$：干扰等级，$x_{13}$：近自然度，$x_{14}$：混交度，$x_{15}$：角尺度，$x_{16}$：大小比。

对某个林分而言，各主成分因子得分和因子权重（主成分特征值）乘积之和便是主成分因子综合得分（$F$），即森林健康指数，具体表达式如下：

$$F = \frac{\lambda_1 \times F_1 + \lambda_2 \times F_2 + \lambda_3 \times F_3 + \lambda_4 \times F_4 + \lambda_5 \times F_5 + \lambda_6 \times F_6}{\lambda_1 + \lambda_2 + \lambda_3 + \lambda_4 + \lambda_5 + \lambda_6} \tag{3-2}$$

其中 $\lambda_1 = 2.633$，$\lambda_2 = 2.301$，$\lambda_3 = 2.109$，$\lambda_4 = 1.785$，$\lambda_5 = 1.433$，$\lambda_6 = 1.206$，$\lambda_1 + \lambda_2 + \lambda_3 + \lambda_4 + \lambda_5 + \lambda_6 = 11.467$，即：

$$F = \frac{2.633 \times F_1 + 2.301 \times F_2 + 2.109 \times F_3 + 1.785 \times F_4 + 1.433 \times F_5 + 1.206 \times F_6}{11.467} \tag{3-3}$$

这一表达式即为林分结构和环境与森林健康耦合关系的模型。

表3.6　因子得分系数矩阵

| | 主成分因子 | | | | | |
| --- | --- | --- | --- | --- | --- | --- |
| | 1 | 2 | 3 | 4 | 5 | 6 |
| 株数密度 | 0.031 | -0.313 | 0.126 | 0.012 | 0.294 | -0.001 |
| 林龄 | 0.096 | 0.359 | 0.147 | -0.156 | -0.008 | -0.029 |
| 郁闭度 | -0.048 | 0.039 | 0.301 | -0.018 | 0.100 | 0.082 |
| 蓄积量 | 0.234 | 0.073 | 0.163 | 0.148 | 0.248 | 0.036 |
| 平均胸径 | 0.044 | 0.372 | -0.051 | 0.169 | 0.000 | -0.053 |
| 平均数高 | -0.103 | 0.072 | -0.306 | -0.151 | 0.313 | 0.135 |
| 病虫害程度 | -0.176 | 0.160 | 0.335 | 0.072 | -0.011 | -0.370 |
| 更新株数 | 0.039 | -0.063 | -0.035 | -0.019 | 0.536 | -0.133 |
| 物种多样性 | 0.054 | -0.018 | -0.036 | -0.046 | -0.076 | 0.601 |
| 灌草盖度 | -0.146 | -0.006 | 0.055 | 0.156 | -0.030 | 0.372 |
| 群落层次结构 | -0.092 | 0.200 | -0.021 | -0.087 | 0.257 | 0.224 |
| 干扰等级 | 0.363 | -0.026 | -0.009 | -0.004 | -0.074 | -0.082 |
| 近自然度 | 0.352 | 0.123 | -0.023 | -0.040 | 0.095 | 0.068 |
| 混交度 | -0.011 | 0.045 | -0.362 | 0.114 | 0.101 | -0.048 |
| 角尺度 | 0.004 | -0.007 | 0.020 | -0.484 | 0.075 | 0.000 |
| 大小比 | -0.009 | -0.036 | 0.002 | 0.477 | -0.019 | -0.025 |

## 3.4 云冷杉林结构特征分析

### 3.4.1 云冷杉林生长阶段的划分

本研究中，根据林木的生长阶段，将研究对象划分为幼龄林、中龄林、近熟林、成熟林和过熟林。划分方法如下：

首先，根据解析木数据拟合的胸径—年龄方程，计算林分内所有林木的年龄。

冷杉：$a = 0.021045D^2 + 1.76702D + 22.628218$

云杉：$a = -0.019295D^2 + 2.798946D + 28.096418$

红松：$a = 0.001629D^2 + 2.276155D + 29.625129$

椴木：$a = -0.016109D^2 + 3.752997D + 7.105894$

枫桦：$a = 0.059581D^2 + 0.1416909D + 26.827198$

色木：$a = -0.0338D^2 + 3.28042D + 27.346387$

杨木：$a = -0.009785D^3 + 0.335498D^2 - 1.59614D + 15.142857$

白桦：$a = 0.059581D^2 + 0.1416909D + 26.827198$

式中：$a$ 为林木年龄；$D$ 为林木胸径。

通过样地用生长锥实测的192株和树干解析354株林木年龄与用方程计算得到的年龄进行验证，平均误差为12.3%，即年龄计算精度为87.7%。

然后，依据我国东北主要树种龄组划分标准（见表3.7），对样地各龄组的林木株数进行统计。

表3.7 我国东北主要树种龄组划分标准

| 树种 | 幼 | 中 | 近 | 成 | 过 |
|---|---|---|---|---|---|
| 红松，云杉 | <60 | 61 – 100 | 101 – 120 | 121 – 160 | >161 |
| 落叶松，冷杉 | <40 | 41 – 80 | 81 – 100 | 101 – 140 | >141 |
| 杨木，枫桦，白桦 | <30 | 31 – 50 | 51 – 60 | 61 – 80 | >81 |
| 椴木，色木 | <40 | 41 – 60 | 61 – 80 | 81 – 120 | >121 |

表3.8 林层划分标准

| 序号 | 标 准 |
|---|---|
| 1 | 次林层平均高与主林层平均高相差20%以上（以主林层为100%） |
| 2 | 各林层林木蓄积量不少于30m³/hm² |
| 3 | 各林层林木平均胸径在8cm以上 |
| 4 | 主林层林木郁闭度不少于0.3，次林层林木郁闭度不小于0.2 |

依据我国规定的林层划分标准划分云冷杉林的林层结构。将林分按照树高（$H$）划分为3林层，按照从上到下分别为上林层，中林层和下林层，具体划分标准见表3.8。

最后，统计上林层所有林木在各龄组所占的株数比例，以所占比例最大的龄组作为林分生长阶段的判断。

根据以上步骤，对样地的林龄进行计算，得到结果如表 3.9 所示。其中中龄林样地有 13 块，近熟林样地有 10 块，成熟林样地有 13 块。

表 3.9 样地生长阶段划分结果

| 生长阶段 | 样地号 |
|---|---|
| 中龄林 | 1－1－10，1－2－10，1－2－12，1－3－20，1－3－21，1－4－6，1－4－7，1－4－21，1－5－12，2，6，7，9 |
| 近熟林 | 1－1－17，1－2－9，1－2－15，1－4－14，1－5－1，1－5－22，1，3，11，12 |
| 成熟林 | 1－1－1，1－1－15，1－1－16，1－2－8，1－2－11，1－2－13，1－3－3，1－3－9，1－4－12，4，5，8，10 |

## 3.4.2 云冷杉林林分结构特征

林分结构主要分为空间结构和非空间结构，非空间结构即常规结构，主要包括树种结构、直径结构、树高结构、年龄结构、蓄积（生物量）结构、林分密度、群落层次结构（乔、灌、草、枯落物结构）、郁闭度等；空间结构考虑了林分中树木的空间位置，反映了森林群落内物种的空间关系。可通过 3 个指标进行描述：树种空间隔离程度，即混交；林木个体大小分化程度，即竞争；林木个体在水平面上的分布形式，即林木空间分布格局。

### 3.4.2.1 不同生长阶段林分结构特征

#### 3.4.2.1.1 基本结构

表 3.10 为中龄林样地基本结构特征，从统计结果看，中龄林样地的树种组成比较复杂，高郁闭度，都在 0.8 以上，1－2－12 和 1－3－21 样地的株数密度最小，为 750 株每公顷，2 号样地的最大，为 1350 株每公顷；各样地平均胸径和单位面积蓄积量相差较大，1－3－21 样地的平均胸径最大，为 22.7cm，1－4－7 样地的蓄积量最大，为 339.25m³/hm²；2 号样地的平均胸径最小，为 15.70 cm，1－2－12 样地的蓄积量最低，为 221.25 m³/hm²。

表 3.11 为近熟林样地基本结构特征，从统计结果看，近熟林样地的树种组成比较简单，针叶树种所占比例较高，且郁闭度都在 0.8 以上。12 号样地的株数密度最小，为 475 株/hm²，1－4－14 样地的最大，为 1000 株/hm²；各样地平均胸径和单位面积蓄积量相差较大，1－2－15 样地的平均胸径最大，达到 27cm；1－4－14 样地的平均胸径最小，为 19.37 cm，但蓄积量最大，为 345 m³/hm²；12 号样地的蓄积量最低，为 232.75 m³/hm²。总体来说，近熟林样地的平均胸径都较大。

表 3.10 中龄林样地结构特征统计

| 样地号 | 树种组成 | 针阔比 | 郁闭度 | 株数密度（株/hm²） | 平均胸径（cm） | 蓄积量（m³/hm²） |
|---|---|---|---|---|---|---|
| 1－1－10 | 3 冷 3 云 1 红 1 枫 1 色 1 椴－榆 | 7:3 | 0.96 | 1300 | 18.80 | 291.50 |
| 1－2－10 | 5 冷 2 云 1 红 1 色 1 椴 | 8:2 | 0.93 | 1225 | 16.00 | 275.75 |
| 1－2－12 | 5 冷 3 枫 1 色 1 云＋杨－榆－杂 | 6:4 | 0.95 | 750 | 20.00 | 221.25 |
| 1－3－20 | 3 冷 2 红 2 云 2 色 1 椴＋白＋杂＋柞－枫 | 7:3 | 1.00 | 1025 | 18.20 | 228.00 |

续表

| 样地号 | 树种组成 | 针阔比 | 郁闭度 | 株数密度（株/hm²） | 平均胸径（cm） | 蓄积量（m³/hm²） |
|---|---|---|---|---|---|---|
| 1 - 3 - 21 | 5 冷 3 云 1 红 1 枫 + 色 + 椴 + 柞 - 杂 | 5 : 5 | 0.95 | 750 | 22.70 | 273.75 |
| 1 - 4 - 6 | 3 冷 3 云 3 椴 1 红 + 枫 + 杂 + 色 - 落 | 7 : 3 | 0.84 | 1050 | 19.49 | 296.50 |
| 1 - 4 - 7 | 4 冷 2 红 1 椴 1 云 1 白 1 色 + 杂 | 7 : 3 | 0.91 | 825 | 20.89 | 339.25 |
| 1 - 4 - 21 | 3 冷 3 云 2 红 1 椴 1 色 - 杂 - 枫 - 榆 | 8 : 2 | 0.95 | 950 | 20.80 | 285.75 |
| 1 - 5 - 12 | 4 冷 2 红 1 云 1 色 1 椴 1 枫 | 7 : 3 | 0.96 | 900 | 16.30 | 274.50 |
| 2 | 3 云 3 冷 2 椴 2 枫 + 红 - 杂 - 白 | 6 : 4 | 0.93 | 1350 | 15.70 | 282.50 |
| 6 | 4 云 3 冷 1 椴 1 枫 1 白 + 杂 + 杨 - 色 | 7 : 3 | 0.82 | 950 | 19.88 | 318.75 |
| 7 | 6 云 1 冷 1 红 1 椴 1 色 - 白 - 枫 | 8 : 2 | 0.96 | 975 | 17.39 | 290.00 |
| 9 | 4 云 3 红 1 冷 1 色 1 水 + 椴 - 落 - 杂 | 8 : 2 | 0.93 | 850 | 20.18 | 298.25 |

表 3.11　近熟林样地结构特征统计

| 样地号 | 树种组成 | 针阔比 | 郁闭度 | 株数密度（株/hm²） | 平均胸径（cm） | 蓄积量（m³/hm²） |
|---|---|---|---|---|---|---|
| 1 - 1 - 17 | 3 云 3 红 3 冷 1 榆 + 色 - 椴 - 枫 | 9 : 1 | 0.89 | 700 | 25.10 | 350.25 |
| 1 - 2 - 9 | 4 冷 3 云 1 色 1 红 1 椴 - 枫 - 柞 - 杂 | 8 : 2 | 0.95 | 850 | 22.80 | 339.75 |
| 1 - 2 - 15 | 6 冷 4 云 1 色 + 红 - 枫 - 杂 | 10 : 0 | 0.93 | 500 | 27.00 | 308.75 |
| 1 - 4 - 14 | 2 落 2 云 2 红 2 冷 1 椴 1 色 - 枫 - 水 - 杂 | 8 : 2 | 1.00 | 1000 | 19.37 | 345.00 |
| 1 - 5 - 1 | 3 云 3 红 2 冷 1 椴 1 色 + 杂 | 8 : 2 | 0.84 | 900 | 19.59 | 340.50 |
| 1 - 5 - 22 | 5 冷 2 云 2 红 1 椴 | 9 : 1 | 0.91 | 525 | 25.36 | 325.25 |
| 1 | 4 云 2 椴 2 枫 1 冷 1 色 + 红 + 杂 - 水 | 5 : 5 | 1.00 | 950 | 21.40 | 340.50 |
| 3 | 5 冷 1 杂 1 白 1 榆 1 椴 1 云 - 枫 - 冷 | 6 : 4 | 0.95 | 625 | 22.30 | 329.00 |
| 11 | 5 云 3 冷 2 红 + 椴 - 杂 | 10 : 0 | 0.86 | 525 | 23.33 | 274.00 |
| 12 | 4 冷 4 云 1 椴 1 杂 + 红 | 8 : 2 | 0.96 | 475 | 21.43 | 232.75 |

表 3.12 为成熟林样地基本结构特征，从统计结果看，成熟林样地的树种组成比较复杂，除 1 - 3 - 9 样地的为中郁闭度 0.66，其他样地均为高郁闭度。1 - 1 - 16 样地的株数密度最小，为 400 株/hm²，1 - 2 - 13 样地的最大，为 875 株/hm²，总体上，成熟林样地的株数密度较低；各样地平均胸径和单位面积蓄积量相差较大，1 - 1 - 1 样地的平均胸径和蓄积量最大，分别为 32.9cm，415.5 m³/hm²；4 号样地的平均胸径和蓄积量最小，分别为 16.8 cm，287.5 m³/hm²。

表 3.12　成熟林样地结构特征统计

| 样地号 | 树种组成 | 针阔比 | 郁闭度 | 株数密度（株/hm²） | 平均胸径（cm） | 蓄积量（m³/hm²） |
|---|---|---|---|---|---|---|
| 1 - 1 - 1 | 5 冷 2 云 1 枫 1 色 1 椴 + 榆 | 7 : 3 | 0.96 | 475 | 32.90 | 415.50 |
| 1 - 1 - 15 | 3 冷 2 红 2 椴 2 云 1 白 + 枫 - 色 | 7 : 3 | 0.89 | 650 | 20.80 | 302.50 |
| 1 - 1 - 16 | 5 红 2 冷 1 色 1 云 1 椴 + 枫 + 榆 | 8 : 2 | 0.89 | 400 | 26.20 | 325.75 |

续表

| 样地号 | 树种组成 | 针阔比 | 郁闭度 | 株数密度<br>（株/hm²） | 平均胸径<br>（cm） | 蓄积量<br>（m³/hm²） |
|---|---|---|---|---|---|---|
| 1－2－8 | 3 云 3 冷 2 红 1 杂 1 椴 + 枫 | 8∶2 | 0.91 | 775 | 21.00 | 266.50 |
| 1－2－11 | 5 红 3 红 1 云 1 椴 － 枫 | 9∶1 | 1.00 | 825 | 21.70 | 296.00 |
| 1－2－13 | 4 云 3 冷 1 色 1 枫 1 红 + 柞 + 椴 + 榆 + 水 | 8∶2 | 0.88 | 875 | 24.40 | 399.00 |
| 1－3－3 | 5 冷 2 色 2 红 1 椴 + 榆 － 云 | 7∶3 | 0.93 | 500 | 28.30 | 314.75 |
| 1－3－9 | 5 冷 4 红 1 云 － 杂 － 枫 | 10∶0 | 0.66 | 575 | 27.50 | 355.50 |
| 1－4－12 | 5 冷 2 红 2 椴 1 榆 + 杂 － 枫 － 色 | 7∶3 | 1.00 | 700 | 22.24 | 373.00 |
| 4 | 5 云 2 杂 1 榆 1 色 1 枫 + 冷 + 枫 + 红 | 5∶5 | 0.93 | 800 | 18.80 | 287.50 |
| 5 | 4 云 3 冷 1 红 1 椴 1 杂 + 枫 + 色 | 8∶2 | 0.96 | 500 | 25.15 | 327.50 |
| 8 | 4 云 4 冷 1 红 1 椴 + 色 － 枫 － 杂 | 9∶1 | 0.96 | 625 | 21.56 | 304.75 |
| 10 | 5 云 3 冷 1 枫 1 红 + 榆 + 杂 － 水 － 色 | 9∶1 | 0.90 | 725 | 23.70 | 303.50 |

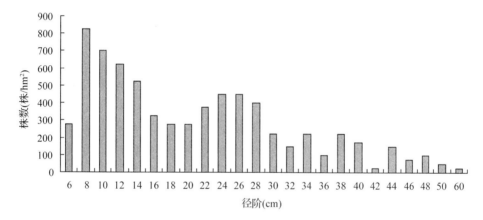

**图 3.3　中龄林径阶株数分布**

#### 3.4.2.1.2　直径结构

　　对中龄林全部样地各径阶株数进行统计，结果如图 3.3 所示，直径分布呈双峰曲线形式，分别在 8，10 径阶和 24，26 径阶的株数分布较多。

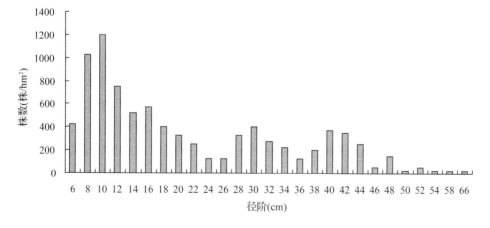

**图 3.4　近熟林径阶株数分布**

对近熟林全部样地各径阶株数进行统计，结果如图 3.4 所示，直径分布呈多峰波状曲线形式，分别在 10 径阶，30 径阶和 40 径阶的株数分布较多。

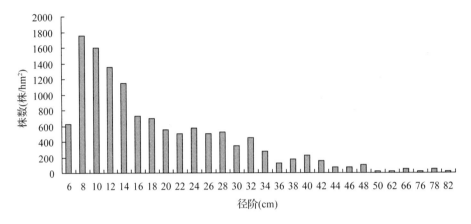

**图 3.5 成熟林径阶株数分布**

对成熟林全部样地各径阶株数进行统计，结果如图 3.5 所示，直径分布呈倒"J"型曲线形式，除了 6 径阶外，随直径的增大，株数逐渐减少，其直径分布是典型的天然异龄林结构。

### 3.4.2.1.3 更新结构

森林更新的特点是森林群落长期自然选择的结果，其更新能力的强弱，影响森林植物群落结构、演替方向和生态系统功能的发挥，是关系到森林可持续发展与生态系统稳定性的一个关键因素。天然更新等级标准见表 3.13。

**表 3.13 天然更新等级评判表（单位：株/hm²）**

| 等级 | <30cm | 30~49cm | ≥50cm | 不分高度 |
|------|-------|---------|-------|----------|
| 良好 | ≥5000 | ≥3000 | ≥2500 | >4001 |
| 中等 | 3000~4999 | 1000~2999 | 500~2499 | 2001~4000 |
| 不良 | <3000 | <1000 | <500 | <2000 |

引自:《东北天然林生态采伐更新技术标准》(国家林业局森林资源管理司，2002)

**表 3.14 中龄林更新苗株数密度（单位：株/hm²）**

| 树种 | 苗高 | | | | | | | | | | | | | | |
|------|------|------|------|------|------|------|------|------|------|------|------|------|------|------|------|
| | <30cm | | | | | 30~49cm | | | | | ≥50cm | | | | |
| 样地 | 冷 | 红 | 云 | 椴 | 色 | 冷 | 红 | 云 | 椴 | 色 | 冷 | 红 | 云 | 椴 | 色 | 合计 |
| 1-1-10 | 6000 | | | 1000 | | | | 500 | | | | | | 500 | | 8000 |
| 1-2-10 | 1500 | | | 2500 | | 500 | | 2000 | | | | | | | | 6500 |
| 1-2-12 | 1500 | | | | | 500 | | | | | | | | | | 2000 |
| 1-3-21 | 500 | | | | | | | | | | | | 500 | | | 1000 |
| 1-3-20 | 1500 | | | | | | 500 | | 500 | | | | | | | 2500 |

续表

| 样地 | <30cm | | | | | 30~49cm | | | | | ≥50cm | | | | | 合计 |
|---|---|---|---|---|---|---|---|---|---|---|---|---|---|---|---|---|
| 树种 | 冷 | 红 | 云 | 椴 | 色 | 冷 | 红 | 云 | 椴 | 色 | 冷 | 红 | 云 | 椴 | 色 | |
| 1-4-6 | 2000 | | | | 2000 | 1500 | | | | 500 | | | | | | 6000 |
| 1-4-7 | 2500 | 500 | | | 500 | | 500 | 500 | 1000 | 1000 | 500 | | | 500 | 500 | 8000 |
| 1-4-21 | 2000 | 500 | | | 1000 | | | 500 | | | | | 500 | 500 | | 5000 |
| 1-5-12 | 1500 | | | | | | | | | 500 | 500 | | | | | 2500 |
| 2 | 1500 | | | | | | | | | | 1500 | | | | | 3000 |
| 6 | 1000 | | | | | 500 | | | | 500 | 500 | | | 500 | | 3000 |
| 7 | 500 | 500 | 500 | | | | | | | 2000 | | | | 1000 | 500 | 5000 |
| 9 | 500 | | | | 1000 | 500 | | | | 500 | | | | 500 | 1000 | 4000 |
| 合计 | 22500 | 1500 | 500 | – | 7500 | 3000 | 1000 | 1500 | 2000 | 4500 | 4500 | 500 | 500 | 3500 | 2500 | |

中龄林各样地主要树种的更新株数统计如表3.14所示。幼苗高度级30cm以下，1-1-10样地更新良好，1-2-10、1-4-6、1-4-7、1-4-21样地更新株数属于中等，其他样地的更新株数较少，属于更新不良；30-49cm高度级，1-4-6、1-4-7、1-2-10、6号、9号样地更新等级为中等，其他样地更新不良；在高度级大于50cm时，7号样地属于更新良好，1-2-10、1-2-12、1-4-6样地更新不良，其他样地属于中等更新。按照林下更新幼树幼苗的株数不分高度级进行评定时，更新不良的样地有1块，中等更新的样地有6块，更新良好的样地有6块，中龄林的总体更新状况良好。更新树种冷杉最多，其次为色木和椴木，红松与云杉更新较少。更新幼树高度多集中在小于30cm的范围内。

近熟林各样地主要树种的更新株数统计见表3.15。幼苗高度级30cm以下，除1-2-9样地更新良好外，其他样地均属于更新不良；30-49cm高度级，1-1-17，1-2-9样地更新等级为中等，其他样地更新不良；在高度级大于50cm时，1-1-17样地更新不良，1-5-22样地更新良好，其他样地属于中等更新。按照林下更新幼树幼苗的株数不分高度级进行评定时，更新不良的样地有1块，中等更新的样地有6块，更新良好的样地有3块，近熟林的总体更新状况基本能够满足群落的正常更新需要。更新树种色木最多，其次为冷杉和椴树，红松和云杉更新较少。更新幼树高度多集中在小于30cm的范围内。

表3.15 近熟林更新苗株数密度（单位：株/hm²）

| 样地 | <30cm | | | | | 30~49cm | | | | | ≥50cm | | | | | 合计 |
|---|---|---|---|---|---|---|---|---|---|---|---|---|---|---|---|---|
| 树种 | 冷 | 红 | 云 | 椴 | 色 | 冷 | 红 | 云 | 椴 | 色 | 冷 | 红 | 云 | 椴 | 色 | |
| 1-1-17 | 1000 | | | | 1000 | | | 1500 | | | | | | | | 3500 |
| 1-2-9 | | | | 1000 | 5500 | | | 500 | | 1000 | | | | 1000 | | 9000 |
| 1-2-15 | 1500 | | | | | | | | | | | | 1000 | | 500 | 3000 |

续表

| 树种/样地 | 苗高 <30cm 冷 | 红 | 云 | 椴 | 色 | 30~49cm 冷 | 红 | 云 | 椴 | 色 | ≥50cm 冷 | 红 | 云 | 椴 | 色 | 合计 |
|---|---|---|---|---|---|---|---|---|---|---|---|---|---|---|---|---|
| 1-4-14 | 500 | 500 | | | | | | | | 500 | | | | 500 | | 2000 |
| 1-5-1 | 500 | 500 | 1000 | | | 500 | | | | | | | | 500 | 500 | 3500 |
| 1-5-22 | 1000 | | | | | | | | | 500 | | | | 2500 | 1500 | 5500 |
| 1 | | | 1000 | | | | | | | | | | | 1500 | 500 | 3000 |
| 3 | 1500 | 500 | | | | | | | | | | 500 | | | 1000 | 3500 |
| 11 | | 1500 | | | | 500 | | | | | | | | | 2000 | 4000 |
| 12 | | | | | | | | | | | | 500 | | | 500 | 1000 |
| 合计 | 6000 | 3000 | – | 2000 | 7500 | 500 | 500 | 1500 | 500 | 2000 | 1000 | 500 | 500 | 6000 | 6500 | |

表 3.16　成熟林更新苗株数密度(单位：株/hm²)

| 树种/样地 | 苗高 <30cm 冷 | 红 | 云 | 椴 | 色 | 30~49cm 冷 | 红 | 云 | 椴 | 色 | ≥50cm 冷 | 红 | 云 | 椴 | 色 | 合计 |
|---|---|---|---|---|---|---|---|---|---|---|---|---|---|---|---|---|
| 1-1-1 | 2000 | | | | | | | | | | | | | 1000 | | 3000 |
| 1-1-15 | 2500 | | | | 1000 | 1000 | | | 500 | | | | | | | 5000 |
| 1-1-16 | 1000 | | | | 1500 | | | | | | | | | | 500 | 3000 |
| 1-2-8 | 1500 | | | | | | | | | | | | | 1000 | | 2500 |
| 1-2-11 | 2000 | | | | 1500 | 500 | | | | | | | | | | 4000 |
| 1-2-13 | 1500 | | | | | | | | | 500 | 500 | | 500 | 500 | | 3500 |
| 1-3-3 | | | | | | | | | | 500 | 500 | | | | | 1000 |
| 1-3-9 | 5000 | | | | | | | 500 | | 500 | 500 | | | | | 6500 |
| 1-4-12 | 5500 | | 1000 | | | 2500 | | | 500 | | 500 | 500 | | | | 10500 |
| 4 | | 500 | | | | 500 | | | | | | 500 | | | | 1500 |
| 5 | 1500 | | | | 500 | 1500 | | | | 500 | 500 | 1000 | | 500 | 500 | 6500 |
| 8 | | | 500 | | | 1000 | | | | | 500 | 500 | 500 | | | 3000 |
| 10 | 2000 | | | | | | | | | | | 500 | | | 500 | 3000 |
| 合计 | 24500 | 500 | 1500 | – | 4500 | 9000 | – | 500 | 500 | 1000 | 3500 | 2000 | 1000 | 3000 | 1500 | |

　　成熟林各样地主要树种的更新株数统计见表 3.16。幼苗高度级 30cm 以下，1-3-9、1-4-12 样地更新良好，1-2-11、1-1-15 样地更新株数属于中等，其他样地的更新株数较少，属于更新不良；30-49cm 高度级，1-4-12 样地更新良好，1-1-15、1-3-9、5 号、8 号样地更新等级为中等，其他样地更新不良；在高度级大于 50cm 时，5 号样地属于更新良好，1-2-11 样地更新不良，其他样地属于中等更新。按照林下更新幼树幼苗的株数不分高度级进行评定时，更新不良的样地有 2 块，中等更新的样地有 7 块，更新良好的样地有 4 块，成熟林的总体更新状况良好。更新树种冷杉最多，其次为色木和椴

树，红松和云杉更新较少。更新幼树高度多集中在小于30cm的范围内。

所有样地的更新情况，在高度级为小于30cm和30－49cm时，更新状况都较差，在高度级大于50cm时，多为中等更新。

### 3.4.2.1.4 空间结构

（1）混交度

表 3.17　中龄林样地混交度及其频率分布

| 样地号 | 0 | 0.25 | 0.5 | 0.75 | 1 | 平均值 |
|---|---|---|---|---|---|---|
| 1－1－10 | 0.00 | 0.06 | 0.18 | 0.33 | 0.43 | 0.78 |
| 1－2－10 | 0.02 | 0.2 | 0.2 | 0.45 | 0.13 | 0.68 |
| 1－2－12 | 0.00 | 0.27 | 0.33 | 0.17 | 0.23 | 0.69 |
| 1－3－20 | 0.00 | 0.00 | 0.18 | 0.42 | 0.39 | 0.84 |
| 1－3－21 | 0.15 | 0.1 | 0.22 | 0.24 | 0.29 | 0.75 |
| 1－4－6 | 0.12 | 0.12 | 0.29 | 0.14 | 0.33 | 0.72 |
| 1－4－7 | 0.00 | 0.00 | 0.15 | 0.33 | 0.52 | 0.89 |
| 1－4－21 | 0.00 | 0.02 | 0.21 | 0.37 | 0.40 | 0.82 |
| 1－5－12 | 0.04 | 0.14 | 0.43 | 0.11 | 0.29 | 0.50 |
| 2 | 0.04 | 0.12 | 0.26 | 0.28 | 0.30 | 0.72 |
| 6 | 0.00 | 0.00 | 0.33 | 0.23 | 0.43 | 0.73 |
| 7 | 0.00 | 0.02 | 0.07 | 0.32 | 0.59 | 0.88 |
| 9 | 0.00 | 0.12 | 0.15 | 0.23 | 0.50 | 0.79 |

由中龄林样地混交度频率分布（表3.17）可知，除1－5－12样地为中度混交外，其他样地为强度和极强度混交。中龄林样地的混交度较高，隔离程度较大。

表 3.18　近熟林样地混交度及其频率分布

| 样地号 | 0 | 0.25 | 0.5 | 0.75 | 1 | 平均值 |
|---|---|---|---|---|---|---|
| 1－1－17 | 0.00 | 0.08 | 0.30 | 0.38 | 0.24 | 0.65 |
| 1－2－9 | 0.00 | 0.09 | 0.26 | 0.37 | 0.26 | 0.69 |
| 1－2－15 | 0.02 | 0.31 | 0.25 | 0.20 | 0.22 | 0.61 |
| 1－4－14 | 0.02 | 0.18 | 0.29 | 0.25 | 0.26 | 0.64 |
| 1－5－1 | 0.00 | 0.14 | 0.17 | 0.29 | 0.40 | 0.74 |
| 1－5－22 | 0.00 | 0.11 | 0.14 | 0.26 | 0.49 | 0.83 |
| 1 | 0.00 | 0.09 | 0.47 | 0.22 | 0.22 | 0.69 |
| 3 | 0.04 | 0.16 | 0.19 | 0.32 | 0.3 | 0.64 |
| 11 | 0.00 | 0.09 | 0.20 | 0.37 | 0.34 | 0.73 |
| 12 | 0.00 | 0.10 | 0.10 | 0.40 | 0.40 | 0.82 |

由近熟林样地混交度频率分布（表3.18）可知，所有样地的混交度都较高，隔离程度较大。

由成熟林样地混交度频率分布(表3.19)可知,除样地1-2-11为弱度混交外,其他样地为强度和极强度混交,隔离程度较大。

表 3.19　成熟林样地混交度及其频率分布

| 样地号 | 0 | 0.25 | 0.5 | 0.75 | 1 | 平均值 |
|---|---|---|---|---|---|---|
| 1-1-1 | 0.00 | 0.00 | 0.22 | 0.28 | 0.50 | 0.83 |
| 1-1-15 | 0.00 | 0.00 | 0.19 | 0.39 | 0.42 | 0.74 |
| 1-1-16 | 0.00 | 0.00 | 0.09 | 0.29 | 0.62 | 0.90 |
| 1-2-8 | 0.00 | 0.18 | 0.20 | 0.31 | 0.31 | 0.61 |
| 1-2-11 | 0.27 | 0.27 | 0.15 | 0.12 | 0.18 | 0.39 |
| 1-2-13 | 0.10 | 0.03 | 0.04 | 0.34 | 0.48 | 0.72 |
| 1-3-3 | 0.00 | 0.00 | 0.00 | 0.32 | 0.68 | 0.93 |
| 1-3-9 | 0.00 | 0.00 | 0.15 | 0.33 | 0.52 | 0.89 |
| 1-4-12 | 0.00 | 0.10 | 0.15 | 0.28 | 0.47 | 0.79 |
| 4 | 0.00 | 0.10 | 0.05 | 0.25 | 0.60 | 0.90 |
| 5 | 0.00 | 0.19 | 0.14 | 0.16 | 0.51 | 0.77 |
| 8 | 0.00 | 0.00 | 0.00 | 0.42 | 0.58 | 0.92 |
| 10 | 0.01 | 0.09 | 0.16 | 0.38 | 0.36 | 0.73 |

(2)角尺度

表 3.20　中龄林样地角尺度及其频率分布

| 样地号 | 0 | 0.25 | 0.5 | 0.75 | 1 | 平均值 |
|---|---|---|---|---|---|---|
| 1-1-10 | 0.00 | 0.10 | 0.63 | 0.16 | 0.12 | 0.57 |
| 1-2-10 | 0.00 | 0.17 | 0.39 | 0.30 | 0.13 | 0.56 |
| 1-2-12 | 0.00 | 0.20 | 0.30 | 0.27 | 0.23 | 0.54 |
| 1-3-20 | 0.00 | 0.08 | 0.46 | 0.29 | 0.17 | 0.60 |
| 1-3-21 | 0.00 | 0.13 | 0.53 | 0.29 | 0.05 | 0.56 |
| 1-4-6 | 0.00 | 0.05 | 0.62 | 0.17 | 0.17 | 0.53 |
| 1-4-7 | 0.00 | 0.15 | 0.48 | 0.30 | 0.06 | 0.54 |
| 1-4-21 | 0.02 | 0.19 | 0.58 | 0.14 | 0.07 | 0.45 |
| 1-5-12 | 0.00 | 0.07 | 0.64 | 0.14 | 0.15 | 0.57 |
| 2 | 0.00 | 0.11 | 0.49 | 0.30 | 0.09 | 0.59 |
| 6 | 0.00 | 0.17 | 0.53 | 0.17 | 0.13 | 0.58 |
| 7 | 0.00 | 0.10 | 0.49 | 0.24 | 0.17 | 0.63 |
| 9 | 0.00 | 0.00 | 0.09 | 0.21 | 0.10 | 0.57 |

表 3. 21  近熟林样地角尺度及其频率分布

| 样地号 | 0 | 0.25 | 0.5 | 0.75 | 1 | 平均值 |
|---|---|---|---|---|---|---|
| 1 – 1 – 17 | 0.00 | 0.11 | 0.51 | 0.19 | 0.19 | 0.51 |
| 1 – 2 – 9 | 0.00 | 0.09 | 0.54 | 0.17 | 0.20 | 0.51 |
| 1 – 2 – 15 | 0.00 | 0.13 | 0.53 | 0.15 | 0.20 | 0.58 |
| 1 – 4 – 14 | 0.00 | 0.09 | 0.53 | 0.24 | 0.15 | 0.62 |
| 1 – 5 – 1 | 0.00 | 0.29 | 0.43 | 0.17 | 0.11 | 0.45 |
| 1 – 5 – 22 | 0.00 | 0.14 | 0.46 | 0.34 | 0.06 | 0.57 |
| 1 | 0.00 | 0.19 | 0.28 | 0.28 | 0.25 | 0.54 |
| 3 | 0.00 | 0.12 | 0.46 | 0.32 | 0.11 | 0.59 |
| 11 | 0.00 | 0.29 | 0.40 | 0.17 | 0.14 | 0.48 |
| 12 | 0.00 | 0.10 | 0.60 | 0.18 | 0.12 | 0.59 |

由中龄林样地角尺度频率分布(表3.20)可知,除1-4-21号样地为均匀分布外,其他样地均为聚集分布。

由近熟林样地角尺度频率分布(表3.21)可知,1-2-9,1-1-17和11号样地为随机分布,1-5-1样地为均匀分布,其他样地为聚集分布。

表 3. 22  成熟林样地角尺度及其频率分布

| 样地号 | 0 | 0.25 | 0.5 | 0.75 | 1 | 平均值 |
|---|---|---|---|---|---|---|
| 1 – 1 – 1 | 0.00 | 0.17 | 0.50 | 0.11 | 0.22 | 0.50 |
| 1 – 1 – 15 | 0.00 | 0.23 | 0.45 | 0.26 | 0.06 | 0.53 |
| 1 – 1 – 16 | 0.00 | 0.04 | 0.62 | 0.24 | 0.09 | 0.60 |
| 1 – 2 – 8 | 0.00 | 0.08 | 0.54 | 0.18 | 0.20 | 0.55 |
| 1 – 2 – 11 | 0.00 | 0.06 | 0.61 | 0.27 | 0.06 | 0.59 |
| 1 – 2 – 13 | 0.00 | 0.15 | 0.54 | 0.15 | 0.15 | 0.51 |
| 1 – 3 – 3 | 0.00 | 0.08 | 0.52 | 0.24 | 0.16 | 0.59 |
| 1 – 3 – 9 | 0.00 | 0.15 | 0.48 | 0.30 | 0.06 | 0.54 |
| 1 – 4 – 12 | 0.00 | 0.15 | 0.56 | 0.22 | 0.06 | 0.52 |
| 4 | 0.00 | 0.15 | 0.58 | 0.10 | 0.17 | 0.44 |
| 5 | 0.00 | 0.11 | 0.49 | 0.13 | 0.27 | 0.55 |
| 8 | 0.03 | 0.11 | 0.66 | 0.13 | 0.08 | 0.47 |
| 10 | 0.00 | 0.10 | 0.55 | 0.15 | 0.22 | 0.51 |

由成熟林样地角尺度频率分布(表3.22)可知,1-1-1,1-2-13,8,10号样地为随机分布,4号样地为均匀分布,其他样地为聚集分布。

(3)胸径大小比

表 3.23　中龄林样地主要树种平均胸径大小比数

| 样地号 | 云杉 | 冷杉 | 红松 | 椴木 | 色木 | 枫桦 |
|---|---|---|---|---|---|---|
| 1 – 1 – 10 | 0.36 | 0.43 | 0.50 | 0.50 | 0.00 | 0.69 |
| 1 – 2 – 10 | 0.21 | 0.48 | 0.50 | 0.38 | 0.50 | – – |
| 1 – 2 – 12 | 0.65 | 0.61 | – – | – – | 0.35 | 0.31 |
| 1 – 3 – 20 | 0.00 | 0.44 | 0.56 | 0.42 | 0.63 | 0.25 |
| 1 – 3 – 21 | 0.31 | 0.43 | 0.63 | 0.63 | 0.50 | 0.00 |
| 1 – 4 – 6 | 0.32 | 0.53 | 0.63 | 0.58 | 0.63 | 0.00 |
| 1 – 4 – 7 | 0.58 | 0.31 | 0.31 | 0.44 | 0.69 | 0.75 |
| 1 – 4 – 21 | 0.00 | 0.38 | 0.58 | 0.46 | 0.57 | 0.00 |
| 1 – 5 – 12 | 0.44 | 0.46 | 0.00 | 0.25 | 0.67 | 1.00 |
| 2 | 0.68 | 0.51 | 0.33 | 0.44 | – – | 0.75 |
| 6 | 0.50 | 0.41 | 0.15 | 0.25 | 0.75 | 0.79 |
| 7 | 0.69 | 0.68 | 0.13 | 0.50 | 0.63 | 0.75 |
| 9 | 0.32 | 0.42 | 0.50 | 0.63 | 0.67 | – – |

由表 3.23 可知，中龄林样地主要树种平均胸径大小比数从 0 ~ 1，说明林分内主要树种胸径大小分化存在很大差异。其中，云杉的平均胸径大小比数为 0 ~ 0.69，处于优势（$U_d = 0.0$）状态的有 2 块样地，接近亚优势（$U_d = 0.25$）的有 5 块样地，接近中庸（$U_d = 0.5$）状态的有 3 块，接近劣态（$U_d = 0.75$）的有 3 块，说明云杉在各级的分布比较均匀；冷杉的平均胸径大小比数为 0.31 ~ 0.68，接近中庸状态的样地有 11 块，说明在由它构成的结构单元中，比它胸径大的相邻木和比它胸径小的数量基本相同；红松的平均胸径大小比数为 0 ~ 0.63，接近亚优势的有 4 块样地，接近中庸状态的有 5 块，总的来说，红松在生长空间上占有一定的优势；椴木的平均胸径大小比数为 0.25 ~ 0.63，接近中庸状态的样地有 8 块；色木的平均胸径大小比数为 0 ~ 0.75，接近劣态的有 7 块，说明其生长多处于劣势；枫桦的平均胸径大小比数为 0 ~ 1，处于优势状态的有 3 块样地，接近劣态的有 5 块，说明其个体生长差异较大。

表 3.24　近熟林样地主要树种平均胸径大小比数

| 样地号 | 云杉 | 冷杉 | 红松 | 椴木 | 色木 | 枫桦 |
|---|---|---|---|---|---|---|
| 1 – 1 – 17 | 0.50 | 0.52 | 0.38 | 0.00 | – – | 0.65 |
| 1 – 2 – 9 | 0.50 | 0.52 | 0.40 | 0.00 | – – | 0.63 |
| 1 – 2 – 15 | 0.31 | 0.47 | 0.47 | 0.50 | 0.33 | – – |
| 1 – 4 – 14 | 0.38 | 0.47 | 0.00 | 0.50 | 0.71 | 0.75 |
| 1 – 5 – 1 | 0.31 | 0.56 | 0.46 | 0.38 | 0.75 | – – |
| 1 – 5 – 22 | 0.58 | 0.30 | 0.31 | 0.44 | 0.67 | – – |
| 1 | 0.65 | 0.60 | – – | – – | 0.40 | 0.36 |
| 3 | 0.64 | 0.51 | 0.33 | 0.44 | – – | 0.75 |
| 11 | 0.25 | 0.48 | 0.42 | 0.38 | 0.75 | – – |
| 12 | 0.33 | 0.34 | 0.44 | 0.75 | 0.00 | 0.69 |

由表3.24可知,近熟林样地主要树种平均胸径大小比数从0~0.75,林分中各状态分布的个体比例相差较大。其中,云杉的平均胸径大小比数为0.25~0.65,接近亚优势的有4块样地,接近中庸状态的有4块,说明云杉在生长空间上占有一定的优势;冷杉的平均胸径大小比数为0.30~0.60,接近中庸状态的样地有8块;红松的平均胸径大小比数为0~0.47,接近中庸状态的有6块;椴木的平均胸径大小比数为0~0.75,接近中庸状态的样地有6块;说明冷杉、红松、椴木的胸径生长处于中等水平;色木的平均胸径大小比数为0~0.75,接近劣态的有4块;枫桦的平均胸径大小比数为0.36~0.75,接近劣态的有5块;说明色木和枫桦生长多处于劣势。

由表3.25可知,成熟林样地主要树种平均胸径大小比数从0~1,说明林分中处于各分化状态的树种存在较大差异。其中,云杉的平均胸径大小比数为0.17~0.69,接近亚优势的有4块样地,接近中庸状态的有5块,接近劣态的有4块,说明云杉在各级的分别比较均匀;冷杉的平均胸径大小比数为0~0.73,接近亚优势的有6块样地,接近中庸状态的样地有4块,说明冷杉在生长空间上占有一定的优势;红松的平均胸径大小比数为0~0.58,处于优势状态的有3块样地,接近亚优势的有7块样地,接近中庸状态的有3块,说明红松在结构单元中处于明显的优势地位;椴木的平均胸径大小比数为0~0.75,接近亚优势的有5块样地,接近中庸状态的样地有4块,接近劣态的有3块,说明椴木在各级的分布比较均匀;色木的平均胸径大小比数为0.32~0.80,接近中庸状态的样地有4块,接近劣态的有5块,说明其生长多处于劣势;枫桦的平均胸径大小比数为0.38~1,接近中庸状态的样地有4块,接近劣态的有4块,处于绝对劣态($U_d = 1$)的有3块,说明枫桦完全处于受压状态。

**表3.25　成熟林样地主要树种平均胸径大小比数**

| 样地号 | 云杉 | 冷杉 | 红松 | 椴木 | 色木 | 枫桦 |
|---|---|---|---|---|---|---|
| 1 – 1 – 1 | 0.30 | 0.00 | 0.42 | 0.75 | 0.80 | – – |
| 1 – 1 – 15 | 0.67 | 0.15 | 0.20 | 0.25 | 0.75 | 0.72 |
| 1 – 1 – 16 | 0.25 | 0.73 | 0.17 | 0.58 | 0.69 | 0.75 |
| 1 – 2 – 8 | 0.50 | 0.52 | 0.38 | 0.00 | – – | 0.60 |
| 1 – 2 – 11 | 0.25 | 0.49 | 0.00 | 0.33 | – – | 0.50 |
| 1 – 2 – 13 | 0.63 | 0.31 | 0.08 | 0.55 | 0.50 | 1.00 |
| 1 – 3 – 3 | 0.60 | 0.21 | 0.17 | 0.67 | 0.58 | 1.00 |
| 1 – 3 – 9 | 0.58 | 0.31 | 0.31 | 0.44 | 0.69 | – – |
| 1 – 4 – 12 | 0.65 | 0.36 | 0.58 | 0.31 | 0.32 | 0.50 |
| 4 | 0.69 | 0.58 | 0.15 | 0.50 | 0.46 | 0.38 |
| 5 | 0.25 | 0.69 | 0.06 | 0.25 | 0.41 | 0.67 |
| 8 | 0.60 | 0.21 | 0.17 | 0.67 | 0.63 | 1.00 |
| 10 | 0.17 | 0.50 | 0.19 | 0.33 | – – | 0.50 |

### 3.4.2.1.5　不同生长阶段云冷杉林结构特征

表3.26中,比较了不同生长阶段云冷杉林的结构特征,从中可以看出,阔叶树种随

着生长阶段的进展，所占比例逐渐下降；林分的平均胸径和林分蓄积，随着生长阶段的进展，逐渐增大。而林分的株数密度，随着生长阶段的进展，逐渐减小；径阶分布曲线由双峰曲线向多峰曲线和倒 J 型曲线变化；林木水平分布格局有聚集分布向随机分布转变的趋势；在群落层次结构、物种多样性、混交度等方面没有明显区别。

表 3.26　不同生长阶段云冷杉林结构特征比较

| 指标 | 中龄林阶段 | 近熟林阶段 | 成熟林阶段 |
| --- | --- | --- | --- |
| 树种组成 | 阔叶树种≥30% | 20%≤阔叶树种<30% | 0≤阔叶树种<20% |
| 平均胸径 | 16～23cm | 20～27cm | 19～33cm |
| 林分蓄积 | 220～320(m³/hm²) | 240～350(m³/hm²) | 270～420(m³/hm²) |
| 株数密度 | 750≤N≤1350 | 475≤N≤1000 | 400≤N≤875 |
| 林分径阶分布 | 双峰曲线 | 多峰曲线 | 倒 J 型曲线 |
| 群落层次结构 | 乔灌草复层林 | 乔灌草复层林 | 乔灌草复层林 |
| 物种多样性 | >0.7 | >0.8 | >0.6 |
| 水平分布 | 聚集分布 | 聚集分布 | 随机分布 |
| 混交度 | 强度混交 | 强度混交 | 强度混交 |
| 更新株数 | 1000-8000(株/hm²) | 1000-9000(株/hm²) | 1000-10500(株/hm²) |

### 3.4.2.2　不同经营目的林分结构特征分析

#### 3.4.2.2.1　基本结构

表 3.27　防护林样地结构特征统计

| 样地号 | 样地面积（hm²） | 树种组成 | 针阔比 | 郁闭度 | 株数密度（株/hm²） | 平均胸径（cm） | 蓄积量（m³/hm²） |
| --- | --- | --- | --- | --- | --- | --- | --- |
| 13 | 0.2 | 4椴3冷1云1红1色+水+杂+枫-榆 | 5:5 | 0.90 | 690 | 24.90 | 517.20 |
| 14 | 0.2 | 2冷2云2枫1色1椴1水1红+杂+榆 | 5:5 | 0.70 | 1105 | 18.60 | 337.50 |
| 15 | 0.2 | 3冷2云1杂1榆1水1枫1红+椴+色 | 6:4 | 0.80 | 825 | 17.90 | 393.50 |

表 3.27 为防护林基本结构特征，从统计结果看，防护林样地的树种组成比较复杂，且阔叶树种所占比例较高，14 号样地株数密度最大，为 1105 株/hm²，其平均胸径最小，为 16.8cm，蓄积量也最小，为 337.50 m³/hm²。13 号样地的株数密度最小，为 690 株/hm²，但其平均胸径和蓄积量最大，分别达到 24.9cm，517.2 m³/hm²。

表 3.28　用材林样地结构特征统计

| 样地号 | 样地面积（hm²） | 树种组成 | 针阔比 | 郁闭度 | 株数密度（株/hm²） | 平均胸径（cm） | 蓄积量（m³/hm²） |
| --- | --- | --- | --- | --- | --- | --- | --- |
| 16 | 0.2 | 3云3红2冷1椴1枫+白+色 | 8:2 | 0.90 | 475 | 19.5 | 219.00 |
| 17 | 0.16 | 4冷3红1云1椴1白-杂-枫 | 8:2 | 0.70 | 481 | 30.7 | 309.40 |
| 18 | 0.2 | 3冷3红1椴1云1色1白-枫-水-杨-柞 | 7:3 | 0.60 | 443 | 24.3 | 291.10 |
| 19 | 0.16 | 3云2冷2椴1红1枫1色+杂 | 6:4 | 1.00 | 720 | 21.7 | 325.90 |

表 3.28 为用材林基本结构特征，从统计结果看，用材林样地的株数密度都较小，17 和 18 号样地的郁闭为中郁闭度。样地间平均胸径相差较大，蓄积量较低，17 号样地平均胸径达到 30.7cm，而 16 号样地的平均胸径为 19.5cm；16 和 18 号样地的蓄积仅分别为 219 和 291.1 m³/hm²。

#### 3.4.2.2.2 直径结构

对 3 块防护林样地的径阶株数进行统计，结果如图 3.6 所示，可以看出，径阶分布基本符合倒"J"型曲线形式，13 号样地 6 径阶株数较少，而 14 和 15 号样地 6 径阶株数较多，林分以小径阶林木占较大优势。

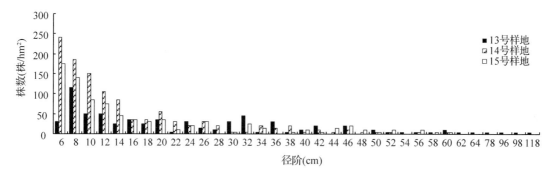

图 3.6 防护林各样地树种径阶分布

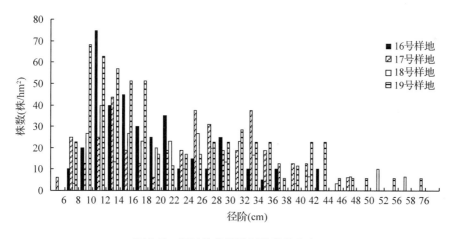

图 3.7 用材林各样地树种径阶分布

对 4 块用材林样地的径阶株数进行统计，结果如图 3.7 所示，可以看出，径阶分布基本符合双峰曲线形式，6 径阶和 8 径阶株数较少，10，12 径阶株数较多，26，28，30，32 径阶的株数分布较多。

#### 3.4.2.2.3 更新结构

从表 3.29 的统计结果看，按照林下更新幼树幼苗的株数分高度级进行评定时，13 号样地在小于 30cm 的高度级为中等更新，15 号样地在大于 50cm 高度级为中等更新，其他状况下更新株数都较少，属于更新不良；不分高度级时，3 块防护林样地更新等级均为中等。更新树种主要为冷杉，红松和云杉，更新幼树高度大多集中在小于30cm的范围内。

表 3.29　防护林更新苗株数密度（单位：株/hm²）

| 树种<br>样地 | 苗高 | | | | | | | | | | | | | | | 合计 |
| | <30cm | | | | | 30~49cm | | | | | ≥50cm | | | | | |
| | 冷 | 红 | 云 | 椴 | 色 | 冷 | 红 | 云 | 椴 | 色 | 冷 | 红 | 云 | 椴 | 色 | |
| 13 | 2344 | 313 | 469 | | 156 | 156 | 156 | | | | | 313 | | | | 3906 |
| 14 | 1406 | 156 | 469 | | 156 | 469 | | | 156 | | | 313 | | | | 3125 |
| 15 | 938 | 625 | 156 | | | | | | 313 | 625 | | 156 | | 469 | | 3282 |
| 合计 | 4688 | 1094 | 1094 | | 312 | 625 | 156 | | 469 | 625 | | 781 | | 469 | | |

从表3.30的统计结果看，幼苗高度级30cm以下，18号样地更新良好，17号样地更新中等，16号、19号样地更新株数株数较少，属于更新不良；30-49cm高度级，18号样地更新良好，其他样地更新不良；在高度级大于50cm时，16号、18号样地属于更新良好，17、19号样地属于中等更新。并且幼苗幼树在这个高度级的株数较多，可能是用材林在采伐利用后，进行人工补植更新，使其总体更新状况较好。按照林下更新幼树幼苗的株数不分高度级进行评定时，17号样地更新良好，其他样地更新中等，更新树种主要为冷杉，其次为红松，其他树种更新较少，更新幼树高度大多集中在小于30cm的范围内，但各树种在大于50cm范围内均有更新。

表 3.30　用材林更新苗株数密度（单位：株/hm²）

| 树种<br>样地 | 苗高 | | | | | | | | | | | | | | | 合计 |
| | <30cm | | | | | 30~49cm | | | | | ≥50cm | | | | | |
| | 冷 | 红 | 云 | 椴 | 色 | 冷 | 红 | 云 | 椴 | 色 | 冷 | 红 | 云 | 椴 | 色 | |
| 16 | 625 | | 156 | | | | | | | | 313 | | 1094 | 469 | 625 | 3281 |
| 17 | 3571 | 536 | | | | 179 | 179 | | | | 357 | | 357 | 179 | | 5357 |
| 18 | 1500 | 5500 | | | | 1500 | 3500 | | | | 1500 | 2000 | | | 1000 | 3542 |
| 19 | 1607 | | | | | 179 | 179 | | | | 536 | 357 | 179 | 179 | 179 | 3393 |
| 合计 | 7304 | 6036 | 156 | | | 1857 | 3857 | | | | 2705 | 2357 | 1629 | 826 | 1804 | |

### 3.4.2.2.4　空间结构

（1）混交度

由防护林样地混交度频率分布（表3.31）可知，3块样地均属于强度混交。

表 3.31　防护林样地混交度及其频率分布

| 样地号 | 0 | 0.25 | 0.5 | 0.75 | 1 | 平均值 |
| --- | --- | --- | --- | --- | --- | --- |
| 13 | 0.00 | 0.07 | 0.16 | 0.26 | 0.51 | 0.83 |
| 14 | 0.09 | 0.15 | 0.17 | 0.19 | 0.39 | 0.65 |
| 15 | 0.09 | 0.11 | 0.20 | 0.30 | 0.30 | 0.63 |

由用材林样地混交度频率分布(表3.32)可知，4块样地的混交度较高，隔离程度较大。

表3.32　用材林样地混交度及其频率分布

| 样地号 | 0 | 0.25 | 0.5 | 0.75 | 1 | 平均值 |
|---|---|---|---|---|---|---|
| 16 | 0.03 | 0.19 | 0.23 | 0.21 | 0.34 | 0.63 |
| 17 | 0.00 | 0.11 | 0.24 | 0.30 | 0.35 | 076 |
| 18 | 0.00 | 0.04 | 0.29 | 0.29 | 0.38 | 0.74 |
| 19 | 0.00 | 0.07 | 0.13 | 0.30 | 0.50 | 0.82 |

(2)角尺度

由防护林样地角尺度频率分布(表3.33)可知，13号样地为随机分布，其他2块样地的林木均为聚集分布。

表3.33　防护林样地角尺度及其频率分布

| 样地号 | 0 | 0.25 | 0.5 | 0.75 | 1 | 平均值 |
|---|---|---|---|---|---|---|
| 13 | 0.00 | 0.16 | 0.62 | 0.11 | 0.11. | 0.49 |
| 14 | 0.00 | 0.13 | 0.60 | 0.11 | 0.15 | 0.55 |
| 15 | 0.00 | 0.90 | 0.59 | 0.18 | 0.14 | 0.57 |

表3.34　用材林样地角尺度及其频率分布

| 样地号 | 0 | 0.25 | 0.5 | 0.75 | 1 | 平均值 |
|---|---|---|---|---|---|---|
| 16 | 0.00 | 0.15 | 0.50 | 0.23 | 0.12 | 0.55 |
| 17 | 0.00 | 0.17 | 0.54 | 0.21 | 0.08 | 0.54 |
| 18 | 0.00 | 0.11 | 0.49 | 0.20 | 0.20 | 0.60 |
| 19 | 0.00 | 0.12 | 0.58 | 0.22 | 0.08 | 0.54 |

由用材林样地角尺度频率分布(表3.34)可知，4块样地均为聚集分布。

(3)胸径大小比

表3.35　防护林样地主要树种平均胸径大小比数

| 样地号 | 云杉 | 冷杉 | 红松 | 椴木 | 色木 | 枫桦 |
|---|---|---|---|---|---|---|
| 13 | 0.79 | 0.29 | 0.57 | 0.37 | 0.21 | 0.25 |
| 14 | 0.67 | 0.44 | 0.39 | 0.52 | 0.42 | 0.18 |
| 15 | 0.58 | 0.31 | 0.50 | 0.54 | 0.50 | 0.39 |

表3.36　用材林样地主要树种平均胸径大小比数

| 样地号 | 云杉 | 冷杉 | 红松 | 椴木 | 色木 | 枫桦 |
|---|---|---|---|---|---|---|
| 16 | 0.54 | 0.58 | 0.16 | 0.30 | 0.38 | 0.40 |
| 17 | 0.53 | 0.45 | 0.20 | 0.50 | – – | 1.00 |
| 18 | 0.68 | 0.48 | 0.22 | 0.30 | 0.63 | 0.45 |
| 19 | 0.68 | 0.23 | 0.55 | 0.40 | 0.30 | 0.25 |

由表 3.35 可知，防护林样地主要树种平均胸径大小比数为 0.18 ~ 0.79，其中，云杉的平均胸径大小比数较接近劣态，说明其生长处于劣势；冷杉和枫桦的平均胸径大小比数较接近亚优势状态，说明其在生长空间上占有一定的优势；红松、椴木和色木的平均胸径大小比数较接近中庸状态，说明在由它们构成的结构单元中，比它们胸径大和比它们胸径小的相邻木的数量基本相同。

由表 3.36 可知，用材林主要树种平均胸径大小比数从 0.16 ~ 1，其中，云杉的平均胸径大小比数接近中庸和接近劣态的样地数均为 2，冷杉的平均胸径大小比数接近中庸状态的有 3 块样地，红松的平均胸径大小比数接近亚优势的有 3 块样地，椴木的平均胸径大小比数接近亚优势和接近中庸的样地数均为 2，色木的平均胸径大小比数接近亚优势，中庸和劣态的样地数都为 1，枫桦的平均胸径大小比数接近亚优势，中庸和绝对劣态的样地数分别为 1，2，1。

### 3.4.2.2.5 不同经营目的云冷杉林结构特征

**表 3.37 不同经营目的云冷杉林结构特征比较**

| 指标 | 防护林 | 用材林 |
|------|--------|--------|
| 树种组成 | 阔叶树种≥40% | 20%≤阔叶树种<40% |
| 平均胸径 | 18 – 25cm | 20 – 30cm |
| 林分蓄积 | 340 – 520（$m^3/hm^2$） | 220 – 330（$m^3/hm^2$） |
| 株数密度 | 700≤N≤1100 | 450≤N≤725 |
| 林分径阶分布 | 倒 J 型曲线 | 双峰曲线 |
| 群落层次结构 | 乔灌草复层林 | 乔灌草复层林 |
| 物种多样性 | >0.8 | >0.7 |
| 水平分布 | 随机分布 | 聚集分布 |
| 混交度 | 强度混交 | 强度混交 |
| 更新株数 | 3200 – 4000（株/ $hm^2$） | 3300 – 5400（株/ $hm^2$） |

表 3.37 中，比较了不同经营目的云冷杉林的结构特征，从中可以看出，防护林中阔叶树种的比例比用材林中所占比例大；林分的平均胸径用材林比防护林大，但林分蓄积，防护林比用材林高出很多；林分的株数密度，防护林的相对较高；防护林的径阶分布曲线呈倒 J 型曲线形式，用材林的呈双峰曲线形式；防护林的水平分布格局有向随机分布发展的趋势，用材林水平分布格局为聚集分布；在群落层次结构、物种多样性、混交度、更新情况等方面没有明显区别。

## 3.4.3 云冷杉林景观结构特征

景观结构通常指不同生态系统、不同景观类型或组分的分布格局，尤其是指能量、物质的分布与生态系统的大小、形状、数量、种类及生态系统的空间配置或排列方式之间的关系。通过景观结构分析，可以确定结构形成的影响因子及其形成的内在机制，进而揭示景观结构和景观功能的关系，最后找出目前景观结构中存在的问题。最终将在此基础上，根据景观生态学中的"结构—功能"原理，调整景观结构，优化景观功能。

### 3.4.3.1 森林景观分类

**表 3.38 森林景观分类标准**

| 分类主导因子 | 分类标准及代码 |
|---|---|
| 林种 | 1 一般用材林，2 护路林，3 母树林，4 水土保持林 |
| 树种组成 | 1 针叶林，2 阔叶林，3 针叶混交林，4 阔叶混交林，5 针阔混交林 |

本章森林景观健康的主要研究对象为有林地，根据本地区的植被分布规律和分类结果不至于过分破碎化的原则，选取了经营因子(林种)、植被因子(树种组成)进行森林景观的分类，其标准如表 3.38 所示。

根据分类标准，研究地区共分为 17 种森林景观类型，各景观类型代码分别以树种组成、林种的各代码组合命名，如针叶用材林代码为 11，阔叶用材林代码为 21，其他类型以此类推。

### 3.4.3.2 森林景观结构特征分析
### 3.4.3.2.1 森林景观总体特征分析

**表 3.39 不同林种森林景观斑块总体特征**

| 斑块类型 | 面积(hm²) | 平均面积(hm²) | 面积比(%) | 斑块数 | 斑块数比(%) | 周长(km) | 平均周长(km) |
|---|---|---|---|---|---|---|---|
| 一般用材林 | 11725.20 | 732.83 | 77.98 | 16 | 10.26 | 333.93 | 20.87 |
| 护路林 | 987.12 | 18.98 | 6.57 | 52 | 33.33 | 119.49 | 2.30 |
| 母树林 | 2016.00 | 30.09 | 13.41 | 67 | 42.95 | 213.57 | 3.19 |
| 水土保持林 | 307.44 | 14.64 | 2.04 | 21 | 13.46 | 43.83 | 2.09 |
| 合计 | 15035.76 | — | 100 | 156 | 100 | — | — |

由表 3.39 可知：2007 年研究地区森林景观的总面积为 15035.76hm²，77.98% 的森林景观斑块为一般用材林，平均斑块面积达到 732.83 hm²，在景观中的控制作用相当明显。其周长和平均周长都最大，在整个景观中它拥有较多对外开放的机会。其次为母树林斑块，占景观总面积的 13.41%，斑块数占 42.95%。

由表 3.40 可知：研究地区混交林占 78.1%，斑块数占总斑块数的 68.69%，他们对于整个景观中的能量、信息交换与流动起较大支配作用。其中，针阔混交林斑块占景观总面积的 34.78%，且斑块平均面积达到 43.58 hm²，说明其相对优势度高，以大斑块分布为主，其在景观中的控制作用相当明显。阔叶林景观斑块面积较小，斑块中能量和矿物养分的总量也较少，对整个景观的功能影响力相对较弱。

针阔混交林的周长和平均周长都最大，说明其景观斑块与其他相邻景观斑块的边界较长，进行能量、信息等交换的机会较多。阔叶林的周长和平均周长都较小，意味着这种景观斑块与其他相邻景观斑块的边界长度较短，相对较为孤立，进行能量、信息等交换的界面也就相对较小。

表 3.40 不同树种组成森林景观斑块总体特征

| 斑块类型 | 面积(hm²) | 平均面积(hm²) | 面积比(%) | 斑块数 | 斑块数比(%) | 周长(km) | 平均周长(km) |
|---|---|---|---|---|---|---|---|
| 针叶林 | 2455.29 | 17.66 | 16.33 | 139 | 23.40 | 323.55 | 2.33 |
| 阔叶林 | 837.45 | 17.82 | 5.57 | 47 | 7.91 | 111.21 | 2.37 |
| 针叶混交林 | 3557.07 | 25.41 | 23.66 | 140 | 23.57 | 455.49 | 3.25 |
| 阔叶混交林 | 2955.78 | 19.97 | 19.66 | 148 | 24.92 | 386.76 | 2.61 |
| 针阔混交林 | 5230.17 | 43.58 | 34.78 | 120 | 20.20 | 567.93 | 4.73 |
| 合计 | 15035.76 | — | 100 | 594 | 100 | — | — |

表 3.41 研究地区森林景观总体特征

| 斑块类型 | 类型代码 | 面积(hm²) | 平均面积(hm²) | 面积比(%) | 斑块数 | 斑块数比(%) | 周长(km) | 平均周长(km) |
|---|---|---|---|---|---|---|---|---|
| 针叶用材林 | 11 | 1648.80 | 12.12 | 10.97 | 136 | 11.86 | 284.16 | 2.09 |
| 针叶护路林 | 12 | 393.21 | 14.56 | 2.62 | 27 | 2.35 | 59.34 | 2.20 |
| 针叶母树林 | 13 | 413.28 | 12.92 | 2.75 | 32 | 2.79 | 67.08 | 2.10 |
| 阔叶用材林 | 21 | 602.10 | 13.68 | 4.00 | 44 | 3.84 | 103.92 | 2.36 |
| 阔叶护路林 | 22 | 149.40 | 16.60 | 0.99 | 9 | 0.78 | 23.28 | 2.59 |
| 阔叶母树林 | 23 | 85.95 | 17.20 | 0.57 | 5 | 0.44 | 17.16 | 3.43 |
| 针叶混交用材林 | 31 | 3074.58 | 12.81 | 20.45 | 240 | 20.92 | 542.34 | 2.26 |
| 针叶混交护路林 | 32 | 52.11 | 10.42 | 0.35 | 5 | 0.44 | 8.46 | 1.69 |
| 针叶混交母树林 | 33 | 407.25 | 11.64 | 2.71 | 35 | 3.05 | 70.44 | 2.01 |
| 阔叶混交用材林 | 41 | 2392.11 | 12.14 | 15.91 | 197 | 17.18 | 432.96 | 2.20 |
| 阔叶混交护路林 | 42 | 178.83 | 10.52 | 1.19 | 17 | 1.48 | 35.16 | 2.07 |
| 阔叶混交母树林 | 43 | 323.19 | 10.43 | 2.15 | 31 | 2.70 | 58.20 | 1.88 |
| 阔叶混交水土保持林 | 44 | 61.65 | 7.71 | 0.41 | 8 | 0.70 | 11.16 | 1.40 |
| 针阔混交用材林 | 51 | 4007.61 | 14.26 | 26.65 | 281 | 24.50 | 681.66 | 2.43 |
| 针阔混交护路林 | 52 | 213.57 | 17.80 | 1.42 | 12 | 1.05 | 30.00 | 2.50 |
| 针阔混交母树林 | 53 | 786.33 | 14.56 | 5.23 | 54 | 4.71 | 127.86 | 2.37 |
| 针阔混交水土保持林 | 54 | 245.79 | 17.56 | 1.63 | 14 | 1.22 | 38.64 | 2.76 |
| 合计 | — | 15035.76 | — | 100 | 1147 | 100 | — | — |

由表 3.41 可知：研究地区所占面积最大的景观斑块为针阔混交用材林，面积有 4007.61 hm²，占研究地区景观面积的 26.65%；其次是针叶混交用材林，面积为 3074.58 hm²，占研究地区景观面积的 20.45%。这两类景观斑块对于整个景观中的能量、

信息交换与流动起较大支配作用。阔叶混交用材林和针叶用材林景观斑块面积分别占研究地区景观面积的 15.91% 和 10.97%，其他斑块类型所占面积比例多小于 5%，对整个景观的功能影响力相对较弱。

研究区的景观斑块类型，除阔叶混交水土保持林的平均面积较小外，其他斑块类型平均面积均大于 10 hm$^2$，其中阔叶母树林、针阔混交护路林和针阔混交水土保持林均达到 17 hm$^2$ 以上，说明这些斑块类型以较大斑块分布为主，其在景观中的控制作用相当明显。

针叶用材林、针叶混交用材林、阔叶混交用材林、针阔混交用材林的周长较大，说明其景观斑块与其他相邻景观斑块的边界较长，进行能量、信息等交换的机会较多。针叶混交护路林和阔叶混交水土保持林的周长和平均周长都较小，意味着这两种景观斑块与其他相邻景观斑块的边界长度较短，进行能量、信息等交换的界面也就相对较小。

### 3.4.3.2.2 森林景观空间要素特征分析

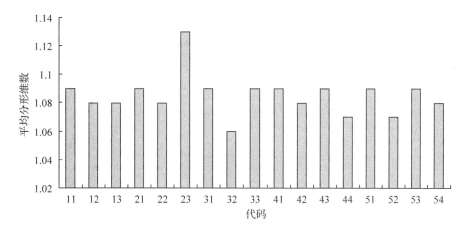

**图 3.8 各森林景观类型斑块平均分形维数**

从图 3.8 可以看出，各森林景观类型斑块分形维数普遍趋近于 1，而远离 2，说明斑块形状受人类干扰程度大，形状趋于规则化。其中，类型代码为 23 的景观类型，即针叶混交护路林，形状相对复杂。

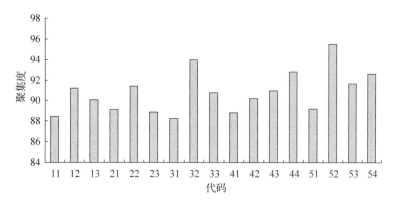

**图 3.9 各森林景观类型聚集度指数**

### 3.4.3.2.3 森林景观空间构型特征分析

从图 3.9 可以看出，研究地区的森林景观聚集度都在 88% 以上，说明它们在空间上呈团块状聚集分布。其中类型代码为 52 的景观类型，即针阔混交护路林聚集度达到 95% 以上，是因为它的斑块数量较少，且在空间上呈聚集分布。

### 3.4.3.2.4 森林景观空间格局特征分析

从图 3.10 中可以看出，研究地区各景观类型多样性和均匀度指数差异较大。类型代码为 41，51，52，53 的景观类型，即阔叶混交用材林，针阔混交用材林、护路林和母树林多样性指数较大，说明它们所包含的景观斑块类型较多，类型代码为 22，23，32 的景观类型，即阔叶护路林，阔叶母树林和针叶混交护路林多样性指数较小，说明它们所包含的景观斑块类型较少。

类型代码为 42，52 的景观类型，即阔叶混交护路林和针阔混交护路林均匀度在 0.9 以上，表明景观各组成成分分配比较均匀。类型代码为 11，12，13，21，32 的景观类型，即针叶用材林、护路林、母树林，阔叶用材林和针叶混叫护路林均匀度指数较小，均小于 0.7，说明景观组成中某种类型优势度较高，占支配地位。

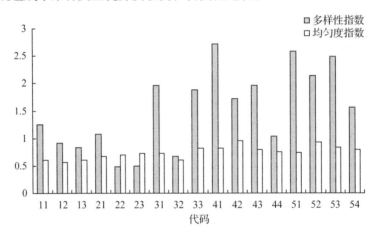

图 3.10　森林景观类型景观多样性和均匀度指数

## 3.4.4　小结

第一，本研究确定了林分生长阶段划分的方法：首先利用胸径—年龄方程计算样地所有林木年龄，再根据树高划分林分林层，最后，统计上林层所有林木在各龄组所占的株数比例，以所占比例最大的龄组作为林分生长阶段的判断。

第二，从树种组成、平均胸径、空间结构、径阶分布、林分更新等方面系统研究了云冷杉林不同生长阶段和不同经营目标的林分结构特征。研究结果表明：

①林分的平均胸径和林分蓄积，随着生长阶段的进展，逐渐增大。而林分的株数密度，随着生长阶段的进展，逐渐减小。

②林分的直径分布，在中龄林呈双峰曲线形式，近熟林呈多峰曲线形式，成熟林呈倒"J"形曲线形式，基本符合林分演替发展的一般规律。

③在更新结构上，中龄林和成熟林的总体更新状况良好，近熟林的总体更新状况较差。

④在林分空间结构上，研究地区的云冷杉林混交程度较高，林木分布基本呈聚集分布，角尺度值多在 0.5 - 0.6 之间，说明林木的聚集程度不高，经过结构调整，可能呈现随机分布格局。从各样地主要树种的大小比数来看，云杉在各分化状态分布比较均匀，冷杉和椴木多处于中庸状态，红松在生长空间上占有较明显的优势，色木和枫桦多处于劣势。

第三，根据研究地区的植被分布规律和分类结果不至于过分破碎化的原则，选取了经营因子(林种)、植被因子(树种组成)进行森林景观的分类，共分为 17 种森林景观类型。从森林景观空间要素、空间构型、空间格局对云冷杉林景观特征进行分析，结果表明：

①各森林景观类型斑块受人类干扰程度大，形状趋于规则化。

②各森林景观聚集度都在 88% 以上，在空间上呈团块状聚集分布。

③各景观类型多样性和均匀度指数差异较大。

# 3.5 云冷杉林健康评价指标体系的构建

## 3.5.1 构建原则

评价森林健康的指标应对森林生态系统自然属性和社会属性进行多方位描述，才能反映出整个森林生态系统的主要发展趋势以及影响整个生态系统发展的主导因素和限制性因素。因此，森林健康评价指标体系应遵循以下原则：

①科学性原则：森林健康评价体系要建立在科学的基础上，每个指标应含义明确，能够真实反映评价对象某一方面的本质内涵与特征，指标测算方法标准，统计方法规范。

②系统性原则：森林健康评价体系应尽可能全面、准确、系统地反映森林健康状况。

③适用性原则：进行森林健康评价，要根据不同地区、不同林分类型、不同管理目标等实际情况，有针对性地选取评价指标。

④可操作性原则：构建指标体系要考虑数据收集的方便性和现实可能性，所选取的指标要易于调查，具有可监测性，可操作性强。

## 3.5.2 指标的选取

健康的森林具有生态系统过程稳定性、结构稳定性、抗干扰力和恢复力以及提供社会价值的可持续性。森林健康评价体系是用于诊断由于人为和自然因素引起森林生态系统的破坏和退化所造成的森林生态系统紊乱，提供社会价值的能力丧失的状况。因此，森林健康评价指标体系应对林分本身固有的自然属性和社会属性两方面进行客观的描述，能反映出林分的生态系统健康程度和经营健康程度。本研究中，从林分和景观两个尺度分别对研究地区进行森林健康评价。根据主成分分析的结果，选取对林分层次健康评价指标；对景观层次健康评价指标的选取参考了国内外已有的研究。

### 3.5.2.1 林分健康评价指标的选取

本文从结构完整性，系统稳定性和服务可持续性三个方面来选择指标评价林分的健康状况。

（1）结构完整性

完整性是指森林生态系统构成要素、结构、功能以及它外在的生物物理环境的整合性，既包含生物、环境等要素的完备程度，也包含生物过程、生态过程和物理环境过程的健全性，强调构成要素间的依赖性、和谐性与统一性。结构完整性的评价主要从群落层次结构、郁闭度、单位面积蓄积量等方面进行评价。

林分层次结构完整、分布合理是森林生态系统完整性的重要体现。

林分郁闭度的大小直接影响林内水、光、热等条件的变化，对森林更新、林木的生长发育有着很大的影响。一般郁闭度不能太高也不能太低，高的郁闭度使得林下小乔木，灌草的生长的空间和光照受到影响，不利于高的生物多样性，不利于生态系统的稳定；低的郁闭度又使得林分无法成为生态系统的建群种，无法支撑和保证生态系统的稳定。

森林蓄积量是指一定森林面积上存在着的林木树干部分的总材积。它是反映森林资源的丰富程度、衡量森林生态环境优劣的重要指标。

（2）系统稳定性

稳定性主要是指生态系统对环境胁迫和外界干扰的反应能力，其对立面是突变性，一个健康的生态系统必须维持系统的结构和功能的相对稳定，在受到一定程度干扰后能够自然恢复。系统稳定性的评价主要从林分更新、病虫害程度、干扰等级等方面进行评价。

天然更新的类型和数量决定着森林发展的方向、程度和组成结构。

病虫害是森林生态系统面临的主要胁迫之一，会对森林生态系统造成极大的危害，因此我们常常把森林病虫害称为"不冒烟的森林火灾"，它将直接影响森林生态系统的稳定和涵养水源、保持水土和防风固沙等生态功能的发挥。

人类活动的干扰是影响生态系统健康的最主要因素。在林场，主要的干扰活动有采伐、砍柴、割草、放牧、采摘等。

（3）服务可持续性

可持续性一方面强调森林生态系统持续地维持其内在组份、组织结构和功能动态发展的能力，另一方面，可持续性还应该把生态系统服务功能包括在内，强调横向的与社会经济系统的和谐发展问题。良好的生态服务功能是衡量森林健康的重要指标。

近自然度是用来表示森林接近自然状态的程度，是在现实植物群落结构与自然群落结构之间的一个比较性描述。

研究植物群落的物种多样性，有助于更好地认识群落的组成、结构、功能、演替规律和群落的稳定性，可以在一定程度上正确认识森林生物多样性，是森林健康评价和森林健康调控的重要依据。

根据主成分分析结果及以上分析，建立了研究地区的森林健康评价指标体系（图3.11）。

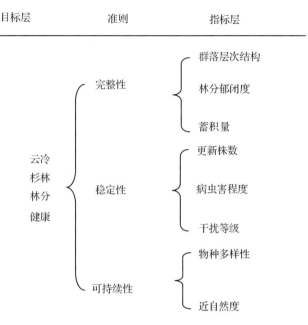

**图 3.11　云冷杉林健康评价指标体系**

### 3.5.2.2　景观健康评价指标的选取

森林景观结构与格局健康是对森林景观空间要素完整性、空间结构协调性和空间构型适宜性的综合评价，主要体现在森林景观空间要素、森林景观空间格局和森林景观空间构型等方面，包括森林景观要素特征，如斑块大小、斑块数量和斑块分维数、廊道的数量等；森林景观空间格局，如景观多样性、均匀度和优势度等；景观空间构型，如景观聚集度、分离度和破碎度等。

景观斑块面积影响着斑块内部能量和营养的分配，决定着其内部的物种数量，一般来说，一个斑块中能量和矿物养分的总量与其面积成正比。景观类型斑块面积越大，意味着该景观类型对整个景观的贡献率越大，对于整个景观功能的支配作用越大。

景观斑块的周长，从统计意义上揭示了一种景观斑块拥有的边界长度，周长越大，则该类型的斑块拥有的边界越长，在整个景观中它就拥有越多对外开放的机会。

斑块形状指数在一定程度上可反映出人类活动对景观格局的影响和干扰强度。这是因为，人类干扰下形成的斑块几何形状一般较为规则。本研究中采用平均分形维数来描述斑块形状特征。

多样性指数的大小反映景观类型的多少和各景观类型所占面积比例的变化。

均匀度指数的大小反映景观中各组分的分配均匀程度，其值越大，表明景观各组成成分分配越均匀。

聚集度指数反映的是景观中不同类型成分的团聚程度，描述一定数量的景观要素在景观中的相互分散性。就某一类景观斑块而言，聚集度指数高说明该类景观斑块仅与少数几类大斑块相团聚，而聚集度指数低说明该类景观斑块在景观中分散于许多不同类景观斑块之间。

根据以上分析，建立了研究地区的森林景观健康评价指标体系（见图3.12）。

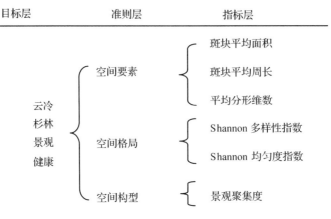

**图 3.12　云冷杉林景观健康评价指标体系**

## 3.5.3　指标的计算

### 3.5.3.1　林分健康评价指标的计算

（1）群落层次结构

根据森林资源二类调查技术规程，群落结构类型依据植被层次分为完整结构，复杂结构和简单结构三种。

完整结构：具有乔木层、下木层、草本层和地被物层4个植被层的森林。

复杂结构：具有乔木层和其它1~2个植被层的森林。

简单结构：只有乔木一个植被层的森林。

（2）更新株数

本文中对研究地区的主要树种，包括云杉，冷杉，红松，椴木，色木的幼树按照树高分为<30cm，30~49cm，≥51cm进行株数调查。

（3）病虫害程度

病虫害程度通过调查数据计算。

病虫危害比例% =（受危害株数/样地总株数）×100

（4）干扰等级

干扰等级反映的是人类活动对林分的经营强度，干扰等级的确定是在对林分的干扰程度、干扰性质和干扰内容进行全面调查的基础上进行的，具体的划分依据见表3.42。

**表 3.42　干扰等级的划分标准**

| 干扰等级 | 性质 | 干扰内容及强度 |
| --- | --- | --- |
| 1 级 | 极轻 | 偶有人的活动，表现为采蘑菇、调查活动 |
| 2 级 | 较轻 | 经常有人到达，活动仅表现为少量采蘑菇、药材、调查等 |
| 3 级 | 中等 | 经常有人到达，并有较多的采集活动 |
| 4 级 | 较重 | 近20年内有过间伐、割灌、抚育等经营活动 |
| 5 级 | 严重 | 频繁的人畜活动，采集、经营、放牧等 |

（5）物种多样性

辛普森多样性指数（$D$）：

$$D = 1 - \sum_{i=1}^{s} [n_i(n_i - 1)/N(N - 1)] \qquad (3-4)$$

式中：$D$ 为辛普森多样性指数；$n_i$ 为第 $i$ 种个体数量；$N$ 为总个体数量；$s$ 为物种总数。

（6）近自然度

近自然度是根据外业调查中对具体地段上的不同植物群落的物种组成、空间位置、立地条件、演替阶段等因素的测定综合确定的。近自然度可分为以下 5 个等级：

一级：顶级群落森林

二级：中间群落，由顶级种和先锋种组成的过渡性群落森林

三级：先锋乔木，先锋群落结构

四级：含有非乡土树种的先锋群落森林

五级：引进树种或者由乡土树种组成但在不适合的立地上造林形成的森林群落。

### 3.5.3.2 景观健康评价指标的计算

对于景观结构与格局的分析，本研究采用景观格局分析软件 Fragstats 3.3（栅格版）计算各景观组分的相关景观指标。

（1）斑块面积

$$A = \sum_{i=1}^{n} a_i\left(\frac{1}{10000}\right) \qquad (3-5)$$

其中，$A$ 为斑块总面积；$n$ 为斑块数目；$A$ 等于某一斑块类型中所有斑块的面积之和（$m^2$），除以 10000 后转化为公顷（$hm^2$）。

斑块平均面积：

$$MPS = A/N \qquad (3-6)$$

MPS 等于某一斑块类型的总面积 A 除以该类型的斑块数目 N。

（2）斑块分形维数（Fractal dimension）

斑块的分形维数景观斑块的分形维数采用周长与面积的相关关系进行计算，公式为：

$$Fd = 2\ln(p/k)/\ln(A) \qquad (3-7)$$

式中，$Fd$ 为分形维数；$P$ 为斑块周长；$A$ 为斑块面积；$k$ 是常数；对于栅格景观而言，$k = 4$。

（3）多样性指数（Shannon's Diversity Index）

选取 Shannon - Weiner 多样性指数进行计算：

$$SDI = - \sum_{i=1}^{m} (Pi \times \ln Pi) \qquad (3-8)$$

式中：$SDI$ 为多样性指数；$P_i$ 为景观类型 $i$ 所占面积的比例；$m$ 为景观类型的数目。

（4）均匀度指数（Shannon's Evenness Index）

选取 Shannon - Weiner 均匀度指数进行计算：

$$SEI = \frac{SDI}{SDImax}; \quad SDImax = -\log2\left(\frac{1}{M}\right) \tag{3-9}$$

式中：$SEI$ 为均匀度指数；$SDI$ 为景观实际多样性指数；$SDI_{max}$ 为最大多样性指数；$M$ 为景观类型数目。

（5）聚集度指数（Aggregation Index）

计算公式如下：

$$AI = \left[\sum_{i=1}^{m}\left(\frac{g_{ii}}{\max \rightarrow g_{ii}}\right)p_i\right](100) \tag{3-10}$$

式中：$AI$ 为集聚度指数；$g_{ii}$ 为斑块类型 $i$ 之间的连接数；$P_i$ 斑块类型 i 在景观中所占的比例；$\max \rightarrow g_{ii}$ 为斑块类型 i 之间最大的连接数。

## 3.5.4 评价指标体系及权重

对于不同生长阶段森林健康评价，在准则层中，本文认为三个指标集是来自研究对象健康属性的三个方面，同等重要，因此赋予相同的权重为 0.333，采用层次分析法确定各指标对总目标的综合权重（见表 3.43）。

表 3.43 云冷杉林林健康评价指标及权重

| 目标层 | 准则层 | 权重 | 指标层 | 权重 |
|---|---|---|---|---|
| | 完整性 | 0.3334 | 群落层次结构 | 0.1979 |
| | | | 林分郁闭度 | 0.0831 |
| 林 | | | 蓄积量 | 0.0524 |
| 分 | 稳定性 | 0.3333 | 更新株数 | 0.2083 |
| 健 | | | 病虫害程度 | 0.0455 |
| 康 | | | 干扰等级 | 0.0795 |
| | 可持续性 | 0.3333 | 物种多样性 | 0.1111 |
| | | | 近自然度 | 0.2222 |

对于不同经营目标森林健康评价，需要分别设置指标权重。防护林健康更侧重群落层次结构，物种多样性等方面；用材林健康更侧重生产力方面的指标。采用层次分析法确定各指标对总目标的综合权重。防护林和用材林健康各评价指标权重见表 3.44，表 3.45。

表 3.44 防护林健康评价指标及权重

| 目标层 | 准则层 | 权重 | 指标层 | 权重 |
|---|---|---|---|---|
| | 完整性 | 0.3874 | 群落层次结构 | 0.2300 |
| | | | 林分郁闭度 | 0.0608 |
| 林 | | | 蓄积量 | 0.0966 |
| 分 | 稳定性 | 0.1692 | 更新株数 | 0.0423 |
| 健 | | | 病虫害程度 | 0.0846 |
| 康 | | | 干扰等级 | 0.0423 |
| | 可持续性 | 0.4434 | 物种多样性 | 0.2217 |
| | | | 近自然度 | 0.2217 |

表 3.45 用材林健康评价指标及权重

| 目标层 | 准则层 | 权重 | 指标层 | 权重 |
|---|---|---|---|---|
| | 完整性 | 0.5396 | 群落层次结构 | 0.0882 |
| | | | 林分郁闭度 | 0.1602 |
| 林 | | | 蓄积量 | 0.2912 |
| 分 | 稳定性 | 0.2970 | 更新株数 | 0.0485 |
| 健 | | | 病虫害程度 | 0.0882 |
| 康 | | | 干扰等级 | 0.1602 |
| | 可持续性 | 0.1634 | 物种多样性 | 0.0817 |
| | | | 近自然度 | 0.0817 |

为了便于计算，森林景观健康评价的各指标权重相同，均为 0.167。

## 3.5.5 森林健康综合指数的计算

利用加权平均法计算森林健康综合指数(Health Comprehensive Index，HCI)。

$$HCI = \sum_{i=1}^{n} (S_i \cdot K_i) \tag{3-11}$$

式中，$n$ 为指标总数；$S_i$ 为第 $i$ 项指标的分值；$K_i$ 为第 $i$ 项指标的权重。

## 3.5.6 健康等级的划分

本文采用分层聚类的方法，将健康综合指数划分为 I、II、III、IV 四个级别，用以表示森林生态系统的优质、健康、亚健康以及不健康等四个状态。

## 3.6 云冷杉林健康评价

## 3.6.1 林分层次森林健康评价

云冷杉林林分健康评价指标分为定性指标和定量指标，定性指标如群落层次结构，干扰等级，近自然度，这些指标根据森林资源规划设计调查主要技术规定的分级标准对指标进行赋值，分别为 10，8，6，4，2(表 3.46)；定量指标中的郁闭度，结合研究对象的实际情况，也分为 5 个等级；对于其他定量指标，如蓄积量，更新株数，病虫害程度，生物多样性，可直接用数值来表示。

表 3.46 评价指标分级标准

| | I (10) | II (8) | III (6) | IV(4) | V(2) |
|---|---|---|---|---|---|
| 林分郁闭度 | [0.50，0.70] | [0.30，0.50)或(0.70-0.80] | [0.20，0.30)或(0.80-0.90] | (0.90-0.95) | (0.95-1.00] |
| 群落层次结构 | 完整结构 | 复杂结构 | 简单结构 | — — | — — |

续表

| | I (10) | II (8) | III (6) | IV (4) | V (2) |
|---|---|---|---|---|---|
| 干扰等级 | 偶有人的活动，表现为采蘑菇、调查活动 | 经常有人到达，活动仅表现为少量采蘑菇、药材、调查等 | 经常有人到达，并有较多的采集活动 | 近20年内有过间伐、割灌、抚育等经营活动 | 频繁的人畜活动，采集、经营、放牧等 |
| 近自然度 | 顶级群落森林 | 中间群落，由顶级种和先锋种组成的过渡性群落森林 | 先锋乔木，先锋群落结构 | 含有非乡土树种的先锋群落森林 | 引进树种或者由乡土树种组成但在不适合的立地上造林形成的森林群落 |

### 3.6.1.1 不同生长阶段森林健康评价

#### 3.6.1.1.1 中龄林健康评价

**表 3.47 中龄林各指标非参数检验表（K - S 检验）**

| | | 蓄积量 | 更新株数 | 病虫害程度 | 物种多样性 |
|---|---|---|---|---|---|
| N | | 13 | 13 | 13 | 13 |
| 正常参数 | 平均值 | 281.827 | 4346.154 | 9.011 | 0.782 |
| | 标准差 | 64.453 | 2.277 | 2.378 | 0.081 |
| 最极端的差异 | 绝对 | 0.133 | 0.184 | 0.152 | 0.302 |
| | 正 | 0.133 | 0.184 | 0.152 | 0.225 |
| | 负 | -0.123 | -0.100 | -0.094 | -0.302 |
| K - S Z | | 0.478 | 0.665 | 0.549 | 1.090 |
| | Asymp. Sig. （双尾） | 0.976 | 0.769 | 0.924 | 0.185 |

对于用数值表示的指标，首先对指标值进行 K - S 检验，判断样本是否符合正态分布。K - S 检验可以通过 SPSS 软件中的 Analyze /Nonparameterric Tests/1 - Sample K - S 过程完成。各指标非参数检验的输出结果见表 3.47。

设显著性水平为 0.05，由于各指标大样本概率 P 值分别为 0.976，0.769，0.924，0.185，都明显大于显著性水平，因此不能拒绝零假设，故认为各指标总体分布与正态分布无明显差异。因此，可以对各指标进行等距划分来确定指标标准，共分为 5 个等级，并赋予各等级分值为 10，8，6，4，2（见表 3.48。）

**表 3.48 中龄林健康评价指标标准**

| | I (10) | II (8) | III (6) | IV (4) | V (2) |
|---|---|---|---|---|---|
| 蓄积量 | [315.65, 339.25] | [292.05, 315.65) | [268.45, 292.05) | [244.85, 268.45) | [221.25, 244.85) |
| 更新株数 | [6600, 8000] | [5200, 6600) | [3800, 5200) | [2400, 3800) | [1000, 2400) |
| 病虫害程度 | [5.88, 7.45) | [7.45, 9.02) | [9.02, 10.59) | [10.59, 12.16) | [12.16, 13.73] |
| 物种多样性 | [0.80, 0.84] | [0.75, 0.80) | [0.71, 0.75) | [0.66, 0.71) | [0.62, 0.66) |

根据健康综合指数的计算公式，分别计算 13 块样地的健康指数，再采用分层聚类的方法，将森林健康指数分为 4 类，分别对应 4 个健康等级：优质、健康、亚健康和不健康，划分标准见表 3.49。

**表 3.49 中龄林森林健康等级划分标准**

| 健康指数 | >7.5 | 6.5 ~ 7.5 | 5.6 ~ 6.5 | ≤5.6 |
|---|---|---|---|---|
| 健康等级 | 优质 | 健康 | 亚健康 | 不健康 |

中龄林各样地森林健康状况评价结果见表 3.50。

从表 3.50 中可以看出，在评价的 13 块样地中，1 - 4 - 7 和 1 - 4 - 21 样地属于优质，占全部样地的 15.4%；1 - 4 - 6、1 - 1 - 10、2 号、6 号、9 号样地属于健康，占全部样地的 38.5%；1 - 2 - 10、1 - 2 - 12、1 - 3 - 20、1 - 3 - 21、7 号样地为亚健康，占全部样地的 38.5%；1 - 5 - 12 样地为不健康，占全部样地的 7.7%；。中龄林整体健康状况良好。

通过对中龄林健康样地的结构特征进行统计，得出健康森林的样地株数密度较大，平均胸径达到 20cm，蓄积量达到 280m³/hm²，苗木更新株数为中等及以上，林木混交程度较高，达到 0.7 以上。

**表 3.50 中龄林健康状况统计表**

| 样地号 | 健康指数 | 健康等级 |
|---|---|---|
| 1 - 1 - 10 | 7.19 | 健康 |
| 1 - 2 - 10 | 6.12 | 亚健康 |
| 1 - 2 - 12 | 5.85 | 亚健康 |
| 1 - 3 - 20 | 6.36 | 亚健康 |
| 1 - 3 - 21 | 5.95 | 亚健康 |
| 1 - 4 - 6 | 7.35 | 健康 |
| 1 - 4 - 7 | 7.81 | 优质 |
| 1 - 4 - 21 | 7.65 | 优质 |
| 1 - 5 - 12 | 5.56 | 不健康 |
| 2 | 6.80 | 健康 |
| 6 | 6.76 | 健康 |
| 7 | 6.01 | 亚健康 |
| 9 | 7.00 | 健康 |

### 3.6.1.1.2 近熟林健康评价

对近熟林的各项数值指标值进行 K - S 检验，输出结果见表 3.51。

**表 3.51 近熟林各指标非参数检验表(K - S 检验)**

| | | 蓄积量 | 更新株数 | 病虫害程度 | 物种多样性 |
|---|---|---|---|---|---|
| N | | 10 | 10 | 10 | 10 |
| 正常参数 | 平均值 | 318.575 | 3800.000 | 6.824 | 0.797 |
| | 标准差 | 62.908 | 2.176 | 3.533 | 0.081 |
| 最极端的差异 | 绝对 | 0.196 | 0.263 | 0.159 | 0.237 |
| | 正 | 0.196 | 0.263 | 0.159 | 0.169 |

续表

| | | 蓄积量 | 更新株数 | 病虫害程度 | 物种多样性 |
|---|---|---|---|---|---|
| | 负 | -0.155 | -0.157 | -0.118 | -0.237 |
| K-S Z | | 0.621 | 0.833 | 0.501 | 0.751 |
| Asymp. Sig.（双尾） | | 0.836 | 0.492 | 0.963 | 0.626 |

**表 3.52　近熟林健康评价指标标准**

| | Ⅰ(10) | Ⅱ(8) | Ⅲ(6) | Ⅳ(4) | Ⅴ(2) |
|---|---|---|---|---|---|
| 蓄积量 | [322.55, 345.00] | [300.10, 322.55) | [277.65, 300.10) | [255.20, 277.65) | [232.75, 255.20) |
| 更新株数 | [7400, 9000] | [5800, 7400) | [4200, 5800) | [2600, 4200) | [1000, 2600) |
| 病虫害程度 | [2.63, 4.75) | [4.75, 6.86) | [6.86, 8.98) | [8.98, 11.09) | [11.09, 13.21] |
| 物种多样性 | [0.83, 0.87] | [0.78, 0.83) | [0.74, 0.78) | [0.69, 0.74) | [0.65, 0.69) |

设显著性水平为 0.05，由于各指标大样本概率 P 值分别为 0.836，0.298，0.963，0.626，都明显大于显著性水平，因此认为各指标总体符合正态分布。因此，对各指标进行等距划分并赋值，结果见表 3.52。

分别计算 10 块样地的健康指数并分类，划分标准见表 3.53。各样地森林健康状况评价结果见表 3.54。

**表 3.53　近熟林森林健康等级划分标准**

| 健康指数 | >8.0 | 6.0～8.0 | 5.0～6.0 | ≤5.0 |
|---|---|---|---|---|
| 健康等级 | 优质 | 健康 | 亚健康 | 不健康 |

**表 3.54　近熟林健康状况统计表**

| 样地号 | 健康指数 | 健康等级 |
|---|---|---|
| 1-1-17 | 6.45 | 健康 |
| 1-2-9 | 8.60 | 优质 |
| 1-2-15 | 6.59 | 健康 |
| 1-4-14 | 6.85 | 健康 |
| 1-5-1 | 6.78 | 健康 |
| 1-5-22 | 6.28 | 健康 |
| 1 | 6.82 | 健康 |
| 3 | 6.47 | 健康 |
| 11 | 5.35 | 亚健康 |
| 12 | 4.55 | 不健康 |

从表 3.54 中可以看出，在评价的 10 块近熟林样地中，1-2-9 号样地属于优质，11 号样地为亚健康，12 号样地为不健康，均各占全部样地的 10%；其他样地均为健康状态，占全部样地的 70%；近熟林样地整体健康状况较好。

通过对近熟林健康样地的结构特征进行统计，得出健康森林的株数密度在 500～1000 株/hm² 范围，平均胸径较大，多达到 22cm 左右，蓄积量除 11 和 12 号样地外，均达到

$300m^3/hm^2$ 以上，林木混交度平均值多为 0.6 以上。

### 3.6.1.1.3 成熟林健康评价

对成熟林的各项数值指标值进行 K－S 检验，输出结果见表 3.55。

设显著性水平为 0.05，由于各指标大样本概率 P 值分别为 0.998，0.644，0.855，0.447，都明显大于显著性水平，故认为各指标总体分布与正态分布无明显差异。因此，对各指标进行等距划分分并赋值，结果见表 3.56。

**表 3.55　成熟林各指标非参数检验表（K－S 检验）**

| | | 蓄积量 | 更新株数 | 病虫害程度 | 物种多样性 |
|---|---|---|---|---|---|
| N | | 13 | 13 | 13 | 13 |
| 正常参数 | 平均值 | 340.289 | 4076.923 | 9.355 | 0.785 |
| | 标准差 | 66.664 | 2.540 | 2.492 | 0.078 |
| 最极端的差异 | 绝对 | 0.109 | 0.205 | 0.168 | 0.239 |
| | 正 | 0.109 | 0.205 | 0.168 | 0.862 |
| | 负 | －0.077 | －0.114 | －0.122 | －0.239 |
| K－S Z | | 0.394 | 0.740 | 0.607 | 0.862 |
| Asymp. Sig.（双尾） | | 0.998 | 0.644 | 0.855 | 0.447 |

**表 3.56　成熟林健康评价指标标准**

| | Ⅰ（10） | Ⅱ（8） | Ⅲ（6） | Ⅳ（4） | Ⅴ（2） |
|---|---|---|---|---|---|
| 蓄积量 | [389.90，415.50] | [364.30，389.90) | [338.70，364.30) | [313.10，338.70) | [287.50，313.10) |
| 更新株数 | [8600，10500] | [6700，8600) | [4800，6700) | [2900，4800) | [1000，2900) |
| 病虫害程度 | [6.45，8.10) | [8.10，9.75) | [9.75，11.40) | [11.40，13.06) | [13.06，14.71] |
| 物种多样性 | [0.83，0.89] | [0.77，0.83) | [0.72，0.77) | [0.66，0.72) | [0.60，0.66) |

分别计算 13 块样地的健康指数并分类，划分标准见表 3.57。

**表 3.57　成熟林森林健康等级划分标准**

| 健康指数 | ＞7.5 | 6.5－7.5 | 6.0－6.5 | ≤6.0 |
|---|---|---|---|---|
| 健康等级 | 优质 | 健康 | 亚健康 | 不健康 |

各样地森林健康状况评价结果见表 3.58。

从表 3.58 中可以看出，在评价的 13 块样地中，1－2－13 样地属于优质，占全部样地的 7.7%；1－1－1、1－1－16 和 1－4－12 样地为亚健康，占全部样地的 23.1%；1－2－11、4 号样地为不健康，占全部样地的 23.1%；其他样地均为健康状态，占全部样地的 46.2%。成熟林样地整体健康状况良好。

通过对成熟林健康样地的结构特征进行统计，得出健康森林的株数密度均较小，最大的为 875 株/$hm^2$，平均胸径达 24cm，平均蓄积量达到 340$m^3/hm^2$。更新苗木株数除 1－3－3 和 4 号样地外，均为中等以上。林木混交度均大于 0.7，最大达到 0.93。

表 3.58　成熟林健康状况统计表

| 样地号 | 健康指数 | 健康等级 |
|---|---|---|
| 1 – 1 – 1 | 6.42 | 亚健康 |
| 1 – 1 – 15 | 6.78 | 健康 |
| 1 – 1 – 16 | 6.20 | 亚健康 |
| 1 – 2 – 8 | 5.81 | 不健康 |
| 1 – 2 – 11 | 5.48 | 不健康 |
| 1 – 2 – 13 | 8.00 | 优质 |
| 1 – 3 – 3 | 7.06 | 健康 |
| 1 – 3 – 9 | 7.29 | 健康 |
| 1 – 4 – 12 | 7.81 | 亚健康 |
| 4 | 5.64 | 不健康 |
| 5 | 7.02 | 健康 |
| 8 | 6.89 | 健康 |
| 10 | 7.13 | 健康 |

### 3.6.1.2　不同经营目的森林健康评价

对防护林和用材林的各项数值指标值进行 K – S 检验，输出结果见表 3.59。

表 3.59　防护林、用材林各指标非参数检验表( K – S 检验)

| | | 蓄积量 | 更新株数 | 病虫害程度 | 物种多样性 |
|---|---|---|---|---|---|
| N | | 7 | 7 | 7 | 7 |
| 正常参数 | 平均值 | 332.214 | 3340.857 | 3.679 | 0.765 |
| | 标准差 | 129.697 | 1.196 | 1.116 | 0.073 |
| 最极端的差异 | 绝对 | 0.205 | 0.194 | 0.254 | 0.242 |
| | 正 | 0.205 | 0.175 | 0.254 | 0.242 |
| | 负 | – 0.116 | – 0.194 | – 0.130 | – 0.125 |
| K – S Z | | 0.542 | 0.514 | 0.671 | 0.640 |
| Asymp. Sig. ( 双尾) | | 0.930 | 0.954 | 0.759 | 0.808 |

表 3.60　防护林、用材林健康评价指标标准

| | Ⅰ(10) | Ⅱ(8) | Ⅲ(6) | Ⅳ(4) | Ⅴ(2) |
|---|---|---|---|---|---|
| 蓄积量 | [457.56，517.20] | [397.92，457.56) | [338.28，397.92) | [278.64，338.28) | [219.00，278.64) |
| 更新株数 | [4598，5357] | [3839，4598) | [3080，3839) | [2321，3080) | [1563，2321) |
| 病虫害程度 | [2.27，2.88) | [2.88，3.49) | [3.49，4.11) | [4.11，4.72) | [4.72，5.33] |
| 物种多样性 | [0.84，0.88] | [0.80，0.84) | [0.76，0.80) | [0.71.0.76) | [0.67，0.71) |

设显著性水平为 0.05，由于各指标大样本概率 P 值分别为 0.930，0.954，0.759，0.808，都明显大于显著性水平，故认为各指标总体符合正态分布。因此，对各指标进行等距划分并赋值，结果见表 3.60。

分别计算 7 块样地的健康指数并分类，划分标准见表 3.61。

**表 3.61　防护林、用材林森林健康等级划分标准**

| 健康指数 | >8.0 | 6.0~8.0 | 5.0~6.0 | ≤5.0 |
|---|---|---|---|---|
| 健康等级 | 优质 | 健康 | 亚健康 | 不健康 |

**表 3.62　防护林、用材林森林健康状况统计表**

| 样地号 | 健康指数 | 健康等级 |
|---|---|---|
| 13 | 8.72 | 优质 |
| 14 | 6.62 | 健康 |
| 15 | 6.91 | 健康 |
| 16 | 4.64 | 不健康 |
| 17 | 6.29 | 健康 |
| 18 | 5.83 | 亚健康 |
| 19 | 5.71 | 亚健康 |

各样地森林健康状况评价结果见表 3.62。从表中可以看出，在评价的 7 块样地中，13 号样地属于优质，14，15 和 17 号样地为健康状态，18，19 号样地为亚健康，16 号样地为不健康。

通过对防护林和用材林健康样地的结构特征进行统计，得出健康森林的株数密度除 14 号样地外，均较小，防护林的平均蓄积为 390 $m^3/hm^2$，用材林的为 280 $m^3/hm^2$，不分高度级更新苗木株数均大于 3000 株/$hm^2$。林木混交度均大于 0.6。

## 3.6.2　景观层次森林健康评价

### 3.6.2.1　评价指标及标准

根据构建的云冷杉林景观健康评价指标体系，选择斑块平均面积、平均周长、平均分形维数、景观聚集度、Shannon 多样性指数和均匀度指数 6 个指标进行森林景观结构与格局健康评价。首先对指标值进行 K–S 检验，输出结果见表 3.63。

设显著性水平为 0.05，由于各指标大样本概率 P 值分别为 0.99，0.97，0.07，0.91，0.97，0.90，都大于显著性水平，故认为各指标总体分布与正态分布无明显差异。因此，对各指标进行等距划分并赋值，结果见表 3.64。

**表 3.63　森林景观健康评价各指标非参数检验表(K–S 检验)**

| | | 平均面积 | 平均周长 | 平均分形维数 | 多样性 | 均匀度 | 聚集度 |
|---|---|---|---|---|---|---|---|
| N | | 17 | 17 | 17 | 17 | 17 | 17 |
| 正常参数 | 平均值 | 13.35 | 2.25 | 1.09 | 1.52 | 0.74 | 90.83 |
| | 标准差 | 2.85 | 0.45 | 0.01 | 0.73 | 0.11 | 2.04 |
| 最极端的差异 | 绝对 | 0.11 | 0.12 | 0.32 | 0.14 | 0.12 | 0.14 |
| | 正 | 0.10 | 0.12 | 0.32 | 0.14 | 0.12 | 0.14 |
| | 负 | −0.11 | −0.12 | −0.18 | −0.10 | −0.07 | −0.11 |
| K–S Z | | 0.45 | 0.49 | 1.30 | 0.56 | 0.49 | 0.57 |
| Asymp. Sig.（双尾） | | 0.99 | 0.97 | 0.07 | 0.91 | 0.97 | 0.90 |

表 3.64  森林景观健康评价指标标准

| | Ⅰ(10) | Ⅱ(8) | Ⅲ(6) | Ⅳ(4) | Ⅴ(2) |
|---|---|---|---|---|---|
| 斑块平均面积 | [15.78, 17.80] | [13.76, 15.78) | [11.75, 13.76) | [9.73, 11.75) | [7.71, 9.73) |
| 斑块平均周长 | [3.02, 3.43] | [2.62, 3.02) | [2.21, 2.62) | [1.80, 2.21) | [1.40, 1.80) |
| 平均分形维数 | [1.12, 1.13] | [1.10, 1.12) | [1.09, 1.10) | [1.07, 1.09) | [1.06, 1.07) |
| 景观聚集度 | [94.06, 95.51] | [92.61, 94.06) | [91.17, 92.61) | [89.72, 91.17) | [88.27, 89.72) |
| Shannon 多样性指数 | [2.27, 2.72] | [1.83, 2.27) | [1.38, 1.83) | [0.94.1.38) | [0.49, 0.94) |
| Shannon 均匀度指数 | [0.88, 0.96] | [0.80, 0.88) | [0.73, 0.80) | [0.65, 0.73) | [0.57, 0.65) |

　　分别计算 17 种森林景观斑块类型的景观健康指数, 为了便于计算, 6 个评价指标权重相同, 均为 0.167。根据计算的结果, 采用分层聚类的方法进行分类, 研究地区森林景观健康评价标准见表 3.65。

表 3.65  森林景观健康等级划分标准

| 健康指数 | >7.0 | 6.0~7.0 | 5.0~6.0 | ≤5.0 |
|---|---|---|---|---|
| 健康等级 | 优质 | 健康 | 亚健康 | 不健康 |

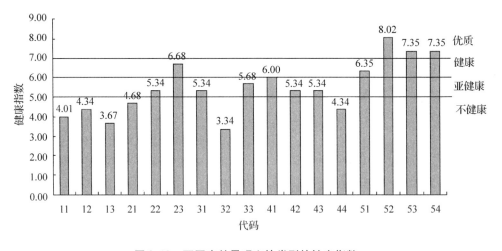

图 3.13  不同森林景观斑块类型的健康指数

### 3.6.2.2  评价结果

　　从图 3.13 可以看出, 研究地区大部分的森林景观斑块类型处于亚健康和不健康状态。优质景观有 3 种, 类型代码分别为 52、53、54, 即针阔混交护路林、母树林、水土保持林; 属于健康状态的森林景观类型有 2 种, 类型代码分别为 23、51, 即阔叶母树林、针阔混交用材林; 亚健康的森林景观类型有 6 种, 类型代码分别为 22、31、33、41、42、43, 即阔叶护路林、针叶混交用材林、针叶混交母树林、阔叶混交用材林、护路林、母树林; 不健康的景观有 6 种, 类型代码分别为 11、12、13、21、32、44, 即针叶用材林、护路林、母树林, 阔叶用材林, 针叶混交护路林、阔叶混交水土保持林。总的来说, 研究地区针阔混交林景观斑块类型的健康状况较好，而针叶混交林和阔叶混交林的健康状态多为亚健康，针叶林景观斑块类型均为不健康状态。

　　研究地区各健康等级的森林景观斑块分布如图 3.14（见彩插）所示，可以看出，研究地区，属于亚健康和不健康的森林景观斑块类型在研究区占有较大面积，而优质和健康水平的景观斑块所占面积较小，说明研究地区森林景观的整体健康水平较低。

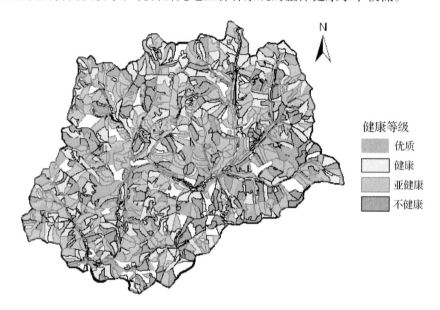

**图 3.14　研究地区森林景观斑块健康等级分布**

# 3.7　云冷杉林健康经营模式

## 3.7.1　云冷杉林目标结构体系

　　森林的目标结构是指以森林可持续为基础，能够最大限度地实现森林经营目标、发挥森林多种功能的结构。制定目标结构具有重要的现实意义，把它作为现实林经营的尺度，以指导现实林结构调整和把握现实林经营方向。

表 3.66　不同生长阶段云冷杉林健康经营目标结构体系

| 指标 | 中龄林阶段 | 近熟林阶段 | 成熟林阶段 |
|---|---|---|---|
| 树种组成 | 阔叶树种≥30% | 20%≤阔叶树种<30% | 0≤阔叶树种<20% |
| 林分蓄积 | >280（$m^3/hm^2$） | >300（$m^3/hm^2$） | >350（$m^3/hm^2$） |
| 株数密度 | 800≤N≤1000 | 700≤N≤900 | 600≤N≤800 |
| 林分径阶分布 | 双峰曲线 | 多峰曲线 | 倒 J 型曲线 |
| 群落层次结构 | 乔灌草复层林 | 乔灌草复层林 | 乔灌草复层林 |
| 物种多样性 | >0.7 | >0.8 | >0.6 |
| 水平分布 | 聚集分布 | 聚集分布 | 随机分布 |
| 混交度 | 强度混交 | 强度混交 | 强度混交 |
| 平均更新株数 | >3000（株/$hm^2$） | >3500（株/$hm^2$） | >4000（株/$hm^2$） |

根据林分结构与森林健康耦合关系的研究结果，表明影响森林健康的林分结构主导因子有郁闭度、单位面积蓄积量、病虫害程度、单位面积更新株数、物种多样性、群落层次结构、混交度等，结合本研究中对不同生长阶段，不同经营目标林分的健康评价结果，选择属于健康和优质的林分作为目标结构的参考，整合以上分析，得出不同生长阶段和不同经营目的云冷杉林的健康经营目标结构，如表3.66、表3.67所示。

表3.67　不同经营目的云冷杉林健康经营目标结构体系

| 指标 | 防护林 | 用材林 |
|---|---|---|
| 树种组成 | 阔叶树种≥40% | 20%≤阔叶树种<40% |
| 林分蓄积 | >280($m^3/hm^2$) | >350($m^3/hm^2$) |
| 株数密度 | 800≤N≤1100 | 500≤N≤700 |
| 林分径阶分布 | 倒J型曲线 | 倒J型曲线 |
| 群落层次结构 | 乔灌草复层林 | 乔灌草复层林 |
| 物种多样性 | >0.8 | >0.7 |
| 水平分布 | 聚集分布 | 聚集分布 |
| 混交度 | 强度混交 | 强度混交 |
| 更新株数 | >3000(株/$hm^2$) | >4000(株/$hm^2$) |

## 3.7.2　云冷杉林结构调整主要技术

森林结构调整是实现森林经营目的的一种重要技术。现有的森林结构往往不利于森林经营目的的实现，因此需要在森林经营过程中对现实林的结构进行适当的调整，使其逐步达到一个较"理想的结构状态"，并在今后的生产和经营中动态地维持这一"理想结构状态"。依据云冷杉林现实林分结构特征以及提出的健康经营目标结构，利用森林生态系统经营技术与异龄、复层、混交林的近自然经营技术，提出结构调整理论与技术。

### 3.7.2.1　树种结构调整

林分的天然更新以及生态系统的演替方向在很大程度上受林分树种组成的影响，树种组成合理有利于林分完成天然更新，促使生态系统向着顶极、稳定的方向演替，实现森林生态系统的可持续发展。结合已有的，针对研究地区云冷杉针阔混交林的相关研究，表明云冷杉林的总体环境还是有利于耐荫性针叶树种的更新，因此保留一定的云冷杉成熟林木是必需的。研究结果表明，混有大量阔叶树种的云冷杉林(针阔比为6:4)在土壤有效储水量、林分截流量以及枯落物蓄水能力要比其他林型要高出许多，说明这种林型涵养水源、调节径流的功能较强，针叶树种与阔叶树种的协调搭配，有利于避免重大森林病虫害的发生。因此，在森林经营过程中，适当保留这些阔叶树种是必要的。

树种组成结构调整就是根据目标树种组成调整现实林树种组成。根据林分的直径结构和空间结构确定需采伐的树种直径大小、位置及采伐株数，实现树种组成比例的调整，最终达到合理的树种组成结构。

### 3.7.2.2　直径结构调整

天然异龄林合理的直径结构呈倒"J"型形式，即最小径阶的林木株数最多，随着径阶的增大，林木株数开始时大幅度减少，达到一定径阶后，林木株数变化趋于平稳。但是，倒"J"型曲线形式多样，不同形式的倒"J"型曲线对应的各径阶株数均不同，林分结构会改变。理想的异龄林林木株数按径级依常量 q 值递减，且 q 值一般在 1.2 - 1.5 之间。也有研究认为，q 值在 1.3 - 1.7 之间。

直径结构的调整是依据现实林分的直径分布曲线与理想曲线进行对比，确定采伐木所在的径级，通过单株择伐形成小面积的林隙（林窗），改善林隙内光环境，从而促进森林的天然更新，达到提高林分小径级林木的目的。

### 3.7.2.3 群落层次结构调整

森林群落的垂直层次结构越复杂，物种多样性也越高，群落的稳定性就越高，森林的健康水平也越高。已有的研究结果表明，乔木层郁闭度在 0.5 - 0.8 之间的针阔混交林结构或阔叶混交林有利于林分多层次结构的形成，乔木层的生产力高，林下灌木、草本的生长发育良好，同时有利于林内野生动植物物种多样性保护。

林分群落层次结构的调整，主要通过调整林木树冠和林分郁闭度，进而调控林内光环境来实现，具体通过单株择伐、打枝作业等措施进行。

### 3.7.2.4 空间结构调整

林分内树木之间的竞争势以及林分的稳定性在很大程度上取决于林分空间结构。一般情况下，林分如果不受到严重的干扰，经过漫长的生长演替后，顶级群落的水平分布格局应为随机分布。但在某些情况下，会暂时打破森林原有的稳定状态，如枯倒木形成林窗、幼苗幼树更新等，使林木的水平分布格局变为轻度的团状分布，但随着演替的进行最终会逐渐趋于随机分布。研究认为：大小比数为中庸状态的林木所占株数比例远高于其它状态的林分较为理想。天然林结构特征研究发现，越向稳定群落发展，强度和极强度混交的频率有越高的趋势。综上所述，健康的森林，在空间结构上，林木为随机分布，中庸级林木所占比例远远高于其他级别，混交度越高越好。

### 3.7.2.5 更新结构调整

天然更新是森林生态系统动态演替的核心，它决定着林分发展的方向。天然更新是云冷杉林最优的更新方式，稳定的云冷杉林生态系统中的各树种为阴性树种，幼苗幼树阶段适应林分内阴暗潮湿的环境，多数情况下林分自身的天然更新能够满足更新过程的需要。

更新结构调整的总原则是以天然更新为主，综合应用人工促进天然更新、封山禁牧育林、人工更新等技术措施，确保森林更新成功。更新树种的选择坚持乡土树种优先的原则，通过各种森林更新促进措施或技术培育种间关系协调、结构丰富、稳定性高的针阔混交林（阔叶树比例占 30% 以上）或阔叶混交林，以充分利用林地生产力，确保森林的健康稳定和功能高效、延续。

### 3.7.2.6 采伐技术

森林利用主要是通过森林采伐来进行，采伐也是调节森林结构、促进森林生长和健康发展的重要经营措施之一。保护生态环境是进行森林采伐的前提，应协调好采伐利用与环境保护之间的关系，尽量减少由森林采伐对生态环境造成的影响，包括生物多样性、生物生境、森林景观、林地土壤、生态脆弱区等方面，保证森林生态系统多种效益的可持续性。本研究采用单株择伐利用体系结合目标树经营，其技术措施标准主要有：

（1）确定经营的目的树种、目标树和目标直径。首先考虑达到目标直径的成熟林木，综合考虑实时的木材价格、目标树采伐后形成的林隙大小以及更新情况进行采伐木的确定。在单株择伐作业时，如果 2 株林木都达到了目标直径，但在空间上相邻时，不能同时伐掉，要按间隔 1 倍树高的原则确定下一株相邻最近的采伐木。

（2）在选择采伐木方面，应先采去濒死、病害、干形不良以及冠形不良的树木和阻碍幼壮木生长的成过熟木。

（3）针对不同林分类型，采伐强度有所不同，单株择伐一般要求每次控制在伐前林分蓄积量的 15% 以下，每公顷采伐蓄积量小于 20m³（每公顷林分蓄积量高于 200m³ 或水热条件好的地方可以适当提高）。

（4）在林木采伐作业技术方面，严格控制树倒方向，减少对保留木和幼苗的伤害；

（5）以畜力和人力集材为主，以尽量减少因集材作业对林地土壤结构以及更新幼苗幼树造成过大的伤害。在春季，伐倒木容易滋生病虫而影响材质以及危害森林的健康，因此采伐作业最好在冬季进行，且尽量在春季生长期到来之前将伐倒木运走。

（6）在伐区清理时，对枝桠的清理不能采用火烧，可以采取散铺或堆铺的方式，同时，尽量回收可用材。

## 3.7.3　云冷杉林健康经营模式

本研究对云冷杉林健康经营目标、目标结构体系、调整技术以及经营模式进行了整合研究，提出了易于操作的动态的云冷杉林健康经营模式（表 3.68）。在尊重森林生长阶段发展演替规律的前提下，人为促进云冷杉林的正向演替，使林分充满活力，结构稳定，提高云冷杉林生态系统健康水平。

**表 3.68　云冷杉林经营模式结构体系**

| 经营理论基础 | 经营目标 | 目标结构体系 | 经营技术体系 | 结构调整阶段 |
| --- | --- | --- | --- | --- |
| 1. 经营理念：尽可能地遵循林分生长演替的自然规律，维持森林结构的稳定和系统的健康，增强抗干扰能力和恢复力。<br>2. 指导理论：（1）近自然林经营（2）适应性经营（3）多功能经营。 | 1. 经营目标：（1）维持森林生态系统的生态过程稳定性；（2）维持森林生态系统的结构稳定性；（3）维持功能的可持续性。 | 1. 总目标：复层、异龄、混交、健康活力；<br>2. 子目标：（1）复层结构：乔灌草复层林，乔木层在不同高度级有连续分布，灌木层和草本层较发达；（2）异龄结构：龄级 3 个以上，径阶与株数分布：倒"J"型曲线形式；（3）混交结构：树种组成：针阔混交林，阔叶树比重 ≥ 30%（保护林内珍贵树种，如黄菠萝、水曲柳和胡桃楸等），混交度为强度混交（4）更新结 | 1. 经营技术：复层 + 异龄 + 混交的近自然林经营技术。<br>2. 结构调整技术：树种结构调整、直径结构调整、群落层次结构调整、空间结构调整、更新结构调整。<br>3. 更新技术：以天然更新为主，必要时采取人工更新，强调乡土树种，采用单株择伐作业体系，控制林分郁闭度，适量保留枯倒木数量等措施，促进林分天然更新。 | 1. 中龄林阶段：以密度和树种调整为主，适时开展抚育伐，防护林注意保护珍稀濒危树种，用材林注意保留干型良好的林木。对径阶分布进行调整，从双峰向多峰转变，实现林分蓄积量达到 250 m³/hm²。<br>2. 近熟林阶段：采伐和密度调整并重，防护林注意维持群落层次结构，用材林注意大径材比例，适当进行抚育伐，实现林分蓄积达到 300 m³/hm²，对径阶分布进行调整，从多峰向倒 J 型调整。林分结构趋 |

（续表）

| 经营理论基础 | 经营目标 | 目标结构体系 | 经营技术体系 | 结构调整阶段 |
|---|---|---|---|---|
| | | 构：更新幼苗数 > 3000 株/hm² | 4. 采伐技术：单株择伐结合目标树经营技术。 | 于稳定、合理。<br>3. 成熟林阶段：以经营为辅，采伐为主，防护林注意保留一定枯倒木，用材林适当提高采伐强度，采取择伐的作业方式，实现林分蓄积达到 350 m³/hm²，以天然更新为主，必要时采取人工促进更新措施，基本实现经营目标。 |

## 3.7.4 云冷杉林景观健康经营

### 3.7.4.1 景观经营目标

森林景观经营即森林景观规划，是一种处理方式，用以优化在森林利用过程中所得到的经济、社会和生态效益，使三者协调平衡。其内涵实际就是通过对森林景观组成要素和森林景观结构成分的合理组织和配置，保持，恢复，建设森林景观的结构，维护森林景观的健康和稳定性，实现森林的可持续经营，充分发挥森林的综合效益。这也是森林景观经营的目标。

根据森林景观健康评价的结果，以优质森林景观类型结构特征为参考，制定了森林景观健康经营的目标结构，如表 3.69 所示。

表 3.69 云冷杉林景观健康经营目标结构体系

| 指标 | 结构 |
|---|---|
| 平均面积 | 平均面积 > 14 hm² |
| 平均周长 | 平均周长 > 2.5 km |
| 分形维数 | 趋近于 2 |
| 聚集度 | 85% ~ 95% |
| 多样性指数 | 多样性指数 > 1.0 |
| 均匀度指数 | 均匀度指数 > 0.7 |

### 3.7.4.2 景观结构调整

森林景观斑块类型的划分是以小班为单位进行的，一个小班是一个景观斑块。因此，森林景观结构的调整就是对组成各种森林景观类型的小班实施规划，使各景观类型在空间分布上形成合理的格局，进而实现所在区域的整体环境景观协调一致，达到林业多效化协同发展的目的。

本研究中，在对现有森林景观健康评价的基础上，以景观生态规划为理论基础，对处于不健康的森林景观类型进行调整，以达到优化森林景观结构的目的。研究地区不健康森林景观类型的特征指标为：斑块平均面积很小，由于受到人为干扰较大，形状规则，且斑块数量少，零星分布，所以其多样性指数和均匀度指数都很低，聚集程度也较低，这样的分布格局不利于该类型景观斑块与其他相邻景观斑块进行能量、信息等的交换。景观结构调整的方法主要有：

(1)集约经营，扩大森林景观面积。通过与周边相邻景观类型的比较，选择生态稳定性较高的斑块，以其为中心，进行集约经营，形成面积较大的景观斑块，增强该类景观对整体景观功能的影响，提高该类型景观的健康水平。

(2)增加森林景观类型的多样性。可以通过营造混交林，逐步将现存的生长发育不良的人工针叶同龄纯林或阔叶纯林类型，改造为以乡土树种为主的异龄多层针阔混交林或阔叶混交林类型，增加森林景观类型的多样性，满足景观整体的多样性和局部点的多样性来提高该类型景观的健康水平。

(3)形成不同景观类型的镶嵌格局。在景观层次，理性的空间分布应是各种景观斑块呈镶嵌分布格局。不同面积、不同年龄结构的森林景观斑块应具有较合理的排列方式，可理解为林分结构中的"混交"状态；调整好自然干扰和人为干扰对森林景观粒级结构的改变速度与强度，减少森林景观类型的破碎化；天然林，人工林景观的年龄结构应保持一定的动态平衡，尽量达到各森林景观类型在各个龄级都有不等面积的林分分布，以达到增强区域结构稳定性的目的。

### 3.7.4.3 景观经营模式

根据森林景观经营的目标及结构调整技术，提出了森林景观健康经营模式(表3.70)。

**表3.70 云冷杉林景观经营模式结构体系**

| 经营理论基础 | 经营目标 | 目标结构体系 | 经营技术体系 |
| --- | --- | --- | --- |
| 1. 理论基础：景观生态学，景观生态规划。<br>2. 景观优化原则：(1)整体优化原则(2)生态可持续性原则(3)针对性原则 | (1)维持森林景观要素的组织能力<br>(2)加强森林景观生态过程的活力<br>(3)提高森林景观的生产和调节能力 | (1)面积合理：各森林景观类型具有较大的平均面积和周长；(2)形状自然：结合地形条件使斑块形状区域自然化；(3)类型多样：引入多种适宜森林植被种类，提高森林景观多样性；(4)空间连续：设置合理的过渡斑块和廊道，增加斑块、景观类型之间的连接程度；(5)镶嵌分布：不同面积、不同年龄结构的森林景观斑块镶嵌分布 | 景观结构调整：(1)集约经营，扩大面积。把碎小的景观类型转化为与其相邻的其他景观类型；(2)提高多样性：引入适宜景观类型，提高景观多样性；(3)镶嵌分布：合理优化各景观类型的分布格局。<br>结构调整措施：(1)改造：对不健康状态的景观类型进行抚育、择伐、补植等改造；(2)造林：对采伐迹地、火烧迹地、宜林地进行造林，通过选择不同植被类型改变景观的分别格局 |

# 4 杨桦次生林健康评价与经营模式

## 4.1 演替阶段划分方法

本章首先利用种间联结系数最优分割法，对次生林的演替阶段进行了定性的划分，其次，通过模型预测各演替阶段林分平均年龄，依据林分年龄定量划分演替阶段。

种间联结系数法，首先计算林分的种间联结系数，依据种间联结系数，将树种划分为先锋树种组、伴生树种组和顶级树种组。再依据各树种组的比例，采用最优分割法进行演替阶段的定性划分。

林分主林层平均年龄划分是最简单、直接、准确的演替阶段划分方法，但是由于林分主林层的年龄不易测量，采用林分主林层年龄划分演替阶段的研究不多见。研究中，通过建立林分各林层年龄与林分特征因子之间的关系模型，从而依据林分特征因子进行林分年龄预测。本研究中采用的模型有：BP 神经网络模型、PPR 神经网络模型和逐步回归模型，模型拟合均使用 DPS 软件实现。

### 4.1.1 数据来源

研究中的数据包括三部分：①金沟岭林场 2007 年的二类小班调查数据、金沟岭林场遥感影像数据、金沟岭林场概况、经营历史；②1986 年的 11 块杨桦次生林皆伐样地调查数据，共 2117 株解析木（表 4.1）；③杨桦次生林的 18 块固定样地历年调查数据（表 4.2）。

表 4.1　11 块皆伐样地信息一览表

| 标准地号 | 设置时间（年） | 调查次数 | 样地面积（m×m） | 解析木株数 |
|---|---|---|---|---|
| 1 | 1986 | 1 | 50×50 | 198 |
| 2 | 1986 | 1 | 50×50 | 181 |
| 3 | 1986 | 1 | 50×50 | 113 |
| 4 | 1986 | 1 | 50×50 | 181 |
| 5 | 1986 | 1 | 50×50 | 98 |
| 6 | 1986 | 1 | 50×50 | 139 |
| 7 | 1986 | 1 | 50×50 | 227 |
| 8 | 1986 | 1 | 50×50 | 307 |
| 9 | 1986 | 1 | 50×50 | 239 |
| 10 | 1986 | 1 | 50×50 | 149 |
| 11 | 1986 | 1 | 50×50 | 285 |

表 4.2　杨桦次生林不同演替阶段标准地一览表

| 样地号 | 设置时间(年) | 调查次数 | 样地面积(m×m) | 备注 |
|---|---|---|---|---|
| 101 | 2010 | 1 | 40×50 | |
| 102 | 2010 | 1 | 40×50 | |
| 103 | 2010 | 1 | 40×50 | |
| 104 | 2010 | 1 | 40×50 | |
| 105 | 2010 | 1 | 40×50 | |
| 106 | 2010 | 1 | 40×50 | |
| 107 | 2010 | 1 | 40×50 | |
| 112 | 2005 | 2 | 40×50 | 实测每木年龄 |
| 113 | 2005 | 2 | 40×50 | |
| 114 | 2009 | 1 | 40×50 | |
| 115 | 2009 | 1 | 40×50 | |
| 116 | 2009 | 1 | 40×50 | |
| 117 | 2005 | 1 | 40×50 | |
| 118 | 2005 | 1 | 40×50 | |
| 119 | 2009 | 1 | 40×50 | |
| 121 | 2009 | 1 | 40×50 | 实测每木年龄 |
| 122 | 2009 | 1 | 40×50 | 实测每木年龄 |

#### 4.1.1.1　样地设置

演替趋势(时间的变化)往往可以从并列发生的即不同地域发生的现代群落的研究中进行判断。在相同立地条件下,通过对处于不同演替阶段的林分进行调查,组成一个演替序列,得到演替过程的资料。本研究主要数据来自杨桦次生林18块固定样地,样地的编号分别是 101,102,103,104,105,106,107,112,113,114,115,116,117,118,119,120,121,122 样地。

#### 4.1.1.2　样地调查

首先,选取具有代表性的典型地段,设置 40m×50m 标准地,并记录样地基本信息:森林类型、样地面积、优势树种、立地类型、林分起源、林种、权属、样地位置(林场、林班、小班)、GPS 坐标,海拔、坡度、坡向、坡位、经营历史等因子。

其次,在标准地内,以 10m 为间距把标准地分割正方形网格,称为调查单元。调查单元的设置:在标准地边界围测中,按水平 10m 间距埋设标记桩,编写行列号和单元号。每个单元西南角埋设的标桩上的代号为该调查单元的单元号。

然后,在标准地内,对起测直径(5cm)以上的树木进行每木检尺:调查因子包括树号,树种、胸径、树高、枝下高、冠幅、优势度等;定位调查:以每个调查单元的西南角作为坐标原点,用皮尺测量每株树木在该调查单元内的 $X$,$Y$ 坐标,$X$ 表示东西方向坐标,$Y$ 表示南北方向坐标。

最后,在标准地四角及中心设 5m×5m 的灌木样方 5 个,1m×1m 的草本样方 5 个,1m×1m 的更新样方 5 个。

除此之外，根据林木直径株数分布，每块样地均利用生长锥法实测了部分林木的胸径处年龄（7~8 株），112、121、122 号样地实测了全部林木的胸径处年龄。

## 4.2 次生林健康经营基础研究

次生林是相对原始林而言，是指原始林经过多次不合理采伐和严重破坏以后自然形成的森林。它是在不合理的采伐、火灾等强度干扰后，失去原始林的森林环境，次生演替恢复的森林。干扰强度不同，恢复的时间不同，次生林所处的演替阶段不同。本研究中的次生林是指从原始林破坏后的次生裸地恢复开始，直到植被恢复到研究区的地带性植被的顶级群落为止的一个演替序列。

我国现有的天然林绝大部分是次生林，第七次森林资源清查数据显示：中国次生林的面积约占全国森林的 46.2%，蓄积量约占全国的 23.3%。我国的次生林特点是主要以先锋树种的中幼林为主（演替初期）、林分生产力低、树种经济价值低，因此需要对其进行森林健康评价从而采取健康经营措施来调整结构，提高次生林的健康水平，促进林分向地带性植被的亚顶级群落演替。次生林健康经营的基础建立在（secondary forest）对研究区的现实林分充分了解的基础上。

次生林健康经营的基础研究包括次生林森林健康内涵、次生林健康经营原则、次生林演替过程及其阶段划分、次生林经营目标体系、通用型次生林健康评价指标体系。

## 4.2.1 次生林健康经营内涵

研究认为，森林健康是指森林生态系统不仅没有遭受病虫害和火灾等的威胁，而且其林分结构、生态功能、演替过程和社会适应性都处于完善状态。根据系统科学理论，结构决定功能，而林分的功能是依据森林经营目的确定的，结构调整和过程控制都要为实现森林经营目的服务。

森林结构特征的完善状态，主要表现在它的时空特征上。森林有其特有的演替过程，森林健康经营就是诱导森林正向演替到当地潜在植被类型。林分在空间上，它的水平空间结构属于多树种混交的随机分布；它的垂直空间结构是复层的乔灌草结构；在时间上，其年龄属于异龄林，包含多个龄级，它具有世代交替性。因此，健康的森林，一般具有异龄、复层、混交、高生产力的特征，它的生态系统结构是较稳定的，富有弹性和活力的。森林社会适应性的完善状态，主要表现在森林生态服务功能和林产品功能满足社会需求的程度，即森林经营目的的实现程度。

作者认为，森林健康经营是指在保障林分的结构特征、生态功能和演替过程处于完善状态的基础上，为了实现森林经营的目的而采取的合理的人为干扰措施，也就是使林分本身结构特征、功能及演替过程完善的情况下，社会适应性也处于完善状态。因此，森林健康经营是人与自然和谐相处的经营方式。

本研究认为，森林健康经营的基本指导思想，是要把森林生态学、森林经营学、森林防灾避害理论与方法综合一体，统筹实施。采取科学的经营方式、经营理念、技术措施，通过人为的有效干预，最大限度地提高森林的生态系统稳定性、生物多样性、防灾避害能力和生态服务功能，达到森林经营目标。

次生林健康经营的特点，首先是对其自然演替阶段的判断以及对森林服务功能需求的定位，即将森林生态系统自然属性和社会属性相结合，充分遵从森林自然演替规律以及社会需求。因此，森林健康经营是动态的，因地制宜的，所处演替阶段和社会需求不同，相应的森林健康诊断评价的标准和经营措施也不同。其次是研究次生林不同演替阶段的健康评价指标，通过评价分析影响健康的可控因子，通过对可控因子的人为干扰实现森林结构优化，从而提高森林的健康水平。最后，研究提出次生林健康经营模式，即长期维持森林健康的主要技术。

## 4.2.2 经营目标

目标是行动的指南，确立了目标就等于指明了前进的方向。本研究提出的森林经营目标包涵森林生态系统的健康与生态服务功能两个方面。次生林健康经营是在总结现有的森林经营理论与方法的基础上，以森林可持续经营为指导思想的经营管理理念，它的最终目标是提高森林的健康水平，实现森林生态系统的健康与生态服务功能稳定在较高水平协调，实现人与自然的和谐相处。

次生林健康经营的一级目标是提高次生林的健康水平，二级目标是次生林生态系统健康以及次生林生态效能健康。维持次生林生态系统的健康也就是要维持生态系统的活力，稳定性以及对干扰的调节与抵抗能力。维持次生林生态效能健康也就是指森林能满足人们对森林生态服务功能的需求。因此，森林健康经营的三级目标是生态系统的活力、稳定性、抵抗力、生态服务功能和林产品生产的效益最大化(图4.1)。

## 4.2.3 经营原则

任何经营模式都有自己的经营原则。如人工林经营中的适地适树原则，可持续木材生产中的采伐量低于生长量原则，近自然森林经营中的目标树单株利用原则，生态系统经营中的景观配置原则等。次生林健康经营以可持续经营和适应性经营为经营原则。

### 4.2.3.1 可持续经营原则

森林可持续经营是一种包括行政、经济、法律、社会、技术以及科技等手段的行为。它是有计划的各种人为干预措施，目的是保护和维护森林生态系统及其各种功能，最终目的是满足当代人和后代人对森林的多种需求。人类社会发展史和文明史证明，尊重森林，与森林和谐共处，实现森林的可持续经营是人类唯一选择。因此，从人类自身生存和发展角度出发，森林经营必须以可持续经营为基本原则。

从森林的再生性、林业经营的长期性、公益性等角度来看，森林经营也必须是可持续的。尽管森林是一种可再生的自然资源，但具有一定承载力范围。如果人类为了眼前利益反复过度采伐或破坏森林，超出森林承载力，很可能将森林植被生长的生存环境条件破坏殆尽，使其丧失再生性。现实经营实践中，由于林业经营的周期长，人们很容易产生破坏森林谋取短期经济利益的行为。这种行为往往给当代人、后代人及生态环境带来难以弥补的生态灾难。因此，森林健康经营也必须以可持续经营作为核心指导原则。

其中，在森林健康经营中，森林可持续经营原则主要包括：①维持森林生态系统的生态过程稳定性；②维持森林生态系统的结构稳定性；③维持森林生态系统的抗干扰能力和

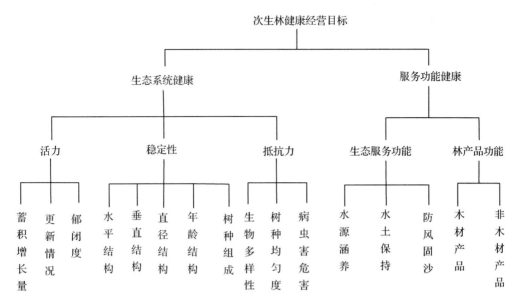

**图4.1 次生林健康经营目标结构**

恢复力：④维持森林生态系统提供社会价值的可持续性 4 个子原则，4 个子原则下的具体操作准则见表 4.3。

**表4.3 次生林可持续经营原则**

| 原则1 | 生态系统生态过程的稳定性 |
|---|---|
| | 1)以原始林或地带性植被为依据建立模式林分 |
| | 2)促进生态系统正向演替 |
| | 3)林分年龄结构的世代交替性 |
| | 4)促进天然更新和保护母树 |
| | 5)保护幼苗幼树 |
| | 6)保护关键种保障顶级群树种和主要伴生树种的竞争优势 |
| 原则2 | 维持森林生态系统的结构稳定性 |
| | 1)树种组成应以地带性植被为主 |
| | 2)林分水平结构分布的随机性 |
| | 3)林分垂直结构的成层性 |
| | 4)保护林内稀有树种和濒危树种 |
| 原则3 | 维持森林生态系统的抗干扰能力和恢复力 |
| | 1)有效的控制火灾、病虫害等的大规模发生 |
| | 2)减少外来种的引入，避免入侵种的发生 |
| 原则4 | 维持森林提供社会价值的可持续性 |
| | 1)维持合理的林分郁闭度 |
| | 2)采取择伐作业体系避免出现大面积的林窗和土地裸露 |
| | 3)充分合理的利用现有资源 |
| | 4)减少各种营林措施对林地的破坏 |

#### 4.2.3.2 适应性经营原则

适应性经营是一种通过从经营过程和监测评价结果中学习知识,从而确定和优化经营方案的系统方法。次生林在没有发生强度的人为和自然干扰的情况下,会通过自组织形式依据特定的演替序列进行正向演替,但这是个漫长的过程。因此,针对次生林的健康经营应当是划分不同演替阶段,通过分阶段分步骤实施和调整的适应性经营。每阶段经营措施完成之后,次生林的演替阶段发生了变化,应当及时的获取变化指标数据,对次生林重新进行评价并调整经营措施,及时应对变化,促进正向演替,达到经营目的。

在研究中,依据森林健康和适应性经营管理理论,建立了次生林健康经营适应性经营循环,它是一个以反馈和调整为核心内容的健康经营过程(图4.2)。

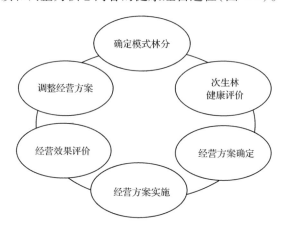

**图4.2 次生林适应性健康经营示意圈**

### 4.2.4 次生林演替过程研究

研究森林演替过程的目的是要了解和掌握森林演替规律,以便根据森林的经营目的,确定诸如树种调整、更新、利用、保护等经营措施,调整森林结构,控制演替的方向和速度,达到发挥森林最大的经济效益和生态效益的目的。

#### 4.2.4.1 演替阶段的划分

本研究分别采用定量和定性方法进行次生林的演替阶段划分。

##### 4.2.4.1.1 定性划分演替阶段

以林分乔木层优势树种组成作为演替阶段定性划分的主要依据。本研究采用乔木层先锋树种与顶级树种比例来定性来划分次生林的演替阶段,将次生林的演替阶段划分为演替初期,演替中期,演替亚顶级阶段和演替顶级阶段。

具体划分结果是:先锋树种组成比例大于60%的划分为演替初期;先锋树种组成比例在30%~60%,顶级树种组成比例小于30%的划分为演替中期;演替亚顶级阶段先锋树种组成比例在小于30%,顶级树种组成比例在30%~60%;演替顶级阶段顶级树种组成比例大于60%。

##### 4.2.4.1.2 杨桦次生林年龄预测模型

本部分数据来自吉林省汪清林业局金沟岭林场于1986年设置的11块皆伐标准地(标

准地面积50m×50m)，标准地基本信息见表4.4。标准地在进行每木(D≥7cm)调查的基础上，1987进行了皆伐作业，按解析木标准对所有伐倒木的年龄和生长过程进行调查。所有的数据处理采用SPSS软件与DPS软件。

表4.4　11块皆伐样地基本信息一览表

| 标准地号 | 树种组成 | 平均年龄 (a) | 平均胸径 (cm) | 解析木株数 (N) | 断面积 (m²) | 蓄积 (m³) | 每公顷蓄积 (m³) |
|---|---|---|---|---|---|---|---|
| 1 | 5冷2云1红1椴1色+榆+枫 | 79 | 21.6 | 198 | 7.28 | 63.4 | 253.6 |
| 2 | 3云3冷1红1枫1色1山+水+椴−白 | 60 | 21 | 181 | 6.24 | 54.5 | 218 |
| 3 | 5冷3红1山1色+椴+云−白−枫 | 76 | 26.3 | 113 | 6.14 | 51.9 | 207.6 |
| 4 | 3红2冷1云1色1枫1榆1椴+落−白−山 | 66 | 20.9 | 181 | 6.22 | 45.8 | 183.2 |
| 5 | 3云2冷2红1色1椴1枫+水+榆−山 | 78 | 26.1 | 98 | 5.26 | 42.4 | 169.6 |
| 6 | 3云2枫1红1冷1色1椴1榆+水 | 64 | 22.1 | 139 | 5.34 | 45.6 | 182.4 |
| 7 | 4云2冷1红1枫1椴1榆+色+山−白 | 57 | 18.6 | 227 | 6.18 | 47.8 | 191.2 |
| 8 | 3冷2云2红1色1椴1枫+榆−山−白 | 64 | 18.8 | 307 | 8.49 | 65.7 | 262.8 |
| 9 | 4椴2色1红1冷1云1白+枫+榆+山−水 | 64.9 | 18.8 | 239 | 6.61 | 48.7 | 194.8 |
| 10 | 4冷2云2色1红1椴+枫+榆−水−白 | 91 | 22 | 149 | 5.68 | 44.4 | 177.6 |
| 11 | 3冷2云2红1椴1枫1色+白+榆−水 | 57.3 | 16.4 | 285 | 6.03 | 45.3 | 181.2 |

注：冷：冷杉；云：云杉；红：红松；椴：椴树；落：长白落叶松；枫：枫桦；色：色木；白：白桦；榆：春榆；山：山杨；水：水曲柳

表4.5　林层划分标准与结果

| 序号 | 标　准 |
|---|---|
| 1 | 次林层平均高与主林层平均高相差20%以上(以主林层为100%) |
| 2 | 各林层林木蓄积量不少于30m³/hm² |
| 3 | 各林层林木平均胸径在8cm以上 |
| 4 | 主林层林木疏密度不少于0.3，次林层林木疏密度不小于0.2 |
| 结果 | 上林层($H \geq 18\text{m}$)；中林层($12\text{m} \leq H < 18\text{m}$)；下林层($H < 12\text{m}$)。 |

依据我国规定的林层划分标准划分杨桦次生林的林层结构。将林分按照树高(H)划分

为3林层，按照从上到下分别为上林层，中林层和下林层，具体划分标准及结果见表4.5。利用spass软件进行了林分特征因子与林木年龄进行相关性分析，结果如表4.6所示：各林层的年龄与胸径生长速度、胸径以及树高因子有显著关系。

**表4.6　林分特征因子与林分年龄相关系数**

| 林分特征因子 | 相关因子 | 林分特征因子 | 相关因子 |
|---|---|---|---|
| 平均胸径($X_1$) | 0.79** | 5年前平均去皮直径($X5$) | 0.83** |
| 平均树高($X_2$) | 0.75** | 胸径偏度($X6$) | −0.38* |
| 平均树冠长度($X_3$) | 0.71** | 胸径峰值($X7$) | −0.37* |
| 平均形数($X_4$) | −0.39* | 林层($X8$) | 0.71** |

注：＊＊表示通过显著性水平为0.01的t检验；＊表示通过显著性水平为0.05的t检验

　　将11块样地的33组林层林分特征因子与年龄的数据任取22组作为训练样本，余下11组作为检验样本。

　　BP神经网络模型采取如图4.3所示的8－6－1网络结构，为了提高训练效率，对数据做了标准化处理。最大学习次数为1000，网络性能目标误差为0.001，学习率为0.1动量常数为0.6。结果输出隐含层各个神经元(节点)的权值矩阵(表4.7)。

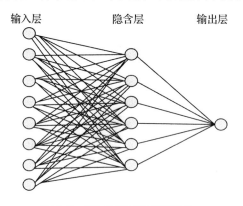

**图4.3　BP神经网络模型结构**

**表4.7　BP神经网络模型各个神经元(节点)的权值矩阵**

| 变量 | 隐含层 | | | | | | | | 输出层 |
|---|---|---|---|---|---|---|---|---|---|
| $X_1$ | −2.06 | −0.21 | −0.03 | −0.53 | −0.06 | −1.22 | −0.59 | −0.17 | −5.5 |
| $X_2$ | 1.76 | −4.88 | −1.46 | −0.53 | −1.07 | −1.06 | −1.52 | −3.75 | 4.52 |
| $X_3$ | 1.36 | −3.59 | −0.35 | 2.1 | 1.65 | −4.52 | 0.13 | −0.49 | −0.19 |
| $X_4$ | −4.25 | −1.3 | 0.9 | 0.3 | 0 | −1.21 | −0.08 | 1.5 | −0.57 |
| $X_5$ | −5.1 | 5.8 | −0.68 | −1.8 | −0.49 | 3.13 | −0.56 | −4.68 | −0.82 |
| $X_6$ | −0.76 | −3.79 | −0.32 | 0.4 | −0.33 | 0.85 | −0.26 | 0.29 | 5.9 |
| $X_7$ | −1.48 | 1.38 | 0.15 | 0.44 | 0.3 | 0.32 | 0.27 | 2.9 | 0.3 |
| $X_8$ | 2.44 | 3.29 | −0.45 | −1.19 | −1.81 | −2.29 | −0.41 | −0.08 | −4.65 |

　　PPR神经网络模型采取搜索网格方向数5000，投影数7，反复迭代次数1，单纯形搜

索次数50Bootstrap，抽样次数3，非参数回归Lanbda1.00。结果输出各个投影值矩阵及权重（表4.8）。

表4.8 各个投影值矩阵及权重

| 变量 | 投影1 | 投影2 | 投影3 | 投影4 | 投影5 | 投影6 | 投影7 | 权重 |
|---|---|---|---|---|---|---|---|---|
| $X_1$ | 0.34 | 0.46 | 0.37 | 0.63 | 0.21 | 0.43 | 0.33 | 4.96 |
| $X_2$ | 0.07 | 0.09 | 0.00 | 0.13 | 0.04 | 0.17 | 0.12 | 2.10 |
| $X_3$ | 0.93 | 0.49 | 0.62 | 0.61 | 0.24 | −0.06 | 0.19 | 1.31 |
| $X_4$ | −0.09 | 0.16 | 0.03 | −0.07 | 0.02 | 0.00 | −0.25 | 0.89 |
| $X_5$ | −0.08 | 0.37 | −0.65 | −0.01 | −0.40 | −0.78 | 0.80 | 0.71 |
| $X_6$ | 0.09 | −0.10 | 0.20 | −0.23 | −0.01 | 0.31 | 0.09 | 0.52 |
| $X_7$ | 0.00 | −0.61 | 0.14 | −0.38 | 0.86 | −0.27 | −0.28 | 0.42 |

通过计算建立的多元逐步回归林分年龄预测模型为：

$$Y = 107.13 - 2.71X_1 - 0.83X_2 - 4.38X_3 - 100.44X_4 + 6.51X_5 - 1.80X_6 - 0.94X_7 + 3.65X_8$$

式中：Y为预测年龄；$X_1$为平均胸径；$X_2$为平均树高；$X_3$为平均树冠长度；$X_4$为平均形数；$X_5$为5年前平均去皮直径；$X_6$为胸径偏度；$X_7$为胸径峰值；$X_8$为林层。

用训练过的BP神经网络模型、PPR神经网络模型对余下的11组检验样本分别进行预测，同时用逐步回归法建立林分年龄预测模型，并对林层年龄进行预测，预测结果见表4.9。

由表4.9可知：

(1)BP神经网络模型、PPR神经网络模型、逐步回归模型的预测值均通过了显著水平0.01的$X^2$检验。

(2)BP模型预测的平均相对误差为0.04合格率（相对误差≤10%定义为合格）为90.9%，PPR模型平均相对误差为0.06，合格率为72.7%，逐步回归预测平均相对误差为0.08，合格率为72.7%。

(3)BP模型的预测平均相对误差最小，但是BP模型的稳定性较差；PPR模型的平均相对误差比逐步线性回归模型的小，稳定性也很好，因此，推荐使用PPR模型进行林分年龄预测。

表4.9 年龄预测模型精度比较

| 样本 | 林层年龄实测值(A) | BP模型预测值(A) | 相对误差 | PPR模型预测值(A) | 相对误差 | 逐步回归预测值(A) | 相对误差 |
|---|---|---|---|---|---|---|---|
| 1 | 77.45 | 76.35 | 0.01 | 79.50 | 0.03 | 80.42 | 0.04 |
| 2 | 117.86 | 114.07 | 0.03 | 112.50 | 0.05 | 115.56 | 0.02 |
| 3 | 42.69 | 45.08 | 0.06 | 44.32 | 0.04 | 49.92 | 0.17 |
| 4 | 69.20 | 66.26 | 0.04 | 70.51 | 0.02 | 68.05 | 0.02 |
| 5 | 81.21 | 80.06 | 0.01 | 78.50 | 0.03 | 92.28 | 0.14 |
| 6 | 75.00 | 70.50 | 0.06 | 78.30 | 0.04 | 77.11 | 0.03 |

| 样本 | 林层年龄<br>实测值(A) | BP 模型<br>预测值(A) | 相对<br>误差 | PPR 模型<br>预测值(A) | 相对<br>误差 | 逐步回归<br>预测值(A) | 相对误差 |
|---|---|---|---|---|---|---|---|
| 7 | 61.16 | 63.20 | 0.03 | 68.10 | 0.11 | 58.81 | 0.04 |
| 8 | 80.26 | 79.76 | 0.01 | 70.51 | 0.12 | 77.19 | 0.04 |
| 9 | 55.42 | 47.67 | 0.14 | 48.66 | 0.12 | 43.67 | 0.21 |
| 10 | 65.47 | 66.37 | 0.01 | 67.48 | 0.03 | 63.05 | 0.04 |
| 11 | 89.26 | 96.18 | 0.08 | 86.28 | 0.03 | 88.29 | 0.01 |
| 平均相对误差 | | 0.04 | | 0.06 | | 0.08 | |
| $X^2$ 检验 | | 2.54** | | 3.78** | | 6.08** | |
| 合格率%(相对误差<10%) | | 90.9 | | 72.7 | | 72.7 | |

注: **表示通过显著性水平为 0.01 的 $X^2$ 检验

综上所述,①年龄与林木胸径平均生长速度,胸径分布结构以及树高分布有显著关系。②BP 神经网络模型、PPR 神经网络模型、逐步回归模型的预测值均通过了显著水平 0.01 的 $X^2$ 检验,说明这些模型都是有效可行的。③BP 模型预测的平均相对误差为较小,合格率较高,但是稳定性较差;而 PPR 模型平均相对误差较逐步回归预测模型小,稳定性也更好,因此,建议将 PPR 神经网络模型用于林分年龄预测。

### 4.2.4.1.3 林分年龄法划分演替阶段

采用上述模型进行年龄预测后,将杨桦次生林按照主林层的林分平均年龄,划分演替阶段,演替初期,主林层平均年龄小于 40 年,主林层的林木集中在 I、II 龄级;演替中期,主林层平均年龄大于 40 年,小于 80 年,主林层林木年龄集中在 III、IV 龄级;演替亚顶级阶段,主林层平均年龄大于 80 年,小于 120 年,主林层林木年龄集中在 V、VI 龄级;演替顶级阶段,主林层平均年龄大于 120 年。

### 4.2.4.2 不同演替阶段的特征

由表 4.10 可知,演替初期:先锋树种占优势,林分平均胸径较小,株数密度大,竞争激烈,郁闭度高,主林层年龄主要集中在 I、II 龄级,林木年龄分布范围在 1～2 个龄级,林木的径级分布多呈单峰曲线,林分垂直结构简单,为单层林,林下灌草少。

演替中期:伴生树种和顶级树种逐渐侵入,林木竞争加剧,随着演替的进行,先锋树种组成比例逐渐减少,取而代之的是伴生树种,林分内平均胸径较演替初期增大,株数密度较演替初期减少,主林层年龄主要集中在 III、IV 龄级,林木年龄分布范围在 3～4 个龄级,林分的径级分布呈双峰曲线,林分垂直结构转变为简单复层林,林下开始出现灌草。

演替亚顶级阶段:林内的先锋树种逐渐衰老和枯死,主林层由伴生树种和顶级树种占据,顶级树种比例增大,但还没有绝对优势,主林层林木的年龄主要集中在 V、VI 龄级,林木年龄分布范围在 5～6 个龄级,林分的径级分布多呈多峰的波纹状倒 J 型曲线,林分的垂直结构为复层,乔灌草结构发达。

演替顶级阶段:先锋树种消失,伴生树种比例逐渐减少,顶级树种在组成中占绝对优势(>60%),主林层林木的年龄大于 120 年,林木年龄分布范围 6 个龄级以上,林分的径级分布呈倒 J 型曲线,垂直结构复杂,乔灌草结构发达,林分结构稳定。

表4.10　次生林演替阶段特征

| 演替阶段 | 演替初期 | 演替中期 | 演替亚顶级阶段 | 演替顶级阶段 |
|---|---|---|---|---|
| 主林层年龄(Y) | ≤40 | 40 < A ≤ 80 | 80 < A ≤ 120 | >120 |
| 林木龄级分布范围 | 1～2 | 1～4 | 1～6 | 1～7 |
| 先锋树种比例(%) | >60 | 30 < X ≤ 60 | 30 < X ≤ 0 | — |
| 顶级树种比例(%) | — | 30 < X ≤ 0 | 60 < X ≤ 30 | >60 |

#### 4.2.4.3　次生林模式林分

次生林模式林分是指同地段上的正常生态演替过程中的各个演替阶段林分结构的理论提升。次生林模式林分能够在质量和数量上持续地改善，并朝着正向演替的方向，达到经营目标。模式林分是现实林分结构的一种表现和体现，反应现实林分结构，又是现实林分结构的抽象，且高于现实林分结构，是现实林分结构的理论最优状态。

次生林健康经营，必须有明确的方向和目标，模式林分目标结构的构建意义在于，它作为现实林经营的尺度，以指导现实林结构调整和把握现实林分的经营方向。

## 4.2.5　次生林健康经营评价体系

### 4.2.5.1　指标体系构建流程

次生林健康评价，指标体系的建立是其首要和关键。指标体系的构建包括：评价模型的确定、指标层次的构建、指标体系的拟定、指标体系的筛选、指标的测算、指标标准化、指标等级阈值的确定以及指标权重的确定(图4.4)。

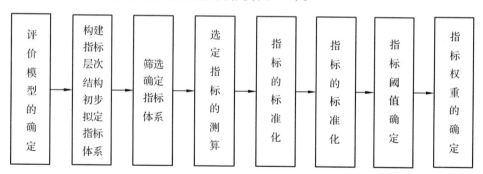

**图4.4　指标体系构建流程图**

### 4.2.5.2　构建思路与原则

健康的森林具有生态系统过程稳定性、结构稳定性、抗干扰力和恢复力以及提供社会价值的可持续性。次生林健康评价体系是诊断由于人为因素和自然因素引起森林生态系统的破坏和退化所造成的森林生态系统紊乱，提供社会价值的能力丧失的一种健康状况评价体系。

次生林健康评价指标体系应对林分本身固有的自然属性和社会属性两方面进行客观的描述，能反映出林分的生态系统健康程度和经营指标健康程度。因此，次生林健康评价指标体系应遵循以下原则：

①指标的科学性　评价指标应能客观描述次生林的健康状况，有可行的测算方法标准

以及统计方法。

②指标的代表性 评价指标应能代表林分本身固有的自然属性和社会属性，能充分反映林分的变化趋势及其受干扰和破坏程度。

③指标的可操作性 评价指标数据易获取，其计算和测量方法简便可操作性强，实现理论科学性和现实可行性的合理统一。

④指标的系统性 评价指标要求全面、系统地反映林分各个方面特性，指标间应相互补充，充分体现林分整体的一体性和协调性。

⑤适用性原则 进行次生林健康评价，不可能用一个标准和指标体系来评价不同地区、不同林分类型、不同演替阶段的健康水平，要根据不同的评价对象的实际情况，有针对性地选取评价指标，从而能够更准确地反映出所评价对象的健康水平。

#### 4.2.5.3 指标体系层次

本研究构建的通用性次生林健康评价指标体系由 3 个层次组成。第 1 层次称为目标层，次生林森林健康；第 2 层为准则层：这一层包含了为实现目标层所涉及若干准则，准则层由基础指标层和经营指标层组成，基础指标层下设系统活力、系统组织力和系统恢复力三个子准则；经营指标层下设森林效能、林地环境和森林经营三个子准则；第 3 层次称为指标层，由若干可以直接测定或者计算的指标因子组成。

#### 4.2.5.4 次生林健康指标体系

本研究在对国内外 24 个森林健康评价指标体系所选取的指标频率统计的基础上，结合次生林演替过程和健康经营的需要，构建了通用型次生林健康评价的指标层次结构体系（表 4.11）。

表 4.11 次生林健康评价体系层次结构

| 指标 | 准则层 | 次准则层 | 具体指标 |
|---|---|---|---|
| 基础指标<br>(0.75) | 系统活力<br>(0.33) | 生物量 | 每公顷蓄积 |
| | | 更新 | 更新株数 |
| | 系统组织力<br>(0.33) | 组织结构 | 针阔比例 |
| | | | 郁闭度 |
| | | 层次结构 | 垂直结构(乔灌草结构) |
| | | | 林层结构(层次数) |
| | | 生物多样性 | 物种多样性(乔，灌，草) |
| | 系统恢复力<br>(0.33) | 病虫害 | 病虫害程度 |
| | | 干扰程度 | 自然度 |
| 经营指标<br>(0.25) | 森林效能<br>(0.5) | 经济价值 | 大径材比例 |
| | | | 珍贵树种比例 |
| | | 生态功能价值 | 涵养水源价值 |
| | 林地环境<br>(0.25) | 土壤指标 | 土壤类型 |
| | | | 土壤厚度 |
| | 森林经营<br>(0.25) | 采伐方式 | 择伐 |
| | | | 小面积皆伐 |
| | | 森林保护 | 病虫害防治、设置防火带 |

本通用型次生林健康评价体系的特点：①指标的动态性和开放性。指标可依据评价林分的演替阶段，以及现有数据来确定合适的评价指标。②能够满足不同经营目的健康评价需求。具体做法是，将准则层的基础指标层设计为固定的（通用的），而经营指标层设计为可调整的，即可依据不同的经营目的，调节经营指标层下的子准则层权重。

根据专家咨询法分析结果，确定了基础指标权重 0.75，经营指标的权重为 0.25；基础指标下的三个子准则层权重均为 0.33；依据林分类型调节经营指标下子准则层权重，具体的权重调节见表 4.12。这样就将森林健康评价与森林经营紧密的结合在一起，从而为次生林长期、动态健康经营评价提供了可能。

**表 4.12  通用型次生林健康评价体系中经营指标权重调节表**

| 指标\林种 | 经营指标 | | | | | |
|---|---|---|---|---|---|---|
| | 森林效能 | | 林地环境 | | 森林经营 | |
| | 经济价值 | 生态价值 | 土壤指标 | 凋落物指标 | 抚育措施 | 病虫害防治 |
| 商品林 | 0.5 | | 0.25 | | 0.25 | |
| | 0.75 | 0.25 | 0.75 | 0.25 | 0.5 | 0.5 |
| 公益林 | 0.5 | | 0.25 | | 0.25 | |
| | 0.25 | 0.75 | 0.75 | 0.5 | 0.5 | 0.5 |

#### 4.2.5.5  次生林健康评价

本研究对 Costanza 的森林健康指数模型进行改进，在原有的活力、组织结构、抵抗力 3 个因子基础上，根据本研究的森林健康内涵，增加了森林经营、林地和森林效能指标，并可根据森林经营目标调节权重，具体模型如下：

$$H = \sum_{r=1}^{n} (b_1 x_1 + b_2 x_2 + \cdots + b_n x_n) \tag{4-1}$$

式中：$H$ 为健康等级取值，值域为 $[0 \sim 1]$，$b_1 = b_2 = \cdots = b_n$ 为权重，$b_1 + b_2 + \cdots + b_n = 1$；$x_1, \cdots, x_n$ 为各指标标准化后的相对值，$x_1, x_2, \cdots, x_n$ 的值域为 $[0 \sim 1]$。

采用上述的评价模型与评价指标体系，对次生林的现实林分进行评价。对健康评价结果进行统计分析，判断现实林分的健康水平，在此基础上建立次生林健康等级与林分结构的耦合关系模型，确定影响现实林分健康水平的主导因子，从而为次生林健康经营模式的提出提供理论支持是次生林健康评价的最终目的。

## 4.2.6  小结

第一，本研究定义了森林健康的内涵：是指森林生态系统结构、生态功能、演替过程和社会适应性都处于完善状态。森林生态系统结构特征的完善状态，主要表现在其特有的演替过程、空间分布的随机性、垂直分布的成层性、径级分布的递减性、年龄分布的世代交替性。森林社会适应性的完善状态，主要表现在森林生态服务功能和林产品功能满足社会需求的程度，即森林经营目的的实现程度。并确定了次生林健康经营的经营原则为森林可持续经营与适应性经营原则。

第二，提出了 2 种次生林演替阶段划分方法，①采用乔木层先锋树种与顶级树种比例定性划分法，②采用主林层林分年龄法定量划分法。将次生林的演替阶段划分为演替初期，演替中期，演替亚顶级阶段和演替顶级阶段。

第三，总结了各演替阶段林分特征：

演替初期：先锋树种占优势，林分平均胸径较小，株数密度大，竞争激烈，郁闭度高，主林层年龄主要集中在 Ⅰ、Ⅱ 龄级，林木年龄分布范围在 1~2 龄级，林木的径级分布多呈单峰曲线，林分垂直结构简单，为单层林，林下灌草少。

演替中期：伴生树种和顶级树种逐渐侵入，林木竞争加剧，随着演替的进行，先锋树种组成比例逐渐减少，取而代之的是伴生树种，林分内平均胸径较演替初期增大，株数密度较演替初期减少，主林层年龄主要集中在 Ⅲ、Ⅳ 龄级，林木年龄分布范围在 1~4 龄级，林分的径级分布呈双峰曲线，林分垂直结构转变为简单复层林，林下开始出现灌草。

演替亚顶级阶段：林内的先锋树种逐渐衰老和枯死，主林层由伴生树种和顶级树种占据，顶级树种比例增大，但还没有绝对优势，主林层林木的年龄主要集中在 Ⅴ、Ⅵ 龄级，林木年龄分布范围在 1~6 龄级，林分的径级分布多呈多峰的波纹状倒 J 型曲线，林分的垂直结构为复层，乔灌草结构发达。

演替顶级阶段：先锋树种消失，伴生树种比例逐渐减少，顶级树种在组成中占绝对优势（>60%），主林层林木的年龄大于 120 年，林木年龄分布范围 1~7 龄级以上，林分的径级分布呈倒 J 型曲线，垂直结构复杂，乔灌草结构发达，林分结构稳定。

第四，提出了次生林经营目标体系并建立了通用型次生林健康评价指标体系。

## 4.3  杨桦次生林结构特征

本章在第四章研究的基础上，以金沟岭林场杨桦次生林为例，进行杨桦次生林健康经营研究。

金沟岭林场杨桦次生林的形成主要原因是不合理的皆伐和火灾造成的，其潜在的植被类型为阔叶红松林，林种为用材林。

## 4.3.1  杨桦次生林演替阶段划分

采用主林层的乔木层先锋树种与顶级树种比例来划分研究对象的演替阶段。首先，计算杨桦次生林主要乔木种的种间联结值，来判定演替过程中的先锋树种、伴生树种和顶级树种，然后依据林分树种组成中先锋树种、伴生树种和顶级树种的比例来划分演替阶段。种间关联系数的值域为 [−1, 1]。当 0.3 < AC ≤ 1，表明两树种为正联结；当 −1 ≤ AC < −0.3，表明两树种间为负联结；当 −0.3 < AC ≤ 0.3，表明树种间没有明显联结性。

表 4.13  主要树种种间关联系数 AC

| | 白桦 | 紫椴 | 枫桦 | 红松 | 冷杉 | 落叶松 | 色木 | 水曲柳 | 山杨 | 春榆 | 云杉 |
|---|---|---|---|---|---|---|---|---|---|---|---|
| 紫椴 | −0.21 | | | | | | | | | | |
| 枫桦 | −0.28 | 0.04 | | | | | | | | | |
| 红松 | −0.75 | 0.06 | −0.06 | | | | | | | | |
| 冷杉 | −0.50 | 0.26 | 0.06 | 0.54 | | | | | | | |

续表

| | 白桦 | 紫椴 | 枫桦 | 红松 | 冷杉 | 落叶松 | 色木 | 水曲柳 | 山杨 | 春榆 | 云杉 |
|---|---|---|---|---|---|---|---|---|---|---|---|
| 落叶松 | -0.09 | 0.13 | -0.27 | -0.07 | 0.19 | | | | | | |
| 色木 | 0.02 | 0.26 | -0.07 | 0.15 | -0.09 | 0.34 | | | | | |
| 水曲柳 | 0.18 | -0.12 | 0.33 | 0.03 | 0.12 | -0.58 | 0.01 | | | | |
| 山杨 | 0.68 | 0.28 | 0.21 | -0.78 | -0.41 | -0.13 | -0.15 | 0.22 | | | |
| 春榆 | 0.47 | 0.20 | -0.13 | -0.49 | -0.36 | -0.05 | -0.20 | -0.36 | 0.47 | | |
| 云杉 | -0.57 | 0.04 | 0.26 | 0.44 | 0.43 | -0.30 | -0.04 | -0.35 | -0.36 | -0.51 | |
| 青楷槭 | 0.17 | 0.33 | 0.08 | 0.26 | 0.04 | -0.09 | -0.60 | -0.14 | -0.17 | -0.87 | -0.27 |

由表 4.13 可以看出：以先锋树种白桦为参照树种，山杨、春榆与其存在明显的正联结关系，文中把这些树种确定为先锋树种；色木、枫桦、紫椴、落叶松、水曲柳、青楷槭没有明显的联结关系，文中把这些树种确定为伴生树种；云杉、冷杉和红松存在明显的负联结关系，文中把这些树种确定为顶级树种。

依据第四章中，次生林演替阶段划分标准将 18 块样地分别划分演替阶段，划分结果见表 4.14。

## 4.3.2 各演替阶段基本测树因子

本研究中，选取林分的树种组成、针阔比例、平均胸径、平均树高、株数密度、林分断面积、树种重要值共 7 各方面来分析不同演替阶段，杨桦次生林基本测树因子的特征。

### 4.3.2.1 树种重要值

本研究中，采用各树种胸高断面积占林分总胸高断面积在组成林分中所占的比重来计算树种组成。由表 4.14 可知，随着演替的进行，先锋树种比例逐渐减少，顶级树种比例逐渐增加。重要值是反映植物种类在群落中地位重要程度的一个综合指标，其计算公式为：重要值 =（相对密度 + 相对显著度 + 相对频度）/3；计算结果见 4.15 和表 4.16。由表 4.15 和表 4.16 可知，演替初期，乔木层树种相对重要值中，以先锋树种白桦和山杨较大；演替中期，乔木层树种相对重要值中，先锋树种的相对重要值减小，同时，伴生树种紫椴、色木、枫桦树种相对重要值变大；演替亚顶级阶段，乔木层树种相对重要值中，先锋树种和伴生树种相对重要值减小，顶级树种红松、云杉和冷杉的树种相对重要值变大。

**表 4.14 杨桦次生林典型样地树种组成比例**

| 样地号 | 演替阶段 | 先锋树种断面积（m²/hm²） | 先锋树种比例（%） | 伴生树种断面积（m²/hm²） | 伴生树种比例（%） | 顶级树种断面积（m²/hm²） | 顶级树种比例（%） |
|---|---|---|---|---|---|---|---|
| 112 | 初期 | 10.11 | 62.86 | 8.36 | 25.42 | 5.13 | 11.72 |
| 113 | 初期 | 9.13 | 67.19 | 0.81 | 5.93 | 3.65 | 26.88 |
| 114 | 初期 | 10.35 | 66.35 | 2.62 | 16.81 | 2.63 | 16.86 |
| 115 | 初期 | 8.76 | 72.18 | 3.09 | 25.50 | 0.28 | 2.33 |

| 样地号 | 演替阶段 | 先锋树种断面积 (m²/hm²) | 先锋树种比例 (%) | 伴生树种断面积 (m²/hm²) | 伴生树种比例 (%) | 顶级树种断面积 (m²/hm²) | 顶级树种比例 (%) |
|---|---|---|---|---|---|---|---|
| 116 | 初期 | 10.76 | 75.11 | 1.19 | 8.32 | 2.37 | 16.58 |
| 117 | 初期 | 13.76 | 62.37 | 6.36 | 28.85 | 1.94 | 8.80 |
| 104 | 初期 | 12.22 | 83.97 | 0.81 | 5.54 | 1.53 | 10.49 |
| 101 | 中期 | 8.15 | 33.15 | 10.81 | 43.96 | 5.63 | 22.90 |
| 102 | 中期 | 10.13 | 37.44 | 13.08 | 48.36 | 3.84 | 14.18 |
| 103 | 中期 | 10.64 | 39.33 | 9.55 | 35.29 | 6.87 | 25.39 |
| 105 | 中期 | 5.33 | 37.10 | 13.37 | 67.89 | 0.99 | 5.01 |
| 106 | 中期 | 10.25 | 38.95 | 14.17 | 53.84 | 1.90 | 7.20 |
| 121 | 中期 | 2.80 | 36.60 | 15.00 | 51.80 | 8.60 | 12.50 |
| 118 | 亚顶级 | 1.25 | 10.80 | 4.60 | 17.90 | 19.70 | 71.20 |
| 119 | 亚顶级 | 2.60 | 9.40 | 7.65 | 27.60 | 17.50 | 63.00 |
| 122 | 亚顶级 | 1.72 | 7.30 | 7.52 | 31.30 | 14.84 | 61.50 |

### 表4.15 乔木层树种相对重要值

| 树种 | 样地号 Plot number | | | | | | | |
|---|---|---|---|---|---|---|---|---|
| | 104 | 112 | 113 | 114 | 115 | 116 | 117 | 101 |
| 演替阶段 | 初期 | 初期 | 初期 | 初期 | 初期 | 初期 | 初期 | 中期 |
| 白桦 | 64.47 | 0.79 | 62.66 | 35.19 | 31.56 | 48.87 | 22.59 | 9.51 |
| 紫椴 | 1.24 | 12.62 | 0 | 7.88 | 9.12 | 3 | 9.01 | 12.54 |
| 枫桦 | 0 | 8.49 | 5.93 | 1.8 | 3.73 | 1.14 | 3.32 | 5.86 |
| 红松 | 1.32 | 7.14 | 24.93 | 9.78 | 1.49 | 10.63 | 3.12 | 9.45 |
| 黄波罗 | 0 | 0 | 0 | 4.77 | 4.08 | 2.54 | 0.6 | 2.11 |
| 冷杉 | 6.11 | 5.16 | 0 | 4.16 | 0 | 4.8 | 3.03 | 11.18 |
| 落叶松 | 0 | 0 | 0 | 0 | 0 | 0 | 0 | 6.21 |
| 色木 | 4.3 | 14.31 | 0 | 2.36 | 8.57 | 1.64 | 15.92 | 17.24 |
| 水曲柳 | 0 | 1.93 | 0.86 | 1.2 | 1.67 | 0 | 6.82 | 0 |
| 山杨 | 6.74 | 36.44 | 0.95 | 29.34 | 35.16 | 24.47 | 4.7 | 14.44 |
| 春榆 | 0 | 1.3 | 0 | 0.62 | 3.79 | 1.77 | 9.78 | 3.49 |
| 云杉 | 3.06 | 9.42 | 1.95 | 2.92 | 0.84 | 1.15 | 2.65 | 2.27 |
| 青楷槭 | 12.76 | 2.4 | 2.72 | 0 | 0 | 0 | 18.48 | 5.71 |

表 4.16 乔木层树种相对重要值

| 树种 | 样地号 Plot number | | | | | | | |
|---|---|---|---|---|---|---|---|---|
| | 102 | 103 | 105 | 106 | 121 | 118 | 119 | 122 |
| 演替阶段 | 中期 | 中期 | 中期 | 中期 | 中期 | 亚顶级 | 亚顶级 | 亚顶级 |
| 白桦 | 10.66 | 5.05 | 9.87 | 11.98 | 4.3 | 2.4 | 0 | 1.1 |
| 紫椴 | 23.27 | 22.12 | 4.47 | 30.56 | 34.9 | 5 | 20.2 | 7 |
| 枫桦 | 15.39 | 11.17 | 1.9 | 13.42 | 4.4 | 10.6 | 0 | 6.5 |
| 红松 | 5.93 | 7.85 | 4.5 | 4.77 | 13.6 | 10.4 | 26.3 | 25.4 |
| 黄菠罗 | 0 | 0 | 0.13 | 0 | 0 | 0 | 0 | 0 |
| 冷杉 | 8.25 | 12.12 | 0.51 | 2.33 | 11.4 | 19.6 | 13.7 | 22.7 |
| 落叶松 | 1.33 | 0 | 42.66 | 2.09 | 0 | 0 | 0 | 3 |
| 色木 | 8.37 | 2 | 18.73 | 7.77 | 17.5 | 2.3 | 7.4 | 14.8 |
| 水曲柳 | 1.72 | 0 | 0 | 1.9 | 0.8 | 0 | 0 | 0 |
| 山杨 | 9.18 | 7.84 | 4.82 | 17.52 | 2.2 | 0 | 0 | 0.2 |
| 春榆 | 2.52 | 1.48 | 3.16 | 1.9 | 3.1 | 0 | 0 | 6 |
| 云杉 | 0 | 5.42 | 0 | 0.1 | 7.5 | 47.2 | 23 | 13.4 |
| 青楷槭 | 13.36 | 24.96 | 9.25 | 5.65 | 0.2 | 2.4 | 9.4 | 0 |

表 4.17 杨桦次生林典型样地基本信息

| 演替阶段 | 样地号 | 树种组成 | 阔叶比例（%） | 针叶比例（%） | 平均胸径（cm） | 平均高（m） | 株数密度（n/hm²） | 每公顷断面积（m²/hm²） |
|---|---|---|---|---|---|---|---|---|
| 初期 | 112 | 5山1紫1色1榆1枫1白+红-水-青-云 | 82.11 | 17.89 | 14.10 | — | 1215 | 18.97 |
| 初期 | 113 | 7白3红-青 | 87.27 | 12.73 | 12.73 | — | 1150 | 14.64 |
| 初期 | 114 | 5白4山1色+紫+黄-枫-榆-红-水-云 | 99.09 | 0.91 | 13.70 | — | 1090 | 16.07 |
| 初期 | 115 | 5白3山1紫1红+黄-冷-枫-云-色-水 | 93.75 | 6.25 | 13.10 | — | 1192 | 16.07 |
| 初期 | 116 | 7白2山1红-冷-黄-紫-云-枫-色-榆 | 93.95 | 6.04 | 12.09 | — | 1076 | 12.35 |
| 初期 | 117 | 4白1色2山1紫1榆1水+云+枫+冷-红 | 93.50 | 6.50 | 11.39 | 10.67 | 1335 | 13.60 |
| 初期 | 104 | 7白1冷1山1青+落-红-云-紫 | 87.10 | 12.90 | 11.52 | 9.23 | 1180 | 12.30 |
| 中期 | 101 | 2山2色1冷1白1红1紫1落1枫+黄-榆 | 63.30 | 36.80 | 13.38 | 13.23 | 1375 | 15.12 |
| 中期 | 102 | 3紫2枫1山1白1色1红1青+冷+榆+落-水 | 89.20 | 10.80 | 14.45 | 12.37 | 1075 | 20.01 |

| 演替阶段 | 样地号 | 树种组成 | 阔叶比例（%） | 针叶比例（%） | 平均胸径（cm） | 平均高（m） | 株数密度（n/hm²） | 每公顷断面积（m²/hm²） |
|---|---|---|---|---|---|---|---|---|
| 中期 | 103 | 3紫1青1冷1红1枫1山1落1白-榆-色 | 66.80 | 33.20 | 12.62 | 12.07 | 1220 | 16.10 |
| 中期 | 105 | 4落2色1白1青1山1红+紫+榆-枫-冷-黄 | 52.33 | 47.67 | 12.43 | — | 1105 | 16.36 |
| 中期 | 106 | 3紫2山1枫1白1色1青1红+冷+落-榆-水-云 | 90.71 | 9.29 | 14.65 | — | 1155 | 16.94 |
| 中期 | 121 | 4紫2色1枫1冷1云1红+白+榆-山-水 | 67.46 | 32.54 | 16.40 | 12.10 | 1005 | 20.19 |
| 亚顶级 | 118 | 5云2枫1冷1红1青+紫-色-白 | 33.30 | 66.70 | 16.38 | 14.88 | 990 | 20.86 |
| 亚顶级 | 119 | 3红2紫2冷2云1色+青-枫 | 39.90 | 60.10 | 17.90 | 13.58 | 840 | 21.14 |
| 亚顶级 | 122 | 3红2冷1云1色1榆1紫1枫 | 38.42 | 61.58 | 18.10 | 14.70 | 824 | 21.20 |

注：其中白：白桦；紫：紫椴；枫：枫桦；红：红松；黄：黄波罗；冷：冷杉；落：落叶松；色：色木；水：水曲柳；山：山杨；榆：春榆；云：云杉；青：青楷槭

#### 4.3.2.2　针阔比例

由表4.17可知，演替初期，阔叶树比例最高，平均值为90.09%，介于82%到99.09%之间；演替中期阔叶树比例较演替初期有所下降，平均值为72.4%，介于52.33%到90.71%之间；演替亚顶级阶段阔叶树比例较演替初期和演替中期有明显下降，平均值为37.2%，介于33.3%到39.9%之间。因此，林分的阔叶树比例随着演替的进行，阔叶树比例逐渐减小，即阔叶树比例由大到小的顺序是演替初期＞演替中期＞演替亚顶级阶段。

#### 4.3.2.3　平均胸径

由表4.17可知，林分的平均胸径，演替初期较小，平均值为12.66cm，介于11.39cm到14.10cm之间；演替中期，平均胸径较演替初期有所增加，平均值为14.32cm，介于13.38cm到16.40cm之间；演替亚顶级阶段，平均胸径较演替初期和演替中期均有所增加，平均值为17.46cm，介于16.38cm到18.1cm之间。因此，林分的平均胸径由小到大的顺序是：演替初期＜演替中期＜演替亚顶级阶段，随着演替的进行，逐渐增大。

#### 4.3.2.4　平均树高

由表4.17可知，林分的平均树高在演替初期，介于9.23m到10.67m之间，平均值为10m；演替中期，介于12.07m到13.23m之间，平均树高为12.44m；演替亚顶级阶段，介于13.58 m到14.88m之间，平均树高为14.38m。因此，林分的平均树高由小到大的顺序是：演替初期＜演替中期＜演替亚顶级阶段，随着演替的进行，逐渐增大。

4.3.2.5 株数密度

由表 4.17 可知，林分株数密度在演替初期，每公顷林木株数平均值为 1176，介于 1076 到 1335n/hm² 之间；演替中期，每公顷林木株数平均值为 1086，介于 956 到 1220n/hm² 之间；演替亚顶级阶段，每公顷林木株数较演替初期和演替中期均减少，平均值为 884n/hm²，介于 824 到 990n/hm² 之间。因此，林分的每公顷林木株数由小到大的顺序是：演替亚顶级阶段 < 演替中期 < 演替初期，随着演替的进行，逐渐减小，演替初期，林分株数密度最大。

4.3.2.6 林分断面积

由表 4.17 可知，林分每公顷断面积，演替初期，每公顷断面积较小，平均值为 14.86m²/ha，介于 12.29 到 18.79 m²/hm² 之间；演替中期，每公顷断面积较演替初期有所增加，平均值为 17.45 m²/hm²，介于 15.11 到 2019 m²/hm² 之间；演替亚顶级阶段，每公顷断面积大于演替初期，小于演替中期，平均值为 21.07 m²/hm²，介于 10.86 到 21.20 m²/hm² 之间。因此，林分每公顷断面积：演替初期 < 演替中期 < 演替亚顶级阶段，随着演替的进行，逐渐增大，演替亚顶级阶段林分每公顷断面积最大。

## 4.3.3 各演替阶段林分空间结构

空间结构是指林木在水平和垂直方向的分布状态，它反映了林木个体的相互关系，是重要的林分特征之一。前者采用角尺度、混交度和大小比数，后者采用林层指标。

4.3.3.1 水平结构

用角尺度描述林分中的林木个体水平分布时，主要是依据林木个体之间的方位关系，与树种无关。本研究中角尺度的判别标准依据惠刚盈和 Gadow(2002)对大量不同分布状况林分的模拟结论：对于四株最近相邻木而言，计算角尺度的最优标准角是 72°，平均角尺度范围 0.457~0.517 为随机分布(简称 S)，小于 0.457 为均匀分布(简称 J)，大于 0.517 为团状分布(简称 T)。

由表 4.18 可知，演替初期，角尺度值介于 0.49 到 0.55 之间，平均值为 0.517 介于随机分布与平均分布之间；演替中期，角尺度值介于 0.51 到 0.54 之间，平均值为 0.527，为团装分布；演替亚顶级阶段，角尺度值为 0.504，为随机分布；随着演替的进行，角尺度取值先增加后减少。

4.3.3.2 混交度

用混交度描述林分中的各树种的配置情况。其中混交度 M 取值有 0，0.25，0.5，0.75，1；分别为零度混交，弱度混交，中度混交，强度混交，极强度混交。

由表 4.19 可知，演替初期，混交度值介于 0.3 到 0.76 之间，平均值为 0.59，介于中度混交与强度混交之间；演替中期，混交度值介于 0.62 到 0.74 之间，平均值为 0.67，介于中度混交与强度混交之间；演替亚顶级阶段，混交度值为 0.81，介于强度混交与极强度混交之间；随着演替的进行，混交度取值逐渐增大，混交程度逐渐增强。

**表 4.18　各样地角尺度频率分布表**

| 演替阶段 | 样地号 | 角尺度 | | | | | |
|---|---|---|---|---|---|---|---|
| | | 0 | 0.25 | 0.5 | 0.75 | 1 | 平均值 |
| 初期 | 104 | 0 | 0.21 | 0.54 | 0.17 | 0.08 | 0.53(T) |
| 初期 | 112 | 0 | 0.25 | 0.49 | 0.17 | 0.09 | 0.52(T) |
| 初期 | 113 | 0 | 0.18 | 0.52 | 0.2 | 0.1 | 0.55(T) |
| 初期 | 114 | 0 | 0.25 | 0.47 | 0.21 | 0.07 | 0.52(T) |
| 初期 | 115 | 0 | 0.21 | 0.58 | 0.18 | 0.03 | 0.51(S) |
| 初期 | 116 | 0.01 | 0.24 | 0.55 | 0.18 | 0.03 | 0.49(S) |
| 初期 | 117 | 0.02 | 0.21 | 0.56 | 0.17 | 0.05 | 0.50(S) |
| 中期 | 101 | 0 | 0.2 | 0.56 | 0.14 | 0.09 | 0.53(T) |
| 中期 | 102 | 0 | 0.2 | 0.61 | 0.14 | 0.05 | 0.51(S) |
| 中期 | 103 | 0.01 | 0.19 | 0.53 | 0.18 | 0.1 | 0.54(T) |
| 亚顶级 | 118 | 0.01 | 0.2 | 0.59 | 0.16 | 0.04 | 0.50(S) |

**表 4.19　各样地混交度频率分布表**

| 演替阶段 | 样地号 | 混交度 | | | | | |
|---|---|---|---|---|---|---|---|
| | | 0 | 0.25 | 0.5 | 0.75 | 1 | 平均值 |
| 初期 | 104 | 0.49 | 0.18 | 0.12 | 0.07 | 0.14 | 0.30(弱度混交) |
| 初期 | 112 | 0.00 | 0.09 | 0.22 | 0.25 | 0.44 | 0.76(强度混交) |
| 初期 | 113 | 0.17 | 0.27 | 0.24 | 0.18 | 0.14 | 0.46(中度混交) |
| 初期 | 114 | 0.10 | 0.17 | 0.26 | 0.22 | 0.26 | 0.592(中度混交) |
| 初期 | 115 | 0.02 | 0.08 | 0.25 | 0.3 | 0.35 | 0.72(强度混交) |
| 初期 | 116 | 0.08 | 0.17 | 0.29 | 0.22 | 0.24 | 0.60(中度混交) |
| 初期 | 117 | 0.03 | 0.05 | 0.17 | 0.37 | 0.39 | 0.76(强度混交) |
| 中期 | 101 | 0.08 | 0.10 | 0.22 | 0.28 | 0.33 | 0.67(强度混交) |
| 中期 | 102 | 0.01 | 0.11 | 0.15 | 0.37 | 0.36 | 0.74(强度混交) |
| 中期 | 103 | 0.10 | 0.17 | 0.20 | 0.23 | 0.31 | 0.62(中度混交) |
| 亚顶级 | 118 | 0.00 | 0.00 | 0.16 | 0.41 | 0.43 | 0.81(强度混交) |

### 4.3.3.3　大小比数

用大小比数描述树种在林分内的优势程度。其中大小比数 U 取值有 0，0.25，0.5，0.75，1；分别为优势、亚优势、中庸、劣态和绝对劣态。某一树种的大小比数的平均值越小，则说明该树种在某一比较指标(胸径)上越占优势。本研究中采用胸径大小比数来比较各样地的先锋树种，伴生树种及顶级树种的优势程度。

由表 4.20 可知，先锋树种胸径大小比数：演替初期，介于 0.35 到 0.58 之间，平均值为 0.44，介于亚优势与中庸之间；演替中期，介于 0.47 到 0.59 之间，平均值为 0.52，介于中庸与劣态之间；演替亚顶级阶段，为 0.75，为劣态；随着演替的进行，先锋树种胸径大小比数取值逐渐增大，优势程度愈来愈小。

伴生树种胸径大小比数：演替初期，介于 0.38 到 0.57 之间，平均值为 0.5，介于亚优势与中庸之间；演替中期，介于 0.37 到 0.47 之间，平均值为 0.42，介于优势与亚优势之间；演替亚顶级阶段，为 0.43，为中庸；随着演替进行，伴生树种胸径大小比数由大变小再变大，演替中期伴生树种优势最明显。

顶级树种胸径大小比数：演替初期，介于 0.52 到 0.91 之间，平均值为 0.71，介于中庸与绝对劣态之间；演替中期，介于 0.427 到 0.52 之间，平均值为 0.48，介于亚优势与中庸之间；演替亚顶级阶段，为 0.38，介于亚优势与中庸之间；随着演替的进行，顶级树种胸径大小比数取值逐渐减小，优势程度越来越大。

**表 4.20  各样地胸径大小数及株数比例**

| 演替阶段 | 样地号 | 先锋树种 | 株数比例（%） | 伴生树种 | 株数比例（%） | 顶级树种 | 株数比例（%） |
|---|---|---|---|---|---|---|---|
| 初期 | 101 | 0.35 | 32.30 | 0.49 | 49.50 | 0.52 | 18.30 |
| 初期 | 102 | 0.44 | 36.00 | 0.38 | 48.30 | 0.54 | 15.50 |
| 初期 | 103 | 0.46 | 53.20 | 0.51 | 30.90 | 0.84 | 16.00 |
| 初期 | 112 | 0.41 | 40.90 | 0.57 | 38.30 | 0.71 | 20.70 |
| 初期 | 113 | 0.41 | 66.00 | 0.56 | 4.80 | 0.72 | 29.10 |
| 初期 | 114 | 0.58 | 71.60 | 0.49 | 25.7 | 0.91 | 2.80 |
| 初期 | 115 | 0.47 | 66.60 | 0.41 | 16.10 | 0.42 | 17.10 |
| 中期 | 116 | 0.59 | 75.50 | 0.47 | 6.90 | 0.52 | 17.70 |
| 中期 | 117 | 0.51 | 62.10 | 0.37 | 30.60 | 0.51 | 7.20 |
| 中期 | 118 | 0.75 | 8.60 | 0.43 | 23.8 | 0.38 | 67.70 |

#### 4.3.3.4  垂直结构

本研究中，分别选取处于演替初期、演替中期和演替亚顶级阶段的 112 号，121 号，122 号样地，对林内每株林木的树高采用激光测高器进行测量。本研究中采用林层划分标准为：上林层（树高 ≥18m）；中林层（12m≤ 树高 <18m）；下林层（树高 <12m）。

由表 4.21 可知，演替初期，上林层主要为先锋树种；断面积比例为 79.8%；中林层的先锋树种的断面积大于伴生树种；在下林层，伴生树种最多，比例为 63.9%，有少量顶级树种出现。林层自上而下，伴生树种和顶级树种逐渐出现，先锋种比例逐渐减少。

演替中期，上林层和中林层均是伴生树种最多，断面积比例分别为 82.5% 和 73.8%；下林层主要为顶级树种，断面积比例为 71.8%。林层从上到下，顶级树种比例逐渐增加，伴生树种比例逐渐减少（表 4.22）。

演替亚顶级阶段，上林层、中林层和下林层均是顶级树种最多，断面积比例分别为 62.3%、53.3%、68.3%。各林层先锋树种，伴生树种，顶级树种的比例约为 1:3:6；林分树种组成变化较小，保持稳定（表 4.23）。

**表 4.21　演替初期各林层树种组断面积及比例**

| 树种 | 上林层(≥18m) | | 中林层(12～18m) | | 下林层(<12m) | | 合计 | |
|---|---|---|---|---|---|---|---|---|
| | 断面积<br>($m^2/hm^2$) | 比例<br>(%) | 断面积<br>($m^2/hm^2$) | 比例<br>(%) | 断面积<br>($m^2/hm^2$) | 比例<br>(%) | 断面积<br>($m^2/hm^2$) | 比例<br>(%) |
| 先锋树种 | 12.75 | 87.5 | 4.7 | 67.4 | 1.75 | 36.1 | 19.2 | 72.7 |
| 伴生树种 | 1.8 | 12.5 | 2.25 | 32.6 | 3.15 | 63.9 | 7.2 | 27.3 |

**表 4.22　演替初期各林层树种组断面积及比例**

| 树种 | 上林层(≥18m) | | 中林层(12～18m) | | 下林层(<12m) | | 合计 | |
|---|---|---|---|---|---|---|---|---|
| | 断面积<br>($m^2/hm^2$) | 比例<br>(%) | 断面积<br>($m^2/hm^2$) | 比例<br>(%) | 断面积<br>($m^2/hm^2$) | 比例<br>(%) | 断面积<br>($m^2/hm^2$) | 比例<br>(%) |
| 先锋树种 | 0.44 | 7.20 | 1.12 | 9.40 | 1.24 | 15.00 | 2.8 | 10.70 |
| 伴生树种 | 5.24 | 82.50 | 8.72 | 73.80 | 1.12 | 13.20 | 15.04 | 56.80 |
| 顶级树种 | 0.64 | 10.30 | 1.96 | 16.80 | 5.96 | 71.80 | 8.6 | 32.50 |

**表 4.23　演替初期各林层树种组断面积及比例**

| 树种 | 上林层(≥18m) | | 中林层(12～18m) | | 下林层(<12m) | | 合计 | |
|---|---|---|---|---|---|---|---|---|
| | 断面积<br>($m^2/hm^2$) | 比例<br>(%) | 断面积<br>($m^2/hm^2$) | 比例<br>(%) | 断面积<br>($m^2/hm^2$) | 比例<br>(%) | 断面积<br>($m^2/hm^2$) | 比例<br>(%) |
| 先锋树种 | 0.08 | 1.8 | 1.04 | 11.1 | 0.4 | 3.5 | 1.48 | 6.2 |
| 伴生树种 | 1.24 | 35.9 | 3.32 | 35.6 | 3.16 | 28.2 | 7.76 | 32.2 |
| 顶级树种 | 2.2 | 62.3 | 4.96 | 53.3 | 7.64 | 68.3 | 14.8 | 61.6 |

## 4.3.4　各演替阶段林分径阶分布

在本研究中，通过对不同演替阶段杨桦次生林的径阶分布曲线类型进行分析，采用weibull 分布对其进行拟合，并分析了径阶曲线的q 值变化规律，最后提出了杨桦次生林径阶分布理想曲线。

### 4.3.4.1　林分径阶分布曲线类型

本研究中，通过对杨桦次生林径阶分布曲线进行统计后发现，杨桦次生林径阶分布曲线主要有四类(见图 4.5)。由表 4.24 可知在演替初期径阶分布曲线多为单峰曲线，在演替中期径阶分布曲线多为双峰曲线，在演替亚顶级阶段径阶分布曲线多为多峰曲线或者波纹状倒 J 型曲线。因此，研究对象的林分径阶分布曲线，随着演替的进行，依次是由单峰曲线、双峰山状曲线、多峰山状曲线(波纹状倒 J 型曲线)和倒 J 型曲线逐渐过渡的一个过程。

表 4.24 径阶分布曲线

| 演替阶段 | 样地号 | 曲线类型 | 演替阶段 | 样地号 | 曲线类型 |
|---|---|---|---|---|---|
| 演替初期 | 104 | 单峰 | 演替中期 | 106 | 双峰 |
| 演替初期 | 112 | 双峰 | 演替中期 | 121 | 双峰 |
| 演替初期 | 113 | 双峰 | 演替中期 | 103 | 多峰 |
| 演替初期 | 114 | 双峰 | 演替中期 | 105 | 多峰 |
| 演替初期 | 115 | 双峰 | 演替中期 | 102 | 多峰 |
| 演替初期 | 116 | 双峰 | 亚顶级 | 122 | 双峰 |
| 演替初期 | 117 | 双峰 | 亚顶级 | 118 | 多峰 |
| 演替中期 | 101 | 双峰 | 亚顶级 | 119 | 多峰 |

## 4.3.4.2 径阶分布 q 值

由表 4.25 可知，演替初期，q 值范围为 1.17 到 1.65，平均值为 1.4；演替中期，q 值范围为 1.28 到 1.74，平均值为 1.47；演替亚顶级阶段，q 值范围为 1.16 到 1.27，平均值为 1.21；由此可见，随着演替的进行，q 值范围越来越接近 1.2。

表 4.25 不同演替阶段 q 值

| 样地号 | 112 | 113 | 114 | 115 | 116 | 117 | 104 | 101 | 102 | 103 | 105 | 106 | 118 | 119 |
|---|---|---|---|---|---|---|---|---|---|---|---|---|---|---|
| 演替阶段 | 初期 | 初期 | 初期 | 初期 | 初期 | 初期 | 初期 | 中期 | 中期 | 中期 | 中期 | 中期 | 亚顶级 | 亚顶级 |
| q 值 | 1.17 | 1.63 | 1.45 | 1.3 | 1.22 | 1.4 | 1.65 | 1.4 | 1.38 | 1.74 | 1.38 | 1.28 | 1.16 | 1.27 |

图 4.5 各样地径阶分布

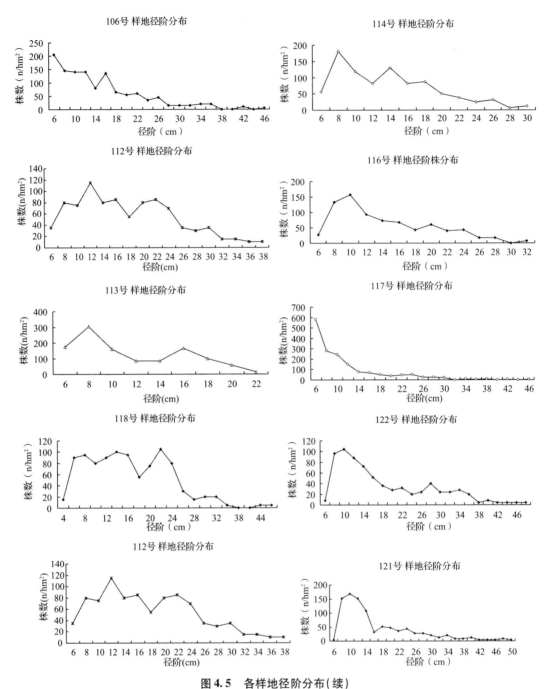

图 4.5  各样地径阶分布(续)

### 4.3.4.3  径阶分布曲线拟合

本研究中，采用 weibull 分布函数对样地径阶分布进行拟合，由表 4.26 可知，$R^2$ 均超过 0.8，曲线的拟合效果较好。形状参数 C 值，在演替初期介于 1.03 到 1.73 之间，平均值为 1.53；演替中期介于 0.88 到 1.18 之间，平均值为 1.03；演替亚顶级阶段介于 0.80 到 0.86 之间，平均值为 0.83。因此，随着演替的进行，形状参数 C 值逐渐减小，径阶分布曲线逐渐由单峰曲线向倒 J 型曲线过渡。

表 4.26　样地径阶分布 Weibull 拟合结果

| 演替阶段 | 样地号 | a | b | c | $R^2$ |
|---|---|---|---|---|---|
| 初期 | 112 | 7 | 13.59 | 1.38 | 0.82 |
| 初期 | 113 | 7 | 6.3 | 1.73 | 0.83 |
| 初期 | 114 | 7 | 8.92 | 1.03 | 0.86 |
| 初期 | 115 | 7 | 7.61 | 1.33 | 0.94 |
| 初期 | 116 | 7 | 8.43 | 1.13 | 0.92 |
| 初期 | 117 | 5 | 4.92 | 1.18 | 0.98 |
| 初期 | 104 | 5 | 7.45 | 1.53 | 0.98 |
| 中期 | 101 | 5 | 9.12 | 1.18 | 1.18 |
| 中期 | 102 | 5 | 10.31 | 0.88 | 0.88 |
| 中期 | 103 | 5 | 6.89 | 0.93 | 0.93 |
| 中期 | 105 | 5 | 7.71 | 1.13 | 1.13 |
| 中期 | 106 | 5 | 10.95 | 1.03 | 1.03 |
| 亚顶级 | 118 | 3 | 15.57 | 0.78 | 0.86 |
| 亚顶级 | 119 | 3 | 19.11 | 0.88 | 0.80 |

#### 4.3.4.4　林分径阶分布理想曲线

基于以上研究结果，按照 20a 的间距划分龄级，根据皆伐样地解析木的年龄与胸径关系（列表说明），各龄级的胸径分布如下：I 龄级的林木胸径（$D$），$D \leqslant 16$cm，II 龄级的林木胸径范围为 $6 \geqslant D \geqslant 26$cm，III 龄级的林木直径范围为 $10 \geqslant D \geqslant 32$cm。绘制各龄级的径阶分布理想曲线（图 4.6）。

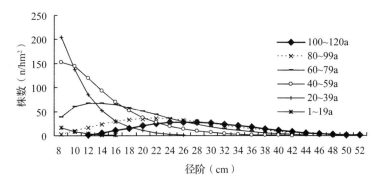

图 4.6　不同龄级径阶分布理想曲线

由图 4.6 可知：1~19a，I 龄级的林木径阶（文中用符号 $D$ 代替）范围为：$D \leqslant 16$cm；20~39a，II 龄级的林木直径范围为 $2 \geqslant D \geqslant 26$cm；40~59a，III 龄级的林木直径范围为 $10 \geqslant D \geqslant 32$cm。林分径阶分布曲线，随着龄级由小到大，单峰曲线的峰值愈来愈低，值域越来越宽。理想林分径阶分布曲线（图 4.7）：演替初期，林分中的林木主要集中在 I 龄级，多包含 1 个龄级，林分内林木相对同龄，径阶分布呈单峰曲线；演替中期，林分中的林木主要集中在 I，II 龄级，林分多包含 2 个龄级，径阶分布呈双峰曲线；演替亚顶级阶段，林分中林木主要集中在 I，II，III 龄级，林分多包含 3 个或 3 个以上龄级，径阶分布呈多峰曲线（波纹状倒 J 型曲线）。

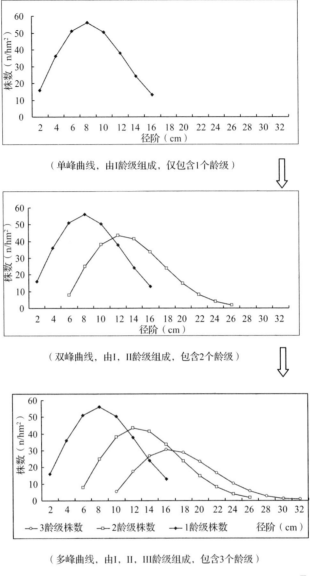

（单峰曲线，由I龄级组成，仅包含1个龄级）

（双峰曲线，由I，II龄级组成，包含2个龄级）

（多峰曲线，由I，II，III龄级组成，包含3个龄级）

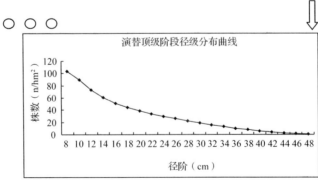

（倒J型曲线，由I，II，III，IV，V，VI龄级组成包含6个以上龄级）

**图4.7　杨桦次生林径阶分布理想曲线示意图**

## 4.3.5 各演替阶段林分年龄结构

本研究中，分别选取处于演替初期、演替中期和演替亚顶级阶段的三个不同演替阶段的样地，每块样地选取平均木与优势木 3~4 株，通过生长锥法取得林木的胸径处年龄，采用解析木数据，取得该树种树高长到 1.3m 所需的年数(见表 4.27)，两者之和便是林木的实际年龄。计算公式：林木的实际年龄 = 胸径处年龄 + 该树种树高长到 1.3m 所需的年数。

**表 4.27 林木长到 1.3m 处需要的年数**

| 树种 | 取样株数(N) | 长到 1.3m 所需年数(a) |
|------|------------|----------------------|
| 白桦 | 15 | 4.45 |
| 紫椴 | 45 | 8.35 |
| 枫桦 | 30 | 5.36 |
| 红松 | 71 | 14.25 |
| 冷杉 | 96 | 13.04 |
| 落叶松 | 71 | 3.14 |
| 色木 | 22 | 14.32 |
| 山杨 | 7 | 3.97 |
| 云杉 | 83 | 17.86 |

### 4.3.5.1 年龄分布范围

由于杨桦次生林林分内的林木年龄跨度非常大，因此对林木年龄采取 20 年整化龄级的方法，将林木年龄划分为 6 个龄级。由表 4.28 可知，各演替阶段的林木年龄跨度范围：演替初期 < 演替中期 < 演替亚顶级阶段。这说明随着林分的演替，林分的平均年龄越来愈大，林分年龄跨度也越来越大。

**表 4.28 各演替阶段林分主林层年龄特征**

| 演替阶段 | 样地号 | 平均年龄(a) | 最小年龄(a) | 最大年龄(a) | 取样株数(N) |
|---------|--------|------------|------------|------------|------------|
| A | 104 | 29.5 | 24 | 37 | 6 |
| A | 112 | 33.48 | 19 | 45 | 188 |
| B | 101 | 59.25 | 33 | 79 | 8 |
| B | 102 | 57.71 | 37 | 76 | 7 |
| B | 103 | 49.89 | 27 | 68 | 9 |
| B | 121 | 54.87 | 22 | 83 | 239 |
| C | 122 | 85.74 | 18 | 140 | 181 |
| C | 120 | 98.4 | 15 | 147 | 58 |

### 4.3.5.2 年龄分布曲线

本研究中，为了取得不同演替阶段的林分年龄分布特征，分别选取 18 块样地中的 3 块处于不同演替阶段的样地：112 号，120 号，121 号，对它们林分内每株树木都通过生长锥法取得林木的胸径处年龄，采用解析木换算法，取得林分的所有林木年龄。

**表 4.29　演替初期龄级分布(%)**

| 年龄(a) | ≤20 | 20<A≤40 | 40<A≤60 |
|---|---|---|---|
| 龄级 | I | II | III |
| 先锋树种 | 0 | 79.5 | 20.6 |
| 伴生树种 | 1.5 | 83.4 | 15.2 |
| 样　地 | 1.1 | 77.3 | 21.6 |

**表 4.30　演替中期龄级分布(%)**

| 年龄(a) | 20<A≤40 | 40<A≤60 | 60<A≤80 | 80<A≤100 |
|---|---|---|---|---|
| 龄级 | II | III | IV | V |
| 先锋树种 | 30 | 45 | 15 | 10 |
| 伴生树种 | 25.7 | 52.5 | 13.4 | 8.4 |
| 顶级树种 | 5 | 52.5 | 25 | 17.5 |
| 样　地 | 22.6 | 51.8 | 13.8 | 11.7 |

**表 4.31　演替亚顶级阶段龄级分布(%)**

| 年龄(a) | ≤20 | 20<A≤40 | 40<A≤60 | 60<A≤80 | 80<A≤100 | >100 |
|---|---|---|---|---|---|---|
| 龄级 | I | II | III | IV | V | VI |
| 先锋树种 | 6.2 | 6.2 | 6.2 | 37.5 | 18.8 | 25 |
| 伴生树种 | 2.3 | 34.5 | 21.8 | 16.1 | 17.2 | 8 |
| 顶级树种 | 0 | 6.4 | 30.8 | 25.6 | 17.9 | 19.2 |
| 样　地 | 1.7 | 19.9 | 24.3 | 22.1 | 17.7 | 14.4 |

由表4.29、表4.30和表4.31可知：演替初期，主林层林木年龄集中在 20 ~ 40a，第 III 龄级，株数比例均接近80%，年龄分布呈现近似正态的单峰曲线；演替中期，林木年龄相对演替初期，呈现出双峰的趋势，两个峰值分别处于 III 龄级和 IV 龄级；演替亚顶级阶段，呈现出倒 J 型分布。

## 4.3.6　各演替阶段林分更新

### 4.3.6.1　更新树种与株数

由表4.32可知，杨桦次生林的林下更新树种有白桦、紫椴、枫桦、红松、黄波罗、冷杉、色木、春榆、云杉。演替阶段不同，更新的主要树种和更新苗株数都不同。

由表4.32可知，更新苗株数演替初期，介于4500n/hm² 到 11000n/hm²，平均更新苗株数为7367n/hm²；演替中期，更新苗株数介于3867n/hm² 到 4414n/hm² 之间，平均更新株数为4140n/hm²；演替亚顶级阶段，更新苗数量为6880；随着演替的进行，更新苗株数先减少，后增大，不同演替阶段，更新苗株数排序为：演替初期 > 演替亚顶级阶段 > 演替中期。

由表 4.32 可知，在演替过程中，阔叶树种中更新株数最多的树种是色木，针叶树种中更新株数最多的树种是冷杉。这与树种本身的生物学特性有关。演替初期更新主要树种为紫椴、色木和冷杉；演替中期更新主要树种为冷杉、色木和云杉；演替亚顶级阶段更新主要树种为冷杉、云杉和红松。随着演替的进行，更新树种中针叶树种的比例越来越大。这主要是因为阔叶树种与针叶树种更新特性不同。

表 4.32　各演替阶段更新树种株数

| 演替阶段 | 样地号 | 白桦 | 紫椴 | 枫桦 | 红松 | 黄波罗 | 冷杉 | 色木 | 春榆 | 云杉 | 合计 |
|---|---|---|---|---|---|---|---|---|---|---|---|
| 初期 | 112 | 500 | 7000 | 500 | | | 500 | 2000 | 500 | | 11000 |
| 初期 | 113 | 800 | 3000 | | | | 500 | 1000 | | | 4500 |
| 初期 | 114 | 400 | 800 | 800 | 240 | 40 | 160 | 3000 | 400 | 760 | 6600 |
| 中期 | 101 | | 133 | | 217 | | 2367 | 967 | | 183 | 3867 |
| 中期 | 105 | | 186 | 28 | 171 | | 2457 | 1014 | 29 | 529 | 4414 |
| 亚顶级 | 122 | | 120 | 120 | 640 | | 4280 | | | 1720 | 6880 |

由表 4.33 可知，先锋树种更新苗株数，演替初期，更新苗株数比例 <20%，演替中期与演替亚顶级阶段，更新苗株数比例 <10%；随着演替的进行，先锋树种更新苗数量越来越少，次序为：演替初期 > 演替中期 > 演替后期。

由表 4.33 可知，伴生树种更新苗株数，演替初期，更新苗株数比例 >60%，演替中期，20% < 更新苗株数比例 <60%；演替亚顶级阶段，更新苗株数比例 <20%。随着演替进行，伴生树种在更新苗总数中所占比例逐渐减少次序为：演替初期 > 演替中期 > 演替后期。

由表 4.33 可知，顶级树种更新苗株数，演替初期，更新苗株数比例 <30%，演替中期，30% < 更新苗株数比例 <80%；演替亚顶级阶段，更新苗株数比例 >80%。随着演替的进行，顶级树种在更新苗总株数中所占比例越来越大，次序为：演替初期 < 演替中期 < 演替后期。

表 4.33　各演替阶段更新树种组株数及比例

| 演替阶段 | 样地号 | 先锋树种 株数( n/hm² ) | 比例 （%） | 伴生树种 株数( n/hm² ) | 比例 （%） | 顶级树种 株数( n/hm² ) | 比例 （%） |
|---|---|---|---|---|---|---|---|
| 初期 | 112 | 1000 | 9.09 | 9500 | 86.36 | 500 | 4.55 |
| 初期 | 113 | 800 | 17.78 | 4000 | 88.89 | 500 | 11.11 |
| 初期 | 114 | 800 | 12.12 | 4000 | 60.61 | 1800 | 27.27 |
| 中期 | 101 | 0 | 0.00 | 1100 | 28.45 | 2767 | 71.55 |
| 中期 | 105 | 29 | 0.66 | 1228 | 27.82 | 3157 | 71.52 |
| 亚顶级 | 122 | 0 | 0.00 | 240 | 3.49 | 6640 | 96.51 |

**表 4.34 天然更新等级评判表(n/hm²)**

| 等级 | ≤30cm | 30 < H≤50cm | >50cm | 不分高度 |
|------|-------|-------------|-------|----------|
| 良好 | >5001 | >3001 | >2501 | >4001 |
| 中等 | 3001 < N≤5000 | 1001 < N≤3000 | 501 < N≤2500 | 2001 < N≤4000 |
| 不良 | ≤3000 | ≤1000 | ≤500 | ≤2000 |

引自:《东北天然林生态采伐更新技术标准》(国家林业局森林资源管理司,2002)

综上所述,依据天然更新等级标准(表4.34),杨桦次生林演替过程中更新苗数量能满足林分正常更新的需要。

### 4.3.7 小结

本研究确定先锋树种以先锋树种白桦为参照树种,山杨、春榆存在明显的正联结关系,将该树种确定为先锋树种;青楷槭、色木、枫桦、紫椴、落叶松、水曲柳没有明显的联结关系,将该树种确定为伴生树种;云杉、冷杉和红松存在明显的负联结关系,将该树种确定为顶级树种。

林分的平均胸径、平均树高及林分蓄积,随着演替逐渐增大。而林分的株数密度,随着演替逐渐减小。

林分的空间结构中的角尺度和混交度是随着演替进行逐渐增大,在演替初期林木分布为随机分布,演替中期与演替的亚顶级阶段林木分布为团状分布;林木混交程度随着演替由中度混交逐渐转变为强度混交和极强度混交。随着演替进行,先锋树种的优势程度逐渐减小,顶级树种的优势程度逐渐增大。

杨桦次生林林层可划分为上林层,中林层和下林层。演替初期,各林层伴生树种比例逐渐增加,先锋种比例逐渐减少。演替中期,则顶级树种比例逐渐增加,先锋树种比例逐渐减少。演替亚顶级阶段,各林层的先锋树种,伴生树种,顶级树种的比例均为1:3:6。

杨桦次生林径阶分布曲线主要有四类:单峰曲线、双峰山状曲线、多峰山状曲线或波纹状倒 J 型曲线和倒 J 型曲线。径阶分布多呈单峰曲线,演替中期的径阶分布多呈双峰曲线;演替亚顶级阶段的径阶分布呈多峰曲线或波纹状倒 J 型曲线。

杨桦次生林更新幼苗总株数,依据天然更新等级标准《东北天然林生态采伐更新技术标准》,完全能满足林分正常更新的需要。更新主要树种有白桦、紫椴、枫桦、红松、黄波罗、冷杉、色木、春榆、云杉;演替阶段不同,更新的主要树种都不同。演替初期更新主要树种为紫椴、色木和冷杉;演替中期更新主要树种为冷杉、色木和云杉;演替亚顶级阶段更新主要树种为冷杉、云杉和红松。

## 4.4 杨桦次生林健康经营评价指标体系

基于上述研究结果的基础上,基于金沟岭林场二类数据,构建杨桦次生林健康评价指标体系。

### 4.4.1 层次结构构建

金沟岭林场杨桦次生林90%的小班处于用材林区,因此本研究确定其经营目标是用材林，评价的指标体系指标选取与权重的确定都以经营用材林为前提。依据第四章次生林通用型健康评价指标体系，结合金沟岭林场杨桦次生林的实际情况及二类数据，在遵循科学性、可操作性、代表性和系统性原则的基础上，采用专家咨询法对指标进行进一步筛选，构建了基于二类数据的金沟岭林场杨桦次生林健康评价指标体系（见图4.8）。

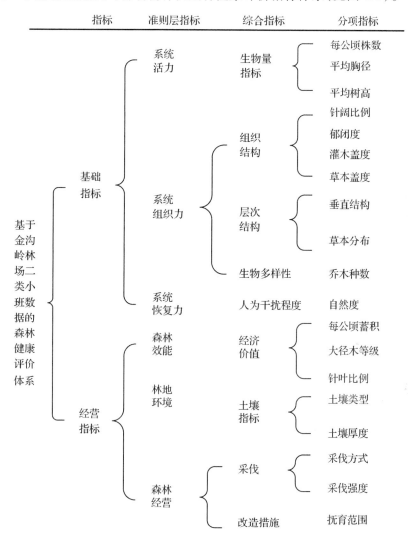

**图4.8 基于二类数据的金沟岭林场健康评价指标体系**

## 4.4.2 指标权重

本研究先采用专家的打分法，构建指标比例的判断矩阵，然后采用层次分析法确定各指标体系的权重。经过不断调整，并经一致性检验，得各层及各指标的权重值（见表4.35）。调查问卷及权重一致性检验结果见附表。

**表 4.35 基于金沟岭林场二类小班数据的森林健康评价体系**

| 指标 | 准则层指标 | 综合指标 | 指标权重 | 分项指标 |
|---|---|---|---|---|
| 基础指标 | 系统活力 | 生物量指标 | 0.057 | 每公顷株数 |
| | | | 0.057 | 平均胸径 |
| | | | 0.057 | 平均树高 |
| | 系统组织力 | 组织结构 | 0.028 | 郁闭度 |
| | | | 0.014 | 灌木盖度 |
| | | | 0.0073 | 草本盖度 |
| | | 层次结构 | 0.023 | 垂直结构 |
| | | | 0.026 | 草本分布 |
| | 系统恢复力 | 生物多样性 | 0.11 | 乔木种数 |
| | | 人为干扰程度 | 0.17 | 自然度 |
| 经营指标 | 森林效能 | 经济价值 | 0.016 | 每公顷蓄积 |
| | | | 0.016 | 大径木等级 |
| | | | 0.016 | 针叶比例 |
| | | 生态效益 | 0.016 | 水源涵养 |
| | 林地环境 | 土壤指标 | 0.10 | 土壤类型 |
| | | | 0.046 | 土壤厚度 |
| | 森林经营 | 采伐 | 0.071 | 采伐方式 |
| | | | 0.071 | 采伐强度 |
| | | 改造措施 | 0.096 | 抚育范围 |

## 4.4.3 指标阈值确定

指标阈值的确定分为两个部分，非连续型变量和连续型变量。非连续型变量的分级阈值确定采用二类数据规程中的规定，具体的各指标等级及赋值见表 4.36。对于连续性变量，经定量与定性分析，综合考虑不同演替阶段各指标在杨桦次生林演替过程结构特征变化规律以及组间距离法聚类分析结果，划分出不同演替阶段指标的阈值。连续性变量指标的等级划分及标准化赋值见表 4.37 和表 4.38。

**表 4.36 非连续型变量的分级阈值及赋值**

| 指标 | 特征值 | 赋值 | 指标 | 特征值 | 赋值 |
|---|---|---|---|---|---|
| 草本分布 | 不均匀 | 0 | | 0 | 0 |
| | 均匀 | 1 | 大径木等级 | 1 | 0.33 |
| | | | | 2 | 0.67 |
| 抚育 | 未抚育 | 0 | | 3 | 1 |
| | 抚育 | 1 | | 1 | 0 |

续表

| 指标 | 特征值 | 赋值 | 指标 | 特征值 | 赋值 |
|---|---|---|---|---|---|
| 土壤厚度 | 薄 | 0 | | 2 | 0.25 |
| | 中 | 0.5 | 自然度 | 3 | 0.5 |
| | 厚 | 1 | | 4 | 0.75 |
| 土壤类型 | 暗棕壤 | 1 | | 5 | 1 |
| | 草甸土 | 0.5 | 垂直结构 | 无灌草 | 0 |
| | 沼泽土 | 0 | | 乔灌草 | 1 |

**表 4.37 连续型变量的分级阈值及赋值**

| 健康级 | 赋值 | 演替阶段 | 平均胸径（cm） | 平均每公顷株数（n/hm²） | 平均树高（m） | 平均郁闭度 |
|---|---|---|---|---|---|---|
| I | 0 | 初期 | $\leqslant 12$ | $\leqslant 700$；$> 1400$ | $\leqslant 10$ | $\leqslant 0.7$； |
| | | 中期 | $\leqslant 14$ | $\leqslant 600$；$> 1300$ | $\leqslant 12$ | $\leqslant 0.6$；$> 0.9$ |
| | | 亚顶级 | $\leqslant 16$ | $\leqslant 500$；$> 1200$ | $\leqslant 14$ | $\leqslant 0.5$；$> 0.8$ |
| II | 0.5 | 初期 | $12 < D \leqslant 18$ | $700 < N \leqslant 900$；$1200 < N \leqslant 1400$ | $10 < H \leqslant 14$ | $0.7 < Y \leqslant 0.8$；$0.9 < Y \leqslant 1.0$ |
| | | 中期 | $14 < D \leqslant 20$ | $600 < N \leqslant 800$；$1100 < N \leqslant 1300$ | $12 < H \leqslant 16$ | $0.6 < Y \leqslant 0.7$；$0.8 < Y \leqslant 0.9$ |
| | | 亚顶级 | $16 < D \leqslant 24$ | $500 < N \leqslant 700$；$1000 < N \leqslant 1200$ | $14 < H \leqslant 18$ | $0.5 < Y \leqslant 0.6$；$0.7 < Y \leqslant 0.8$ |
| III | 1 | 初期 | $> 18$ | $900 < N \leqslant 1200$ | $> 14$ | $0.8 < Y \leqslant 0.9$ |
| | | 中期 | $> 20$ | $800 < N \leqslant 1100$ | $> 16$ | $0.7 < Y \leqslant 0.8$ |
| | | 亚顶级 | $> 24$ | $700 < N \leqslant 1000$ | $> 18$ | $0.6 < Y \leqslant 0.7$ |

**表 4.38 连续型变量的分级阈值及赋值**

| 健康级 | 赋值 | 演替阶段 | 平均灌木盖度（%） | 平均草本盖度（%） | 平均乔木种数 | 平均蓄积（m³/hm²） |
|---|---|---|---|---|---|---|
| I | 0 | 初期 | — | $\leqslant 25$ | $\leqslant 3$ | $\leqslant 70$ |
| | | 中期 | $\leqslant 5$ | $\leqslant 25$ | $\leqslant 5$ | $\leqslant 130$ |
| | | 亚顶级 | $\leqslant 10$ | $\leqslant 25$ | $\leqslant 4$ | $\leqslant 140$ |
| II | 0.5 | 初期 | — | $25 < CG \leqslant 40$ | $3 < SN \leqslant 5$ | $70 < V \leqslant 150$ |
| | | 中期 | $5 < G \leqslant 10$ | $25 < CG \leqslant 40$ | $5 < SN \leqslant 6$ | $130 < V \leqslant 180$ |
| | | 亚顶级 | $10 < G \leqslant 20$ | $25 < CG \leqslant 40$ | $4 < SN \leqslant 6$ | $140 < V \leqslant 200$ |
| III | 1 | 初期 | — | $> 40$ | $> 5$ | $> 150$ |
| | | 中期 | $> 10$ | $> 40$ | $> 6$ | $> 180$ |
| | | 亚顶级 | $> 20$ | $> 40$ | $> 6$ | $> 200$ |

### 4.4.4 演替阶段划分

首先，对金沟岭林场的小班数据进行分析，结果表明杨桦次生林的小班共有 912 个。其中，①演替初期的小班共 253 个，面积 2141hm$^2$，占杨桦次生林总面积的 16.39%；②演替中期的小班共 266 个，面积 4697hm$^2$，占总面积的 35.95%；③亚顶级阶段的小班共 393 个，面积 6226hm$^2$，占总面积的 47.65%；④目前还不存在处于顶级阶段的小班。

### 4.4.5 健康评价

本研究健康评价模型采用第四章构建的次生林健康评价模型来对杨桦次生林森林健康进行评价，计算出健康值 HI。

如图 4.9 所示，对金沟岭林场 2007 年二类小班数据健康值 $HI$ 进行频度分析，并在 SPSS 中采用 K-S 法对其频度分析结果进行正态检验，结果显示，双侧近似概率为 0.36，远大于 0.05，说明其频度分析，在值域为[0~1]上，显著符合正态分布。因此，采用等距划分法，对健康值计算结果健康等级数 H 在[0~1]区间等距划分为 5 级，划分结果如表 4.39 所示。

**表 4.39　森林健康等级标准**

|  | 疾病 | 不健康 | 亚健康 | 健康 | 优质 |
|---|---|---|---|---|---|
| 健康等级 | 1 | 2 | 3 | 4 | 5 |
| 健康值 | $HI \leqslant 0.2$ | $0.2 < HI \leqslant 0.4$ | $0.4 < HI \leqslant 0.6$ | $0.6 < HI \leqslant 0.8$ | $HI > 0.8$ |

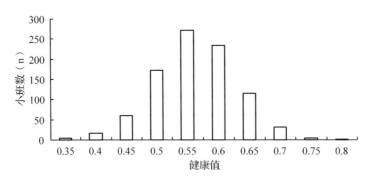

**图 4.9　二类小班健康值频度分布**

### 4.4.6 健康评价结果

由表 4.40 可知，进行评价的杨桦次生林小班共 912 个，其中，演替初期的小班共 253 个，面积 2141ha，占总评价面积的 16.39%。其中，不健康小班 10 个，面积为 39.40ha，占演替初期评价面积的 1.8%；亚健康小班共 193 个，占演替初期评价面积的 65.50%，健康小班共 50 个，占演替初期评价面积的 32.70%。

演替中期的小班共 266 个，面积 4697hm$^2$，占总评价面积的 35.95%。其中，不健康小班 5 个，面积为 44.20hm$^2$，占演替中期评价面积的 0.90%；亚健康小班共 208 个，占演替中期评价面积的 79.40%，健康小班共 53 个，占演替中期评价面积的 19.60%。

演替亚顶级阶段的小班共 393 个，面积 6226ha，占总评价面积的 47.65%。其中，不健康小班 5 个，面积为 15.60ha，占演替后期评价面积的 1.8%；亚健康小班共 337 个，占演替后期评价面积的 86.50%，健康小班共 51 个，占演替后期评价面积的 13.30%。

综上所述，金沟岭林场杨桦次生林主要处于亚健康和不健康状态，占总评价面积的 81.25%，必须确定影响健康等级的主导因子，对林分加以经营和管理，提高林分的健康水平。

表 4.40  不同演替阶段健康等级小班比例

| 演替阶段 | 健康等级 | 健康值 | 小班(个) | 面积(hm$^2$) | 面积比例(%) |
|---|---|---|---|---|---|
| A | 不健康 | 2 | 10 | 39.40 | 1.80 |
|  | 亚健康 | 3 | 193 | 1402.70 | 65.50 |
|  | 健康 | 4 | 50 | 699.50 | 32.70 |
| B | 不健康 | 2 | 5 | 44.20 | 0.90 |
|  | 亚健康 | 3 | 208 | 3730.80 | 79.40 |
|  | 健康 | 4 | 53 | 922.30 | 19.60 |
| C | 不健康 | 2 | 5 | 15.60 | 0.30 |
|  | 亚健康 | 3 | 337 | 5383.00 | 86.50 |
|  | 健康 | 4 | 51 | 827.60 | 13.30 |

## 4.4.7  森林健康与评价指标的耦合关系

森林是一个整体，各个因子之间相互作用，构成了森林的复杂结构。然而，森林健康等级低，通常是由一个或者两个主导因子诱发的一系列表现，因此在森林健康评价结果的基础上，找到影响森林健康的主导因子，并对其进行调整，提高森林的健康水平是本研究的目的之一。

通过 SPSS 对健康评价指标进行主成分分析，结果发现，影响健康等级的主导因子依次是，分别是生物量($X_1$)、乔灌草结构($X_2$)、经营目标($X_3$)、自然度($X_4$)、经济效益($X_5$)和其他因素($X_6$)。杨桦次生林森林健康与评价指标之间的耦合关系模型为：

演替初期($H_1$)：$H_1 = 0.3 X_1 + 0.17X_2 + 0.11X_3 + 0.08X_4 + 0.07X_5 + 0.23 X_6$；

演替中期($H_2$)：$H_2 = 0.22X_1 + 0.21X_2 + 0.11X_3 + 0.08X_4 + 0.07X_5 + 0.29 X_6$；

演替亚顶级阶段($H_3$)：$H_3 = 0.2 X_1 + 0.19X_2 + 0.11X_3 + 0.1X_4 + 0.08X_5 + 0.31 X_6$。

表 4.41 评价指标与健康等级定量化解释

| 演替阶段 | 演替初期 | | 演替中期 | | 演替亚顶级 | |
|---|---|---|---|---|---|---|
| 主成分因子 | 特征向量 | 解释率 | 特征向量 | 解释率 | 特征向量 | 解释率 |
| 生物量 | 4.94 | 30.86 | 3.53 | 22.03 | 3.22 | 20.12 |
| 乔灌草结构 | 2.85 | 17.83 | 3.48 | 21.73 | 3.09 | 19.33 |
| 经营目标 | 1.77 | 11.04 | 1.87 | 11.66 | 1.83 | 11.46 |
| 自然度 | 1.38 | 8.64 | 1.25 | 7.84 | 1.62 | 10.15 |
| 经济效益 | 1.26 | 7.86 | 1.14 | 7.15 | 1.30 | 8.14 |
| 未解释部分 | 3.80 | 23.76 | 4.74 | 29.60 | 4.93 | 30.81 |

由表4.41可知：生物量指标是影响健康等级贡献率最大的因子，随着演替进行，生物量指标对健康等级的影响逐渐减小；而林分的乔灌草结构指标和经济效益指标随着演替的进行逐渐增大。

## 4.4.8 小结

第一，建立了基于二类数据的金沟岭林场杨桦次生林健康评价与诊断指标体系，并对杨桦次生林进行了健康评价。将金沟岭林场杨桦次生林健康等级划分为5级：疾病、不健康、亚健康、健康、优质。评价结果显示：杨桦次生林健康等级所占比例依次为：亚健康>健康>不健康，不存在疾病和优质的情况。

第二，在健康评价的基础上，对杨桦次生林森林健康等级与评价指标进行耦合，研究结果发现，影响健康等级的主导因子依次是，分别是生物量($X_1$)、乔灌草结构($X_2$)、经营目标($X_3$)、自然度($X_4$)、经济效益($X_5$)和其它因素($X_6$)。杨桦次生林森林健康与评价指标的耦合关系模型为：

演替初期($H_1$)：$H_1 = 0.3 X_1 + 0.17X_2 + 0.11X_3 + 0.08X_4 + 0.07X_5 + 0.23 X_6$；

演替中期($H_2$)：$H_2 = 0.22X_1 + 0.21X_2 + 0.11X_3 + 0.08X_4 + 0.07X_5 + 0.29 X_6$；

演替亚顶级阶段($H_3$)：$H_3 = 0.2 X_1 + 0.19X_2 + 0.11X_3 + 0.1X_4 + 0.08X_5 + 0.31 X_6$。

第三，通过对耦合关系进一步分析发现：生物量指标是影响健康等级贡献率最大的因子，随着演替进行，生物量指标对健康等级的影响逐渐减小；而林分的乔灌草结构指标和经济效益指标随着演替的进行逐渐增大。

## 4.5 杨桦次生林健康经营模式

模式(Pattern)是解决某一类问题的方法论。把解决某类问题的方法总结提升到理论层面，就称为模式。森林经营模式就是把为达到森林经营目的的方法总结提升到理论层面，用以指导森林经营。同样，杨桦次生林健康经营模式是其森林健康经营方法的理论总结归纳，即杨桦次生林结构、功能、演替过程干扰的理论总结归纳。

## 4.5.1 健康经营目标

本研究按杨桦次生林的不同演替阶段组织森林经营类型。根据演替阶段的不同，选择演替初期、演替中期、演替亚顶级阶段和演替顶级阶段四种林分发展阶段，分别提出经营模式。

#### 4.5.1.1 经营目标

结合研究区社会需求和杨桦次生林的生态学特征，确定各演替阶段的目标结构体系见表4.42。总目标为杨桦次生林健康，子目标：①森林健康的基础目标。在尊重森林演替规律的前提下，人为促进次生林的正向演替，使林分充满活力，结构稳定，防灾避害能力强。②森林健康的经营目标。在满足森林生态系统健康的前提下，采取合理的经营措施，调整林分结构，持续木材生产提供林产品，达到经营目的。具体的杨桦次生林健康经营调整依据指标，主要有：树种组成、径阶分布、年龄结构。

**表4.42 杨桦次生林健康经营目标结构体系**

| 指标 | 第一阶段 | 第二阶段 | 第三阶段 | 第四阶段 |
|---|---|---|---|---|
| | 演替初期 | 演替中期 | 演替亚顶级阶段 | 演替顶级阶段 |
| 树种组成 | 先锋树种≥60% | 30%≤先锋树种<60% | 0≤先锋树种<30% | — |
| 林分蓄积 | >150($m^3$/$hm^2$) | >200($m^3$/$hm^2$) | >300($m^3$/$hm^2$) | >400($m^3$/$hm^2$) |
| 郁闭度 | 0.8<Y≤0.9 | 0.7<Y≤0.8 | 0.6<Y≤0.7 | 0.6<Y≤0.7 |
| 株数密度 | 900<N≤1200 | 800<N≤1100 | 700<N≤1000 | 700<N≤1000 |
| 径级比例* | 9:1:0 | 5:3:2 | 2:3:5 | 1:4:5 |
| 水平分布 | 团状分布 | 随机分布 | 随机分布 | 随机分布 |
| 混交度 | 弱度混交 | 中度混交 | 强度混交 | 强度混交 |
| 优势度 | 先锋树种占优势 | 伴生树种占优势 | 顶级树种占优势 | 顶级树种占优势 |
| 径阶分布 | 单峰曲线 | 双峰曲线 | 多峰曲线 | 倒J型曲线 |
| 年龄分布 | 单峰曲线 | 双峰曲线 | 多峰曲线 | 倒J型曲线 |
| 更新株数 | >6000($n$/$hm^2$) | >5000($n$/$hm^2$) | >4000($n$/$hm^2$) | >3300($n$/$hm^2$) |
| 更新树种 | 先锋树种 | 伴生树种 | 伴生树种与顶级树种 | 顶级树种 |
| 灌草盖度 | >40% | >50% | >60% | >60% |

\* 径级比例是指小径木(6～26cm)：中径木(28～34cm)：大径木(≥36cm)的材积比例

##### 4.5.1.1.1 树种组成目标

确定杨桦次生林的目标结构，首先要确定合理的树种组成，本研究的树种组成特指先锋树种、伴生树种、顶级树种的比例。杨桦次生林树种组成比例（表4.43），演替初期的树种组成比例为先锋树种占70%，伴生树种占30%，顶级树种的比例为0，即7:3:0。演替中期树种组成比例为：5:3:2；演替亚顶级阶段树种组成比例为：2:3:5；演替顶级阶段为：0:2:8。

由于本研究的对象是用材林，上述研究表明，杨桦次生林的演替亚顶级阶段的生态功能强，林分稳定性较好，多样性丰富，同时木材及林产品产量和质量最高。因此，以杨桦次生林的演替亚顶级阶段的树种组成作为目标（理想）树种组成，此时，白桦与山杨为主的先锋树种占2成，色木、枫桦、椴树为主的伴生树种占3成，红松、云杉、冷杉为主的顶级树种占5成，即2:3:5。

**表 4.43 理想树种组成比例示意**

| 演替阶段 | 演替初期 | 演替中期 | 演替亚顶级阶段 | 演替顶级阶段 |
|---|---|---|---|---|
| 树种比例 | 7:3:0 | 5:3:2 | 2:3:5 | 0:2:8 |
| 示意图 | | 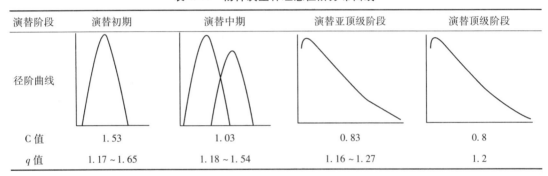 | | |
| 图例 | ▦ 先锋树种 | ⊞ 伴生树种 | ▨ 顶级树种 | |

#### 4.5.1.1.2 径阶分布结构

**表 4.44 杨桦次生林理想径阶分布曲线**

| 演替阶段 | 演替初期 | 演替中期 | 演替亚顶级阶段 | 演替顶级阶段 |
|---|---|---|---|---|
| 径阶曲线 | | | | |
| C 值 | 1.53 | 1.03 | 0.83 | 0.8 |
| q 值 | 1.17 ~ 1.65 | 1.18 ~ 1.54 | 1.16 ~ 1.27 | 1.2 |

杨桦次生林径阶分布随着演替的进行，Weibull 分布拟合后的形状参数 C 逐渐减小，最后稳定在 0.8 到 1 之间，也就是呈现递减的倒 J 型曲线，q 值分布范围逐渐缩小，越来越接近 1.2。杨桦次生林的理想 q 值为 1.1 到 1.3 之间。杨桦次生林的径阶分布曲线形状演替规律为：演替初期，径阶分布呈单峰曲线，演替中期，径阶分布呈双峰曲线，演替亚顶级阶段，径阶分布呈多峰（波状倒 J 型）曲线，演替顶级阶段，径阶分布呈倒 J 型曲线。倒 J 型曲线的径阶分布，具有稳定性好，连续性好，可以保证林分径阶的正常进阶，而不会出现径阶的缺失现象。

因此，倒 J 型曲线是杨桦次生林径阶分布的理想曲线（见表 4.44），可以作为林分结构调整的依据。

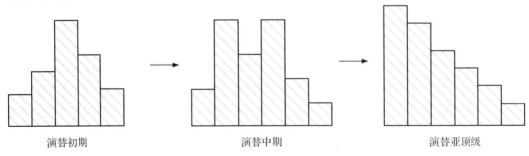

**图 4.10 理想年龄结构目标曲线**

4.5.1.1.2 年龄结构目标

理想的杨桦次生林年龄结构(图4.10),演替初期为单峰曲线,演替中期为双峰曲线,演替亚顶级阶段,林分的年龄结构随龄级分布呈现递减趋势,曲线近似倒 J 型的阶梯状分布。无论从木材生产还是从生态功能出发,杨桦次生林的林木年龄结构都应该保持一种动态平衡,而要维持这种动态平衡需要求林木年龄呈倒 J 型的阶梯状分布。

4.5.1.1.3 空间结构目标

杨桦次生林的理想分布格局为随机分布,因此需要将角尺度值 $Wi$ 控制在 $0.457 \leqslant Wi \leqslant 0.517$ 之间;理想的分布格局的角尺度取值应当在 0.5 两侧取值对称,如果不对称,则应当对其进行调整。

随着演替的进行,杨桦次生林中顶级树种的优势程度逐渐增加,因此,为了促进林分的正向演替,应当将影响顶级树种的林木伐除,提高顶级树种的优势程度。

随着演替的进行,杨桦次生林的混交程度由中度混交逐渐过渡到强度混交,因此,为了促进林分正向演替,应当伐除零度混交和弱度混交的林木,从而提高林分的混交程度。

## 4.5.2 经营原则与调整步骤

杨桦次生林森林健康经营以森林可持续经营和适用性经营为基本的指导原则。其中,具体经营原则包括:①维持森林生态系统的生态过程稳定性;②维持森林生态系统的结构稳定性;③维持森林生态系统的抗干扰能力和恢复力;④维持森林生态系提供社会价值的可持续性。

杨桦次生林健康经营体系构建步骤:首先需要确定杨桦次生林的目标结构;其次构建次生林健康指标体系;然后对现实林分进行诊断评价,进行森林健康与结构因子之间的耦合关系模型构建,从而找到影响健康水平的主导因子;最后针对影响健康水平的主导因子提出杨桦次生林健康经营的关键措施(图4.11)。

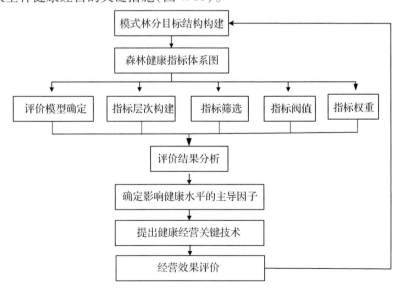

图 4.11 杨桦次生林森林健康经营体系流程

　　杨桦次生林的健康经营是一个自学习的适应性动态循环。在上述步骤中，杨桦次生林的目标结构是一个动态的目标结构体系（见表4.42），每一个健康经营过程结束之后，都需要进行健康经营效果评价，依据评价调整健康经营的措施，并依据经营后演替阶段的判断结果进行下一个健康经营循环（图4.12），每一次经营都是将林分朝着演替亚顶级阶段的方向进行正向演替的诱导，避免林分进行逆行演替的过程（图4.12）。具体的健康经营是分步骤逐个演替阶段逐步实现的过程（表4.45）。

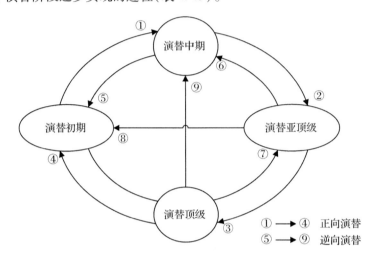

**图4.12　杨桦次生林演替阶段关系示意图**

**表4.45　杨桦次生林健康经营调整阶段划分**

| 演替阶段 | 调整目标 |
| --- | --- |
| 演替初期（1~40年） | 以密度和树种调整为主，适时开展透光伐，对径阶分布进行调整，从单峰向双峰转变，保留干型良好树种，提高生物量和蓄积量。以天然更新为主，控制更新树种中先锋树种的比例。 |
| 演替中期（40~80年） | 采伐和密度调整并重，适当进行抚育伐，实现林分蓄积达到180（$m^3/hm^2$），对径阶分布进行调整，从双峰向多峰调整。以天然更新为主，控制更新树种中先锋树种和伴生树种的比例，林分结构趋于合理。 |
| 演替亚顶级阶段（80~120年） | 以经营为辅，采伐为主，采取择伐的作业方式，实现林分蓄积达到200（$m^3/hm^2$），对径阶分布进行调整，从多峰向倒J型调整。以天然更新为主，必要是采取人工促进更新措施，控制更新树种中先锋树种和伴生树种和顶级树种的比例，基本实现经营目标。 |

## 4.5.3　经营调整主要技术

　　依据杨桦次生林的结构特征、经营原则、经营目标与目标结构，提出结构调整原则与技术体系。

4.5.3.1　树种组成调整

（1）树种结构调整的原则

（a）促进正向演替：次生林所处的演替阶段不同，树种结构不同；树种结构调整应当尊重演替规律，促进正向演替；演替阶段的初期，先锋树种占优势；演替阶段中期，先锋树种占优势，并伴有大量的伴生树种出现；演替亚顶级阶段，顶级树种占优势，并存在部分伴生树种。

（b）森林效能最大化：在尊重演替规律，促进正向演替的前提下，用材林，要选择经济价值高的树种；同时保留水源涵养等能力强的树种。

（c）恰当的针阔比例：次生林所处的演替阶段不同，最优的针阔比例不同，演替初期，阔叶树占优势；演替中期，针阔比例基本平衡；演替亚顶级阶段和演替顶级阶段，针叶树占优势。

（d）在尊重以上原则的同时，要尽量的使林分的树种乡土化，树种多样化，混交化，从而提高林分的树种多样性。

（e）对于立地条件较差的地段，应该增加阔叶树的比重，以改善土壤的理化性质、提高土壤肥力，增强水源涵养功能。例如：土壤类型为沼泽土，草甸土的小班。

（2）树种组成调整方式

按照树种组成调整的原则对林分进行抚育间伐，演替初期，逐渐淘汰先锋树种；演替中期和演替亚顶级阶段，注意顶级树种幼苗幼树的保护，并人为促进顶级树种的更新。

4.5.3.2　年龄结构调整

（1）年龄结构调整依据

次生林所处的演替阶段不同，年龄分布结构不同，演替初期为单峰曲线，演替中期为双峰曲线，演替亚顶级阶段为多峰曲线，演替顶级阶段为倒 J 型曲线，应当将年龄结构逐渐向倒 J 型曲线方向调整。

（2）年龄结构调整方式

由于林木年龄不易测定，因此，采取对林分的径阶结构调整，来达到年龄结构调整的目的。

4.5.3.3　直径结构调整

（1）直径结构调整依据

次生林演替阶段不同，直径分布特征不同。演替初期为单峰曲线，演替中期为双峰曲线，演替亚顶级阶段为多峰曲线，演替顶级阶段为倒 J 型曲线，应当将林分径阶结构逐渐向倒 J 型曲线方向调整，将 $q$ 值稳定在 1.2 左右。

（2）直径结构调整方式

依据林分的现实直径分布曲线与理想曲线进行对比，抚育间伐时，按径级进行采伐木选择。通过单株择伐，可以形成小面积的林隙（林窗），改善林隙内光环境，从而促进森林的天然更新，达到提高林分小径级林木的目的。

4.5.3.4　空间结构调整

（1）角尺度

首先分析林木的水平分布格局，判断所经营林分的角尺度分布是否随机分布，0.5 取值的两侧是否对称，如果不是，则将分布格局向随机分布调整，原有的随机分布结构单元尽量不做调整，主要是平衡格局中聚集和均匀分布的结构单元的比例，促进林分的角尺度分布更为均衡。

（2）混交度

结合角尺度和大小比数，选择零度混交和弱度混交（混交度为 0 和 0.25 的相邻木）的树种，进行采伐，提高树种的混交度。

（3）大小比数

在调整过程中将被压迫的林木作为首选被伐木，结合采伐角尺度取值为 1 和 0.75 的林木的相邻木进行选择被采伐林木。

## 4.5.4　健康经营模式

将杨桦次生林健康经营目标、原则、目标结构、调整步骤以及调整技术整合后进行研究、分析的基础上，进一步理顺和整合各研究结果及其之间的关系，提出了易于操作的杨桦次生林健康动态经营模式结构体系（表 4.46），为实现杨桦次生林可持续经营提供了理论依据和技术支撑。

表 4.46　杨桦次生林经营模式结构体系

| 经营原则 | 经营目标 | 目标结构体系 | 经营技术体系 | 结构调整阶段 |
|---|---|---|---|---|
| 1. 可持续经营：（1）维持森林生态系统的生态过程稳定性；（2）维持森林生态系统的结构稳定性；（3）维持森林生态系统的抗干扰能力和恢复力；（4）维持森林生态系统提供社会价值的可持续性原则 2. 适应性经营：以反馈和调整为核心内容的健康经营过程； | 1. 经营总目标：（1）促进杨桦次生林的正向演替，将其维持在演替的亚顶级阶段；（2）使杨桦次生林的综合效益最大化并且可持续； 2. 林种：用材林兼顾生态效益 3. 经营材种：演替中期：中、小径材；演替亚顶级阶段：大径级材 | 1. 总目标复层、异龄、混交、更新正常、高生产力 2. 子目标提高：（1）空间上随机性、时间上世代交替性、垂直分布上成曾性；（2）满足人们对森林服务功能的需求； 3. 三级目标：（1）树种组成先锋树种、伴生树种、顶级树种蓄积比例为：演替初期7：3：0；演替中期：5：3：2；演替亚顶级阶段：2：3：5；演替顶级阶段为：0：2：8。（2）径阶分布：演替初期，单峰曲线；演替中期，双峰曲线，演替亚顶级阶段，多峰（波状倒 J 型）曲线；演替顶级阶段，倒 J 型曲线。（3）空间结构：随机分布、强度混交。 | 1. 树种组成调整技术：促进正向演替，依据演替规律确定目标树种；依据演替阶段控制恰当的针阔比例 2. 更新技术：以天然更新为主，必要时采取人工更新，强调乡土树种，采用单株择伐作业体系，控制林分郁闭度，适量保留枯倒木数量等措施，促进林分天然更新。 3. 依据林分的现实直径分布曲线与理想曲线进行对比，按径级进行采伐木选择。通过单株择伐，可以形成小面积的林隙（林窗），改善林隙内光环境，从而促进森林的天然更新，达到提高林分小径级林木的目的。 | 1. 演替初期：以密度和树种调整为主，适时开展抚育伐，对径阶分布进行调整，从单峰向双峰转变，保留干型良好树种，提高生物量和蓄积量。以天然更新为主，控制更新树种中先锋树种的比例。 2. 演替中期：采伐和密度调整并重，适当进行抚育伐，实现林分蓄积达到 180（$m^3/hm^2$），对径阶分布进行调整，从双峰向多峰调整。以天然更新为主，控制更新树种中先锋树种和伴生树种的比例，林分结构趋于合理。 3. 演替亚顶级阶段、以经营为辅，采伐为主，采取择伐的作业方式，实现林分蓄积达到 200（$m^3/hm^2$），对径阶分布进行调整，从多峰向倒 J 型调整。以天然更新为主，必要是采取人工促进更新措施，控制更新树种中先锋树种和伴生树种和顶级树种的比例，基本实现经营目标。 |

# 5 金沟岭林场落叶松人工林健康评价与经营

## 5.1 研究对象和数据

### 5.1.1 研究对象

本章主要针对金沟岭林场落叶松人工林中的用材林进行研究和分析,研究对象基本情况见表5.1和表5.2。

表5.1 金沟岭林场落叶松人工林基本概况表

| 龄组 | 面积(hm²) | 平均蓄积(m³/hm²) | 平均胸径(cm) | 平均树高(m) | 平均年龄(a) |
|------|-----------|------------------|--------------|-------------|-------------|
| 幼龄林 | 476.7 | 19.0 | 6.0 | 8.0 | 17 |
| 中龄林 | 41.4 | 73.0 | 14.0 | 13.0 | 27 |
| 近熟林 | 277.4 | 174.0 | 20.0 | 16.0 | 36 |
| 成熟林 | 144.8 | 193.0 | 23.0 | 17.0 | 46 |
| 合计 | 769.0 | | | | |

表5.2 落叶松人工林不同林种概况表(2007a)

| 龄组 | | 用材林 | 护路林 | 母树林 |
|------|------|--------|--------|--------|
| 幼龄林 | 面积(hm²) | 389.5 | 26.7 | 60.5 |
| | 小班数 | 54 | 10 | 13 |
| 中龄林 | 面积(hm²) | 27.6 | 8.9 | 4.9 |
| | 小班数 | 5 | 5 | 2 |
| 近熟林 | 面积(hm²) | 206.9 | 60.7 | 9.8 |
| | 小班数 | 33 | 6 | 4 |
| 成熟林 | 面积(hm²) | 144.8 | 0 | 218.7 |
| | 小班数 | 17 | 0 | 13 |

### 5.1.2 数据来源

本研究中的数据包括两部分:

① 金沟岭林场2007年的二类调查数据、金沟岭林场概况、经营历史;

② 2011年的6块临时样地调查数据,规格为40m×50m,每个龄组设置2块,共调查样地6块。

选择样地时,应尽量保持各样地的海拔、坡向、坡度等环境因子一致。

样地调查时，详细记录样地基本信息，包括森林类型、样地规格、优势树种、立地类型、林分起源、林种、样地位置（林场、林班、小班）、坡度、坡向、坡位等因子。

在标准地内，以 10m 为单位间距设置调查单元。具体步骤为：在标准地边界上，按水平 10m 间距埋设标记桩。以标准地西南角作为原点，东西方向为 X 轴，南北方向为 Y 轴，编写行列号和单元号。

在对样地内乔木进行每木检尺前，首先要判断待测树木是否达到起测径阶，本文设定这一临界值为 5cm。若达到，确定该乔木的坐标，可以先测量该单株树木在小调查单元内的相对位置，然后在内业处理时再计算其绝对坐标，但是需要谨记小单元的原点应与样地原点的方位是一致的。测量工具是皮尺，精确到 0.1m 即可。同时还需记录树种、胸径、树高、枝下高、冠幅、优势度、乔木病虫害情况。

在样地内设置 4 个灌木样方，规格为 5m×5m，记录灌木样方里灌木（含木质藤本）种类、数量和盖度；设置 4 个草本样方，规格为 2m×2m，记录草本样方里草本植物种类和盖度；更新样方 2 个。在样地设置时，样地四角往往被人为破坏的比较严重，因此尽量选择未受干扰的样地进行调查。

在样方内未经干扰处挖掘土壤剖面，判断土壤类型，测量土层厚度、枯枝落叶层厚度和腐殖质层厚度。

# 5.2 落叶松人工林健康经营分析

## 5.2.1 各生长阶段基本测树因子分析

### 5.2.1.1 郁闭度

表 5.3 可知，随着年龄的增长，林分的郁闭度逐渐下降。近、成熟林郁闭度稳定在 0.5~0.7 之间。

### 5.2.1.2 平均胸径

表 5.3 可知，中龄林 2 块样地平均胸径分别为 10.3cm、11.3cm；近熟林平均胸径较中龄林有显著增加，1 号、2 号样地平均胸径分别是 19.5cm 和 16.9cm；成熟林平均胸径较近熟林并没有显著增加，两块样地平均胸径分别为 19.5cm 和 19.1cm。林分的平均胸径由小到大的顺序是：中龄林＜近熟林＜成熟林，且近熟林 2 块样地的胸径相差较大。

### 5.2.1.3 平均树高

由表 5.3 可知，中龄林平均树高在 8m 左右；近熟林平均树高较中龄林有了明显的增长；成熟林 2 块样地的平均树高相差较大。林分的平均树高由小到大的顺序是：中龄林＜近熟林＜成熟林。

### 5.2.1.4 林分断面积

由表 5.3 可知，林分断面积总体规律明显，为中龄林＜近熟林＜成熟林。其中，成熟林 1 号样地林分断面积远低于成熟林 2 号样地。近熟林两块样地的林分断面积相差不大。

### 5.2.1.5 林分蓄积

由表 5.3 可知，林分蓄积变化趋势明显，为中龄林＜近熟林＜成熟林，其中，近熟林 2 块样地的蓄积约为中龄林 2 块样地蓄积的 2 倍。各龄组内林分蓄积差别较大，在成熟林

2 块样地内尤为突出。

### 5.2.1.6 株数密度

由表 5.3 可知，中龄林林分株数密度约为近、成熟林株数密度的 2 倍。成熟林样地株数密度总体高于近熟林株数密度，但二者之间差异并不大。

表 5.3 落叶松人工林典型样地基本信息

| 样地号 | 中龄林 1 号 | 中龄林 2 号 | 近熟林 1 号 | 近熟林 2 号 | 成熟林 1 号 | 成熟林 2 号 |
|---|---|---|---|---|---|---|
| 郁闭度 | 0.9 | 0.8 | 0.6 | 0.7 | 0.5 | 0.6 |
| 平均胸径（cm） | 10.3 | 11.3 | 19.5 | 16.9 | 19.5 | 19.1 |
| 平均树高（m） | 9.3 | 7.7 | 13.9 | 12.9 | 14.5 | 17.4 |
| 林分断面积（m²/hm²） | 23 | 19.4 | 28.8 | 28.9 | 32.2 | 40.5 |
| 蓄积（m³/hm²） | 128.44 | 90.51 | 219.45 | 225.78 | 262.7 | 312.45 |
| 株数密度（株/hm²） | 2490 | 1755 | 845 | 1040 | 940 | 1130 |
| 树种组成 | 7落1水1云1杨＋枫＋白＋冷-杂-云-色-椴-红-黄 | 9落1水-冷-杂-云-白-枫-色-榆 | 7落1云1红1冷＋椴-白-水-枫-杂 | 6落1红1冷1云1枫＋杂＋杨-水-色-椴-白 | 6落1云1冷1红1白＋榆＋椴-枫-杂 | 9落1白＋云-色-红-榆-枫-杂-椴 |
| 针叶树比例(%) | 81.47 | 92.78 | 93.23 | 85.3 | 85.6 | 92.58 |
| 阔叶树比例(%) | 18.53 | 7.22 | 6.77 | 14.7 | 14.4 | 7.42 |

### 5.2.1.7 树种组成和针阔比例

由表 5.3 可知，落叶松人工林样地内树种多样。除落叶松以外，林内蓄积较大的树种主要是水曲柳、红松、云杉、冷杉等，其他组成系数不足 1.0 的树种至少有 5 种。

不同龄组的样地内，针叶树蓄积比例均高于 80%，阔叶树蓄积比例均不低于 7%。同龄组内的 2 块样地的针、阔叶树蓄积差异很大。

## 5.2.2 各生长阶段空间结构分析

### 5.2.2.1 混交度(M)

混交度描述了林分中各树种的配置情况，其取值 0、0.5、1，分别表示零度混交，中度混交，强度混交。

由表 5.4 可知，各龄组的样地 M 值均为 0.5，处于中度混交，落叶松人工林的树种配置较为稳定。

表5.4 各样地林分空间结构表

| 样地号 | M | W |
|---|---|---|
| 中龄林1号 | 0.5 | 0.252 |
| 中龄林2号 | 0.5 | 0.132 |
| 近熟林1号 | 0.5 | 0.556 |
| 近熟林2号 | 0.5 | 0.997 |
| 成熟林1号 | 0.5 | 0.608 |
| 成熟林2号 | 0.5 | 0.160 |

### 5.2.2.2 角尺度($W$)

由表5.4可知，中龄林两块样地的角尺度远小于0.457，为均匀分布；近熟林两块样地均为团状分布；成熟林1号样地角尺度值为0.608，为团状分布，2号样地角尺度值为0.160，为均匀分布。

### 5.2.2.3 大小比数($U$)

由表5.5可知，中龄林1号样地中，落叶松株数百分比为78.1%，胸径大小比数为0.5，处于中庸状态；株数百分比仅为0.2%的臭松的胸径大小比为0，处于优势状态。云、冷杉处于亚优势状态。阔叶树大部分均处于中庸或劣态。2号样地中，落叶松株数百分比为85.2%，胸径大小比为0.5，处于中庸状态；臭松处于绝对劣态，云杉为优势，冷杉为劣态；除水曲柳为亚优势外，其他阔叶树种均为中庸或劣态。

表5.5 各样地胸径大小比数及株数比例

| 树种 | 中龄林1号 | | 中龄林2号 | | 近熟林1号 | | 近熟林2号 | | 成熟林1号 | | 成熟林2号 | |
|---|---|---|---|---|---|---|---|---|---|---|---|---|
| | 大小比数 | 株数百分数(%) | 大小比数 | 株数百分数(%) | 大小比数 | 株数百分数(%) | 大小比数 | 株数百分数(%) | 大小比数 | 株数百分数(%) | 大小比数 | 株数百分数(%) |
| 落叶松 | 0.5 | 78.1 | 0.5 | 85.2 | 0.4 | 59.1 | 0.4 | 41.5 | 0.4 | 49.5 | 0.5 | 86.4 |
| 白桦 | 0.4 | 2.7 | 0.6 | 2.5 | 0.5 | 2.9 | 0.3 | 0.5 | 0.4 | 6.4 | 0.3 | 2.4 |
| 臭松 | 0 | 0.2 | 1.0 | 0.3 | 1.0 | 0.6 | | | | | | |
| 云杉 | 0.3 | 1.7 | 0 | 0.3 | 0.6 | 12.3 | 0.4 | 8.0 | 0.4 | 8.5 | 0.4 | 2.0 |
| 冷杉 | 0.3 | 1.0 | 0.7 | 1.4 | 0.6 | 8.8 | 0.5 | 10.4 | 0.6 | 11.2 | | |
| 杂木 | 0.5 | 1.1 | 0.7 | 3.9 | 0.6 | 1.8 | 0.7 | 16.5 | 0.9 | 3.2 | 0.8 | 1.4 |
| 枫桦 | 0.6 | 6.1 | 0.8 | 1.4 | 0.8 | 1.2 | 0.5 | 9.4 | 0.6 | 1.1 | 0.3 | 0.3 |
| 黄波罗 | 1.0 | 0.2 | | | 0.8 | 0.6 | | | | | | |
| 色木 | 0.6 | 0.8 | 0.7 | 1.1 | | | 0.7 | 2.8 | 0.7 | 3.2 | 0.7 | 2.0 |
| 水曲柳 | 0.4 | 3.8 | 0.4 | 3.6 | | | 0.6 | 1.9 | | | | |
| 杨树 | 0.6 | 2.9 | | | | | 0.3 | 2.4 | | | | |
| 暴马丁香 | 0.9 | 0.4 | | | | | | | | | | |
| 椴木 | 0.8 | 0.6 | | | 0.6 | 4.1 | 0.8 | 3.8 | 0.6 | 4.3 | 1.0 | 0.3 |
| 红木 | 0.8 | 0.6 | | | 0.6 | 8.8 | 0.1 | 2.8 | 0.6 | 9.0 | 0.6 | 2.4 |
| 榆树 | | | 0.5 | | | | | | 0.5 | 3.7 | 0.4 | 2.7 |
| 平均值 | 0.5 | | 0.5 | | 0.5 | | 0.5 | | 0.5 | | 0.5 | |

近熟林 2 块样地中，1 号、2 号样地的落叶松胸径大小比数均为 0.4，处于亚优势状态，株数百分比分别为 59.1%、41.5%，远低于中龄林。与中龄林存在明显区别的是，近熟林 2 块样地中出现了株数百分比大于 10% 的树种，1 号样地内为云杉，株数百分比为 12.3%，2 号样地内是冷杉和杂木，分别为 10.4%、16.5%。1 号样地内，臭松处于绝对劣态，云、冷杉处于劣态，除白桦处于中庸外其他阔叶树种均处于劣态。2 号样地中，白桦、红木、云杉和杨树均为亚优势，冷杉和枫桦为中庸，其他阔叶树为劣态。

成熟林 2 块样地的落叶松株数百分比相差极大，分别为 49.5%、86.4% 中。其中，1 号样地内落叶松、白桦和云杉处于亚优势状态，榆树处于中庸，其他树种均为劣态。2 号样地内，阔叶树白桦、枫桦、榆树处于亚优势状态，而目的树种落叶松为中庸。

由此可见，不同年龄的落叶松人工林中，目的树种落叶松胸径大小比数稳定在 0.4 - 0.5，而其他树种的大小比数很不稳定。随着时间的推移，在中龄林中处于亚优势状态的针叶树在近成熟林阶段却发展为劣态，而白桦等阔叶树则由中龄林阶段的劣态或绝对劣态逐渐转变为亚优势状态。

## 5.2.3　近、成熟林天然更新分析

表5.6　近、成熟林天然更新概况表

| 样地号 | 树种 | 平均地径(cm) | 平均树高(m) | 更新株数(株/hm²) | 倒木和伐桩更新(株/hm²) |
|---|---|---|---|---|---|
| 近熟林 1 号 | 红松 | 0.1 | 0.6 | 200 | 0 |
| | 冷杉 | 0.2 | 0.6 | 4000 | 200 |
| | 臭松 | 0.3 | 0.1 | 2400 | 0 |
| | 五角枫 | 0.2 | 0.5 | 200 | 0 |
| | 平均值 | 0.2 | 0.4 | | |
| | 合计 | | | 6800 | 200 |
| 近熟林 2 号 | 红松 | 0.1 | 0.1 | 200 | 200 |
| | 冷杉 | 0.2 | 0.1 | 3400 | 0 |
| | 水曲柳 | 0.1 | 0.1 | 800 | 0 |
| | 五角枫 | 0.1 | 0.1 | 200 | 0 |
| | 平均值 | 0.1 | 0.1 | | |
| | 合计 | | | 4600 | 200 |
| 成熟林 1 号 | 白桦 | 0.4 | 0.9 | 1600 | 1200 |
| | 红松 | 0.2 | 0.4 | 200 | 200 |
| | 冷杉 | 0.5 | 0.6 | 4200 | 1000 |
| | 云杉 | 0.4 | 0.5 | 1600 | 1600 |
| | 平均值 | 0.5 | 0.6 | | |
| | 合计 | | | 7600 | 4000 |
| 成熟林 2 号 | 红松 | 0.1 | 0.1 | 1200 | 0 |
| | 冷杉 | 1.0 | 0.6 | 3400 | 0 |
| | 青楷槭 | 0.1 | 0.4 | 400 | 0 |
| | 平均值 | 0.8 | 0.5 | | |
| | 合计 | | | 5000 | 0 |

由表5.6可知，近熟林中的更新树种以针叶树为主，更新株数最多的是冷杉，分别为4000 株/hm² 和 3400 株/hm²。1 号样地中，臭松更新株数仅次于冷杉，远高于其他更新树种，为2400 株/hm²。样地内幼苗幼树的平均地径为0.2cm，平均高度为0.4m。2 号样地中，幼苗幼树的平均地径和树高均低于1 号样地。

成熟林中，更新株数最多的仍是冷杉，分别为4200 株/hm² 和 3400 株/hm²。1 号样地中的白桦和云杉更新株数也较多，均为1600 株/hm²。2 号样地中红松更新株数为1200 株/hm²。两块样地内幼苗幼树的平均地径和树高均大于近熟林。

此外，除成熟林2 号样地外，其他样地内均存在倒木和伐桩更新。其中近熟林1 号样地内倒木和伐桩更新的树种是冷杉，2 号样地内的是红松。而成熟林1 号样地内的各更新树种均存在倒木伐桩更新。

## 5.2.4　各生长阶段林分径阶分布分析

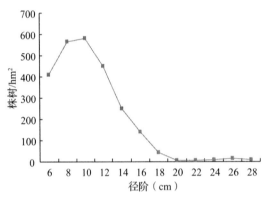

图5.1　中龄林1 号样地径阶分布

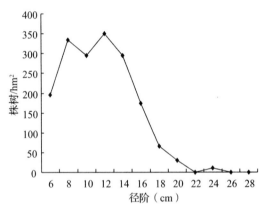

图5.2　中龄林2 号样地径阶分布

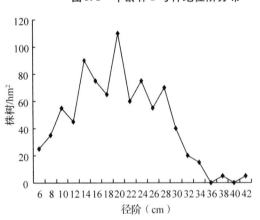

图5.3　近熟林1 号样地径阶分布

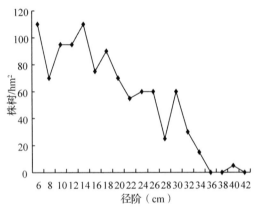

图5.4　近熟林2 号样地径阶分布

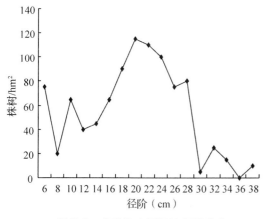

图 5.5 成熟林 1 号样地径阶分布

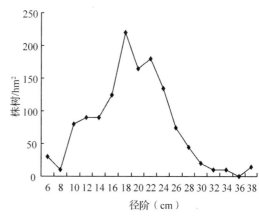

图 5.6 成熟林 2 号样地径阶分布

由图 5.1 至图 5.6 可知，不同生长阶段的落叶松人工林的的径阶分布相似，均为近正态分布，株树最多的径阶接近样地平均径阶。其中，中龄林 1 号样地（平均胸径为 10.3cm）直径分布为单峰曲线，株数最多的径阶为 10cm 处，2 号（平均胸径为 11.3cm）则为双峰曲线，株数最多的径阶是 12cm 处，其次是 8cm 处。

而近、成熟林样地的径阶分布则呈现明显的多峰曲线。近熟林 1 号样地（平均胸径为 19.5cm）林木最多的径阶为 20cm，其次是于 14cm、24cm 和 28cm 径阶。2 号样地（平均胸径为 16.9cm）内则是 6cm 和 14cm 径阶内林木株数最多。

成熟林 1 号样地（平均胸径为 19.5cm）中，林木株数最多的径阶是 20cm，6 径阶林木株数也较多；2 号样地（平均胸径为 19.1cm）林木株数最多的径阶是 18cm，其次是 22cm，6cm 径阶和 8cm 径阶的林木很少。

# 5.3 落叶松人工林健康评价

## 5.3.1 指标体系的构建

### 5.3.1.1 构建思路

与森林健康关系密切的三个关键词为生态属性、外界胁迫和人类需求。

其中，森林生态属性主要体现林分稳定性和持续性上，其中，稳定性主要表现在空间上具有水平结构的随机性和垂直结构的成层性；在时间上具有世代交替性。需要指出的是，由于人工林多为皆伐迹地更新，林分生态系统持续性的特征在幼、中龄阶段表现不明显或根本不具有此特征，但随着时间的推移和各种经营措施的实施，发展至近、成熟林阶段时，持续性特征可能会逐步表现出来。

因此，森林的生态属性指标的设置要结合评价对象的年龄情况进行合理选择，不同龄组的生态属性评价指标也不完全相同。

人工林内最常见、且对健康森林影响最大的胁迫因子主要是火灾、林地环境和经营活动。人类需求则具体反应在森林经营目上。

本章的评价对象是落叶松人工用材林，据此，从生态属性、外界干扰和经营目标三个不同的角度入手，选择适宜的指标分别描述林分状态，构建全面、准确的森林健康评价指标体系。

### 5.3.1.2 指标体系构建原则

本研究在构建评价指标体系时主要依据以下4个原则：

（1）科学性

在对森林健康及其主导因子深入理解的基础上，构建的森林健康指标体系要有科学依据，能够反应所评价对象的本质与内涵。指标间应相互补充，全面系统地反映人工林状况。

（2）客观性

指标应选择能够充分代表林分自然属性和生态系统特征的因子，以便能真实反映研究对象的健康水平。

（3）可操作性

森林的生境种类多样，陡山、峡谷处的森林都可能成为我们评价的目标。

这就要求在选择评价指标时要注意指标数据获取的可能性，尽量选择易于调查和测计的指标。同时，森林评价结果最终是用来指导森林健康经营的，不易做的太过复杂，尽量计算简单。此外，还要具有技术和经济上的可行性，便于生产和实践单位应用推广。

（4）适用性

每个森林生态系统都有其独有的生态特征，因此在进行森林健康评价，不可能用同一套标准和指标体系来评价不同地区、不同演替阶段的各种森林类型。只有根据评价对象的实际情况，有针对性地选取适宜的评价指标，才能够准确把握森林的健康状况，评价结果才能正确反映研究对象的真实水平。

### 5.3.1.3 指标体系的建立

表 5.7　落叶松人工用材林健康评价指标体系（幼、中龄林）

| 一级指标 | 二级指标 | 度量指标 |
|---|---|---|
| 生态属性 | 稳定性 | 乔灌草结构 |
| | | 灌草盖度 |
| | | 树种组成指数 |
| | | 郁闭度 |
| 外界干扰 | 森林火灾 | 林分易燃等级 |
| | | 坡向 |
| | 林地环境 | 土层厚度 |
| | 经营情况 | 经营频度 |
| 经营目标 | 经济价值 | 林分蓄积 |
| | | 林分平均胸径 |
| | | 目的树种蓄积比例 |

根据上述的构建思路和原则，建立了落叶松人工林健康评价指标体系。需要指出的是，在森林生长的不同阶段，其生态特征具有明显的差异性，因此生态属性指标要结合林分的年龄情况进行合理选择（表5.7、表5.8）。

**表5.8 落叶松人工用材林健康评价指标体系（近、成熟林）**

| 一级指标 | 二级指标 | 度量指标 |
|---|---|---|
| 生态属性 | 稳定性 | 乔灌草结构 |
| | | 灌草盖度 |
| | | 树种组成指数 |
| | | 郁闭度 |
| | 持续性 | 天然更新密度 |
| | | 幼苗幼树多样性 |
| 外界干扰 | 森林火灾 | 林分易燃等级 |
| | 林地环境 | 坡向 |
| | | 土层厚度 |
| | 经营情况 | 经营频度 |
| | | 可及度 |
| 经营目标 | 经济价值 | 林分蓄积 |
| | | 林分平均胸径 |
| | | 目的树种蓄积比例 |

## 5.3.2 指标权重的确定

本研究先采用专家的打分法，构建指标比例的判断矩阵，然后采用层次分析法确定各指标体系的权重（表5.9、表5.10），并经一致性检验，得各层及各指标的权重值。权重一致性检验结果见附表1。

**表5.9 幼、中龄落叶松人工用材林评价指标权重表**

| 度量指标 | 权重 | 度量指标 | 权重 |
|---|---|---|---|
| 乔灌草结构 | 0.1050 | 土层厚度 | 0.0210 |
| 灌草盖度 | 0.0735 | 经营频度 | 0.0789 |
| 树种组成指数 | 0.2423 | 林分蓄积 | 0.1096 |
| 郁闭度 | 0.0334 | 林分平均胸径 | 0.0978 |
| 林分易燃等级 | 0.0215 | 目的树种蓄积比例 | 0.1991 |
| 坡向 | 0.0179 | | |

**表5.10 近、成熟落叶松人工用材林评价指标权重表**

| 度量指标 | 权重 | 度量指标 | 权重 |
|---|---|---|---|
| 乔灌草结构 | 0.0243 | 坡向 | 0.0169 |
| 灌草盖度 | 0.0668 | 土层厚度 | 0.0423 |
| 树种组成指数 | 0.1032 | 经营频度 | 0.0485 |
| 郁闭度 | 0.0615 | 可及度 | 0.0395 |
| 天然更新密度 | 0.1077 | 林分蓄积 | 0.0796 |
| 幼苗幼树多样性 | 0.0904 | 林分平均胸径 | 0.0878 |
| 林分易燃等级 | 0.0315 | 目的树种蓄积比例 | 0.1999 |

### 5.3.3 指标的计算和阈值的划分

本章进行落叶松人工用材林健康评价的数据来源于森林资源二类调查，因此指标体系中所用指标基本都是二类调查中的调查因子，只有树种组成指数和林分易燃等级这两个指标是作者设定的。所以在此仅对这两个指标的计算进行解释，其他指标不再详述其计算方法。

树种组成指数（S）的计算公式参照 Simpson 指数来制定：

$$S = 1 - \sum_{i=1}^{m} n_i^2 \tag{5-1}$$

式中，$n_i$ 为第 $i$ 个树种蓄积所占成数，$m$ 为种数。

**表 5.11　树种燃烧等级表**

| 燃烧等级 | 树种 | 易燃指数 $I_i$ |
|---|---|---|
| 难燃类 | 水曲柳、黄波罗（*Phellodendron amurense* Rupr.）、胡桃楸、刺槐（*Robinia pseudoacacia* Linn.）、阔叶混交（优势不明显） | 0 |
| 可燃类 | 冷杉、桦、落叶松、云杉、杨、紫杉、椴、针阔混交、硬阔（色木等）、软阔（枫杨、柳、槭树（*Acer palmatum* Thunb.）、楸）、杂木 | 1 |
| 易燃类 | 赤松（*Pinus densiflora* Sieb. et Zucc.）、红松、油松、针叶混交林（优势不明显）、灌木林 | 2 |

林分易燃等级（*FI*）计算公式为：

$$FI = \sum_{i=1}^{m} M_i \times I_i \tag{5-2}$$

式中，$M_i$ 为林内第 $i$ 种树种的蓄积百分数；$I_i$ 为第 $i$ 种树种的易燃指数（$I_i = 0，1，2$），m 为种树。其取值根据《全国森林火险区划等级》（2008）划分的树种燃烧类型来确定，主要树种燃烧等级计算结果见表 5.11。

对于已有明确的国家或地方标准的指标，直接以现有的标准作为指标阈值，如；有些指标的阈值是经前人研究获得的，并获得了普遍认可的，可直接用前人的研究成果作为指标阈值；其他既没有标准可以依循，也没有可直接利用的研究结果的指标，本章采用已有的二类调查数据，计算不同龄组内该指标小班平均数，并以可靠性 95% 来计算正态分布的区间估计，以此划分阈值（表 5.12）。

**表 5.12　评价指标分级及阈值**

| 评价指标 | 分值 | | |
|---|---|---|---|
| | 1.0 | 0.5 | 0 |
| 乔灌草结构 | 乔灌草三层完整 | 缺少灌、草层中的一层 | 只有乔木层 |
| 灌草盖度（%） | >0.6 | 0.4~0.6 | <0.4 |
| 树种组成指数 | >0.6 | 0.4~0.6 | <0.4 |

| 评价指标 | | 分值 | | |
| --- | --- | --- | --- | --- |
| | | 1.0 | 0.5 | 0 |
| 郁闭度 | | 0.7~0.8 | 0.6~0.4 | >0.8 或者 <0.4 |
| 天然更新密度 | 近熟林 | ≧4000 | 2500~4000 | ≦2500 |
| （株/hm²） | 成熟林 | ≧5000 | 3000~4000 | ≦3000 |
| 幼苗幼树多样性（种/hm²） | | ≧5 | 4~2 | ≦1 |
| 林分易燃等级 | | <1.0 | 1.0~1.4 | >1.4 |
| 坡向 | | 北、东北、东 | 西、西北 | 东南、西南、南 |
| 土层厚度（cm） | | 厚 | 中 | 薄 |
| 经营频度 | | 经理期至少采取了一次以上抚育经营，抚育活动合理有效 | 自成林后进行过一次抚育经营 | 从未进行任何经营活动 |
| 可及度 | | 即可及 | 将可及 | 不可及 |
| 林分蓄积 | 幼龄林 | >30 | 20~30 | <20 |
| | 中龄林 | >87 | 59~87 | <59 |
| （m³/hm²） | 近熟林 | >181 | 167~181 | <167 |
| | 成熟林 | >205 | 182~205 | <182 |
| 林分平均 | 幼龄林 | >6.2 | 5.0~6.2 | <5.0 |
| 胸径 | 中龄林 | >13.3 | 12.0~13.3 | <12.0 |
| | 近熟林 | >19.4 | 18.0~19.4 | <18.0 |
| （cm） | 成熟林 | >22.5 | 21.0~22.5 | <21.0 |
| 目的树种蓄积比例（%） | | ≧80 | 60~80 | ≦60 |

根据各样地得分，判断林分健康程度（表5.13）。

**表5.13　健康等级划分表**

| 得分 | [0.8，1.0] | [0.5，0.8) | [0，0.5) |
| --- | --- | --- | --- |
| 健康等级 | 健康 | 亚健康 | 不健康 |

## 5.3.4　评价结果分析

由表5.14和5.16可知，落叶松用材林样地中，中龄林的2块样地均为健康，多数指标的得分较高，仅林分平均胸径的得分很低，为0。此外，中龄林1号样地的郁闭度得分为0，2号样地的树种组成指数也为0.

**表 5.14　中龄林样地各指标得分情况**

| 指标 | 各指标得分 | |
| --- | --- | --- |
| | 中龄林 1 号 | 中龄林 2 号 |
| 乔灌草结构 | 1.0 | 1.0 |
| 灌草盖度 | 0.5 | 0.5 |
| 树种组成指数 | 0.5 | 0 |
| 郁闭度 | 0 | 1.0 |
| 林分易燃等级 | 0.5 | 0.5 |
| 坡向 | 0.5 | 0.5 |
| 土层厚度 | 0.5 | 0.5 |
| 经营频度 | 1.0 | 1.0 |
| 林分蓄积 | 1.0 | 1.0 |
| 林分平均胸径 | 0 | 0 |
| 目的树种蓄积比例 | 0.5 | 1.0 |

　　由表 5.15 和 5.16 可知，近熟林和成熟林各有 1 块样地为健康，1 块为亚健康。其中，近熟林 1 号样地为健康，2 号样地为亚健康，2 块样地的得分差别在于林分平均胸径指标得分分别为 1.0 和 0。成熟林样地中，1 号为亚健康，2 号为健康，二者的得分差别在于灌草盖度、树种组成指数、郁闭度和目的树种蓄积比例几个指标，与近熟林相同的是，成熟林 2 块样地在林分平均胸径指标上的得分也为 0。

**表 5.15　近、成熟林样地各指标得分情况**

| 指标 | 各指标得分 | | | |
| --- | --- | --- | --- | --- |
| | 近熟林 1 号 | 近熟林 2 号 | 成熟林 1 号 | 成熟林 2 号 |
| 乔灌草结构 | 1.0 | 1.0 | 1.0 | 1.0 |
| 灌草盖度 | 1.0 | 1.0 | 0.5 | 1.0 |
| 树种组成指数 | 0.5 | 0.5 | 0.5 | 0.5 |
| 郁闭度 | 1.0 | 1.0 | 0.5 | 1.0 |
| 天然更新密度 | 1.0 | 1.0 | 1.0 | 1.0 |
| 幼苗幼树多样性 | 1.0 | 1.0 | 1.0 | 1.0 |
| 林分易燃等级 | 1.0 | 1.0 | 1.0 | 1.0 |
| 坡向 | 0.5 | 0.5 | 0.5 | 0.5 |
| 土层厚度 | 1.0 | 1.0 | 1.0 | 1.0 |
| 经营频度 | 1.0 | 1.0 | 0.5 | 0.5 |
| 可及度 | 1.0 | 1.0 | 1.0 | 1.0 |
| 林分蓄积 | 1.0 | 1.0 | 1.0 | 1.0 |
| 林分平均胸径 | 1.0 | 0 | 0 | 0 |
| 目的树种蓄积比例 | 0.5 | 0.5 | 0.5 | 1.0 |

表 5.16　6 块临时样地健康评价结果

| 样地号 | 得分 | 健康等级 |
| --- | --- | --- |
| 中龄林 1 号 | 0.88 | 健康 |
| 中龄林 2 号 | 0.98 | 健康 |
| 近熟林 1 号 | 0.84 | 健康 |
| 近熟林 2 号 | 0.75 | 亚健康 |
| 成熟林 1 号 | 0.66 | 亚健康 |
| 成熟林 2 号 | 0.83 | 健康 |

# 5.4　落叶松人工林健康经营模式

森林经营模式包括三大部分，即经营目标、经营原则和经营技术。落叶松人工林健康经营模式就是通过总结这三方面的内容来实现林分结构的完整和稳定、功能的良好发挥。

## 5.4.1　经营模式框架

### 5.4.1.1　经营目标

落叶松人工林健康经营的最终目标是在获得最大经济效益的前提下维持生态系统的平衡和健康。

### 5.4.1.2　经营原则

根据第一章中对健康森林生态系统的健康特征的描述可知，落叶松人工林健康经营的应遵循以下几个原则：

①维持森林生态系统的稳定性；

②使森林生态系统具有较高的自我恢复力；

③充分实现森林的经济价值；

④实现林分生态功能的最优化。

### 5.4.1.3　健康经营的步骤顺序

首先，确定落叶松人工林的经营目标；其次，制定用于判断评价森林健康的落叶松人工林健康评价指标体系；再次，收集数据资料，诊断评价现实林分健康情况，探索影响林分健康的主导因子；最后分析结果提出落叶松人工林健康经营的关键措施。

森林的健康经营是一个自学习的适应性动态循环。森林健康经营中的结构、功能要素既是健康经营的目标，又是为达到经营目标、实施经营技术的对象。因此，森林健康经营是一个循环进行的经营过程。每一个健康经营的结果都是展开下一轮健康经营的依据，如此循环往复，逐步推进森林的正向演替，最终实现经营目标。

## 5.4.2　主要经营技术及经营建议

### 5.4.2.1　树种组成调整

树种组成是判断林分演替趋势的重要指标，因此，调整树种组成也是改变群落主体的最直接、最简便的方法。

人工林，尤其是人工用材林，在营建初期为了保证成活率，往往是高密度的纯林。就本文研究的落叶松人工林来讲，随着时间的推移，进入中龄林以后，落叶松林内出现了水曲柳、云冷杉、枫桦、白桦、杨树、色木、椴树、黄波罗等多种针阔叶树种。从生态学角度来看，这一现象有利于森林生态系统的稳定。但是，人工用材林以获得更多的木材为经营目标，这与为维持森林生态系统的平衡和正常演替的树种生物多样性要求在一定程度上是矛盾的。

通过上文的分析，作者认为，存在一个平衡点能够使人工用材林的经济目标和生态需求同时得到满足(表5.17)。

表5.17　各龄组树种组成及树种百分比理论值

| 龄组 | 树种组成 | 目的树种株数百分比(%) |
| --- | --- | --- |
| 中龄林 | 7落1水1冷1红 | >75 |
| 近、成熟林 | 6落1水1红1冷1云 | >60 |

因此，根据本文研究结果，在确保落叶松蓄积不低于七成的基础上，对中龄林中落叶松蓄积比例过大的小班，进行抚育间伐，促进落叶松由中庸状态向优势状态转变。同时，注意保护树种多样性，尽量保留高利用价值的黄波罗等树种。

近熟林树种组成较为合理，在逐步采伐利用过程，要注意促进更新，维持森林生态系统的连续性。由于落叶松与水曲柳、胡桃楸(*Juglans mandshurica* Maxim.)混交，不仅可以充分利用光能，而且树种根系共生能够有效提高根系养分的有效性。因此，可以有意保留此类树种，维持森林生态系统的正向发展。

同时，应对成熟林进行合理采伐。

### 5.4.2.2 空间结构调整

空间结构体现了森林生态系统内树木之间的竞争，空间位置的优势及其空间生态位，在很大程度上影响着林木的生长、发育，从而对整个林分的稳定性产生影响。

人工林用材造林，多按照一定株行距进行造纯林，林分水平分布格局为均匀分布、零度混交或弱度混交(有时是人天混)。随着时间的推移和多种经营措施的实施，落叶松人工林内逐渐出现天然(或人工)更新幼苗幼树，林分的空间结构开始发生变化。

按照人工用材林经营目标和生态学理论的双重标准，本文研究的落叶松人工林的最佳空间结构应为均匀分布、中度混交、目的树种落叶松胸径大小比数小于0.5。

这是因为，一定的混交，尤其近、成熟林阶段的混交意味着林分内存在潜在的更新树种，有利于生态系统的演替和继续发展。而中度混交作为混交程度的中间状态，同时满足人工林经营的经济要求和生态需求。而株行距一致，意味着林分内的树木具有同等的生长条件。从这一意义上讲，均匀分布格局是完全符合人工林培育要求的一种空间格局。落叶松胸径大小比数小于0.5，则意味着落叶松在林内为亚优势或优势，有利于经营目标的实现。

因此，落叶松人工林在三个年龄阶段均为中度混交，可继续维持该状态。对于非均匀分布的各小班，可以根据林分的间伐(采伐)计划，结合林分空间格局分布图，调整林分空间格局为均匀分布。

### 5.4.2.3　直径结构调整

森林生态系统的动态性造成了不同生长阶段林分直径分布特征存在较大差异，而林种和森林类型的不同，使直径结构调整内容愈加复杂性。

人工林直径结构调整主要在林分树种的中、后期。这一行动的实施依赖于人林分生长前期的自然稀疏的高度有效性。随着人工林自然稀疏的实现，森林生态系统对自身内部的林木做出了选择，优胜劣汰基础上的直径结构调整能够减少前期经营的人力和物力。

林分生长中、后期直径结构的调整要遵循"伐两极，留中间，结合空间生态位"的原则，即对直径过小、竞争力弱、无生长前景的及时伐除，对直径最大的林木根据具体情况采伐进行合理利用，胸径处于中部的林木则根据其空间生态位，适当剔除无竞争力的树木，重点培养具有竞争力的高培养前景林木。

结合第五章的空间分析，中龄林林内的落叶松处于中庸状态，优势树种在不同样地中并不固定。虽然在林分平均胸径指标上的得分为0，但在蓄积指标上得分较高。因此，作者认为，这种情况可能是由于林分密度较高造成的，应对林分进行抚育间伐，对达到利用标准的优势木及时利用，为大部分中庸木木提供生长空间。

表5.18　各龄组落叶松人工林理想直径结构

| 龄组 | 平均胸径（cm） | 径阶分布图 |
| --- | --- | --- |
| 中龄林 | >13.3 | |
| 近熟林 | >19.4 | 单峰曲线，近正态分布，峰值靠近林分平均胸径所在的径阶 |
| 成熟林 | >22.5 | |

近熟林直径分布呈多峰曲线，6cm和14cm径阶内林木株数最多。因此，需要按径级选择采伐木进行择伐以实现直径结构调整，即按照上述的调整原则，结合林木的空间生态位，着重在6cm、14cm和大于36cm径阶处选择采伐木。

成熟林已经达到采伐利用条件，应结合下一步的森林经营计划进行合理采伐（表5.18）。

### 5.4.2.4　年龄结构调整

年龄结构的对林分的影响在于其生态功能的发挥和演替的连续性。虽然目前国内林场在经营人工林时并没有重点关注人工林下的天然更新，但是如果想切实实现森林的可持续经营和林分的健康生长，年龄结构绝对是经营过程中需要注意的。

就金沟岭林场而言，其场内的落叶松用材林并非全部是皆伐迹地上的统一造林。由于历史等各种原因，某些小班采取了"人天混"的造林方式，并在经营后期取得了良好的经营成果。以史为鉴，针对大多数的纯人工造林方式生长的落叶松人小班而言，逐步改变同龄林这一局面，有利于营造健康的森林生态系统，实现森林的可持续经营。具体而言，其年龄结构的调整方式主要是通过择伐和间伐促进林内天然更新，或在近熟林和成熟林内人工更新。

林场内的近、成熟林面积占落叶松用材林面积的一半以上，在接下来的经营中，如何进行合理采伐利用将是该林场需要考虑的重要问题。更新分析结果显示，倒木更新和伐桩更新是林内天然更新的重要组成部分。为了实现森林的可持续经营，维护森林生态系统的稳定，建议适当保留部分利用价值小的和不易采伐和运输的林木，人为创造更新条件，以实现森林生态系统的持续性。

## 5.5 结论与讨论

落叶松是我国北方地区重要的用材树种，营造健康的落叶松人工林有利于实现林业经济的快速增长和林地环境的可持续发展。

本章系统研究了森林健康的概念及内涵，总结了国内外森林健康研究的进展及存在的各种问题。通过建立落叶松人工林健康评价指标体系，对吉林省汪清县金沟岭林场落叶松人工林的健康状态进行了评价，并通过设立的临时样地数据分析了该林场不同龄组落叶松人工林的特征。其结论为：

（1）随着年龄的增加，落叶松人工林基本测树因子呈现规律性变化：近、成熟林郁闭度稳定在 0.5~0.7 之间；除落叶松以外，林内蓄积较大的树种主要是水曲柳、红松、云杉、冷杉等。

（2）空间结构方面，中龄林为均匀分布；近熟林为团状分布；成熟林为团状分布或均匀分布。中龄林中落叶松处于中庸状态，处于优势状态的树种并不稳定，大部分阔叶树均处于中庸或劣态。近成熟林中落叶松处于亚优势状态，阔叶树由中龄林中的中庸或劣态逐渐转为亚优势状态。

（3）不同生长阶段落叶松人工林的径阶分布相似，均为近正态分布。其中，中龄林和成熟林为单峰曲线，株树最多的径阶接近样地平均径阶，近熟林为多峰曲线。

（4）近成熟林中普遍存在天然更新。更新树种以冷杉等针叶树为主，更新的阔叶树种有五角枫、水曲柳、青楷槭和白桦。大部分林分内均存在倒木和伐桩更新。

（5）中龄林处于健康，近熟林和成熟林为健康或亚健康状态。其中，各龄组在林分平均胸径指标上得分都很低；中龄林在郁闭度指标、树种组成指数指标上得分较低；成熟林得分差别在于灌草盖度、树种组成指数、郁闭度和目的树种蓄积比例几个指标。

此外，本文针对该林场落叶松人工林提出了健康经营模式和经营建议，为该研究区的落叶松人工林可持续经营提供了参考意见。

# 6 长白山主要森林类型空间分布格局与林分更新

## 6.1 研究对象与研究方法

### 6.1.1 研究对象

本研究的对象是金沟岭林场中以云冷杉为主的过伐林(1 大区 1 小区):六七十年代进行过强度择伐,后在 1991 年与 1996 年进行强度分别为 10% 和 12% 的择伐;近原始林:自 1937 年择伐(拔大毛)后未经过任何人为干扰;人工落叶松林:1988 年进行了采伐,保留了部分云冷杉及小径级阔叶树,并于 1989 年人工种植落叶松,形成了现在的以人工更新为主,天然更新为辅的人天混落叶松林。

### 6.1.2 研究方法

#### 6.1.2.1 样地调查

分别在近原始林,过伐林与人天混落叶松林内设置 40 m × 50 m 的样地各一块,按相邻格子法划分成 10 m × 10 m 的小样方,小样方的编号见图 6.1。在小样方内,分别调查乔木的树种、树高、胸径以及林木的空间位置。

| | | | | |
|---|---|---|---|---|
| 1 - 1 | 1 - 2 | 1 - 3 | 1 - 4 | 1 - 5 |
| 2 - 1 | 2 - 2 | 2 - 3 | 2 - 4 | 2 - 5 |
| 3 - 1 | 3 - 2 | 3 - 3 | 3 - 4 | 3 - 5 |
| 4 - 1 | 4 - 2 | 4 - 3 | 4 - 4 | 4 - 5 |

**图 6.1 立木空间格局调查单元划分图**

#### 6.1.2.2 空间分布格局的计算方法

测定分布格局的数学模型很多,而且结果往往不一致,因此多指标测定结果的综合分析,其结论才会可靠。本文主要采用方差/均值比率法,并结合其他 4 种聚集度指标来进行综合分析。

### 6.1.2.2.1 方差/均值比率

这一方法建立在 Possion 分布的预期假设上。一个 Possion 分布的总体其方差($V$)和均值($\overline{X}$)相等，即 $V/\overline{X} = 1$；如果 $V/\overline{X} > 1$ 则种群趋于聚集分布；如果 $V/\overline{X} < 1$ 则种群趋于均匀分布。方差均值见下式：

$$V = \sum_{i=1}^{N} (X_i - \overline{X})^2/(N-1) \tag{6-1}$$

$$\overline{X} = \sum_{i=1}^{N} X_i/N \tag{6-2}$$

其中，$N$ 为小样方数，$X_i$ 为第 i 样方内的个体数。实测与预测的偏离程度可用 $t$ 检验确定：

$$t = (V/\overline{X} - 1) \sqrt{2/(N-1)} \tag{6-3}$$

然后以自由度 $N-1$ 查 $t$ 表进行显著性检验。当 $|t| \leqslant t_{N-1,0.05,(双侧)}$ 时，为随机分布，否则为聚集或均匀分布。

### 6.1.2.2.2 平均拥挤指标和聚块性指标

Lloyd(1967)指出平均拥挤为平均每个个体有多少个在同单位的其他个体，可以认为这些其它个体是与第一个个体共占此单位。平均拥挤度的计算要靠对整个种群($n$ 个个体)的每一个个体，算出与它共占此单位的个体数目 $X_i$($i=1$，$2\cdots N$)，因此，平均拥挤是：

$$\overline{m} = m + (V/m - 1) \tag{6-4}$$

其中，$m$ 为个体平均数。聚块性定义为 $\overline{m}/m$，即平均拥挤与平均密度的比率。平均拥挤是每个个体所经历的某种事情，它依赖于现有的种群个体数。另一方面，聚块性考虑了空间格局本身的性质，并不涉及到密度，两个种群虽然密度不同，但是可能显出同样的聚块性。聚块性指数的直观意义为，如果群体在空间随机分布，那么，$\overline{m}/m$ 意味着每个个体平均有多少个其他个体对它产生拥挤的测度。$\overline{m}/m = 1$ 时，为随机分布；$\overline{m}/m < 1$ 时，为均匀分布；$\overline{m}/m > 1$ 时，为聚集分布。

### 6.1.2.2.3 丛生指标($I_i$)

丛生指标是 David 和 Moore(David，1954)提出的，并且提出了比较来自两个不同种群值(如 1 和 2)的方法，不管均值是否相同都可以进行这种比较。假设从两个种群中收集了大小同样为 N 的样本，令 $\overline{X}_1$ 和 $\overline{X}_2$ 是两个观察集的均值，$V_1$ 和 $V_2$ 是它们的方差，则：

$$I_i = (V_i/\overline{X}_i) - 1 \quad (i = 1,2) \tag{6-5}$$

$$计算：W = -\frac{1}{2}Ln[(V_1/\overline{X}_1)/(V_2/\overline{X}_2)] \tag{6-6}$$

David 和 Moore 认为，如果 W 在 $-2.5/\sqrt{n-1}$ 和 $+2.5/\sqrt{n-1}$ 的范围之外，那么按 5% 的水平 $I_1$ 与 $I_2$ 显著不同。因此，如果我们选取作为聚集的度量，那么就提供了比较两个种群聚集程度的方法。

丛生指标的计算公式为：

$$I = (V/\overline{X}) - 1 \tag{6-7}$$

其中，$V$ 为样本方差，$\overline{X}$ 为样本均值。$I = 0$ 时，为随机分布；$I > 0$ 时，为聚集分布；$I$

<0 时，为均匀分布。

### 6.1.2.2.4 负二项参数($K$)

每单位的生物数有负二项分布时，我们可以用分布的参数 $K$ 值作为聚集的度量。因为负二项分布的方差

$$V = \overline{X} + \overline{X}^2/K \tag{6-8}$$

根据 David 和 Moore 的指标 $I$，有 $K = \overline{X}/I$；也即，低 $K$ 值表示显著的丛生，而高的 $K$ 值表示轻微的丛生。为了得到一个随丛生增加而增加的聚集指标，有的作者利用 $K$ 的函数，比如它的倒数。$K$ 的一个性质是在种群的大小由于随机死亡而减小时，它保持不变。

$$K = \overline{X}^2/(V - \overline{X}) \tag{6-9}$$

其中，$\overline{X}$ 为样本均值，$V$ 为样本方差。$K$ 值愈小，聚集度越大，如果 $K$ 值趋于无穷大（一般为 8 以上），则逼近泊松分布。

### 6.1.2.2.5 Cassie 指标($CA$)

Cassie 指出用 $CA$ 作指标，来判断分布状态比较方便：

$$CA = 1/K \tag{6-10}$$

其中，$K$ 为负二项分布的参数；$CA = 0$，为随机分布；$CA > 0$，为聚集分布；$CA < 0$，为均匀分布。

### 6.1.2.3 更新幼苗幼树空间格局研究方法

#### 6.1.2.3.1 野外调查

分别在近原始林，过伐林与人工林内设置 40 m×40 m 的样地各一块，按相邻格子法划分成 5 m×5 m 的小样方，计 64 块，小样方的编号见图 6.2。在小样方内，调查更新幼苗幼树(胸径 <5 cm)的树种，高度，胸径/地径，年龄等。

| 1–1 | 1–2 | 1–3 | 1–4 | 1–5 | 1–6 | 1–7 | 1–8 |
|---|---|---|---|---|---|---|---|
| 2–1 | 2–2 | 2–3 | 2–4 | 2–5 | 2–6 | 2–7 | 2–8 |
| 3–1 | 3–2 | 3–3 | 3–4 | 3–5 | 3–6 | 3–7 | 3–8 |
| 4–1 | 4–2 | 4–3 | 4–4 | 4–5 | 4–6 | 4–7 | 4–8 |
| 5–1 | 5–2 | 5–3 | 5–4 | 5–5 | 5–6 | 5–7 | 5–8 |
| 6–1 | 6–2 | 6–3 | 6–4 | 6–5 | 6–6 | 6–7 | 6–8 |
| 7–1 | 7–2 | 7–3 | 7–4 | 7–5 | 7–6 | 7–7 | 7–8 |
| 8–1 | 8–2 | 8–3 | 8–4 | 8–5 | 8–6 | 8–7 | 8–8 |

**图 6.2 幼苗幼树空间格局调查单元划分图**

#### 6.1.2.3.2 幼苗的大小结构

年龄结构是种群的重要特征，种群年龄结构的分析是探索种群动态的有效方法。许多学者在研究工作中用大小结构替代年龄结构，效果良好（金则新，2000；谢佳彦，2003；闫桂琴，2001；臧润国，1994；于大炮，2004 等）。本文也采用大小级结构代替年龄结构分析更新苗的动态。

本研究根据更新苗的株高进行大小级划分标准：

Ⅰ级：苗高≤30 cm；

Ⅱ级：30 cm＜苗高≤60 cm；

Ⅲ级：60 cm＜苗高≤100 cm；

Ⅳ级：100 cm＜苗高≤200 cm；

Ⅴ级：苗高＞200cm，胸径≤7.5 cm。

由于本次只调查胸径小于 5 cm 的更新苗，因此把Ⅴ级幼苗标准调整为苗高＞200 cm，胸径＜5.0 cm。

#### 6.1.2.3.3 幼苗幼树空间格局研究方法

计算幼苗幼树的空间格局的方法与林木空间格局的计算方法相同。

## 6.1.3 倒木对更新的影响的研究方法

在云冷杉近原始林中选取 4 株不同腐烂级别的倒木，把倒木划分成若干个小段。对每一小段内的的更新幼苗、幼树分别调查树种、胸径、年龄、树高和冠幅等指标。

分别在近原始林与过伐林内选取各一块 40 m×50 m 的样地进行倒木的空间位置调查：记录倒木的地理坐标，并在方格纸上绘制倒木的空间位置。调查倒木形成的原因：风倒，病虫害，人为，林木竞争死亡等。

倒木腐烂级的划分；各分级系统的一般分级指标为：五级制：Ⅰ、新倒的倒木；Ⅱ、有一些表面的变化；Ⅲ、有树皮脱落；Ⅳ、木材纹理、颜色改变；Ⅴ、部分陷于林地。三级制：Ⅰ、新倒、轻度腐烂的倒木；Ⅱ、树皮脱落、颜色改变，部分陷干林地；Ⅲ、木材颜色为红棕色，木质软化并完全瘫陷于林地。

倒木材积($V$）：根据倒木长度（$l$）和大小头直径（$d_1$，$d_2$），由截顶体的一般求积式 $V = \pi l(d_1^2 + d_2^2)/8$ 来计算倒木的材积。由 $S = l(d_1 + d_2)/2$ 来计算倒木的表面积。

## 6.2 三种森林类型种群动态

## 6.2.1 不同森林类型概况

分别在近原始林，过伐林与人工林各选择典型 40 m×50 m 的样地各一块。三块样地基本概况见表6.1。

近原始林为相对原始状态的林分，树种组成为 4 椴 3 冷 1 红 1 云 1 色。根据树种组成，并结合干扰状况，该森林类型可划分为为针阔混交近原始林，为方便起见在以后的章节中简称为近原始林。

过伐林的树种组成为 4 红 2 云 2 椴 2 色。根据树种组成并结合干扰状况，该森林类型可划分为为阔叶红松过伐林，简称过伐林。

**表 6.1    三块样地基本概况**

| 森林类型 | 坡度 | 郁闭度 | 海拔<br>（m） | 密度<br>（n·m⁻²） | 蓄积量<br>（m³·hm⁻²） | 树种组成 |
|---|---|---|---|---|---|---|
| 近原始林 | 5 | 0.85 | 785 | 765 | 548.8 | 4 椴 3 冷 1 红 1 云 1 色 |
| 过伐林 | 16 | 0.85 | 695 | 1235 | 210.5 | 4 红 2 云 2 椴 2 色 |
| 人天混落叶松林 | 20 | 0.9 | 731 | 992 | 43.6 | 4 落 3 枫 1 云 1 椴 1 色 |

人天混落叶松林：在 1988 年进行了采伐，伐前林地概况及采伐量见表 6.2。伐后保留了大量的小径级的林木，并于 1989 年人工种植落叶松，形成了以人工更新为主，天然更新为辅的人工叶松林，树种组成为 4 落 3 枫 1 云 1 椴 1 色。根据树种组成，并结合干扰状况，该森林类型可划分为人天混落叶松林。

**表 6.2    人天混落叶松林伐前概况与采伐量**

| 树种组成 | 平均胸径<br>（cm） | 平均树高<br>（m） | 公顷蓄积<br>（m³·hm⁻²） | 公顷株数<br>（n·hm⁻²） | 采伐株数<br>（n·hm⁻²） | 采伐量<br>（m³·hm⁻²） |
|---|---|---|---|---|---|---|
| 3 红 3 冷 1 云<br>1 色 1 椴 1 枫 | 23 | 16 | 228 | 724 | 272 | 151.8 |

## 6.2.2    各森林类型树种重要值

重要值（Importance value）是以综合数值来表示群落中各植物种的相对重要性，它由相对多度（或相对密度）、相对频度、相对优势度（本文用相对胸高断面积值表示）3 项特征指标数值综合量化而成，即

$$重要值(IV) = \frac{RA + RF + RP}{300} \times 100\% \tag{6-11}$$

其中，

$$RA(相对多度) = \frac{A(某个种的多度)}{\sum A(所有种多度和)} \times 100\% \tag{6-12}$$

$$RF(相对频度) = \frac{F(某个种的频度)}{\sum F(所有种频度和)} \times 100\% \tag{6-13}$$

$$RP(相对优势度) = \frac{P(某个种的优势度)}{\sum P(所有种优势度和)} \times 100\% \tag{6-14}$$

表 6.3 三种森林类型乔木树种重要值

| 森林类型 | 树种 | 断面积 ($m^2 \cdot hm^{-2}$) | 相对优势度 | 频度(%) | 相对频度(%) | 株数 ($n \cdot hm^{-2}$) | 相对多度(%) | 重要值 |
|---|---|---|---|---|---|---|---|---|
| 近原始林 | 椴树 | 19.972 | 37.81 | 50 | 12.99 | 120 | 15.69 | 82.83 |
| | 冷杉 | 13.9881 | 26.48 | 65 | 16.88 | 145 | 18.95 | 62.34 |
| | 云杉 | 7.784 | 14.74 | 70 | 18.18 | 200 | 26.14 | 59.43 |
| | 红松 | 3.5251 | 6.67 | 45 | 11.69 | 95 | 12.42 | 21.06 |
| | 杂木 | 1.5586 | 2.95 | 60 | 15.58 | 110 | 14.38 | 35.11 |
| | 色木 | 3.1693 | 6.00 | 40 | 10.39 | 40 | 5.23 | 18.43 |
| | 枫桦 | 1.2774 | 2.42 | 25 | 6.49 | 25 | 3.27 | 13.58 |
| | 水曲柳 | 1.3581 | 2.57 | 20 | 5.19 | 20 | 2.61 | 10.38 |
| | 榆木 | 0.1904 | 0.36 | 10 | 2.60 | 10 | 1.31 | 7.22 |
| 过伐林 | 红松 | 7.858 | 32.15 | 70 | 13.59 | 235 | 19.18 | 21.64 |
| | 椴树 | 3.6585 | 14.97 | 95 | 18.45 | 245 | 20.00 | 17.81 |
| | 色木 | 5.112 | 20.92 | 75 | 14.56 | 195 | 15.92 | 17.13 |
| | 杂木 | 1.472 | 6.02 | 80 | 15.53 | 270 | 22.04 | 14.53 |
| | 云杉 | 3.6365 | 14.88 | 40 | 7.77 | 55 | 4.49 | 9.05 |
| | 枫桦 | 0.8395 | 3.44 | 65 | 12.62 | 115 | 9.39 | 8.48 |
| | 水曲柳 | 0.3707 | 1.52 | 35 | 6.80 | 45 | 3.67 | 4.00 |
| | 榆树 | 0.3795 | 1.55 | 35 | 6.80 | 40 | 3.27 | 3.87 |
| | 冷杉 | 1.1135 | 4.56 | 20 | 3.88 | 25 | 2.04 | 3.49 |
| 人天混落叶松林 | 落叶松 | 2.84252 | 55.76 | 100 | 26.32 | 288 | 29.63 | 37.23 |
| | 枫桦 | 0.03816 | 0.75 | 80 | 21.05 | 332 | 34.16 | 18.65 |
| | 椴树 | 0.47632 | 9.34 | 44 | 11.58 | 84 | 8.64 | 9.85 |
| | 色木 | 0.58024 | 11.4 | 36 | 9.47 | 68 | 7.00 | 9.28 |
| | 杂木 | 0.36232 | 7.11 | 32 | 8.42 | 48 | 4.94 | 6.82 |
| | 云杉 | 0.39716 | 7.79 | 32 | 8.42 | 32 | 3.29 | 6.50 |
| | 杨树 | 0.11036 | 2.16 | 28 | 7.37 | 68 | 7.00 | 5.51 |
| | 水曲柳 | 0.25 | 4.9 | 20 | 5.26 | 44 | 4.53 | 4.90 |
| | 冷杉 | 0.041 | 0.8 | 8 | 2.11 | 8 | 0.82 | 1.24 |

从表 6.3 中可以看出近原始林中，针叶树的重要值总和为 142.83，阔叶树的重要值总和为 167.55，比例接近 5∶5，针叶树与阔叶树都占有一定的位置，阔叶树的重要值稍高于针叶树。其中，重要值最大的为椴树，达到 82.83，它与云冷杉组成了该群落的顶级优势种群。林分中椴树个体比较大，其断面积总和达到 19.9727 $m^2 \cdot hm^{-2}$，而它的公顷株数与频度却不大，公顷株数与频度最大的是云杉，冷杉次之。

过伐林中，各树种的重要值都不是很大，各树种间重要值也相差不大。针叶树种的重要值为 34.18，阔叶树种为 65.82，是针叶树中的将近 2 倍。云冷杉重要值较小，而椴树、色木和杂木的重要值比较大。这主要是因为该林分的经营方针是采针留阔，并且群落经过择伐以后，林下大量的径级较小的阔叶树迅速生长，而生长较慢的云冷杉与红松的小径级林木却被压制，只有很少一部分进入主林层。该群落中的红松的重要值与云冷杉原始林中的相差不大，主要是由于该地区对红松的限制型采伐措施的实施，使得该群落中的红松的断面积和密度超过了近原始林。

人天混落叶松林中，落叶松的优势明显，重要值达到37.23，远高与其他树种的重要值，在林中占主导地位，对林分的结构、功能起主要作用。除枫桦的重要值达到18.65外，其它树种的重要值均小于10。针叶树中除落叶松外，云冷杉在该种群中很难立足，除林缘部分有少量小径级林木存在，在林内很难存活。阔叶树种的重要值总和达到55.01，大于针叶树的44.97。主要是因为该林分内有大量的阔叶树的伐根，靠着阔叶树极强的萌生能力，使阔叶树在该群落种占有优势，对改善该林分结构有一定的促进作用。

森林生态系统结构、功能及稳定性是由组成群落的多种树种共同起作用，无论是哪个树种的重要值比重过高，都可能不利于生态系统的稳定性。群落的演替同时伴随着物种多样性的增加和均匀度的提高，以及物种优势度的减弱，这是植物群落动态的一般规律。优势度的减弱意味着林分主要树种重要值下降。我们测定不同林分类型上层乔木树种的重要值，主要是分析不同树种在林分中的作用和地位。近原始林中的优势树种的重要值与其它树种的重要值差异很大，椴树和云冷杉在该林分中占主导地位，对林分的结构、功能起主要作用。过伐林中树种间重要值差别不大，林分结构功能由多种树种共同起作用，说明该林分所处的演替阶段距离近原始林还有一段距离。人天混落叶松林中的的落叶松的重要值一般比其它树种的要大很多，说明这个主要树种在该林分中占主导地位，对林分的结构、功能起主要作用。阔叶树在该林分中也占据一定的位置，对该林分的功能结构，以及林分的发展演替都起一定的促进作用。

## 6.2.3 各森林类型林分结构

种群是构成群落的基本单位，其结构不仅对群落结构具有直接影响，并且能客观地体现出群落的发展趋势。由于个体年龄常难于确定，所以在实际工作中一般采用空间代替时间的方法，即以胸径级代替年龄进行分析（金则新，1997）。本研究也应用此方法对主要树种的种群结构进行了归类和分析。以4 cm为一径阶绘制各森林类型径阶结构图，起测径阶为6 cm。

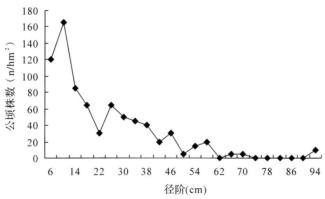

**图6.3 近原始林林分直径结构**

## 6.2.3.1 近原始林林分结构

从图6.3可以看出，该种群直径结构呈递减分布，符合复层异龄林直径结构。呈现出多代林的结构特点。这主要是由于20世纪30年代的拔大毛会造成一个更新波，再加上其他干扰的影响，就造成了多代林的结构特点。林木各径阶均有一定株数分布，基本属于倒"J"字型分布，径级个体占一定比例，幼苗幼树有及其丰富的储备，这种结构较稳定，种群能够连续更新。

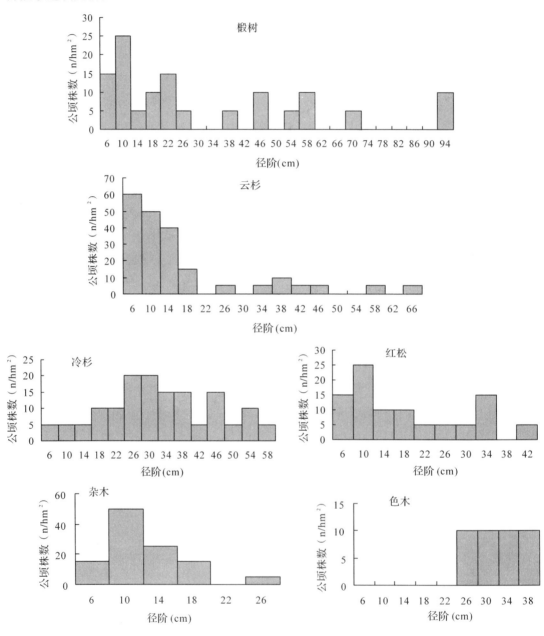

**图6.4 近原始林主要树种径阶结构**

从图6.4可以看出近原始林中主要树种的径阶结构，阔叶树以椴树和杂木为主，其径阶分布范围比较广；针叶树中以云杉、冷杉和红松为主。椴树径阶结构图为多峰型，群落内个体数较多，但由于亚乔木层中的中径个体受压枯死，使得径阶频率分布呈不连续状，有多个单峰出现，同时具有较多的小径级后继更新个体。红松和云杉呈反"J"型，除有成熟的大径级个体外，还有较多的小径级个体存在。冷杉的径阶结构图呈单峰状分布，缺乏小径级个体。色木的小径级个体数量很少，种群个体主要集中在 24－40 cm 径阶，该种群更新能力较差，可能会被淘汰。

### 6.2.3.2 过伐林林分结构

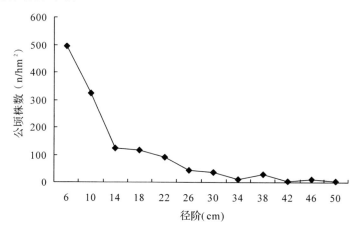

**图6.5 过伐林林分直径结构**

由图 6.5 可以看出，过伐林内，林木直径结构为倒"J"型，属于平衡异龄林。形成平衡异龄林的主要原因是林分干扰间隔期短，每次干扰除去的林木都很少，并且又很均匀。

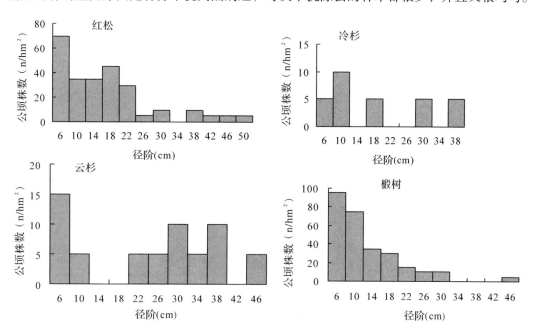

**图6.6 过伐林主要树种直径结构**

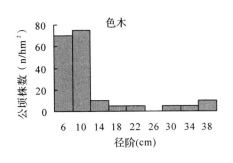
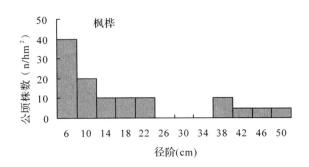

图6.6 过伐林主要树种直径结构(续)

由图6.6可知,过伐林中,红松、椴树、色木与枫桦的直径结构呈倒"J"型,小径级株数较多,个体分布较为连续。冷杉与云杉的直径结构呈不连续分布,缺失径阶比较多,不利于种群的延续。造成过伐林内各树种均有径阶缺失的现象,主要是由于择伐造成的。

### 6.2.3.3 人天混落叶松林林分结构

从图6.7可以看出,人天混落叶松林直径结构为典型的倒"J"字型分布,属于异龄林直径结构特征。由此可以看出,保留木和阔叶树对该林分的影响比较大,该林分经过不到20年的时间就形成为针阔混交的异龄林。

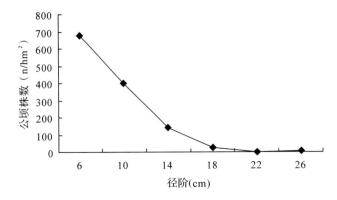

图6.7 人天混落叶松林林分直径结构

从图6.8中可以看出,人天混落叶松林中,林木径阶结构均以中小径级为主,且径阶分布范围很小,这主要与16年前采伐有关。落叶松的直径结构呈左偏正态分布,符合幼龄林直径结构特征。阔叶树种的径阶结构呈递减趋势,这主要是由于,阔叶树多为萌生而成,小径阶株数很多,成丛的聚集在伐根周围,导致生长空间有限,能够长成大径阶的进入主林层的很少。云杉的径阶分布也以中小径级为主,稍大径阶的云杉多为伐前保留下来的,在林分中光线较好的地方或林缘处能够得以生长。

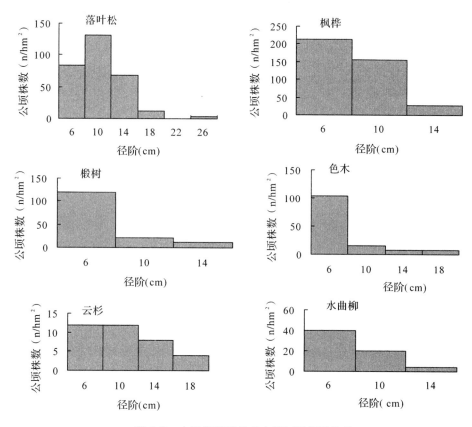

**图6.8 人天混落叶松林主要树种径阶结构**

## 6.2.4 林木空间分布格局

**表6.4 三种森林类型立木空间分布格局**

| 森林类型 | 方差/均值比率法 | | | $\bar{m}/m$ | $I$ | K | CA |
|---|---|---|---|---|---|---|---|
| | $V/m$ | $\lvert t \rvert$ | 格局 | | | | |
| 近原始林 | 1.724 | 1.966 | 随机 | 1.08 | 0.6377 | 12.08 | 0.0828 |
| 过伐林 | 1.963 | 2.665* | 聚集 | 1.07 | 0.8646 | 14.28 | 0.0700 |
| 人天混落叶松林 | 1.296 | 0.714 | 随机 | 1.02 | 0.2316 | 49.23 | 0.0203 |

*差异显著

由表6.4可以看出，经方差/均值比率法与四种聚集度指标方法的检验，近原始林和人天混落叶松林的立木分布格局为随机分布。过伐林的立木分布格局接近随机分布。

从个体间竞争的角度来说，随着林木年龄的增长，竞争加强，必有一部分的个体死去。在一个呈聚集分布的群团中，位于群团边缘的个体比位于群团中心的个体，早期死亡的可能性要大。因此，随着年龄的增长，林木分布的聚集性将逐渐降低，最终表现为随机分布。近原始林由于很长一段时间未受人为干扰，群落的演替按照自然规律进行，从而使得立木的分布格局成为随机分布。

过伐林近期进行过两次强度分别为10%和12%的择伐，使得该林分径阶分布以小径级为主，由于保持林木空间分布均匀是采伐的原则之一，致使立木接近随机分布。

人天混落叶松林内，落叶松占据主导地位，其分布格局对该森林类型的整体分布格局有很大的影响。人工种植落叶松时，其分布为均匀分布，但由于该林分立木密度很大，使得落叶松死亡概率较高，从而导致其分布格局演变为随机分布。该林分内主要阔叶树种的大径级立木多为伐前保留下来的，其分布格局受伐前立木分布格局的影响，表现为随机分布。

表6.5 三种森林类型主要树种空间分布格局

| 森林类型 | 树种 | 方差/均值比率法 | | | $\overline{m}/m$ | $I$ | $K$ | $CA$ |
|---|---|---|---|---|---|---|---|---|
| | | $V/m$ | $\lvert t \rvert$ | 格局 | | | | |
| 近原始林 | 云杉 | 1.60 | 1.85 | 随机 | 1.30 | 0.600 | 3.33 | 0.300 |
| | 冷杉 | 1.21 | 0.632 | 随机 | 1.14 | 0.205 | 7.07 | 0.142 |
| | 色木 | 0.600 | 1.23 | 随机 | 0 | −0.400 | −1.00 | −1.00 |
| | 杂木 | 1.36 | 1.09 | 随机 | 1.32 | 0.355 | 3.10 | 0.322 |
| | 红松 | 1.73 | 2.26* | 聚集 | 1.77 | 0.734 | 1.29 | 0.773 |
| | 椴树 | 1.80 | 2.47* | 聚集 | 1.67 | 0.800 | 1.50 | 0.667 |
| | 水曲柳 | 0.800 | 0.620 | 随机 | 0 | −0.200 | −1.00 | −1.00 |
| | 榆树 | 0.900 | 0.310 | 随机 | 0 | −0.100 | −1.00 | −1.00 |
| 过伐林 | 水曲柳 | 1.22 | 0.668 | 随机 | 1.48 | 0.217 | 2.08 | 0.482 |
| | 红松 | 3.29 | 7.05** | 聚集 | 1.97 | 2.288 | 1.03 | 0.974 |
| | 椴木 | 1.20 | 0.626 | 随机 | 1.08 | 0.203 | 12.1 | 0.0829 |
| | 杂木 | 2.47 | 4.53** | 聚集 | 1.53 | 1.47 | 1.87 | 0.534 |
| | 榆木 | 0.85 | 0.460 | 随机 | 0.625 | −0.150 | −2.67 | −0.375 |
| | 云杉 | 1.18 | 0.546 | 随机 | 1.32 | 0.177 | 3.10 | 0.322 |
| | 枫桦 | 1.33 | 1.01 | 随机 | 1.289 | 0.328 | 3.50 | 0.285 |
| | 色木 | 2.02 | 3.16** | 聚集 | 1.53 | 1.02 | 1.90 | 0.525 |
| | 冷杉 | 1.03 | 0.103 | 随机 | 1.11 | 0.0333 | 9.00 | 0.111 |
| 人天混落叶松林 | 冷杉 | 0.850 | 0.460 | 随机 | 0 | −0.150 | −1.00 | −1.00 |
| | 云杉 | 1.10 | 0.308 | 随机 | 1.25 | 0.100 | 4.00 | 0.250 |
| | 杨树 | 3.44 | 7.53** | 聚集 | 3.88 | 2.44 | 0.348 | 2.88 |
| | 杂木 | 1.18 | 0.55 | 随机 | 1.32 | 0.177 | 3.10 | 0.322 |
| | 枫桦 | 2.53 | 4.72** | 聚集 | 1.38 | 1.530 | 2.65 | 0.378 |
| | 色木 | 2.15 | 3.55** | 聚集 | 2.35 | 1.15 | 0.739 | 1.35 |
| | 椴树 | 1.56 | 1.73 | 随机 | 1.66 | 0.562 | 1.51 | 0.661 |
| | 落叶松 | 1.37 | 1.13 | 随机 | 1.12 | 0.367 | 8.18 | 0.122 |
| | 水曲柳 | 2.10 | 3.39** | 聚集 | 3.75 | 1.10 | 0.364 | 2.75 |

* 差异显著　** 差异极显著

### 6.2.4.1 近原始林主要树种空间分布格局

从表6.5中可以看出，近原始林中，红松和椴树的立木分布格局为聚集分布，其它树种的立木分布格局均为随机分布。造成各树种分布格局差异的主要原因是树种自身生物学特性和外界环境条件共同决定的。由于该林分近期人为干扰很少，影响各树种分布格局差异的主要是不同种之间的竞争。

#### 6.2.4.2 过伐林主要树种空间分布格局

从表6.5中可以看出，红松、杂木和色木的立木分布格局为聚集分布，其它树种的立木分布格局均为随机分布。造成各树种分布格局差异的主要原因是树种自身生物学特性和外界环境条件共同决定的。人为的干扰是影响该林分各树种间分布格局差异的主要外界原因。较少被采伐的树种，并且伐后能够得到良好的更新和生长的树种，由于多集中在林隙内，因此其立木的分布格局呈聚集分布。相反，那些采伐较多的树种(云杉、冷杉)，且伐后未能得到较好生长条件的树种的分布格局表现为随机分布。

#### 6.2.4.3 人天混落叶松林主要树种空间分布格局

从表6.5中可以看出，人天混落叶松林内，杨树、枫桦、色木和水曲柳的立木分布格局为聚集分布，落叶松、椴树和杂木的立木空间分布格局为随机分布。由各树种的径阶结构可知，杨树、枫桦、色木和水曲柳的径阶分布主要集中在小径级，由于小径级林木多为树根上萌生而成，其分布集中在树根周围，从而使得它们得立木分布格局表现为聚集分布。由于冷杉、云杉、椴树和杂木的伐前保留的株数较多，径阶分布中不乏较大径级的林木，使得它们的分布格局同落叶松一样，表现为随机分布。

## 6.2.5 主要树种存活曲线

本研究以径阶结构代替年龄绘制树种的存活曲线。各种群大小级的确定是参考其他学者划分的方法，并结合自己工作的实际，将 $H < 33cm$ 划为第Ⅰ级，$H \geqslant 33cm$，$D < 2.5cm$ 为第Ⅱ级，$D \geqslant 2.5cm$ 的林木每隔5cm为一级，采用上限排外法，$D > 62.5cm$ 的林木为一级。在种群存活曲线图中，横坐标为大小级，纵坐标为现存个体数的自然对数。

存活曲线是对生命表的重要反映，当特定年龄或年龄组的出生率和死亡率不能确定时，可以根据存活曲线的类型来判断种群是增长、下降还是稳定的动态特征。如果存活曲线是直线型则表明该种群是稳定种群；若为凹型，则为增长种群；若为凸型，则为下降种群。为了更准确地确定各样地存活曲线的特征，将各样地的存活曲线进行线性回归分析，配合直线回归方程并检验其显著程度。

#### 6.2.5.1 近原始林主要树种存活曲线

表6.6 近原始林主要树种不同立木级存活数据($n/hm^2$)

| 树种 | I | II | 2.6 ~ 7.5 | 7.6 ~ 12.5 | 12.6 ~ 17.5 | 17.6 ~ 22.5 | 22.6 ~ 27.5 | 27.6 ~ 32.5 | 32.6 ~ 37.5 | 37.6 ~ 42.5 | 42.6 ~ 47.5 | 47.6 ~ 52.5 | 52.6 ~ 57.5 | 57.6 ~ 62.5 | >62.6 |
|---|---|---|---|---|---|---|---|---|---|---|---|---|---|---|---|
| 红松 | 200 | 350 | 40 | 30 | 15 | 10 | 5 | 5 | 15 | 5 | 0 | 0 | 0 | 0 | 0 |
| 云杉 | 500 | 506 | 50 | 65 | 50 | 5 | 5 | 5 | 0 | 15 | 5 | 0 | 5 | 0 | 5 |
| 冷杉 | 2275 | 2056 | 30 | 5 | 5 | 10 | 10 | 40 | 25 | 15 | 10 | 5 | 15 | 0 | 0 |
| 椴木 | 13 | 81 | 15 | 25 | 10 | 20 | 5 | 0 | 0 | 5 | 10 | 0 | 15 | 0 | 20 |

立木级(cm)

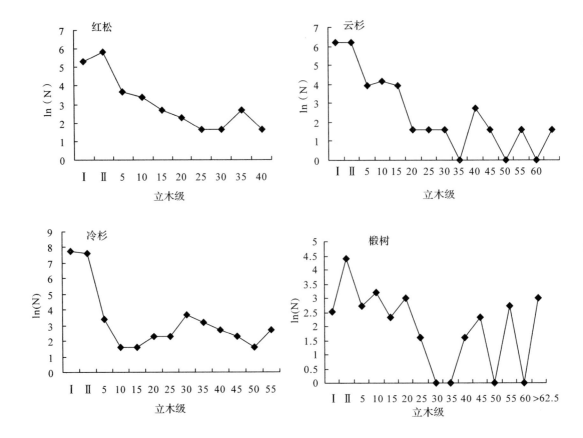

**图6.9 近原始林主要树种存活曲线**

根据表6.6绘制近原始林中主要树种的存活曲线。由图6.9可以看出，近原始林中的主要树种红松，云杉，冷杉和椴树的种群存活曲线为凹型，并进行线性回归(表6.7)，结果是红松、云杉的种群存活曲线存在显著的线性关系，所以，它们为稳定型种群；冷杉、椴树的种群存活曲线不存在线性相关关系，它们为增长型种群。

**表6.7 近原始林主要树种存活曲线的回归方程**

| 树种 | 回归方程 | 相关系数 |
|------|----------|----------|
| 红松 | $y = -0.4329x + 5.4602$ | $R^2 = 0.7549(P < 0.05)$ |
| 冷杉 | $y = -0.3116x + 5.4753$ | $R^2 = 0.3481(P > 0.05)$ |
| 云杉 | $y = -0.3719x + 5.4288$ | $R^2 = 0.6677(P < 0.05)$ |
| 椴树 | $y = -0.1441x + 3.1112$ | $R^2 = 0.2157(P > 0.05)$ |

#### 6.2.5.2 云冷杉过伐林主要树种存活曲线

表6.8 过伐林主要树种不同立木级存活数据(n/hm²)

| 树种 | 立木级(cm) | | | | | | | | | | | |
|------|------|------|-----------|-----------|-----------|-----------|-----------|-----------|-----------|-----------|-----------|
| | I | II | 2.6~7.5 | 7.6~12.5 | 12.6~17.5 | 17.6~22.5 | 22.6~27.5 | 27.6~32.5 | 32.6~37.5 | 37.6~42.5 | 42.6~47.5 | 47.6~52.5 |
| 红松 | 50 | 35 | 100 | 45 | 35 | 55 | 20 | 10 | 5 | 10 | 5 | 5 |
| 云杉 | 65 | 220 | 10 | 5 | 0 | 5 | 0 | 20 | 5 | 5 | 0 | 0 |
| 冷杉 | 120 | 525 | 30 | 10 | 0 | 5 | 0 | 5 | 5 | 0 | 0 | 0 |
| 色木 | 720 | 360 | 25 | 35 | 40 | 50 | 25 | 10 | 5 | 0 | 0 | 0 |
| 椴木 | 15 | 120 | 145 | 90 | 25 | 20 | 15 | 5 | 0 | 5 | 0 | 0 |

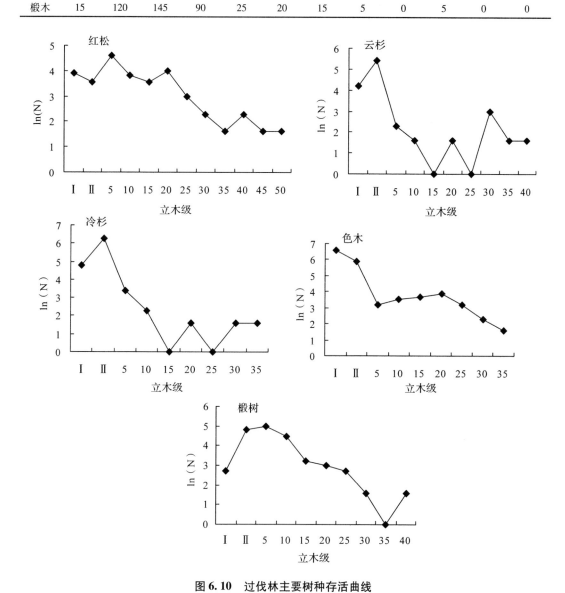

图6.10 过伐林主要树种存活曲线

根据表6.8绘制过伐林中主要树种的存活曲线。由图6.10中可以看出，红松和色木的种群存活曲线为凸型，并进行线性回归(表6.9)，结果是红松、椴树的存活曲线存在显著的相关关系，所以，它们为稳定型种群。云杉、冷杉的种群存活曲线为凹型，经线性回归检验，它们的存活曲线不存在线性相关关系，它们为增长型种群。椴树的种群存活曲线为凸型，经线性回归检验，其存活曲线有一定的相关性，但相关系数并不大，椴树的种群介于稳定型和下降型之间。

表6.9 过伐林主要树种存活曲线的回归方程

| 树种 | 回归方程 | 相关系数 |
|------|---------|---------|
| 云杉 | $y = -0.299x + 3.774$ | $R^2 = 0.2861(P > 0.05)$ |
| 红松 | $y = -0.2612x + 4.6873$ | $R^2 = 0.7831(P < 0.01)$ |
| 冷杉 | $y = -0.5695x + 5.2456$ | $R^2 = 0.5555(P > 0.05)$ |
| 色木 | $y = -0.5046x + 6.2974$ | $R^2 = 0.7687(P < 0.01)$ |
| 椴木 | $y = -0.399x + 5.1059$ | $R^2 = 0.5874(P < 0.05)$ |

### 6.2.5.3 人天混落叶松林主要树种存活曲线

表6.10 人天混落叶松林主要树种不同立木级存活数据(n/hm²)

| 树种 | 立木级(cm) | | | | | | |
|------|---|---|-----------|------------|-------------|-------------|-------------|
| | I | II | 2.6 ~ 7.5 | 7.6 ~ 12.5 | 12.6 ~ 17.5 | 17.6 ~ 22.5 | 22.6 ~ 27.5 |
| 落叶松 | 0 | 25 | 60 | 200 | 60 | 10 | 5 |
| 椴树 | 0 | 115 | 270 | 20 | 15 | 0 | 0 |
| 枫桦 | 0 | 55 | 360 | 190 | 15 | 0 | 0 |
| 色木 | 20 | 200 | 285 | 25 | 15 | 5 | 0 |

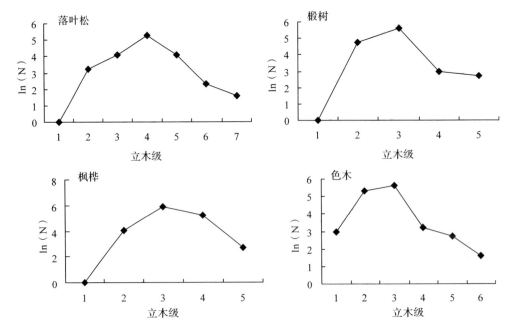

图6.11 人天混落叶松林主要树种存活曲线

根据表6.10绘制人天混落叶松中主要树种的存活曲线。从图6.11中可以看出，人天混落叶松林中，落叶松、椴树、枫桦、色木的种群存活曲线均为凸型，并进行线性回归（表6.11），结果是它们的存活曲线都不存在线性相关关系，均为下降型种群。在森林经营活动中，要定期对落叶松进行密度控制，为阔叶树的生长创造良好的条件，防止种群的进一步衰退。

**表6.11　主要树种存活曲线的回归方程**

| 树种 | 回归方程 | 相关系数 |
|------|---------|---------|
| 落叶松 | $y = -0.0654x + 1.8277$ | $R^2 = 0.0101(P > 0.05)$ |
| 椴树 | $y = 0.0448x + 1.7875$ | $R^2 = 0.0019(P > 0.05)$ |
| 枫桦 | $y = 0.3437x + 1.2511$ | $R^2 = 0.095(P > 0.05)$ |
| 色木 | $y = -0.4896x + 3.6846$ | $R^2 = 0.3393(P > 0.05)$ |

# 6.3　三种森林类型天然更新研究

## 6.3.1　三种森林类型的天然更新

### 6.3.1.1　近原始林的天然更新

该林分的主要树种为椴树，其组成系数达4成，其他树种有冷杉，红松，云杉，色木。林分的郁闭度也比较大，达到0.85。由于林冠密，林下植被总盖度为40%。林下植被较稀，减少了生长竞争，为幼苗幼树的生长创造条件，森林天然更新较好，更新幼苗幼树株数为7324株·$hm^{-2}$。

在更新组成中（图6.12），云冷杉更新幼苗幼树总株数占到75%。其中冷杉更新幼苗幼树最多，达到4357株·$hm^{-2}$，占总更新幼苗幼树的59.5%。红松更新幼苗幼树为631株·$hm^{-2}$，仅占8.6%。阔叶树更新幼苗幼树占到18.0%，阔叶树更新的树种主要是榆树和色木，同时，还有少量的椴树等。

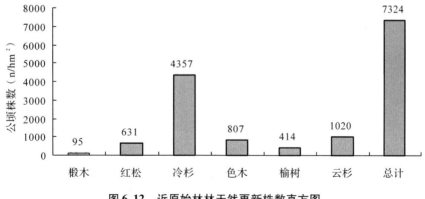

**图6.12　近原始林林天然更新株数直方图**

### 6.3.1.2　过伐林的天然更新

该林分内有大量的云冷杉和红松等年龄较大的伐前更新的幼树。伐后各种植物竞相生长，形成茂密的林下植被，覆盖着林地。其中灌木的盖度为 60%。这些茂盛的林下植被，其落叶常常阻隔了林木种子与土壤接触，使种子困难发芽。即使发了芽，也因活地物严实的遮盖，得不到阳光难以成长，更新很差，更新幼苗幼树较少，为 2968 株·hm$^{-2}$。在更新组成中，云冷杉达 40%，红松仅占 6%。阔叶树更新幼苗幼树占到 54.3%，阔叶树更新的树种主要是榆树、椴树和色木。同时，还有水曲柳和枫桦等(图 6.13)。

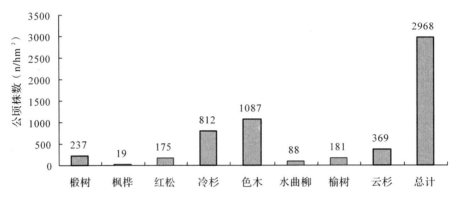

**图 6.13　过伐林天然更新株数直方图**

### 6.3.1.3　人天混落叶松林的天然更新

该林分的天然更新很差，仅有 1720 株·hm$^{-2}$。而且，更新幼苗幼树多为阔叶树伐桩上萌生出的。在更新组成中，针叶树种不到 1 成，而且多为 10 cm 幼苗，难以成活。阔叶树更新的树种主要是色木，椴树和枫桦，这与伐前林内阔叶树种的组成一致。该林分伐前树种组成为云冷杉占 4 成，红松占 3 成，其它树种有色木，椴树，枫桦。由于人工种植的落叶松密度很大，郁闭度达到 0.95，使伐前保留下来的更新幼苗幼树很难生长。林内落叶松的松针阻隔了林木种子与土壤的接触，使种子发芽比较困难(图 6.14)。

由于萌生苗的更新对落叶松林的组成、林内土壤的改善以及整个林分的发展演替起着至关重要的作用。因此，对过伐林进行皆伐人工种植落叶松时，要尽可能的保存阔叶树根。同时定期要对人工落叶松进行密度控制，为阔叶树的生长创造良好的环境，这将有助于改善林内的土壤状况，加速林内落叶松针的分解，改善林内树种结构组成，优化树种的空间结构。

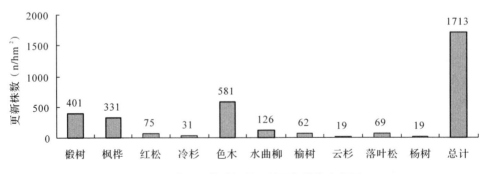

**图 6.14　人天混落叶松林天然更新株数直方图**

## 6.3.2 更新幼苗幼树数量及其结构

表 6.12　三种森林类型不同大小级更新幼苗幼树株数

| 森林类型 | 树种 | 1<br>H < 30 | 2<br>30 ~ 60 | 3<br>60 ~ 100 | 4<br>100 ~ 200 | 5<br>H > 200 | 总计 |
|---|---|---|---|---|---|---|---|
| 近原始林 | 椴木 | 13 | 0 | 13 | 44 | 25 | 95 |
| | 红松 | 150 | 231 | 113 | 81 | 56 | 631 |
| | 冷杉 | 2556 | 1275 | 294 | 194 | 38 | 4357 |
| | 色木 | 256 | 288 | 194 | 63 | 6 | 807 |
| | 榆树 | 63 | 163 | 69 | 113 | 6 | 414 |
| | 云杉 | 469 | 350 | 63 | 88 | 50 | 1020 |
| | 总计 | 3507 | 2307 | 746 | 583 | 181 | 7324 |
| 过伐林 | 椴树 | 6 | 6 | 50 | 56 | 119 | 237 |
| | 枫桦 | 0 | 0 | 0 | 13 | 6 | 19 |
| | 红松 | 69 | 6 | 6 | 19 | 75 | 175 |
| | 冷杉 | 306 | 250 | 106 | 119 | 31 | 812 |
| | 色木 | 750 | 131 | 131 | 56 | 19 | 1087 |
| | 水曲柳 | 6 | 13 | 13 | 25 | 31 | 88 |
| | 榆树 | 6 | 44 | 31 | 56 | 44 | 181 |
| | 云杉 | 113 | 150 | 69 | 31 | 6 | 369 |
| | 总计 | 1256 | 600 | 406 | 375 | 331 | 2968 |
| 人天混<br>落叶松林 | 椴树 | 0 | 0 | 0 | 13 | 388 | 401 |
| | 枫桦 | 0 | 0 | 0 | 0 | 331 | 331 |
| | 红松 | 50 | 6 | 0 | 13 | 6 | 75 |
| | 冷杉 | 6 | 0 | 0 | 0 | 25 | 31 |
| | 色木 | 25 | 0 | 6 | 69 | 481 | 581 |
| | 水曲柳 | 0 | 0 | 0 | 13 | 113 | 126 |
| | 榆树 | 6 | 6 | 6 | 0 | 44 | 62 |
| | 云杉 | 6 | 0 | 0 | 0 | 13 | 19 |
| | 落叶松 | 0 | 0 | 0 | 0 | 69 | 69 |
| | 杨树 | 0 | 0 | 0 | 0 | 19 | 19 |
| | 总计 | 93 | 13 | 13 | 106 | 1488 | 1713 |

　　从大小结构图(图6.15至图6.17)来看,近原始林与过伐林类似,更新苗数量均是随高度的增大而减少,1级的更新苗数量最多。近原始林的1、2级的更新苗数量占79.4%;过伐林的1、2级的更新苗数量占62.5%。近原始林针叶树种更新苗数量比例较大,占82.4%;过伐林针叶树种更新苗所占比例为44.4%。人天混落叶松林更新苗大小结构与近原始林和过伐林相反,更新苗数量随高度的增大而增加,高度小于200 cm的幼苗数量很少,5级的更新苗数量占86.8%,这主要是由于更新苗多为萌生。人天混落叶松林阔叶树

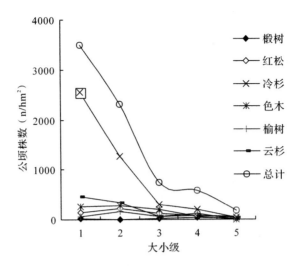

图 6.15　近原始林更新苗大小级分布图

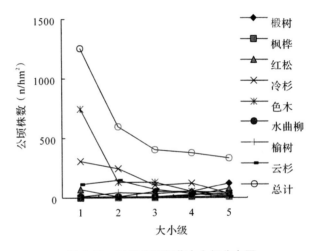

图 6.16　过伐林更新苗大小级分布图

更新苗所占比例很大，占 89.1%（表 6.12）。

　　近原始林中，更新苗主要树种由大到小依次为冷杉，云杉，色木与红松。其中，冷杉与云杉的更新苗数量均随级别的增大而减少，1 级的更新苗数量最多。红松更新苗数量各级别相差不大，其中 2 级的更新苗数量最多。色木的更新苗数量大体上呈下降趋势，小级别更新苗数量最多。

　　过伐林中，更新苗主要树种由大到小依次为色木，冷杉，云杉与椴树。其中，色木，冷杉与云杉的更新苗数量均随级别的增大而减少。椴树的更新苗数量随级别的增大而增多。

　　人天混落叶松林中，更新苗主要树种由大到小依次为色木，椴树、枫桦和水曲柳。其中，这 4 种树种的更新苗数量均是随级别的增大而增多，5 级的更新苗数量最多。

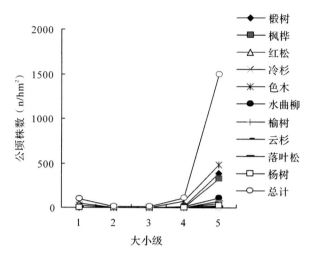

**图 6.17　人天混落叶松林更新苗大小级分布图**

## 6.3.3　幼苗空间分布格局

由表 6.13 可以看出，经方差/均值比率法与四种聚集度指标的方法共同检验，三种森林类型的幼苗幼树的空间结构均呈聚集分布。由 K 值可知，三种森林类型的幼苗幼树的聚集程度都比较大，都大于各自森林类型的立木的聚集程度。其中，又以过伐林的幼苗幼树的聚集程度最大，人天混落叶松林的次之，近原始林最小。影响幼苗幼树的空间分布格局的因素有母树分布、种子雨、发芽条件、同种个体的密度、不同种之间的竞争和动物的作用。三种森林类型的幼苗幼树的聚集程度的差异，主要是由于各森林类型的生境条件的不同所造成的。过伐林的密度最大，林下灌木盖度也最大，使得该森林类型内的幼苗幼树主要集中在林隙与倒木上，聚集程度也就比较大。人天混落叶松林的密度其次，且该森林类型的幼苗幼树主要是阔叶树萌生而成，幼苗有数主要集中在伐根周围，林隙及林缘也有少量分布。近原始林的密度最小，幼苗幼树的生长条件比较好，在林隙、倒木及林冠下均有分布，这就在一定程度上减小了该森林类型内幼苗幼树的聚集程度。

各森林类型内不同树种，不同森林类型内相同树种的幼苗与幼树间的分布格局以及聚集程度也有所差异。这主要是由物种的干扰和生物学特性及生境条件共同作用的结果。

**表 6.13　三种森林类型幼苗幼树空间分布格局**

| 森林类型 | 方差/均值比率法 | | | $\overline{m}/m$ | $I$ | $K$ | $CA$ |
| --- | --- | --- | --- | --- | --- | --- | --- |
| | $V/m$ | $\lvert t \rvert$ | 格局 | | | | |
| 近原始林 | 5.248 | 23.84** | 聚集 | 1.231 | 4.248 | 4.314 | 0.2318 |
| 过伐林 | 12.44 | 64.12** | 聚集 | 2.525 | 11.44 | 0.6556 | 1.525 |
| 人天混落叶松林 | 4.393 | 19.05** | 聚集 | 1.7813 | 3.394 | 1.2780 | 0.7813 |

### 6.3.3.1　近原始林幼苗幼树空间分布格局

该森林类型内，所有树种的幼苗幼树的分布格局均呈聚集分布（表 6.14）。林下植被较稀，减少了对生长条件的竞争，为幼苗幼树的生长创造条件，幼苗幼树主要集中在林隙及倒木上，林冠下也有分布。由 K 值可知，该森林类型内，云冷杉和红松的幼苗幼树的聚集程度均小于其它阔叶树，这主要由于近原始林内，倒木数量较多，在一定程度上加大了幼苗幼树的聚集程度。该林分由于林下植被生长受到控制，总盖度为40%，林内的透光条件比较好，更有利于阔叶树种幼苗幼树的生长，使得阔叶树种幼苗幼树的聚集程度大于针叶树。

### 6.3.3.2 过伐林幼苗幼树空间分布格局

在过伐林内，所有树种的幼苗幼树的空间分布格局均呈聚集分布(表6.14)。由于林内保留了较多的云冷杉和红松等母树和幼树，林内郁闭度较大，林下灌木、草本盖度很大。林内茂盛的林下植被，其落叶常常阻隔了林木种子与土壤接触，使种子困难发芽。即使发了芽，也因活地物严实的遮盖，得不到阳光难以成长。因此，该林分内幼苗数量很少，且多聚集在倒木上和林隙内。在过伐林经营过程中，择伐会形成不均匀的林隙，这在一定程度上也加大了林木的聚集强度。由 K 值可知(表6.14)，该森林类型内云冷杉的幼苗幼树的聚集程度大于其它阔叶树种，这主要与该林分的密度大，灌木盖度也比较大，有利于更耐荫的云冷杉幼苗幼树的生长。

### 6.3.3.3 人天混落叶松林幼苗幼树空间分布格局

由表6.14可知，该森林类型内，云冷杉、红松与落叶松的幼苗幼树的分布格局为随机分布。这主要是由于该林分内立木密度比较大，再加上地表有一层很厚的松针，且周围母树很少，有限的种子很难与地表接触，难以发芽。即使发芽，由于林内郁闭度很大，也难以成活。只有少量的云冷杉、红松及落叶松的幼苗幼树生长在林缘及林内透光条件较好的地方。其它阔叶树的幼苗幼树的空间分布格局均呈聚集分布，其聚集程度的大小主要与伐根分布有关。由表6.2可知，该森林类型伐前阔叶树组成主要为色木、椴树和枫桦，由各阔叶树种的 K 值可知(表6.14)，这三种树种的幼苗幼树的聚集程度小于其它阔叶树种。

表 6.14　三种森林类型不同树种幼苗幼树空间分布格局

| 森林类型 | 树种 | 方差/均值比率法 | | | $\overline{m}/m$ | I | K | CA |
|---|---|---|---|---|---|---|---|---|
| | | V/m | \|t\| | 格局 | | | | |
| 近原始林 | 冷杉 | 4.6995 | 20.760** | 聚集 | 1.3378 | 3.6995 | 2.9607 | 0.3378 |
| | 云杉 | 3.5113 | 14.092** | 聚集 | 1.9921 | 2.5113 | 1.008 | 0.9921 |
| | 红松 | 2.3990 | 7.8506** | 聚集 | 1.8693 | 1.399 | 1.1504 | 0.8693 |
| | 色木 | 4.0702 | 17.229** | 聚集 | 2.4999 | 3.0702 | 0.6667 | 1.4999 |
| | 榆树 | 1.9734 | 5.4622** | 聚集 | 2.0559 | 0.9734 | 0.9471 | 1.0559 |
| | 椴树 | 2.2997 | 7.2936** | 聚集 | 5.8931 | 1.2997 | 0.2044 | 4.8931 |
| 过伐林 | 冷杉 | 19.998 | 106.61** | 聚集 | 10.282 | 18.998 | 0.1077 | 9.2817 |
| | 云杉 | 5.8231 | 27.066** | 聚集 | 6.5121 | 4.8231 | 0.1814 | 5.5121 |
| | 红松 | 1.6190 | 3.4739** | 聚集 | 2.5238 | 0.6190 | 0.6563 | 1.5238 |
| | 色木 | 4.9873 | 22.375** | 聚集 | 2.3794 | 3.9873 | 0.7250 | 1.3794 |
| | 榆树 | 2.7274 | 9.6937** | 聚集 | 4.8122 | 1.7274 | 0.2623 | 3.8122 |

续表

| 森林类型 | 树种 | 方差/均值比率法 | | | $\overline{m}/m$ | $I$ | $K$ | $CA$ |
|---|---|---|---|---|---|---|---|---|
| | | $V/m$ | $\mid t\mid$ | 格局 | | | | |
| | 椴树 | 2.8974 | 10.648** | 聚集 | 4.1137 | 1.8974 | 0.3212 | 3.1137 |
| | 水曲柳 | 1.3741 | 2.0996* | 聚集 | 2.7104 | 0.3741 | 0.5847 | 1.7104 |
| 人天混落叶松林 | 冷杉 | 1.3429 | 1.9240 | 随机 | 5.3886 | 0.3429 | 0.2279 | 4.3886 |
| | 云杉 | 0.9841 | 0.089 | 随机 | 0.4921 | -0.0159 | -1.9687 | -0.5080 |
| | 红松 | 1.3333 | 1.8706 | 随机 | 2.7778 | 0.3333 | 0.5625 | 1.7778 |
| | 色木 | 6.5268 | 31.015** | 聚集 | 4.763 | 5.5268 | 0.2657 | 3.763 |
| | 榆树 | 2.2794 | 7.1794** | 聚集 | 9.1879 | 1.2794 | 0.1221 | 8.1879 |
| | 椴树 | 3.0786 | 11.665** | 聚集 | 3.0467 | 2.0786 | 0.4886 | 2.0467 |
| | 水曲柳 | 4.7143 | 20.843** | 聚集 | 11.335 | 3.7143 | 0.0968 | 10.335 |
| | 杨树 | 1.6455 | 3.6223** | 聚集 | 14.771 | 0.6455 | 0.0726 | 13.771 |
| | 枫桦 | 1.9380 | 5.2638** | 聚集 | 2.1327 | 0.938 | 0.8829 | 1.1327 |
| | 落叶松 | 1.0260 | 0.1458 | 随机 | 1.1511 | 0.0260 | 6.6172 | 0.1511 |

注:*差异显著  **差异极显著

# 6.4 倒木对更新的影响

## 6.4.1 不同森林类型内的倒木特征

### 6.4.1.1 倒木贮量

由于干扰状况的差异,样地内倒木贮量相差很大。近原始林近50年几乎没有人为干扰,倒木贮量达241.7 $m^3 \cdot hm^{-2}$,占林分蓄积的44.05%;过伐林由于进行过几次择伐和清林,林内倒木贮量仅为66.9 $m^3 \cdot hm^{-2}$,占林分蓄积的31.78%(见表6.15)。

表6.15 倒木贮量与林分蓄积量

| 森林类型 | 倒木贮量($m^3 \cdot hm^{-2}$) | 林分蓄积($m^3 \cdot hm^{-2}$) | 占林分蓄积百分比(%) |
|---|---|---|---|
| 近原始林 | 241.7 | 548.8 | 44.05 |
| 过伐林 | 66.9 | 210.5 | 31.78 |

由表6.16可知,云冷杉原始林Ⅲ,Ⅳ,Ⅴ级倒木株数合计达到96%。其中,Ⅴ级倒木数量最多,占50%,Ⅲ级与Ⅳ级倒木数量分别占25.3%和20.7%。倒木贮量随腐烂级别的增大而增加,Ⅲ、Ⅳ、Ⅴ级分别占11.8%、19.4%、66%,合计为97.2%。过伐林只有Ⅲ级与Ⅴ级存在倒木,Ⅴ级倒木数量占79.4%,贮量占70.8%。

表 6.16　不同腐烂级倒木株数及蓄积

| 腐烂级 | 近原始林 | | 过伐林 | |
| --- | --- | --- | --- | --- |
| | 蓄积<br>（m³·hm⁻²） | 公顷株数<br>（n·hm⁻²） | 蓄积<br>（m³·hm⁻²） | 公顷株数<br>（n·hm⁻²） |
| I | 0 | 0 | 0 | 0 |
| II | 6.9 | 6 | 0 | 0 |
| III | 28.5 | 38 | 19.5 | 13 |
| IV | 46.9 | 31 | 0 | 0 |
| V | 159.4 | 75 | 47.4 | 50 |
| 总计 | 241.7 | 150 | 66.9 | 63 |

### 6.4.1.2　倒木大小结构

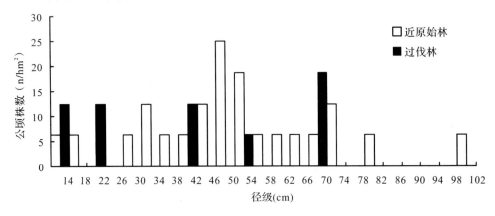

图 6.18　倒木大小级结构

以倒木大头直径为横坐标，以 4 cm 径阶整化绘制倒木大小级结构图。由图 6.18 可知，云冷杉近原始林倒木各径阶分布比较均匀，46～54 cm 径阶稍多。过伐林内倒木仅在 14、22、42、54 和 70 cm 径阶有倒木存在。

## 6.4.2　倒木上更新苗分布格局

在云冷杉近原始林内选取 4 株腐烂级别为 V 级的典型倒木，由大头处开始，划分成 2 m 长的小段，分别调查各段更新苗空间分布格局。

由图 6.19 可见，4 株倒木中 1、2 和 4 号更新苗分布均大致呈正态分布，倒木中部更新苗数量较多，4 号倒木尤为明显。3 号更新苗主要集中在倒木大头端处，而小头端更新苗数量较少。造成上述现象的原因主要有两个方面。一方面，与倒木面积有关，小头端由于表面积较小，可供更新苗生长的空间有限；另一方面，由于径级越大，倒木的分解越慢，倒木大头端腐烂程度要小于中部及小头部分，腐烂程度越高，含水量、养分含量就越高，越有利于更新苗更新。

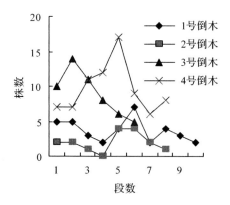

**图6.19　倒木上更新苗分布格局**

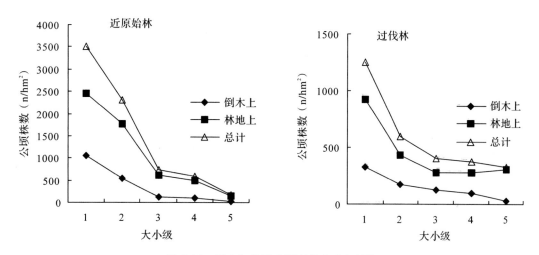

**图6.20　倒木与林地上更新苗大小级结构**

## 6.4.3　倒木与林地上幼苗大小级结构

由图6.20可知两块样地中，倒木上大级别更新苗数量很少，$H < 30cm$ 的更新苗数量最多。近原始林5级更新苗总量少于过伐林，其他各级均多于过伐林。近原始林倒木上更新苗数量均多于过伐林，过伐林5级更新苗数量主要集中在林地上。

**表6.17　倒木上与林地上幼苗公顷株数**

| 树种 | 近原始林 | | | 过伐林 | | |
|---|---|---|---|---|---|---|
| | 倒木上 | 林地上 | 总计 | 倒木上 | 林地上 | 总计 |
| 冷杉 | 1069 | 3288 | 4357 | 306 | 506 | 812 |
| 红松 | 50 | 581 | 631 | 19 | 144 | 163 |
| 云杉 | 550 | 468 | 1018 | 213 | 156 | 369 |
| 针叶树总计 | 1669 | 4337 | 6006 | 538 | 806 | 1344 |
| 色木 | 88 | 718 | 806 | 119 | 969 | 1088 |
| 榆树 | 44 | 369 | 413 | 62 | 113 | 175 |

| 树种 | 近原始林 | | | 过伐林 | | |
|---|---|---|---|---|---|---|
| | 倒木上 | 林地上 | 总计 | 倒木上 | 林地上 | 总计 |
| 椴木 | 44 | 50 | 94 | 13 | 230 | 243 |
| 阔叶树总计 | 176 | 1137 | 1313 | 194 | 1312 | 1506 |
| 总计 | 1845 | 5474 | 7319 | 732 | 2118 | 2850 |

由表 6.17 可知，近原始林倒木上云杉幼苗幼树株数多于林地上，冷杉、红松、色木与榆树林地上幼苗幼树株数远多于倒木上，椴树幼苗倒木上与林地上数量相差不大。

过伐林，倒木上云杉幼苗幼树株数多于林地上，倒木上冷杉、榆树与林地上幼苗幼树株数相差不大，林地上红松、色木与椴木幼苗幼树株数远多于倒木上。阔叶树幼苗幼树株数林地上远多于倒木上。

## 6.4.4　倒木对更新的影响

表 6.18　倒木与林地单位面积更新幼苗幼树株数

| 森林类型 | 倒木表面积($m^2$) | 倒木更新株数($n \cdot m^{-2}$) | 林地更新株数($n \cdot m^{-2}$) |
|---|---|---|---|
| 近原始林 | 580.15 | 3.18 | 0.55 |
| 过伐林 | 178.72 | 4.10 | 0.21 |

倒木特别是树冠处养分含量高，释放过程缓慢，并且存在固 N 细菌，这对林分的天然更新很有利。云冷杉原始林与过伐林内，草本植物或灌木繁茂，倒木上则不然，它使更新幼苗幼树逃避了密被的草本灌木层的竞争和遮盖作用，因而在倒木上平均更新幼苗幼树为 3.18 株 $\cdot m^{-2}$ 和 4.10 株 $\cdot m^{-2}$，远远高于林地上平均 0.5 株 $\cdot m^{-2}$ 的水平(表 6.18)。倒木上更新好坏与倒木腐朽程度关系密切，一般腐朽程度加深，倒木含水量增大，养分浓度增大，有利于更新。

## 6.5　结论与讨论

### 6.5.1　结论

(1)针阔混交近原始林中，针叶树与阔叶树的重要值比例接近5:5，主要树种的重要值由大到小依次为：椴树 > 冷杉 > 云杉 > 杂木 > 红松 > 色木；阔叶红松过伐林中，阔叶树种的重要值是针叶树中的将近 2 倍，主要树种的重要值由大到小依次为：红松 > 椴树 > 色木 > 杂木 > 云杉 > 枫桦；人天混落叶松林中，落叶松的优势明显，其重要值达远高与其它树种的重要值，阔叶树的重要值稍高于针叶树，主要树种的重要值由大到小依次为：落叶松 > 枫桦 > 椴树 > 色木 > 杂木 > 云杉 > 。

(2)针阔混交近原始林各树种种群多为增长型；阔叶红松过伐林内除椴树种群介于稳定型和下降型之间，其它树种多为增长型；人天混落叶松林内所有树种均为下降型种群。

(3)近原始林和人天混落叶松林的立木分布格局为随机分布。过伐林的立木分布格局为聚集分布，但该林分的立木聚集度很小，立木空间分布格局接近随机分布。三种森林类型的幼苗幼树的分布格局均为聚集分布。

（4）针阔混交近原始林与阔叶红松过伐林的更新苗数量均是随高度的增大而减少，小级别的更新苗数量最多。针阔混交近原始林 H < 60 cm 的更新苗数量占 79.4%；阔叶红松过伐林中 H < 60 cm 的更新苗数量占 62.5%。针阔混交近原始林针叶树种更新苗数量比例较大，占 82.4%；阔叶红松过伐林针叶树种更新苗所占比例为 44.4%。人天混落叶松林内更新苗数量随高度的增大而增加，小级别更新苗数量很少，H > 200 cm 的更新苗数量占 86.8%，人天混落叶松林阔叶树更新苗所占比例很大，占 89.1%。

（5）云冷杉近原始林中，更新苗数量由大到小依次为冷杉，云杉，色木与红松。阔叶红松过伐林中，更新苗数量由大到小依次为色木，冷杉，云杉与椴树。人天混落叶松林中，更新苗数量由大到小依次为色木，椴树和枫桦。

（6）针阔混交近原始林倒木贮量是阔叶红松过伐林林内倒木贮量的近 4 倍。人天混落叶松林内没有倒木存在。其中针阔混交近原始林倒木贮量达 241.7 $m^3 \cdot hm^{-2}$，占林分蓄积的 44.05%；阔叶红松过伐林林内倒木贮量仅为 66.9 $m^3 \cdot hm^{-2}$，占林分蓄积的 31.78%。针阔混交近原始林倒木各径阶分布比较均匀，46 ~ 54 径阶稍多；阔叶红松过伐林内倒木仅在 14，22，42，54，70 cm 径阶有倒木分布。

（7）倒木上更新苗分布呈正态分布，倒木中部更新苗数量较多。倒木上大级别更新苗数量很少，H < 30 cm 的更新苗数量最多。针阔混交近原始林与阔叶红松过伐林内倒木上平均更新幼苗幼树为 3.18 株 $\cdot$ $m^{-2}$ 和 4.10 株 $\cdot$ $m^{-2}$，远远高于林地上 0.5 株 $\cdot$ $m^{-2}$ 左右的水平。

## 6.5.2 讨论

本研究是过伐林和人工林近自然经营的基础研究，为制定近自然经营方案提供理论依据。无论是林分径阶结构、立木空间格局、树种存活曲线还是各森林类型间更新机制的差异，都是近自然经营的基础理论。由于时间精力的限制，本研究所研究的对象仅局限在近原始林、过伐林和人天混落叶松林三种森林类型上。要完整的对近自然经营的基础理论进行研究，还必须对其他森林类型进行研究，其中还包括次生林和人工纯林。

由于时间精力有限，本研究只是对过伐林、人工林与近原始林之间的林分结构，立木分布格局及更新机制等进行比较。

本研究的主要创新点是对三种森林类型的林木空间分布格局、林分结构、树种存活曲线以及更新机制进行对比研究，并研究了近原始林与过伐林内倒木的各项特征之间的差异。

## 参考文献

金则新. 2000. 浙江仙居俞坑森林群落优势种群结构与分布格局研究[J]. 武汉植物学研究，18(5)：383 – 389.

谢佳彦，邓志平. 2003. 杭州五云山米楮种群幼苗大小结构及空间分布格局研究[J]. 生态学杂志，22

(5)：35 – 39.

闫桂琴，赵桂仿，胡正海，岳明. 2001. 秦岭太白红杉种群结构与动态的研究［J］. 应用生态学报. 12
  (6)：824 – 828.

臧润国，樊后保，王义弘. 1994. 蒙古栎种群空间分布格局及其动态的研究［J］. 福建林学院学报，14
  (2)：100 – 103.

于大炮，周莉，董百丽，代力民，王庆礼. 2004. 长白山北坡岳桦种群结构及动态分析［J］. 生态学杂志
  23(5)：30 – 34.

金则新. 1997. 浙江天台山七子花种群结构与分布格局研究［J］. 生态学杂志，16( 4)B15 – 19.

## 附表：倒木特征调查表

| 倒木编号 | 腐烂级别 | 大头直径(cm) | 小头直径(cm) | 长度(cm) | 形成原因 | 体积(m³) | 表面积(m²) |
|---|---|---|---|---|---|---|---|
| 近原始林 | | | | | | | |
| 1 | 3 | 38 | 12 | 1650 | 风倒 | 1.0284 | 4.125 |
| 2 | 3 | 35 | 24 | 450 | 风倒 | 0.3181 | 1.3275 |
| 3 | 5 | 48 | 13 | 1650 | 砍伐 | 1.6016 | 5.0325 |
| 4 | 4 | 75 | 68 | 250 | 风倒 | 1.0057 | 1.7875 |
| 5 | 5 | 18 | 12 | 450 | 风倒 | 0.0827 | 0.675 |
| 6 | 3 | 12 | 5 | 700 | 风倒 | 0.0464 | 0.595 |
| 7 | 5 | 55 | 22 | 850 | 不详 | 1.1707 | 3.2725 |
| 8 | 4 | 45 | 22 | 890 | 风倒 | 0.8765 | 2.9815 |
| 9 | 5 | 65 | 10 | 2000 | 风倒 | 3.3951 | 7.5 |
| 10 | 4 | 42 | 28 | 850 | 风倒 | 0.8501 | 2.975 |
| 11 | 5 | 75 | 60 | 730 | 风倒 | 2.6432 | 4.9275 |
| 12 | 5 | 80 | 46 | 1240 | 风倒 | 4.1447 | 7.812 |
| 13 | 3 | 30 | 9 | 1050 | 风倒 | 0.4043 | 2.0475 |
| 14 | 2 | 45 | 25 | 1060 | 风倒 | 1.1025 | 3.71 |
| 15 | 5 | 35 | 21 | 1010 | 不详 | 0.6604 | 2.828 |
| 16 | 4 | 60 | 30 | 1900 | 风倒 | 3.3559 | 8.55 |
| 17 | 5 | 58 | 42 | 910 | 风倒 | 1.8316 | 4.55 |
| 18 | 4 | 55 | 50 | 650 | 风倒 | 1.4096 | 3.4125 |
| 19 | 3 | 70 | 65 | 500 | 风倒 | 1.7908 | 3.375 |
| 20 | 5 | 50 | 40 | 650 | 砍伐 | 1.046 | 2.925 |
| 21 | 5 | 50 | 32 | 670 | 风倒 | 0.9267 | 2.747 |
| 22 | 5 | 100 | 32 | 1660 | 风倒 | 7.1827 | 10.956 |
| 23 | 3 | 50 | 45 | 550 | 砍伐 | 0.9768 | 2.6125 |
| 24 | 5 | 52 | 48 | 420 | 砍伐 | 0.8256 | 2.1 |
| 过伐林 | | | | | | | |
| 1 | 5 | 15 | 15 | 400 | 不详 | 0.0707 | 0.6 |
| 2 | 5 | 40 | 30 | 370 | 风倒 | 0.3631 | 1.295 |
| 3 | 5 | 40 | 35 | 800 | 风倒 | 0.8871 | 3 |
| 4 | 5 | 20 | 30 | 800 | 风倒 | 0.4082 | 2 |
| 5 | 5 | 70 | 30 | 1550 | 风倒 | 3.5286 | 7.75 |
| 6 | 5 | 15 | 10 | 450 | 不详 | 0.0574 | 0.5625 |
| 7 | 5 | 70 | 34 | 550 | 不详 | 1.3073 | 2.86 |
| 8 | 3 | 70 | 18 | 1420 | 风倒 | 2.9116 | 6.248 |
| 9 | 3 | 22 | 12 | 870 | 风倒 | 0.2144 | 1.479 |
| 10 | 5 | 52 | 28 | 700 | 风倒 | 0.9583 | 2.8 |

# 7 检查法20多年实验效果分析

## 7.1 研究内容与数据

### 7.1.1 研究内容

本章以金沟岭林场天然云冷杉针阔混交林检查法样地为研究对象，研究的主要内容包括以下4个方面：

(1)直径结构动态变化研究：分别从株树径阶分布、q值理论来分析林分直径结构的动态变化趋势。

(2)进界株数动态变化研究：按径阶分析进界株树的变化，并分析进界株树的树种结构及其相关因子。

(3)林分蓄积及枯损量动态变化研究：分析各主要树种的蓄积量变化，同时分析择伐对林分蓄积生长量的影响；对林分的枯损量进行动态分析，并研究不同径阶枯损量的变化。

(4)天然更新动态变化：研究各小区天然更新密度的动态变化以及天然更新的树种组成。

### 7.1.2 研究方法

本研究将近自然林经营和检查法经营的理论与检查法实践相结合，通过大量的野外调查，采用定性判断与定量化、模型化分析相结合的研究方法，对检查法实验的实验效果进行分析和评价。

### 7.1.3 研究数据

根据本研究的目的及内容，在研究方法和制定的技术路线的指导下，进行本研究的数据资料的收集整理和样地数据的调查采集，具体方法如下：

首先，阅读并整理国内外关于云冷杉针阔混交林的研究成果，同时查阅研究国内外关于检查法研究的相关科研材料及论文资料。在此基础上，通过系统的整理和总结目前检查法研究的主要成果，列出本研究所需要的研究数据资料。然后，在汪清金沟岭林场等研究地区进行实地调查并广泛收集实验区基础数据资料，主要包括：金沟岭林场检查法实验的基础数据，包括检查法各大区固定样地的定期每木调查及天然更新资料、采伐年择伐强度及采伐量统计资料等。

在检查法实验区内分别设立3个大区，每个大区内又分5个小区，共15个小区，实验区总面积340.9hm²。1987年10月设立了第Ⅰ大区，第Ⅰ大区面积为95.2 hm²，第Ⅱ和

Ⅲ大区分别在 1988 年和 1989 年设立，这两个大区面积分别为 110.0 hm² 及 135.7 hm²。云杉和臭冷杉是实验区森林中的主要树种，其次还有色木、红松、枫桦、锻木、白桦等，所占树种组成都在 2 层以下。Ⅰ大区的面积为 95.2 hm²，分为 5 个小区，各小区面积相差不大，基本相同。伐开小区的边界木，并将边界木用红漆标记。在Ⅰ大区中，采用机械抽样的方法，设立了 19 块固定样地，每块样地 0.04 hm²（20m×20m）。将样地中每棵树编号，便于监测林分内枯损木和进界木的动态变化。每个样地中心埋设一个水泥标桩，在水泥标桩上用红漆注明样地号，样地边界木也用红漆标记，以便于今后的每木复查。

　　该检查法实验区森林调查与欧洲及日本的检查法有以下区别：①外国是采用全林每木的调查方法调查蓄积量和生长量，而我们采用抽样调查的方法在试验区内机械设置固定样地，样地面积为 0.04 hm²，间距 90m，只在固定样地上进行调查。②每 2 年对样地进行一次复查，用于监测林分的动态生长过程。③择伐前后各调查一次，用于收获采伐设计和检查经营效果评价。

　　选取了Ⅰ大区的调查资料，Ⅰ大区样地面积为 4.48hm²，样地基本情况见表 7.1。

**表 7.1　实验区各样地基本情况**

| 小区号 | 面积<br>（hm²） | 起止时间 | 调查次数 | 采伐时间及强度 | 蓄积范围<br>（m³/hm²） |
|---|---|---|---|---|---|
| 1 | 0.76 | 1987~2007 | 10/12 | 1991 年 10%；1996 年 12% | 191.4~269.1 |
| 2 | 0.92 | 1987~2008 | 11/13 | 1990 年 8.6%；1995 年 10.1% | 167.4~254.3 |
| 3 | 0.88 | 1987~2005 | 11/12 | 1989 年 12%；1994 年 15% | 160.2~223.7 |
| 4 | 0.88 | 1987~2009 | 10/12 | 1988 年 13%；1993 年 15%；2003 年 15.6% | 184.4~238 |
| 5 | 1.04 | 1987~2006 | 8/12 | 1987 年 15.3%；1992 年 13.9%；2002 年 13.7% | 182.8~285.8 |

注：树木编号后调查次数/所有调查次数

## 7.2　结果与分析

### 7.2.1　树种结构动态分析

#### 7.2.1.1　树种结构变化

　　1987~2008 年间树种组成调查情况见表 7.2。表格中的组成式均为采伐前的数据。为了避免数据冗余，只列出具有代表性的部分数据。

**表 7.2　检查法各小区树种结构动态变化**

| 小区号 | 调查时间 | 树种结构 | 针阔比 |
|---|---|---|---|
| 1 | 1987 | 2 冷 1 云 2 红 2 锻 1 色 1 枫 1 榆 | 5:5 |
| | 1990 | 2 冷 2 云 2 红 2 锻 1 色 1 枫 | 6:4 |
| | 1992 | 2 冷 2 云 2 红 2 锻 1 色 1 枫 | 6:4 |
| | 1997 | 2 冷 2 云 2 红 2 锻 1 色 1 枫 | 6:4 |

续表

| 小区号 | 调查时间 | 树种结构 | 针阔比 |
|---|---|---|---|
| | 2001 | 2冷2云2红2椴1色1枫 | 6:4 |
| | 2005 | 2冷2云2红2椴1色1枫 | 6:4 |
| | 2007 | 2冷2云2红2椴1色1枫 | 6:4 |
| 2 | 1987 | 3冷3云1红1椴1桦1其他 | 7:3 |
| | 1990 | 3冷4云1红1椴1桦 | 8:2 |
| | 1994 | 2冷3云2红1椴1桦1其他 | 7:3 |
| | 1998 | 3冷3云2红1椴1桦 | 8:2 |
| | 2000 | 3冷3云2红1椴1桦 | 8:2 |
| | 2006 | 3冷3云2红1椴1桦 | 8:2 |
| | 2008 | 3冷3云2红1椴1桦 | 8:2 |
| 3 | 1987 | 3冷2云2红2色1椴 | 7:3 |
| | 1989 | 3冷2云2红1椴1色1桦 | 7:3 |
| | 1995 | 3冷2云2红1椴1色1桦 | 7:3 |
| | 1999 | 3冷2云2红1椴1色1桦 | 7:3 |
| | 2001 | 3冷2云2红1椴1色1桦 | 7:3 |
| | 2005 | 3冷2云2红1椴1色1桦 | 7:3 |
| 4 | 1987 | 3冷2云2红1椴1色1桦 | 7:3 |
| | 1990 | 3冷2云2红1椴1色1其它 | 7:3 |
| | 1994 | 3冷2云2红1椴1色1桦 | 7:3 |
| | 1999 | 3冷2云2红1椴1色1桦 | 7:3 |
| | 2002 | 3冷2云2红1落1椴1色 | 8:2 |
| | 2005 | 3冷2云2红1落1椴1色 | 8:2 |
| | 2009 | 3冷2云2红1落1椴1色 | 8:2 |
| 5 | 1987 | 4冷3云2红1椴 | 9:1 |
| | 1990 | 4冷3云2红1椴 | 9:1 |
| | 1992 | 4冷2云2红1椴1色 | 8:2 |
| | 1997 | 4冷2云2红1椴1色 | 8:2 |
| | 1998 | 4冷3云2红1落 | 10:0 |
| | 2001 | 4冷3云2红1落 | 10:0 |
| | 2002 | 4冷3云3红 | 10:0 |
| | 2009 | 4冷3云3红 | 10:0 |

#### 7.2.1.2 树种结构变化分析

从调查研究的结果来看，树种组成变化不大，均在小幅范围内波动，之后由于采伐停止或保持低强度的择伐，树种组成在2000年以后没有明显的变化。除3小区的针阔比没有变化外，1小区针叶树比例在1990年增加了1成；2小区针叶树比例在1998年以前出现波动，之后针阔比稳定在8:2；4小区在2002年之前针阔比为7:3，2002年之后针阔比为8:2；5小区在1998年以后成为针叶混交林。

从表7.2明显看到实验区的树种组成结构特征为：

①云杉、冷杉、红松等针叶树的组成比例较高，均在2成以上，是林分主要的组成

树种。

②椴树、枫桦和色木等阔叶树，组成比例在1成左右，比例中等。

③榆木、桦木、杨木、柞木、杂木（包括青楷槭、花楷槭和暴马丁香等）树种的比例较低，组成比例和都不到1成。

各小区树种组成变化的主要原因是实验中的采伐，低强度的择伐，由于选取择伐的树种不同，造成实验区树种组成的变化。由于红松的松子价值很高，红松成为该地区禁伐树种，因此蓄积量在不断地增加，其树种组成比例也有上升趋势。

当然，树种组成是由各树种蓄积的相对值，树种组成的变化不能完全反映林分的每个树种变化趋势。

### 7.2.1.3　小结

据上述分析可以得出以下结论：

①研究对象以针叶树（冷杉、云杉、红松等）和（锻木、桦木、色木、榆木、杨木）等多种树种组成，其中针叶树云杉、冷杉、红松占组成比例6成以上，阔叶树（锻木、桦木、色木）占组成比例3成以上，是检查法实验的目的树种。

②研究对象树种构成从1987年到2009年间变化较小，针叶树红松、冷杉、云杉各占2成左右，阔叶树椴木、桦木和色木分别占1成左右，各小区针叶树组成比重略有上升，主要是云杉和冷杉的组成比例有所提高。

## 7.2.2　直径结构动态分析

### 7.2.2.1　株数径阶分布

以2cm为径阶，研究实验区株数按径阶分布的动态变化，以1小区的1987年、1992年、1997年、2001年、2005年和2007年六期的数据为例进行全面分析。

#### 7.2.2.1.1　针叶树株数径阶分布

检查法实验区针叶树株数按径阶分布见图7.1，径级株数比例见表7.3及图7.2。

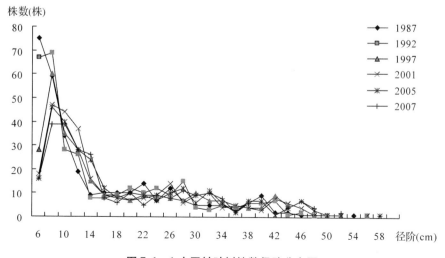

**图7.1　1小区针叶树株数径阶分布图**

从株数径阶分布来看，针叶树株数径阶分布曲线从标准的倒"J"型曲线分布逐渐向不对称山状曲线分布（左偏）变化的趋势很明显（见图7.2），这表明6cm和8cm径阶的针叶树株数正在不断的减少，且减少的幅度较大，从而使得针叶树株数径级结构发生了变化。

表7.3　1小区针叶树株数径级分布表　　　　　　　　　　单位：株,%

| 年份 | 1987 | 1992 | 1997 | 2001 | 2005 | 2007 |
|---|---|---|---|---|---|---|
| 小径级 6～22cm | 240 | 237 | 200 | 194 | 193 | 177 |
| 中径级 24～34cm | 41 | 48 | 48 | 52 | 52 | 55 |
| 大径级 >36cm | 27 | 30 | 30 | 34 | 35 | 36 |
| 合计 | 308 | 315 | 278 | 280 | 280 | 268 |

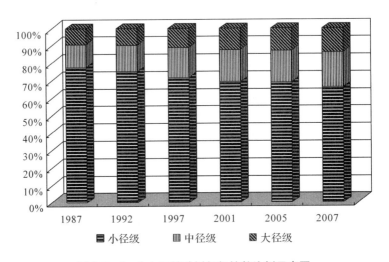

图7.2　1－1小区针叶树径级株数比例示意图

从针叶树株数径阶分布来看，实验林分的株数随着径阶的增加而减少，各时期均表现出明显的天然异龄林特点。按林分株树的小、中、大不同径级分布看，小径木所占比例大幅下降，20年间下降了11.9%，中径木和大径木比例则逐渐提高，其中中径木提高了7.2%，大径木提高了4.7%。

#### 7.2.2.1.2　阔叶树株数径阶分布

检查法实验林阔叶树株数径阶分布见图7.3，径级株数比例见表7.4及图7.4。

从株数径阶分布来看，阔叶树株数径阶分布曲线从近似倒"J"型曲线逐渐向不对称的山状曲线（左偏）变化的趋势依旧很明显，与针叶树的变化趋势一致（见图7.3），这表明实验区的6cm和8cm径阶的阔叶树株数正在不断的减少，尤其是1992～1997年这5年间，6cm和8cm径阶阔叶树株数减少的幅度很大，从100株以上下降到52株，从而使得阔叶树株数径级结构发生了明显的变化。

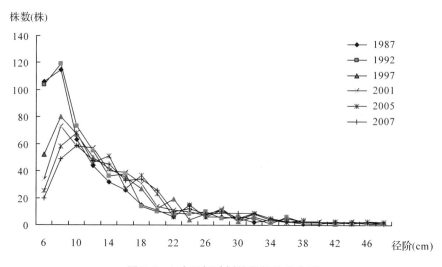

图 7.3  1 小区阔叶树株数径阶分布图

表 7.4  1 小区阔叶树径级株数分布表

单位：株，%

| 年份 | 1987 | 1992 | 1997 | 2001 | 2005 | 2007 |
|---|---|---|---|---|---|---|
| 小径级 6~22cm | 418 | 458 | 384 | 357 | 341 | 324 |
| 中径级 24~34cm | 38 | 35 | 35 | 45 | 51 | 52 |
| 大径级 >36cm | 14 | 19 | 16 | 16 | 16 | 18 |
| 合计 | 470 | 512 | 435 | 418 | 408 | 394 |

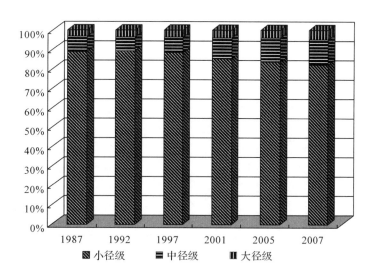

图 7.4  1 小区阔叶树径级株数比例

从按大、中、小径级分布情况看，实验区的小径木株数占整个林分的阔叶树总株数比例的 85% 左右，小径木株树比例总体偏高，而中、大径木株数所占比例却较小，中径木所占比例在 8% 到 12% 之间，大径木所占比例在 10% 以内。但从不同时期的变化趋势看，小径木株数比例有逐渐减少的趋势，20 年间下降了 6.6%，中、大径木株数比例有所增加，其中中径木增加了4.1%，大径木增加了2.5%。

### 7.2.2.1.3　林分株数径阶分布

通过以上两节对针叶树和阔叶树株数径阶分布的分析的基础上，本节对全林分株数径阶分布进行分析，林分株数径阶分布见图7.5，林分株树径级上比例见表7.5和图7.6。

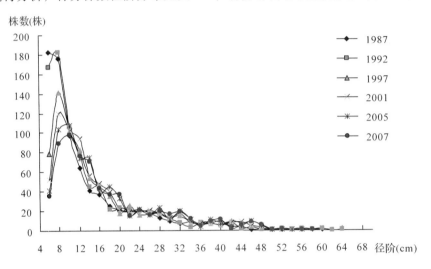

**图7.5　1小区株数径阶分布**

从图7.5可以看出，1987年和1992年这两年间的实验区株数径阶分布曲线基本符合倒"J"型分布曲线，这是典型的异龄林株数径阶分布，1997年以后为逐渐向不对称（左偏）的山状曲线变化，而这种向左偏山状曲线变化的趋势表明：林分的株数径阶结构发生了变化，6cm和8cm径阶的株数大幅下降，这在1992～1997年间表现的尤为明显。而其他径阶的株数则出现了多少不一的增加，其中12～20cm径阶和28～32cm径阶的株数增加较为明显。

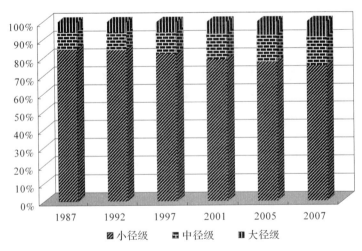

**图7.6　1小区全林径级株数比例**

表 7.5　1 小区径级株数分布 单位：株，%

| 年份 | 1987 | 1992 | 1997 | 2001 | 2005 | 2007 |
|---|---|---|---|---|---|---|
| 小径级 6~22cm | 663 | 690 | 583 | 551 | 534 | 501 |
| 中径级 24~34cm | 79 | 79 | 88 | 97 | 103 | 105 |
| 大径级 >36cm | 40 | 46 | 38 | 47 | 50 | 56 |
| 全林株数 | 782 | 815 | 709 | 695 | 687 | 662 |

从 1987 年至 2007 年的林分径级结构动态变化看（见表 7.5 和图 7.6），经过 20 年的检查法实验，实验林分小径级林木株数正在呈现不断减少的趋势，从 1987 年的 84.78% 下降到 2007 年的 75.68%；相应的，林分中大、中径级株数则呈现上升的趋势，中径级株数比例提高了 7.67%，大径级的株树比例提高了 2.03%。

分析其变化原因认为，实验林属于长白山过伐林区，即在 1987 年前经历了几次"拔大毛"式的高强度采伐，林分的结构及环境经历了剧烈的变化。但是，由于实验区土壤肥沃、气候适合，森林的自然恢复得较快。建立检查法试验区之后，按照近自然林经营的原则，采用温和的低强度择伐调整了林分的径级株树结构，使其更有利于林分的可持续经营。但是，伴随着大径阶和中径阶林木株树的增加，6cm 和 8cm 径阶株数大幅下降，这不利于林分的可持续经营，在今后实验中不得不引起注意。

#### 7.2.2.2　林分 q 值分析

##### 7.2.2.2.1　q 值法则

法国的德莱奥古（F de Liocurt）发现，在典型的异龄林林分内，相邻径级的立木株数比率趋向于一个常数，其林分径级分布可由下列关系式来表达：

$$q_{(d-1)d} = \frac{x_{t(d-1)}}{x_{td}}$$

式中，$x_{td}$ 表示在 $t$ 时刻径级 $d$ 的立木株数，$q_{(d-1)d}$ 是一个递减系数或常数。

q 值是某一径级的株数与相邻较大径级株数之比，q 值的序列和均值可以表达林分的径级结构。表 7.6 是 1 小区和 3 小区株数径级分布的 q 值的均值。从表 7.6 中可以看出，研究地区的云冷杉针阔混交林的 q 值均值在 1.20~1.46 之间，且经过 20 年的实验，q 值均值趋向于 1.3。因此，从 q 值均值上看，实验区的株数径阶分布是合理的。

表 7.6　1 小区和 3 小区的株数径阶分布的 q 值均值动态

| 调查时间 | | 1987 | 1992 | 1997 | 2001 | 2005 |
|---|---|---|---|---|---|---|
| q 值均值 | I-1 | 1.37 | 1.47 | 1.20 | 1.22 | 1.29 |
| | I-3 | 1.41 | 1.46 | 1.30 | 1.32 | 1.24 |

##### 7.2.2.2.2　各径级 q 值及其变化

q 值均值并不能全面的说明林分实际的株数径阶结构。因此，将 q 值按小径阶、中径阶和大径阶分别计算，以此来具体说明林分株数径阶结构。按我国有关技术规定，小径木 6~18cm，中径木 20~32cm，大径木 34cm 以上。

图7.7和图7.8反映的现象是基本一致的，即：①从大、中、小径阶的 $q$ 值分布来看，大径阶的 $q$ 值较大，大多在 1.4～1.6 之间。而中径阶的 $q$ 值较小，大多在 1.1～1.3 之间。小径阶的 $q$ 值变化范围则比较大，在 1.1～1.5 之间。②小径阶的 $q$ 值是逐年下降的，这在 I－3 小区表现的最显著，从 1987 年的 1.52 逐年下降到 2005 年的 1.06，降幅达 30%。

此外，1小区和3小区 $q$ 值变化又有各自的特点。1小区大径阶 $q$ 值变化范围很大，1992 年和 1997 年的 $q$ 值相差 0.5。3小区中径阶的 $q$ 值在 1992 年突然增大然后在 1997 年（当年采伐）突然下降，随后趋于平稳，而小径阶的 $q$ 值则呈直线下降的趋势。

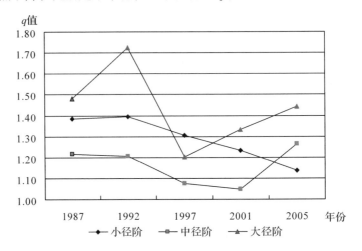

图7.7 1小区大、中、小径阶的 $q$ 值逐年变化

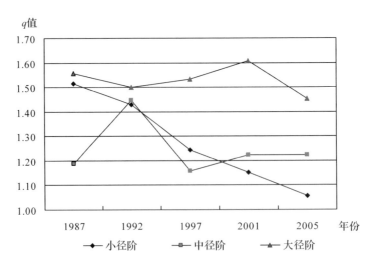

图7.8 3小区大、中、小径阶的 $q$ 值逐年变化

两个小区小径阶 $q$ 值的逐年下降，到 2005 年 1 小区和 3 小区的 $q$ 值分别下降到 1.14 和 1.06。这表明各小区的小径阶直径结构是趋于不合理的。

分析两个小区大径阶和中径阶的 $q$ 值的异常波动的原因有两点：①经营活动。在 1991

年进行过采伐活动，所以 1992 年 I – 1 小区的大径阶 $q$ 值和 I – 3 小区中径阶 $q$ 值变化很大。②固定样地面积较小，无法真实反应各小区的 $q$ 值变化。例如 3 小区总面积为 17hm²，22 块固定样地总面积 0.88hm²，抽样比仅为 5.2%。由于小径阶林木较多，抽样比例低对小径阶的 $q$ 值的真实反映影响不大，而对株数较少的中、大径阶林木的 $q$ 值的真实反映影响较大。

### 7.2.2.2.3　小径阶 $q$ 值的逐年变化

以上研究表明小径阶 $q$ 值逐年下降，因此下面分别对 $q_{6/8}^{*}$、$q_{8/10}$ 和 $q_{10/12}$ 的逐年变化进行分析。

从 1 小区的 $q_{6/8}$、$q_{8/10}$ 和 $q_{10/12}$ 的逐年变化（图 7.9）可以看出，$q_{6/8}$、$q_{8/10}$ 和 $q_{10/12}$ 都呈连续下降的趋势。其中 $q_{6/8}$ 的下降幅度很大，从 1.03 降到了 0.39，即到 2005 年 1 小区 6cm 径阶的林木株数不到 8cm 径阶的 50%。6cm 径阶林木株数的减少，使进界到 8cm 径阶的林木随之减少，从而使得 8cm 径阶的林木株数也逐年下降，造成 $q_{8/10}$ 随 $q_{6/8}$ 同步降低，降幅也很大。在 2001 年以前，$q_{10/12}$ 也呈下降趋势，但在 2005 年突然上升，这是 2005 年 12cm 径阶林木株数减少造成的。这可能与 2005 年的择伐有关。

I – 3 小区 $q_{6/8}$、$q_{8/10}$ 和 $q_{10/12}$ 的逐年变化趋势与 1 小区大致相同（图 7.10），但其 $q_{6/8}$ 下降的幅度更大，从 1.86 降到 0.24，反映的问题更加严重。

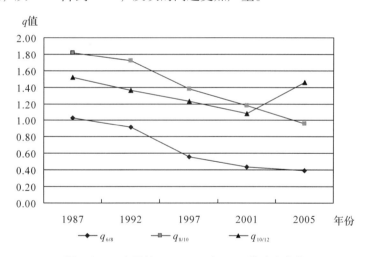

**图 7.9　1 小区的 $q_{6/8}$、$q_{8/10}$ 和 $q_{10/12}$ 的动态变化**

根据文献研究异龄林合理的株数径阶分布多为反"J"型曲线。而 $q$ 值序列小于 1 或接近 1，都将破坏反"J"型曲线的结构，也就是异龄林的株数径阶分布不合理了。

2005 年两个小区的 $q_{6/8}$ 已经降到了 0.4 以下，这说明这两个小区的直径分布已经不合理，幼树更新困难，4cm 径阶的林木进阶数量很少，6cm 径阶的林木得不到有效的补充。因此，针对天然更新应在今后实验中做必要的调整。

---

\* $q_{6/8}$ 是指 6cm 径阶的株树与 8cm 径阶株树的比值，下同。

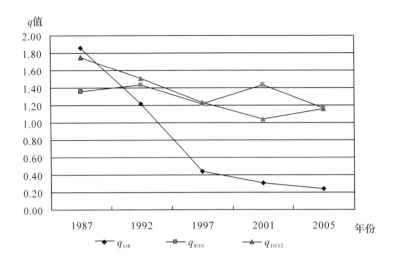

图 7.10　3 小区的 $q_{6/8}$、$q_{8/10}$ 和 $q_{10/12}$ 的动态变化

### 7.2.2.3　小结

通过上述研究，20 年间研究对象的直径结构变化有以下特点：

从株数径级结构来看，小径木株数所占比例不断下降，中径木和大径木株数所占比例不断上升，且中径木比例上升幅度比大径木稍大。针叶树和阔叶树的株数径级结构变化趋势和全林的是一致的。

从株数径阶结构来看，6cm 和 8cm 径阶的株数下降幅度很大，到 2007 年，6cm 径阶的株数降到 47 株/hm²，8cm 径阶的株数下降到 118 株/hm²。虽然其它径阶的株数有不同程度的增加，但是目前过少的 6cm、8cm 径阶的株数将会严重影响到将来林分的正常径阶结构。

通过 $q$ 值理论也表明：小径阶 $q$ 值在 20 年的实验经营中逐年下降，从 1987 年到 2005 年，1 和 3 小区的 $q$ 值分别从 1.39 和 1.52 下降到 1.14 和 1.06，表明小径阶林木的直径结构已趋于不合理。

## 7.2.3　进界株数动态变化

### 7.2.3.1　各小区进界株数

表 7.7 表明，各小区进界株数有着明显的差异，而这些差异的产生与林分单位蓄积量、择伐次数和择伐强度有着密切的关系。其中在择伐强度相差不大的情况下，择伐次数对进界株数的影响很明显，择伐 3 次的样地进界株数分别为 94 株和 58 株，而择伐 2 次的样地进界株数分别为 29 株、31 株和 42 株；其次是伐后林分蓄积量对进界株数的影响，林分蓄积量小，进界株数相对较多。

表7.7 各小区进界株数及相关因子

| 小区号 | 进界株数 | 相关因子 | | |
| --- | --- | --- | --- | --- |
| | | 伐后蓄积量（m³/hm²） | 择伐次数 | 平均择伐强度（%） |
| 1 | 29 | 243.8 | 2 | 11 |
| 2 | 31 | 186.7 | 2 | 9.3 |
| 3 | 42 | 159.9 | 2 | 13.5 |
| 4 | 94 | 205.8 | 3 | 14.5 |
| 5 | 58 | 220.1 | 3 | 14.3 |

注：伐后单位蓄积量为最后一次择伐后的蓄积量。

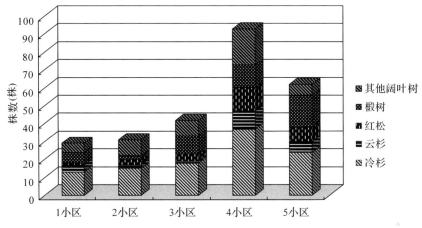

图7.11 各小区进界株数树种分布图

进界木的树种结构中，针叶树主要更新树种为冷杉，占到针叶树更新株数的60%以上；椴树是阔叶树中主要更新树种，1、3、5小区的椴树占到阔叶树更新总数的50%以上，4小区椴树占阔叶树更新总数的39.4%，但是2小区杂木更新占阔叶树总数的45.4%，而椴树只占18.2%（图7.11）。

#### 7.2.3.2 进界株数动态分析

##### 7.2.3.2.1 进界株数动态变化

由于实验区自1992年才开始对样地树木编号，所以本研究只能对1992年以后的进界株数进行动态分析。同时，4小区的数据较其它小区的数据完整且进界株数相对较多，便于研究。因此，本研究选择4小区数据进行进界株数动态分析。

由图7.12可见，除2001～2005年4年外，1993年到2009年中每4年进界株数均呈增加的趋势，且增长幅度较大。2001～2005年进界株数少于1997～2001年是因为2003年进行了择伐，择伐的集材过程对林内保留木的破坏较大，尤其是对于未达到检尺径阶和小径阶的林木。2005～2009年进界株数大幅增加，达到了47株，这是由于2003年的择伐为幼树的生长创造了条件，郁闭度从0.9下降到了0.7，株数密度也由917株/hm²下降到了866株/hm²，幼树的生长空间增大了。

那么，1993～2009年中每4年进界株数呈现增加的趋势的原因何在？由表7.8可见，

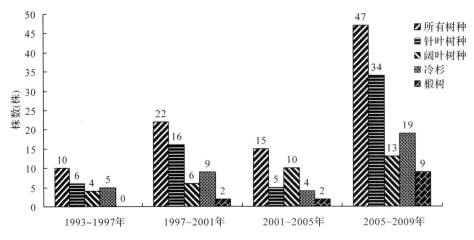

图 7.12　4 小区进界株数动态变化

6cm、8cm 径阶木株数密度和林分株数密度均呈下降的趋势，且 6cm、8cm 径阶木株数密度下降尤为明显，1987 年到 2009 年间下降了 68.98%。通过相关性分析，进界株数和 6cm、8cm 径阶株数密度的 pearson 相关系数为 -0.994，且在 0.01 水平(双侧)上显著相关；进界株数和林分株数密度的 pearson 相关系数为 -0.931，但经检验，相关性并不显著。这表明：6cm、8cm 径阶木株数不断减少，而相应的进界木株数也在不断增加，这是林分结构的自动调节。但是进界株树能否补充 6cm 径阶株树的减少，还需要进一步研究。

表 7.8　6cm、8cm 径阶木株数密度及林分株数密度动态变化

| 年份 | 1987 | 1993 | 1997 | 2001 | 2003 | 2005 | 2009 |
|---|---|---|---|---|---|---|---|
| 6cm、8cm 径阶木株数密度(株/hm²) | 519 | 407 | 302 | 239 | 184 | 155 | 161 |
| 林分株数密度(株/hm²) | 1138 | 1042 | 927 | 917 | 866 | 865 | 882 |

### 7.2.3.2.2　进界木平均胸径动态变化

表 7.9　进界木平均胸径

| 进界木 | 1993～1997 年 | 1997～2001 年 | 2001～2005 年 | 2005～2009 年 |
|---|---|---|---|---|
| 进界木平均胸径(cm) | 7.74 | 7.96 | 8.07 | 7.13 |
| 针叶树平均胸径(cm) | 7.31 | 8.12 | 7.88 | 7.14 |

由表 7.9 可见，1993 年到 2009 年中每 4 年进界木的平均胸径范围在 7.13～8.07cm 之间，均值为 7.73cm，经检验无显著性差异；针叶树进界木得平均胸径范围在 7.14～8.12cm 之间，均值为 7.61cm，经检验无显著性差异。

### 7.2.3.2.3　进界木树种结构动态变化

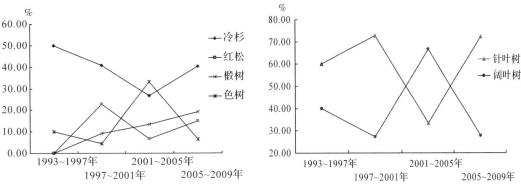

**图7.13　进界木树种结构动态变化**

由图7.13可见，进界木树种结构以针叶树为主，所占比例在60%以上（除2001—2005年），其中针叶树进界木中又以冷杉为主，占进界株数的40%以上（除2001—2005年）；阔叶树进界木占进界株数的40%以下，但是2001—2005年阔叶树进界木所占比例增大到66.67%，其中色树的比例增大到33.33%，椴树的比例增长到13.33%，这可能与2003年的择伐有关。林分经过择伐后，形成大大小小的林隙，林隙内光照增强，被压的小径阶木生长空间扩大，生长速度加快，进界木数量增多；而择伐后阔叶树伐桩上萌生的阔叶树生长较快，所以阔叶树进界的株数会增加。

### 7.2.3.3　小结

本节主要分析了实验以来，各样地进界株数与经营措施（择伐）的关系，并详细分析了4小区1993~2009年的进界株数动态变化，主要结论如下：

（1）林分进界株数与择伐次数、择伐强度和伐后单位蓄积量存在一定的相关性。实验期内，择伐3次的林分比择伐2次的林分进界株数明显增多。而在择伐次数相同的情况下，伐后单位蓄积量小的林分，进界株数较多。

（2）进界木的树种结构，冷杉和椴树是主要的更新树种，两树种进界木株数占总进界木更新株数的50%以上。

（3）从4小区1993~2009年进界木动态变化分析，进界株数是逐渐增加的，这与6、8径阶木得株数密度的下降呈显著相关性。

（4）进界木平均胸径分布在7~8cm之间，各时期进界木平均胸径无显著差异。

## 7.2.4　林分蓄积的动态分析

### 7.2.4.1　林分蓄积生长变化

从立木蓄积量变化看，各小区立木蓄积均呈增长的趋势（见表7.10）。从年均蓄积生长量来看，5小区最高，为8.87（$m^3/hm^2 \cdot a$），其它4个小区在6.4~6.8（$m^3/hm^2 \cdot a$）之间。

选取与实验区林分特征及立地条件类似的林业局5号固定监测样地为对照样地，对比实验区的年均蓄积生长量，可以看出，实验区的年均蓄积生长量普遍高于对照样地2$m^3$，表明实验区所采取的经营措施有效提高了林分的年均蓄积生长量。

表7.10  实验区各小区立木蓄积动态变化这    单位：m³/hm²

| | | | | | | | | |
|---|---|---|---|---|---|---|---|---|
| 1 小区 | 年份 | 1987 | 1991* | 1992 | 1994 | 1996* | 1997 | 2001 | 2005 |
| | 单位蓄积 | 191.4 | 216.5 | 207.2 | 224.3 | 243.8 | 222.2 | 245.4 | 260.9 |
| 2 小区 | 年份 | 1987 | 1992 | 1995* | 1996 | 1998 | 2000 | 2006 | 2008 |
| | 单位蓄积 | 165.0 | 191.4 | 193.9 | 186.7 | 209.9 | 221.2 | 254.3 | 264.7 |
| 3 小区 | 年份 | 1987 | 1990* | 1992 | 1994* | 1995 | 1997 | 1999 | 2003 |
| | 单位蓄积 | 161.3 | 144.9 | 162.3 | 185.1 | 159.9 | 167.8 | 181.8 | 214.3 |
| 4 小区 | 年份 | 1987 | 1991 | 1993* | 1997 | 2002 | 2003* | 2005 | 2009 |
| | 单位蓄积 | 184.4 | 207.2 | 199.9 | 201.7 | 242.4 | 206.9 | 205.9 | 238.1 |
| 5 小区 | 年份 | 1987 | 1990* | 1998 | 2001 | 2002* | 2004 | 2006 | 2009 |
| | 单位蓄积 | 182.8 | 170.6 | 215.1 | 244.6 | 220.1 | 236.9 | 257.4 | 285.8 |
| 对照 | 年份 | 1988 | 1990 | 1992 | 1996 | 1998 | 2001 | 2005 | 2007 |
| | 单位蓄积 | 163.1 | 178.5 | 194.2 | 213.6 | 218.2 | 232 | 243.8 | 249.7 |

*为当年进行过采伐。

表7.11  实验期各小区年均蓄积生长量    单位：m³/(hm²·a)

| 小区号 | 1 | 2 | 3 | 4 | 5 | 对照 |
|---|---|---|---|---|---|---|
| 年均蓄积生长量 | 6.47 | 6.42 | 6.43 | 6.72 | 8.87 | 4.56 |

### 7.2.4.2  伐后蓄积生长量

由表7.12可以看出：采伐后的4~6年的年均蓄积生长量普遍高于实验期年均蓄积生长量，大部分在8 m³(hm²·a)以上，最高的达到了9.33m³(hm²·a)，最小的为5.48m³(hm²·a)。可见，强度为10%~15%的择伐对伐后蓄积生长具有一定的促进作用，这是由于采伐的主要是一些病腐木、被压木、成过熟木等长势较弱的林木，这样为中、幼龄木的生长提供了空间。

但是强度为10%~15%的择伐对蓄积生长的促进作用也是受其它相关因子的影响的，如伐后株树密度、伐后郁闭度、伐后针阔比等。由表7.12可以看出，在伐后株树密度在900株以下，伐后郁闭度在0.7以上且针阔比6~8：4~2之间的林分伐后4~6年蓄积生长量在6m³/(hm²·a)以下。

表7.12  伐后4~6年的年均蓄积生长量及相关指标

| 小区号 | 采伐年份 | 伐后株树密度（株/hm²） | 伐后郁闭度 | 伐后针阔比 | 伐后4~6年蓄积生长量[m³/(hm²·a)] |
|---|---|---|---|---|---|
| 1 | 1991 | 1078 | 0.7 | 6:4 | 8.55 |
| | 1996 | 944 | 0.8 | 6:4 | 5.80 |
| 2 | 1990 | 1228 | 0.6 | 8:2 | 9.13 |
| | 1995 | 935 | 0.7 | 7:3 | 8.63 |
| 3 | 1989 | 1081 | 0.6 | 7:3 | 8.30 |
| | 1994 | 824 | 0.7 | 7:3 | 5.48 |

续表

| 小区号 | 采伐年份 | 伐后株树密度<br>（株/hm²） | 伐后郁闭度 | 伐后针阔比 | 伐后4~6年蓄积<br>生长量[m³/(hm²·a)] |
|---|---|---|---|---|---|
| 4 | 1988 | 1098 | 0.7 | 7:3 | 8.65 |
|  | 1993 | 1042 | 0.7 | 7:3 | 8.14 |
|  | 2003 | 866 | 0.8 | 8:2 | 5.23 |
| 5 | 1987 | 928 | 0.6 | 9:1 | 9.15 |
|  | 1992 | 856 | 0.6 | 8:2 | 7.58 |
|  | 2002 | 672 | 0.7 | 10:0 | 9.33 |

### 7.2.4.3　主要树种蓄积变化分析

以1小区为研究对象，选择1987年、1992年、1996年、2001年和2005年数据，研究主要树种的蓄积变化。由图7.14可以看出，红松的蓄积量一直处于稳定增长中，这是由于红松籽具有较高的经济价值，在采伐中红松是保护树种。冷杉的蓄积一直在43~50m³之间波动，冷杉蓄积量基本处于增长中，只是由于1996年的采伐造成其蓄积量有所下降。

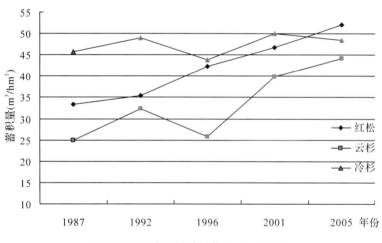

**图7.14　1小区针叶树蓄积量变化趋势**

林分中阔叶树有色木、椴树、枫桦、水曲柳、白桦、杨树、黄波罗、榆树、杂木等，但是蓄积量在15m³以上的阔叶树主要是色木、椴树和枫桦。从图7.15可以看出，在1996年之前色木蓄积有所增加，但在之后色木蓄积量就维持在25~26m³之间。椴树和枫桦的蓄积都有所增加，但增加的幅度不大，1987~2005年间分别只增加了5m³和6.9 m³。

### 7.2.4.4　小结

（1）林分立木蓄积量均呈增长的趋势，且年均蓄积生长量普遍大于对照样地2m³以上，表明实验区的经验措施有效的增加了林分的年均蓄积生长量。各小区年均蓄积生长量都在6.4m³/(hm²·a)以上，除5小区外，其他各小区年均蓄积生长量差别不大。5小区的年均蓄积生长量为8.87m³/(hm²·a)，这可能与树种结构有关，因为5小区1998年以后针阔比为10:0，而其他小区及对照区针阔比在6:4~8:2之间。

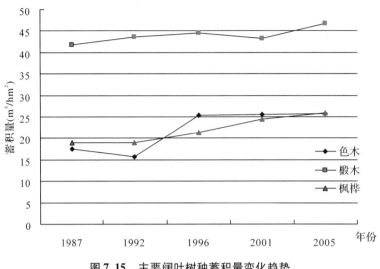

**图 7.15　主要阔叶树种蓄积量变化趋势**

（2）强度为 10% ~15% 的择伐并没有对伐后蓄积生长量产生显著的影响。研究表明，20% ~30% 的择伐对云冷杉林的蓄积生长量起到了促进作用，但是并没有显著的增加林分的总收获量。30% 的择伐强度显著的促进了主要树种的径向生长，显著增加了胸径在 40cm 以下的林木的径向生长率。

## 7.2.5　枯损量动态分析

### 7.2.5.1　林分株数枯损量动态分析

本节以 1 大区 4 小区为例，来分析检查法实验区株数枯损量的动态变化。

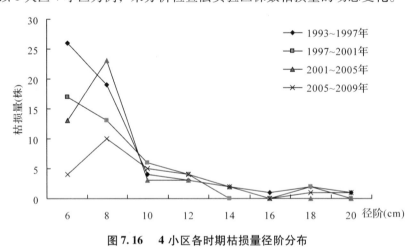

**图 7.16　4 小区各时期枯损量径阶分布**

图 7.16 表明：各时期的株数枯损量主要由 10cm 以下径阶的枯损量构成，2005 年前 10cm 以下径阶枯损株数占全林枯损株数的 80% 以上，2005 年后 10cm 以下径阶枯损株数占全林枯损株数的 66%。枯损量的径阶分布以 2001 年为界，表现出两种不同的趋势。2001 年以前的径阶枯损量径阶分布呈倒"J"分布，通过对 1993 ~ 1997 年和 1997 ~ 2001 年的枯损株数径阶分布进行曲线回归拟合，二次方程拟合精度较高（见表 7.13）。

表 7.13  1993～1997 年和 1997～2001 年的枯损株数径阶分布曲线回归拟合

| | 模型 | 公式 | $R^2$ | 估计值的标准误① |
|---|---|---|---|---|
| 1993～1997 年 | 二次函数 | $Y = 0.253x^2 - 8.185x + 65.583$ | 0.930 | 3.018 |
| | 对数函数 | $Y = 59.023 - 20.755\ln x$ | 0.799 | 4.666 |
| | 复合函数 | $Y = 69.903 \times 0.795^x$ | 0.831 | 0.549 |
| | 幂函数 | $Y = 4034.575x^{-2.824}$ | 0.902 | 0.418 |
| | 指数函数 | $Y = 69.983e^{-0.230x}$ | 0.831 | 0.549 |
| 1997～2001 年 | 二次函数 | $Y = 0.143x^2 - 4.881x + 41.560$ | 0.966 | 1.413 |
| | 对数函数 | $Y = 41.852 - 14.673\ln x$ | 0.887 | 2.351 |

2001 年以后径阶枯损量径阶分布呈左偏正态分布，在 8cm 径阶出现峰值。

图 7.17 表明：6cm 径阶的株数枯损率在 3.8% 以上，峰值出现在 2001～2005 年；而 8cm 径阶的株数枯损率在 1.76%～2.54% 之间，峰值出现在 2001～2005 年；10cm 以上径阶的株数枯损率在 1.3% 以下，全林的株数枯损率呈下降的趋势。

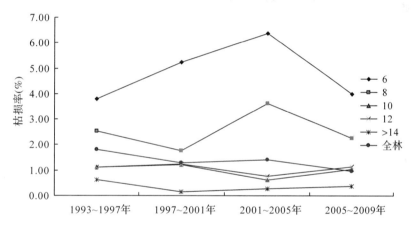

图 7.17  4 小区枯损率动态变化

图 7.17 表明：各时期株数枯损量径阶分布呈现倒"J"型曲线，通过曲线回归拟合（见表 7.14），二次函数的拟合精度较高。

表 7.14  株数枯损率径阶分布曲线回归拟合

| 模型 | 公式 | $R^2$ | 估计值的标准误 |
|---|---|---|---|
| 二次函数 | $Y = 0.196x^2 - 5.921x + 46.231$ | 0.795 | 2.969 |
| 对数函数 | $Y = 37.344 - 12.498\ln x$ | 0.609 | 4.012 |
| 幂函数 | $Y = 193.331x^{-1.479}$ | 0.629 | 0.456 |
| 指数函数 | $Y = e^{(0.146 + 16.054/x)}$ | 0.722 | 0.395 |

① 估计值的标准误计算公式为 $SE = \sqrt{\dfrac{\sigma_i^2}{n}}$。

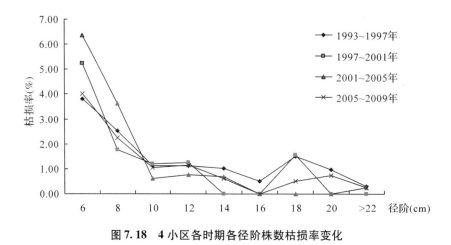

**图 7.18  4 小区各时期各径阶株数枯损率变化**

#### 7.2.5.2  小径阶枯损量动态分析

表 7.15 表明:6cm 径阶株数枯损量呈逐年下降的趋势,1993 ~ 1997 年和 1997 ~ 2001年的 6cm 径阶的株数枯损量分别是 26 株和 17 株,大于其它各径阶的株数枯损量;8cm 径阶的株数枯损量也呈逐年下降的趋势,但是 2001 ~ 2005 年的枯损株数达到 23 株,这可能是由于 2003 年的择伐造成的。8cm 径阶的株数枯损量在 2001 年之后超过 6cm 径阶的株数枯损量,这可能是由于 2001 年之后,6cm 径阶的株数已经降低到较低的水平,而 2005 年8cm 径阶株数却是 6cm 径阶的 4.4 倍(见表 7.15)。通过相关性分析,6cm 径阶枯损株数和径阶株数存在显著相关性,pearson 相关系数为 0.957。而 8cm 径阶枯损株数和径阶株数无显著相关性。

10cm 以上径阶的株数枯损量都在 5 株以下,其中 14cm 以上径阶的株数枯损量在 0 ~ 2株之间。全林枯损株数也呈逐渐下降的趋势(除 2001 ~ 2005 年),与 6、8cm 径阶的趋势相一致。

**表 7.15  6、8cm 径阶枯损株数与径阶株数**

| 时间 | 6cm 径阶 | | 8cm 径阶 | |
| --- | --- | --- | --- | --- |
| | 枯损株数 | 径阶株数 | 枯损株数 | 径阶株数 |
| 1993 ~ 1997 年 | 26 | 171 | 19 | 187 |
| 1997 ~ 2001 年 | 17 | 81 | 13 | 185 |
| 2001 ~ 2005 年 | 13 | 51 | 23 | 159 |
| 2005 ~ 2009 年 | 4 | 25 | 10 | 111 |

注:径阶株数分别是 1993、1997、2001 和 2005 年的样地径阶株数。

#### 7.2.5.3  小结

(1)全林枯损株数主要分布在 10cm 径阶以下,其中 6cm 和 8cm 径阶的枯损株数较多,占全林枯损株数的 70% 以上(2005 年之前)。2005 年之后,由于 6cm 和 8cm 径阶是径阶株数较少,枯损株数也相对较少。

(2)6cm 径阶枯损株数与径阶株数存在显著的相关性,相关系数为 0.957。

(3)全林株数枯损量及枯损率呈下降趋势。

（4）各时期株数枯损量和枯损率径阶分布均呈现倒"J"型曲线，通过曲线回归拟合，二次函数的拟合精度较高。

## 7.2.6　天然更新评价

### 7.2.6.1　天然更新密度的动态变化

选取林业局固定样地为对照样地，对比检查法各小区天然更新状况。

除 1 小区外，各小区每年更新幼苗株数在 3000～6500 株/hm² 之间，均值也在 4300 株/hm² 以上，依据天然更新等级标准（东北天然林生态采伐更新技术标准）为中等（3000～5000 株/hm²），能够满足群落的正常更新需要。但是，1 小区更新密度一直维持在 2000～2500 株/hm² 之间（除 1987 年和 1996 年）。

表 7.16　一大区各小区更新密度动态变化　　　　　　单位：株/hm²

| 序号 | | 1 | 2 | 3 | 4 | 5 | 6 | 均值 |
|---|---|---|---|---|---|---|---|---|
| 1 小区 | 调查年份 | 1987 年 | 1994 年 | 1996 年 | 1997 年 | 2001 年 | 2005 年 | —— |
| | 更新密度 | 3737 | 2368 | 5526 | 2211 | 2211 | 2474 | 3088 |
| 2 小区 | 调查年份 | 1987 年 | 1992 年 | 1998 年 | 2002 年 | 2004 年 | 2008 年 | —— |
| | 更新密度 | 5652 | 6020 | 2783 | 3716 | 4043 | 3913 | 4355 |
| 3 小区 | 调查年份 | 1987 年 | 1994 年 | 1995 年 | 1999 年 | 2003 年 | 2005 年 | —— |
| | 更新密度 | 4771 | 3909 | 3568 | 2887 | 6386 | 4841 | 4394 |
| 4 小区 | 调查年份 | 1987 年 | 1994 年 | 1997 年 | 2003 年 | 2005 年 | 2009 年 | —— |
| | 更新密度 | 5590 | 4841 | 5575 | 3840 | 5864 | 5204 | 5152 |
| 5 小区 | 调查年份 | 1987 年 | 1992 年 | 1998 年 | 2001 年 | 2004 年 | 2009 年 | —— |
| | 更新密度 | 6423 | 11730 | 4154 | 3712 | 5846 | 3750 | 5936 |
| 局 3 | 调查年份 | 1986 年 | 1993 年 | 1996 年 | 2001 年 | 2006 年 | 2008 年 | —— |
| | 更新密度 | 13625 | 2765 | 10000 | 2500 | 6818 | 10227 | 7656 |
| 局 5 | 调查年份 | 1990 年 | 1992 年 | 1994 年 | 1998 年 | 2003 年 | 2007 年 | —— |
| | 更新密度 | 19544 | 8068 | 8750 | 2727 | 4896 | 4375 | 8060 |

从各调查年的更新密度变化趋势上看（见图 7.19），各小区及对照样地并不相同，但是可以归为两类，一类为波动型，1 小区、3 小区、4 小区和局 3 号对照样地属于这一类型，另一类为下降型，2 小区、5 小区和局 5 对照样地属于这一类型。波动型是指各年数据在均值上下波动，与均值线有多次交叉，且没有明显的下降或上升趋势。下降型是指各年数据呈下降的趋势，与均值线只有一次交叉。

不论各小区更新密度变化趋势属于那种类型，检查法样地的天然更新明显差于对照样地。由于影响天然更新的因素很多，且受到现有数据的限制，无法准确的探知检查法样地天然更新较低的原因。但是从以上研究来看，检查法经营对林分天然更新是有一定影响的，但影响并不显著。云冷杉林天然更新密度的变化规律到底如何，以及为何会出现下降型的天然更新密度变化趋势等问题需要在今后的研究中探究。

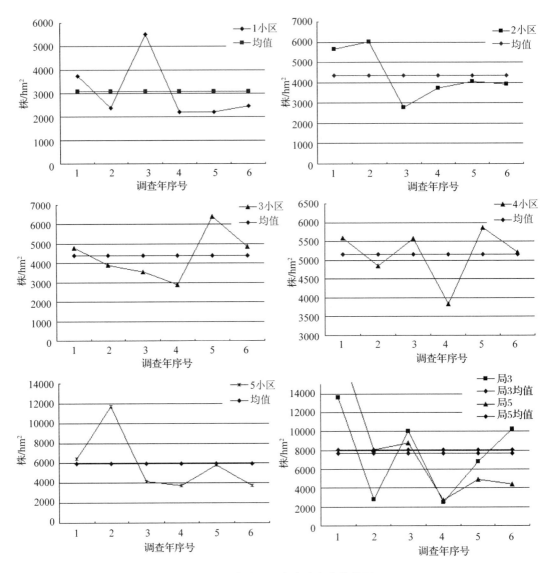

**图 7.19　各小区更新密度变化趋势图**

### 7.2.6.2　天然更新树种结构动态变化

选取 4 小区为研究对象，分别选取 1990 年、1994 年、1997 年、2002 年和 2009 年的更新数据来研究检查法实验的天然更新树种结构动态变化。

图 7.20 表明：实验林主要更新树种为冷杉、红松和云杉，其次为椴树和色树等阔叶树，其中冷杉的更新密度最大，在 2400～4600 株/hm² 之间，均值为 3362 株/hm²，其次为红松，更新密度在 720～1200 株/hm²，均值为 841 株/hm²，云杉更新密度在 610～1000 株/hm² 之间，均值为 720 株/hm²。

表 7.17 表明：更新树种中，针叶树所占比例则一直在 90% 以上（除 2009 年），其中冷杉的比例最大，一直在 50% 以上，而阔叶树所占比例较小。而林分检尺径阶以上林木针阔比一直为 8∶2，且冷杉所占比例 30% 左右，如果要保持现有的林分树种结构结构，在今后

要继续采取采针保阔的措施。

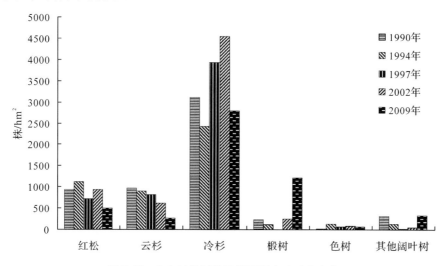

**图7.20　4小区各树种天然更新密度动态变化**

**表7.17　4小区天然更新树种比例动态变化**　　　　　　　　　　　　单位:%

| 树种 | | 1990 年 | 1994 年 | 1997 年 | 2002 年 | 2009 年 |
|---|---|---|---|---|---|---|
| 针叶树 | 红松 | 17 | 23 | 13 | 14 | 10 |
| | 云杉 | 17 | 19 | 15 | 9 | 5 |
| | 冷杉 | 56 | 50 | 70 | 70 | 54 |
| | 合计 | 90 | 92 | 98 | 94 | 69 |
| 阔叶树 | 椴树 | 4 | 2 | 0 | 4 | 24 |
| | 色木 | 0 | 3 | 1 | 1 | 1 |
| | 其他 | 6 | 3 | 0 | 1 | 7 |
| | 合计 | 10 | 8 | 2 | 6 | 31 |

### 7.2.6.3　小结

实验区各小区自实验开始以来，天然更新良好。从更新密度上看，除 1 小区外，各小区更新密度都在 3000 株/hm² 以上，基本能够满足林分更新的需求。从更新的树种结构上看，冷杉是主要更新树种，其次为红松和云杉，阔叶树更新比例在 10% 以下。

## 7.2.7　检查法实验综合评价

检查法实验 20 年来，取得了较好的实验效果。实验林的蓄积生长量在 6.4m³/(hm²·a) 以上，林分蓄积生长量比一般云冷杉林的蓄积生长量高 2m³/(hm²·a)。林分的蓄积径级结构和针阔蓄积比都接近或达到了较合理的水平。充分释放了林分的生长活力。但是，通过本文研究，检查法实验林的小径阶木的更新出现问题。这主要表现为：样地内 6cm 和 8cm 径阶的林木枯损量较大，而进界株数却较少，无法对 6cm 径阶的林木进行有效的补充，导致 6cm 和 8cm 径阶的株数远远低于其下一径阶的株数，即 $q_{6/8}$ 下降到 1 以下，$q_{8/10}$ 也逐渐向 1 接近。这将会严重影响林分的径阶结构，不利于林分的可持续经营。在今后的实验中，应着力于林分进界木的培育，减少小径阶木的枯损，从而调整林分的径阶结构。

## 7.3　结论与讨论

### 7.3.1　主要结论

（1）树种结构：经过 20 年的检查法实验，除 3 小区外，各小区的树种结构发生了变化，表现为针叶树比例有所提高，这主要是择伐造成的。在今后的实验中，应着重维持或增加阔叶树所占比例，并适当种植珍贵的阔叶树种，使阔叶树所占比例达到 2～3 成。

（2）直径结构：从株数径级结构来看，小径木株数所占比例不断下降，中径木和大径木株数所占比例不断上升。但是，小径阶 $q$ 值在逐年下降，从 1987 年到 2005 年，1 小区和 3 小区的 $q$ 值分别从 1.39 和 1.52 下降到 1.14 和 1.06，表明小径阶林木的直径结构已趋于不合理。6cm 和 8cm 径阶的林木持续减少，现已经降到较低的水平，严重影响了今后林分的直径结构。

（3）进界株数：进界木的树种结构中，冷杉和椴树是主要的更新树种，两树种进界木株数占总进界木更新株数的 50% 以上。从 4 小区 1993～2009 年进界木动态变化分析，进界株数是逐渐增加的，这与 6、8 径阶木得株数密度的下降呈显著相关性。

（4）枯损量：全林枯损株数主要分布在 10cm 径阶以下，其中 6cm 和 8cm 径阶的枯损株数较多，6cm 径阶枯损株数与径阶株数存在显著的相关性。各时期株数枯损率径阶分布呈现倒 J 型曲线。

（5）蓄积生长量：实验林的立木蓄积生长量显著增长，年均蓄积生长量普遍大于对照样地 2m³/ hm² 以上，表明实验区的经营措施有效的增加了林分的年均蓄积生长量。

（6）天然更新：实验区各小区天然更新良好，除 1 小区外，各小区更新密度都在 3000株/hm² 以上。但是实验区的平均更新密度均小于对照样地的平均更新密度，说明实验区的天然更新效果还不够理想，在今后的实验中应引起重视。实验区主要更新树种为冷杉、红松和云杉，其次为椴树和色树等阔叶树，其中冷杉的更新密度最大。各小区天然更新密度的动态变化来看，可分为波动型和下降型两种动态变化趋势。

### 7.3.2　讨论

（1）以往对天然更新的格局、影响因子等静态的研究较多，而对于连续几十年天然更新密度变化的动态研究较少。本研究依靠现有的数据，对天然更新密度变化的研究做了初步的尝试，指出其两种变化趋势。但是由于连续监测的时间较短，而同时对天然更新影响因子的监测又较少，无法指出这两种变化趋势产生的原因。但本人认为：在没有人为干扰的情况下，云冷杉针阔混交林的天然更新密度是呈波动型的，由于地形、气候、地被物、林型等更新环境的差别，其波动周期是不同的。

（2）由于金沟岭检查法实验的监测数据是基于固定样地的调查的，而不是国外的全林每木调查，因此固定样地的监测数据能否真实的反应检查法全林的状况值得商榷。由于人力、物力的限制，本研究无法对检查法实验林进行全林的重新抽样调查，来检验长期监测固定样地的数据准确性。希望在今后的研究中，通过重新抽样，来检验或校正长期监测固定样地的数据。

# 8 基于 WebGIS 的金沟岭林场森林健康评价

## 8.1 数据的收集与处理

### 8.1.1 数据收集

本章的数据主要有：2007 年的金沟岭林场森林经营方案、林相图、金沟岭林场小班调查资料、道路图、2009 年研究区 LandSat5 遥感影像图、林场 1∶5 万地形图、1∶1 万 DEM 数据等基础地理信息；《森林资源规划设计调查主要技术规定》等相关政策、标准，以及相关的研究成果等信息。

### 8.1.2 数据处理

#### 8.1.2.1 植被分布

金沟岭林场植被分布见表 8.1。

表 8.1 金钩岭林场植被分布情况

| 海拔(m) | 植被 |
| --- | --- |
| <300 | 塔头草、禾本科草类及少数灌木，如珍珠梅(*Sorbaria kirilowii*)、柳叶绣线菊(*Spiraea Salicifolia*)等 |
| 300~400 | 主要乔木为红皮云杉(*Picea koraiensis*)、春榆(*Ulmus propinqua*)、山杨(*Pobulus davidiana*)、枫桦(*Betula costata*)等，主要灌木为珍珠梅、虎刺梅(*Euphorbia milii*)等，草类有塔头草、小叶樟(*Deyeuxia langsdorffii*)、问荆(*Equisetum arvense*)、风毛菊(*Saussurea obvallata*)等 |
| 400~600 | 乔木为红松(*Pinus koraiensis*)阔叶林，阴向缓坡伴生紫椴(*Tilla amurensis*)、枫桦、春榆等；灌木以虎榛子(*Ostryopsis davidiana*)、忍冬(*Lonicera japonica*)为主，阳向缓坡伴生蒙古栎(*Quercus mongolica*)、白桦(*Betula platyphylla*)、色木(*Acer mono*)，阴向灌木以杜鹃(*Rhododendron simsii*)、胡枝子(*Leapedeza bicolor*)为主 |
| 600~800 | 以红松为主的针阔混交林，红松、云杉、冷杉(*Abies nephrolepis*)占 40%~60%，其余为紫椴、枫桦、春榆、色木、水曲柳(*Fraxinus mandshurica*)、黄波罗(*Phellodendron amurense*)等，灌木为虎榛子、忍冬，草类有山茄子(*Brachybotrys pariformis*)、酢浆草(*Oxalis corniculata*)、宽叶苔草(*Carex tristachya*)、山芹菜(*Ostericum sieboldi*)等 |
| 800~1000 | 阔叶云冷杉林，主要为云冷杉林，约占 70%，其他树种有红松、枫桦、椴树、榆树、色木等只占 30%左右，林下灌木稀疏，以忍冬、绣线菊、虎榛子为主，地被物有山茄子、北重楼(*Paris quadrifolia*)、宽叶苔草等 |
| 1000~1300 | 主要为云冷杉林，多形成纯林，地被物以苔藓类植物为主 |

8.1.2.2 属性数据

*NDVI* 值的提取：将研究区的 *NDVI* 值平均到每个小班。打开 ArcToolBox→Spatial Analysis Tools→Zonal→Zonal Statistic As Table。

Input raster or feature zone data 处选择小班面状文件 xiaoban，Zone field，选择 Input value raster 处选择要平均分配的栅格图层名称，这里选择 *NDVI*，其他保持默认选项，最后单击 OK 按钮即可生成 *NDVI* 栅格数据在 xiaoban. shp 内各小班区域的数值统计，统计结果包括 MAX(最大值)、MIN(最小值)、MEAN(平均值)等，本研究需要的数据为平均统计值。

在生成的结果中，MEAN(平均值)字段的数值就是各小班平均的海拔高度值。可将其值复制到 xiaoban. shp 对应的属性列中。

海拔、坡度、坡向数据的提取：

①启动 ArcGIS 9.3，加载研究区边界数据文件：border. shp，并且加载研究区 DEM 数据文件：F：\ paper \ image \ dem. img。

②由于研究区的 DEM 文件的数据每一个栅格的值就是该栅格所在位置的海拔值，因此将这些栅格的值平均到每个小班，即可得到小班的海拔平均值。

③对研究区进行坡度、坡向分析：

打开 ArcMap，加载 Spatial Analyst 工具栏，选择 Surface Analyst→Slope 工具，将研究区的格网 DEM 生成坡度图，并保存为 F：\ paper \ img \ slope. img。

选择 Surface Analyst→Aspect 工具，将研究区的格网 DEM 生成坡向图，并保存为 F：\ paper \ img \ aspect. img。

然后将研究区的海拔、坡度和坡向值按照平均到各小班即可得到小班海拔、坡度和坡向值，操作过程同前，只是将 Input value raster 替换为相应的栅格图层即可。

道路网的提取及与道路距离数据的提取：

①打开 ArcCatalog 9.3，在工作路径 F：\ paper \ shp 下的新建一个线文件 road. shp 来存储研究区道路数据。

②启动 ArcGIS 9.3，加载配准后的研究区影像图和林相图，选择 Editor 工具栏的 Start Editing，将 target 设为 road. shp，然后参考影像和林相图，将研究区道路矢化。

③打开 ArcToolBox→Spatial Analysis Tools→Distance→Euclidean Distance

④在 Input raster or feature source data 中选择 road，在 Output Cell Size 处填入 20。在 Environment Settings→Extent 中选择 Same as layer border(与研究区边界一致)。然后点击 OK，则可生成研究区范围内的道路缓冲区图。

⑤对道路缓冲区图重分类，右击生成的道路缓冲区图层选择 Layer Properties→Symbol →Classified，然后单击 Classify...，根据评价标准，将与道路距离分为 4 个等级，因此，在 Classes 选择 4，Method 选择 Manual(手动)，然后再 Break Values % 处手动输入分级阈值：100、200、300，第四个保持原值。

⑥将这一数值平均到各小班即可得到研究区各小班与道路距离的值。

小班数据库的建立：在 ArcGIS 9.3 软件中，建立的林场小班空间数据库，可以实现对林场小班的属性数据和空间数据的管理和更新，方便了对小班属性数据进行查询、计算和统计，最重要的是可以结合其他数据利用 GIS 强大的空间分析功能对林场小班进行一系列的空间分析操作。

①打开林场的林相图 shp 文件：F：\ paper \ shp \ 小班 . shp。

②选择 Editor 工具栏的 Start Editing，然后右键点击小班图层文件，选择 Open Attribute Table，然后根据表8.2 中的规则添加字段。

表 8.2　小班主要属性字段及类型

| 字段编号 | 字段名称* | 字段类型 | 备注 |
|---|---|---|---|
| 1 | ID | Short Integer | 唯一标识符 |
| 2 | 林班编号 | Short Integer | |
| 3 | 小班编号 | Short Integer | |
| 4 | 小班面积 | Float | 3 位有效数字 |
| 5 | 小班周长 | Float | 3 位有效数字 |
| 6 | NPP | Float | 3 位有效数字 |
| 7 | 土地类型 | Text | |
| 8 | 海拔 | Float | 3 位有效数字 |
| 9 | 海拔得分 | Float | 3 位有效数字 |
| 10 | 坡向 | Float | 3 位有效数字 |
| 11 | 坡向得分 | Float | 3 位有效数字 |
| 12 | 与林道距离 | Float | 3 位有效数字 |
| 13 | 距离得分 | Float | 3 位有效数字 |
| 14 | 混交度 | Float | 3 位有效数字 |
| 15 | 混交度得分 | Float | 3 位有效数字 |
| 16 | 优势树种 | Text | |
| 17 | 优势树种得分 | Float | 3 位有效数字 |
| 18 | 主导功能 | Text | |
| 19 | 森林类型 | Text | |
| 20 | 类型得分 | Float | 3 位有效数字 |
| 21 | 坡度 | Float | 3 位有效数字 |
| 22 | 坡度得分 | Float | 3 位有效数字 |
| 23 | 植被盖度 | Float | 3 位有效数字 |
| 24 | 盖度得分 | Float | 3 位有效数字 |
| 25 | 林分起源 | Text | |
| 26 | 起源得分 | Float | 3 位有效数字 |
| 27 | 树种组成 | Text | |

| 字段编号 | 字段名称 * | 字段类型 | 备注 |
|---|---|---|---|
| 28 | 树木多样性 | Float | 3 位有效数字 |
| 29 | 多样性得分 | Float | 3 位有效数字 |
| 30 | 群落结构 | Text | |
| 31 | 群落得分 | Float | 3 位有效数字 |
| 32 | 每公顷蓄积 | Short Integer | |
| 33 | 蓄积得分 | Float | 3 位有效数字 |
| 34 | 土壤厚度 | Text | |
| 35 | 厚度得分 | Float | 3 位有效数字 |
| 36 | 土地类型 | Text | |
| 37 | 一级景观 | Text | |
| 38 | 二级景观 | Text | |
| 39 | 健康指数 | Float | 3 位有效数字 |
| 40 | 健康等级 | Text | |

* ArcGIS 规定字段名称不得超过 5 个汉字，因此对有些字段名进行了简化。

小班面积、周长数据的提取：

本研究在进行面积统计、景观要素计算的过程中都用到了小班的面积和周长这两项指标的值，根据林相图来计算面积和周长值既快速又准确。

本研究使用 ArcGIS 中 Field Calculator(字段计算器)的高级功能对研究区各小班面积和周长进行提取，操作过程如下：

①打开 xiaoban. shp 文件的属性表，右击面积字段，选择 Field Calculator，打开字段计算器窗口。

②在 Pre-Logic VBA Script Code 处输入代码，代码的作用是根据 xiaoban. shp 的图形属性批量计算各小班的面积值。

③最后将输出结果除以 10000，将面积单位由平方米(m²)转化为公顷(hm²)。单击 OK 按钮即完成面积计算。

④周长的提取方法与面积类似，只是 VBA 代码不同，见下图所示，最终计算得到的周长单位为公里。

景观类型的划分：

本研究使用 ArcGIS 中 Field Calculator(字段计算器)的高级功能对景观类型的数据进行分析，操作过程如下：

①打开 xiaoban. shp 文件的属性表，右击一级景观字段，选择 Field Calculator，打开字段计算器窗口。

②在 Pre-Logic VBA Script Code 处输入代码，代码的作用是根据土地类型字段的值批量为一级景观类型字段赋值。

③单击 OK 按钮，完成赋值。

④对分类结果进行面积统计：

打开属性表中的 Options→Select By Attributes。在查询条件出填写"一级景观" = "有林地"。单击 Apply 即可选中所有一级景观为有林地的小班。然后在面积字段处单击右键，选择 Statistics，弹出有林地面积的统计信息，有林地的总面积为 15036.63hm²。

一级景观分类统计结果如表 8.3 所示。

表 8.3　一级景观分类统计结果

| 编码 | 一级景观类型 | 所含小班个数 | 总面积(hm²) | 面积百分比(%) |
|---|---|---|---|---|
| 1 | 有林地 | 1211 | 15036.63 | 92.55 |
| 2 | 灌木林 | 34 | 478.48 | 2.95 |
| 3 | 未成林造林地 | 7 | 108.68 | 0.67 |
| 4 | 苗圃地 | 3 | 11.54 | 0.07 |
| 5 | 荒山荒地 | 26 | 328.59 | 2.02 |
| 6 | 农地 | 11 | 134.45 | 0.83 |
| 7 | 沼泽地 | 12 | 120.12 | 0.74 |
| 8 | 其它 | 5 | 28.16 | 0.17 |

在一级景观分类的基础上，根据优势树种进行二级景观分类。在二级景观分类时，只对有林地行分类，其他景观类型的二级分类结果于一级分类结果相同。操作过程与一级景观分类类似，只是 VBA 代码不同。二级景观分类统计结果如表 8.4 所示。

表 8.4　二级景观分类统计结果

| 编码 | 二级景观类型 | 所含小班个数 | 总面积(hm²) | 面积百分比(%) |
|---|---|---|---|---|
| 1 | 红松 | 2 | 1.47 | 0.01 |
| 2 | 落叶松 | 159 | 1881.86 | 11.58 |
| 3 | 樟子松 | 2 | 25.56 | 0.16 |
| 4 | 云杉 | 38 | 522.08 | 3.21 |
| 5 | 榆树 | 5 | 65.17 | 0.40 |
| 6 | 杨树 | 2 | 24.32 | 0.15 |
| 7 | 白桦 | 49 | 746.97 | 4.60 |
| 9 | 针叶混交林 | 272 | 3205.16 | 19.73 |
| 10 | 阔叶混交林 | 250 | 2901.93 | 17.86 |
| 11 | 针阔混交林 | 431 | 5660.06 | 34.84 |
| 12 | 灌木林 | 34 | 478.48 | 2.95 |
| 13 | 未成林造林地 | 7 | 108.68 | 0.67 |
| 14 | 苗圃地 | 3 | 11.54 | 0.07 |
| 15 | 荒山荒地 | 26 | 328.59 | 2.02 |
| 16 | 农地 | 11 | 134.45 | 0.83 |
| 17 | 沼泽地 | 12 | 120.12 | 0.74 |
| 18 | 其他 | 5 | 28.16 | 0.18 |

地理建模：地理建模工具（ModelBuilder）内置于 ArcToolbox 的 toolboxes 中。Toolboxes 以 tbx 文件的形式存储在硬盘上或者以对象的形式存放于空间数据库中（Sandy Prisloe, 2008）。ModelBuilder 允许我们将复杂的或者复用率较高的地理操作或者数据处理过程集成到一个小的批处理文件中。此外 ModelBuilder 将这种复杂的处理过程以流程图的形式展现在我们面前，是其可读性大大增强。我们可以通过在 ArcGIS 中拖动数据文件、工具箱等方式在 ModelBuilder 中进行地理建模。对于本研究中的海拔、坡度、坡向等地形处理以及面积、周长、景观分类等数据处理过程，由于其通用性较高，我们可以将其集成在一个模型中，以备今后操作中使用。

面积、周长、景观分类操作实际上是对属性表的字段按照某种规则进行计算。我们可以将 xiaoban. shp 拖入 ModelBuilder 窗口，再依次打开 ArcToolbox→Data Management Tools→Field，将 Calculate Field 拖入 ModelBuilder 窗口，双击黄色的 Calculate Field 图标，依次输入需要的各参数。

进行地理建模操作之后，可以大大简化今后进行同样操作的复杂程度，如果数据发生改变，需要对数据进行重新处理，只要执行该模型，数据会在很短的时间内处理完毕。

# 8.2 小班尺度森林健康评价

## 8.2.1 评价指标体系构建原则与思路

### 8.2.1.1 构建原则

建立指标体系是评价森林生态系统健康的关键，其好坏直接关系到评价的科学性和准确性。建立森林健康评价指标的第一步是确定指标选择原则。本研究中评价指标体系的三个基本原则如下：

科学性：在对研究区总体情况了解以及森林生态系统健康内涵正确理解的基础上，研究森林健康状况与林分结构的关系，利用科学的理论和方法构建的指标体系，才能比较客观的反应研究区的森林健康状况，指导生产实践。

可操作性：所用的指标要有科学依据，要容易监测，计算简单，充分利用现有数据。这样的指标体系才有可能在实践中推广应用。

相对独立性原则：各项指标间应尽可能相互独立，避免包含、交叉关系以及大同小异现象，以确保评价的合理性。

### 8.2.1.2 构建思路

本研究中指标体系的建立基于 Costanza（1992）提出的森林健康评价模型，通过森林生态系统的健康指数（FEHI）大小来反映森林生态健康状况。其评价模型为：

$$FEHI = W_1 V + W_2 O + W_3 R \tag{8-1}$$

式中，FEHI 为森林生态系统健康指数；V 为系统活力、一般可用生产力指标对其进行描述；O 是系统组织力，一般可用表示生态系统结构复杂性指标来描述；R 为系统抵抗力（抗干扰的能力），一般可用抗病虫害能力、森林火险等级以及系统的生态脆弱性指标进行描述；$W_1$、$W_2$、$W_3$ 分别为 V、O、R 的权重，且 $W_1 + W_2 + W_3 = 1$。

考虑到不同森林经营目的的森林健康评价区别，本研究在森林健康评价模型中增加了森林经营，改进后的森林健康评价模型如下：

$$FEHI = W_1V + W_2O + W_3R + W_4M \tag{8-2}$$

式中，$M$ 为森林经营；$W_4$ 为 $M$ 的权重，$W_1V + W_2O + W_3R + W_4M = 1$。森林经营下属的生态效益和经济效益指标的权重可以根据经营目的来调整。如果是生态公益林，生态效益指标的权重应大于经济效益的权重。相反，如果是商品林，则生态效益指标的权重应小于经济效益的权重。这样可以满足不同的经营目的林分评价。因此，本研究采用改进后的森林健康评价指标体系如图 8.1 所示。由于本章使用的指标体系大部分都是针对于景观类型为有林地的林分，因此，本研究的小班尺度的森林健康评价对象为一级景观类型为有林地的 1211 个小班。

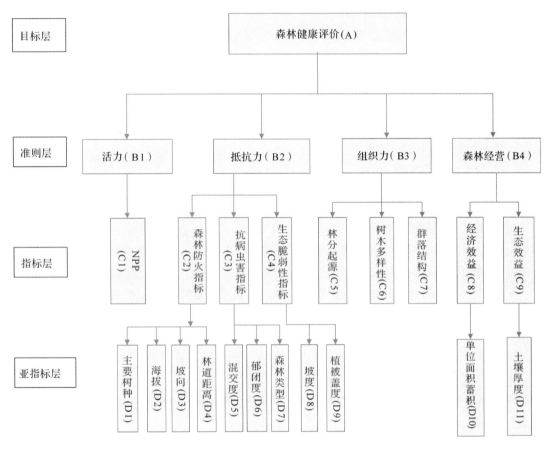

**图8.1 小班尺度森林健康评价指标体系**

## 8.2.2 指标体系的构成

### 8.2.2.1 活力指标的评价

由于森林净初级生产力（$NPP$）是指绿色植物在单位面积、单位时间内所累积的有机物数量，代表了植被与空气在植物光合作用中获取碳的能力，是表征森林生态功能的关键参数，因此本文选择 $NPP$ 作为活力指标评价的指标。而 $NPP$ 指标可以采用遥感技术来进行估算。植被的 $NPP$ 与叶面积指数（$LAI$）有密切关系，而归一化植被指数（$NDVI$）又能灵敏的反映叶面积指数的变化。通过对 $LAI$、$NPP$、$NDVI$ 三者之间关系的研究可得出如下的关系(郑元润, 2000):

$$LAI = -4.9332 - 86.2804\ln(1 - NDVI) \tag{8-3}$$

$NPP$ 与 $LAI$ 的线性关系为:

$$NPP = 3.1951 + 0.7773LAI \tag{8-4}$$

将 8-4 式代入 8-3 式,则 $NPP$ 与 $NDVI$ 的关系为:

$$NPP = -0.6394 - 67.064 \times \ln(1 - NDVI) \tag{8-5}$$

该指标直接用数值进行描述。

### 8.2.2.2 组织力指标的评价

森林生态系统的组织力可以反映森里生态系统组织结构的复杂性,组组织力包含两方面的含义,一方面是指生态系统的物种多样性,另一方面是指生态系统的复杂性。

林分起源主要有天然林和人工林两种,相关研究表明(王爱生, 2000),天然林在物种结构较人工林更为合理,物种多样性较人工林更为丰富。该指标可直接从二类调查数据中获取,天然林得 2 分,人工林得 1 分。

生物多样性指标是群落生物组成结构的重要指标,它不仅可以反应群落的组织化水平,也可以通过结构和功能的关系来反映群落的功能特征。这种多样性主要包括动物、植物、微生物的物种多样性,物种的变异与遗传的多样性以及生态系统的多样性。由于监测数据有限,本文在研究小班级森林健康状况主要考虑树种多样性,以树种组成中的树种个数来描述。

森林的群落结构主要是指其垂直方向上的群落结构,即森林在垂直方向上分成许多层次的现象。合理、完整的层次结构是森林生态系统复杂性的重要体现。根据相关研究成果,群落结构可以分为完整结构、复杂结构、简单结构、单一结构和裸地结构五个等级。该指标可直接从森林资源二类调查数据中获取,评分标准为完整结构得 4 分、复杂结构得 3 分、简单结构得 2 分、单一结构得 1 分、裸地结构得 0 分。

### 8.2.2.3 抵抗力指标的评价

森林防火指标由主要树种、坡向、海拔、与道路距离 4 个亚指标组成。

①优势树种:通过对森林优势树种的可燃性研究,按照树种燃烧的难易程度,将森林优势树种燃烧等级分为难燃类(阔叶林)、一般类(针阔混交林)、易燃类(针叶林、灌木林)共 3 个类别(李艳梅, 2005)。该指标可根据对森林资源二类调查数据中优势树种调查指标进行分类,并根据具体评分标准进行评分(见表 8.5)。

②海拔高度:随着海拔高度的变化,温度、湿度等气象因子也发生变化,是影响林火的重要自然因子之一,海拔高度越高,燃烧的可能性越低,抵抗力越强。具体分级标准见表 8.5。

③坡向:阴坡、阳坡对森林火灾的易燃程度与火速蔓延影响不同。一般说来,阴坡日照弱,蒸发慢,温度低,可燃物不易燃,火蔓延较缓慢;阳坡日照强,温度高,可燃物易干燥易燃,火蔓延快。具体分级标准见表 8.5。

④林道距离:林分和林道距离的远近,反映了其受人为干扰程度的大小。距林道越近,人为活动就频繁,发生林火的可能性就越大,抵抗力越弱。具体分级标准见表 8.5。

表8.5 森林防火亚指标评分标准

| 指标 | 森林防火亚指标得分 | | | |
|---|---|---|---|---|
| | 1 | 2 | 3 | 4 |
| 坡向 | 南、西南 | 东南、西 | 东、西北 | 北、东北 |
| 海拔 | ≤600 | 600～900 | 900～1200 | ≥1200 |
| 优势树种 | 针叶林、灌木林 | 针阔混交林 | 阔叶林 | |
| 与林道距离 | ≤100 | 100～200 | 200～300 | ≥300 |

抗病虫害指标由以下指标组成：

①混交度：一般认为，若林分内树种单一，其环境不利于林木和病虫害天敌的生存，极易发生大面积的森林病虫害，因此，混交度在一定程度上可以反应森林的抗病虫害能力。传统的林分混交度计算需要对林分内每一株树进行调查，而本研究研究对象为整个林场，用传统的方法进行调查工作量巨大，利用树种组成重新构建了林分混交度的计算方法：

$$H = \frac{\sum_{i=1}^{n} x_i^2}{n} \tag{8-6}$$

式中：$E$ 为树种组成混交度；$x_i$ 为第 $i$ 个树种蓄积占小班总蓄积的百分比；$n$ 为林分中树种的数目；$E$ 值的范围为 0～1，该指标得分直接用具体数值描述。

②郁闭度：根据已有研究成果，病虫害主要发生在过密、过纯的林分，郁闭度大于 0.8 时，易发生病虫害。由此可知，病虫害的发生程度与郁闭度之间存在着显著的相关关系，该指标可直接从森林资源二类调查数据中获取，得分直接用具体数值描述。

③森林类型指标：根据森林的主导功能，可将森林划分成若干森林类型；按森林保护程度又可分为不同等级，受保护程度越高（集约经营）的森林，发生病虫害的可能性越小，抵抗力越高。森林类型按其保护程度从高到低划分严格保护类型、重点保护类型、一般保护类型和开发利用类型（表8.6）。根据已有研究成果（赵静，2011），研究区内森林主导功能按小班划分为珍贵树种林、母树林，护路林，水土保持林和木材生产林。其中珍贵树种林属于严格保护类型、得4分；母树林属于重要保护类型、得3分；护路林、水土保持林属于一般保护类型、得2分；木材生产林属于开发利用类型、得1分。

表8.6 森林类型指标划分标准

| 保护类型 | 森林类型 |
|---|---|
| 严格保护类型 | 国防林、自然保护区、科教试验林 |
| 重点保护类型 | 文化林、景观游憩林、种子林、护路（岸）林 |
| 一般保护类型 | 生物防火林、水土保持林、水源林、防风固沙林、海防林、农田防护林 |
| 开发利用类型 | 非木质产品林、工业纤维林、燃料林、用材林 |

生态脆弱性指标：根据《全国生态公益林建设标准》（国家林业局造林司，2001），生态脆弱性分为极端脆弱（I级）、非常脆弱（II级）、比较脆弱（III级）与一般（IV级）4个等

级。本研究选取了坡度和植被盖度作为生态脆弱性评价的亚指标。坡度的计算过程见 4.3.5.3，植被盖度指标可直接从森林资源二类调查数据数据中获取。这两项指标的评分标准与生态脆弱性等级一致，即极端脆弱得 1 分、非常脆弱得 2 分、比较脆弱得 3 分、一般水平得 4 分(表 8.7)。

表 8.7 生态脆弱性亚指标评分标准

| 指标 | 生态脆弱性亚指标得分 | | | |
| --- | --- | --- | --- | --- |
| | 1 | 2 | 3 | 4 |
| 坡度(°) | >36 | 25–36 | 16–25 | ≤15 |
| 植被盖度 | ≤0.2 | 0.21–0.4 | 0.41–0.6 | >0.6 |

#### 8.2.2.4 森林经营指标评价

本研究将森林经营评价指标分为经济效益指标和生态效益指标。前者使用单位面积蓄积量指标来描述，后者采用土壤厚度指标进行描述。

根据国家林业局森林资源规划设计调查主要技术规定，土壤厚度可划分为厚层土、中层土、薄层土三个等级(国家林业局，2003)。森林的生态效益包括涵养水源、固土保肥、防风固沙等；因此一般认为土壤厚度越大，其森林的生态效益越高。该指标可直接从森林资源二类调查数据中获取，评分标准为厚层土得 3 分、中层土得 2 分、薄层土得 1 分。

### 8.2.3 指标权重的确定

(1)根据上述确定的评价指标体系，可以建立森林健康评价递阶层次表。

(2)构造判断矩阵赋值并进行一致性检验

①在确定指标层指标重要性时应当分层计算权重，即比较组内的指标重要性。在咨询北京林业大学多位专家和老师的基础上，应用层次分析法对指标权重进行了赋值并且进行了一致性检验。结果如下：小班尺度健康评价(A)与活力(B1)、抵抗力(B2)、组织力(B3)、森林经营(B4)之间的关系见表 8.8。

表 8.8 指标的判断矩阵与一致性检验表(1)

| A | B1 | B2 | B3 | B4 | 权重 |
| --- | --- | --- | --- | --- | --- |
| B1 | 1 | 1 | 1 | 3 | 0.300 |
| B2 | 1 | 1 | 1 | 3 | 0.300 |
| B3 | 1 | 1 | 1 | 3 | 0.300 |
| B4 | 1/3 | 1/3 | 1/3 | 1 | 0.100 |
| $\lambda_{max}=4.000$, C.I. $=0.000$, C.R. $=0.000<0.1$ | | | | | |

②抵抗力指标(B2)与森林防火指标(C3)、树木多样性(C4)、群落结构(C5)之间的关系见表 8.9。

表 8.9　指标的判断矩阵与一致性检验表（2）

| B2 | C2 | C3 | C4 | 权重 |
|---|---|---|---|---|
| C2 | 1 | 3 | 5 | 0.633 |
| C3 | 1/3 | 1 | 3 | 0.260 |
| C4 | 1/5 | 1/3 | 1 | 0.106 |
| $\lambda_{max} = 3.038$，C. I. $= 0.019$，C. R. $= 0.037 < 0.1$ | | | | |

③组织力指标（B3）与林分起源（C5）、抗病虫害指标（C6）、生态脆弱性指标（C7）之间的关系见表 8.10。

表 8.10　指标的判断矩阵与一致性检验表（3）

| B3 | C5 | C6 | C7 | 权重 |
|---|---|---|---|---|
| C5 | 1 | 1/5 | 1/5 | 0.090 |
| C6 | 5 | 1 | 2 | 0.556 |
| C7 | 5 | 1/2 | 1 | 0.354 |
| $\lambda_{max} = 3.054$，C. I. $= 0.027$，C. R. $= 0.052 < 0.1$ | | | | |

④森林防火指标（C2）与优势树种（D1）、海拔（D2）、坡地（D3）、与林道距离（D4）之间的关系见表 8.11。

表 8.11　指标的判断矩阵与一致性检验表（4）

| C2 | D1 | D2 | D3 | D4 | 权重 |
|---|---|---|---|---|---|
| D1 | 1 | 3 | 2 | 3 | 0.457 |
| D2 | 1/3 | 1 | 2 | 2 | 0.202 |
| D3 | 1/2 | 1 | 1 | 2 | 0.221 |
| D4 | 1/3 | 1/2 | 1/2 | 1 | 0.120 |
| $\lambda_{max} = 4.045$，C. I. $= 0.023$，C. R. $= 0.025 < 0.1$ | | | | | |

⑤抗病虫害指标（C3）与混交度（D5）、郁闭度（D6）、森林类型（D7）之间的关系见表 8.12。

表 8.12　指标的判断矩阵与一致性检验表（5）

| C3 | D5 | D6 | D7 | 权重 |
|---|---|---|---|---|
| D5 | 1 | 2 | 2 | 0.490 |
| D6 | 1/2 | 1 | 2 | 0.312 |
| D7 | 1/2 | 1/2 | 1 | 0.198 |
| $\lambda_{max} = 3.054$，C. I. $= 0.027$，C. R. $= 0.052 < 0.1$ | | | | |

⑥生态脆弱性（C4）的与指标植被盖度（D8）和坡度（D9）之间的关系见表 8.13。

表 8.13　指标的判断矩阵与一致性检验表（6）

| C4 | D8 | D9 | 权重 |
|---|---|---|---|
| D8 | 1 | 1 | 0.500 |
| D9 | 1 | 1 | 0.500 |
| $\lambda_{max} = 2.000$，C. I. $= 0.000$，C. R. $= 0.000 < 0.1$ | | | |

⑦森林经营指标(B4)的两个子指标经济效益(C8)和生态效益(C9)的权重需根据小班的主导功能来定,若小班的主导功能是一般用材林,C8 相对于 B4 的权重为 0.75,C9 相对于 B4 的权重为 0.25。若小班的主导功能是母树林、自然保护区林、水土保持林、护路林,C8 相对于 B4 的权重为 0.25,C9 相对于 B4 的权重为 0.75。

根据以上计算过程,可以确定评价指标体系中各指标的权重,具体如表8.14 所示。

表 8.14　评价指标体系的权重表

| 目标层 | 准则层 | 指标层 | 亚指标层 | 综合权重 |
|---|---|---|---|---|
| 小班尺度森林健康评价(A) | 活力(B1) | NPP(C1) | 无 | 0.300 |
| | 抵抗力(B2) | 森林防火指标(C2) | 优势树种(D1) | 0.087 |
| | | | 海拔(D2) | 0.038 |
| | | | 坡向(D3) | 0.042 |
| | | | 与林道距离(D4) | 0.023 |
| | | 抗病虫害指标(C3) | 混交度(D5) | 0.038 |
| | | | 郁闭度(D6) | 0.024 |
| | | | 森林类型(D7) | 0.015 |
| | | 生态脆弱性指标(C4) | 坡度(D8) | 0.016 |
| | | | 植被盖度(D9) | 0.016 |
| | 组织力(B3) | 林分起源(C5) | 无 | 0.027 |
| | | 树木多样性(C6) | 无 | 0.167 |
| | 森林经营(B4) | 群落结构(C7) | 无 | 0.106 |
| | | 经济效益(C8) | 单位面积蓄积(D10) | 0.075/0.025 |
| | | 生态效益(C9) | 土壤厚度(D11) | 0.025/0.075 |

## 8.2.4　评价结果

小班森林健康指数的计算结果如表8.15 所示。

表 8.15　小班森林健康指数计算结果

| 林班编号 | 小班编号 | NPP 得分 | 优势树种得分 | 海拔得分 | … | 健康指数 | 健康等级 |
|---|---|---|---|---|---|---|---|
| 1 | 1 | 0.706 | 0.333 | 1.000 | … | 0.753 | 健康 |
| 1 | 2 | 0.772 | 1.000 | 0.667 | … | 0.797 | 健康 |
| 1 | 3 | 0.891 | 0.667 | 0.667 | … | 0.778 | 健康 |
| 1 | 4 | 0.788 | 0.667 | 0.667 | … | 0.754 | 健康 |
| 1 | 5 | 0.745 | 1.000 | 0.667 | … | 0.754 | 健康 |
| 1 | 6 | 0.920 | 1.000 | 0.667 | … | 0.837 | 优质 |
| 1 | 7 | 0.815 | 0.667 | 1.000 | … | 0.770 | 健康 |
| 1 | 8 | 0.716 | 0.667 | 1.000 | … | 0.798 | 健康 |
| 1 | 9 | 0.771 | 1.000 | 0.667 | … | 0.789 | 健康 |

续表

| 林班编号 | 小班编号 | NPP 得分 | 优势树种得分 | 海拔得分 | … | 健康指数 | 健康等级 |
|---|---|---|---|---|---|---|---|
| 1 | 10 | 0.760 | 1.000 | 0.667 | … | 0.816 | 优质 |
| 1 | 11 | 0.896 | 0.333 | 1.000 | … | 0.662 | 健康 |
| 1 | 12 | 0.833 | 0.667 | 0.667 | … | 0.811 | 优质 |
| 1 | 13 | 0.707 | 0.667 | 1.000 | … | 0.791 | 健康 |
| 2 | 1 | 0.845 | 0.667 | 0.667 | … | 0.792 | 健康 |
| 2 | 2 | 0.825 | 0.667 | 0.667 | … | 0.777 | 健康 |
| 2 | 3 | 0.727 | 0.667 | 1.000 | … | 0.785 | 健康 |
| 2 | 4 | 0.790 | 0.667 | 0.667 | … | 0.772 | 健康 |
| 2 | 5 | 0.845 | 0.667 | 1.000 | … | 0.802 | 优质 |
| 2 | 6 | 0.747 | 0.667 | 1.000 | … | 0.766 | 健康 |
| 2 | 7 | 0.762 | 0.667 | 0.667 | … | 0.773 | 健康 |
| 2 | 8 | 0.852 | 0.667 | 0.667 | … | 0.806 | 优质 |
| 2 | 9 | 0.822 | 0.667 | 1.000 | … | 0.814 | 优质 |
| 2 | 10 | 0.789 | 0.667 | 0.667 | … | 0.791 | 健康 |
| 2 | 11 | 0.737 | 0.333 | 0.667 | … | 0.601 | 健康 |
| 2 | 12 | | | | … | | 未评价 |
| 2 | 13 | 0.844 | 0.333 | 0.667 | … | 0.662 | 健康 |
| 2 | 14 | 0.785 | 0.667 | 0.667 | … | 0.782 | 健康 |
| 2 | 15 | 0.922 | 0.667 | 0.667 | … | 0.813 | 优质 |
| 2 | 16 | 0.695 | 0.333 | 0.667 | … | 0.676 | 健康 |
| 2 | 17 | 0.825 | 0.333 | 0.667 | … | 0.412 | 亚健康 |
| 2 | 18 | 0.862 | 0.333 | 0.667 | … | 0.445 | 亚健康 |
| 2 | 19 | 0.766 | 0.333 | 0.667 | … | 0.605 | 健康 |
| 2 | 20 | 0.802 | 0.667 | 0.667 | … | 0.757 | 健康 |
| … | … | … | … | … | … | … | … |
| 73 | 11 | 0.662 | 0.333 | 0.667 | … | 0.632 | 健康 |

小班健康等级的统计结果如表 8.16 所示。

**表 8.16　小班森林健康等级统计结果**

| 健康等级 | 小班个数 | 总面积(hm²) | 面积百分比(%) |
|---|---|---|---|
| 优质 | 82 | 1292.42 | 8.60 |
| 健康 | 975 | 12014.49 | 79.90 |
| 亚健康 | 154 | 1729.72 | 11.50 |
| Σ | 1211 | 15036.63 | 100 |

# 8.3 景观尺度森林健康评价

## 8.3.1 评价指标体系的构成

在对研究区进行景观分类的基础上，建立景观尺度的评价指标体系是进行评价的前提。根据文章前面章节对景观生态健康的描述，对研究区的景观健康评价应从景观结构与格局健康、景观生态过程健康与景观生态功能健康三个方面进行评价。由于本章前面已经进行了小班尺度的健康评价，因此小班尺度的评价结果已经将生态过程健康和功能健康包含在内，而对于景观结构与格局健康，可选取描述景观结构景观因子（分形维数，景观多样性指数等）进行评价，其层次结构见图 8.2。由于本指标体系主要是针对研究区森林景观，因此本研究仅对一级景观类型为有林地的景观类型进行评价。

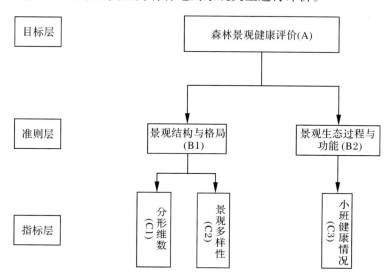

**图 8.2 景观尺度森林健康评价指标体系**

### 8.3.1.1 分形维数

分形维数反映了某一景观类型斑块褶皱程度，景观斑块分维数越大，则斑块形状越复杂。在实际计算中，分形维数值一般均处于 1 - 2 之间。分形维数对于森林健康评价的意义有两点：第一，分形维数越趋近于 2，斑块的褶皱程度越高，对于类似于病虫害传播和扩散的过程而言，由于病虫害一般只针对特定树种进行扩散，当遇到向其他斑块间扩散时，会遇到阻力。如果景观类型越褶皱，传播遇到的阻力越大；其二，分形维数值越接近 1，斑块的复杂程度越低，表明斑块受干扰的程度越大，这是因为，一般而言，受人类的干扰形成的斑块几何形状较为规则，板块形状较为简单，因此分形维数可以在一定程度上反映景观的健康状况（Turner，1990；王宪礼等，1997）。该指标的得分直接用计算结果描述。

### 8.3.1.2 景观多样性

景观多样性是指该景观内斑块的复杂性和异质度，该指标的大小反映了景观类型的多少和各景观类型所占比例的变化（谢春华，2005）。在实际评价中，若该森林景观只包含一个斑块，则认为该景观是均质的，景观多样性指数值为 0。当景观包含多个斑块时，若各斑块所占的面积比例相等，则认为景观的丰富度高，多样性指数高；若各斑块所占比例差异较大，多样性指数则会降低。根据已有研究成果来看，如果景观多样性指数越大，则表明该景观在研究区域内的健康状况越好。该指标的得分直接用计算结果描述。

### 8.3.1.3 小班健康状况

景观所包含的各小班的健康情况包含了景观类型功能和过程构的大量信息。根据各小班的健康情况，可以对整个景观的健康状况进行估计。该指标的得分直接用计算结果描述。

## 8.3.2 评价指标的计算

### 8.3.2.1 分形维数

景观斑块的分形维数采用斑块周长与斑块面积的关系进行计算，公式为：

$$D = 2k \tag{8-7}$$

$$\ln(L/4) = k \times \ln(s) + C \tag{8-8}$$

其中，$D$ 为分形维数；$L$ 为斑块周长；$S$ 为斑块面积；$k$ 为回归方程中自变量的系数（斜率）；$C$ 为回归方程的截矩。

提取 k 值的具体操作过程如下：

①在提取的小班面积和周长值的基础上，计算各小班的 $\ln(s)$ 和 $\ln(L/4)$ 的值，注意计算时要将单位统一，如果周长使用 m，面积就应当使用 $m^2$。

②打开 SPSS13.0 软件，按照景观类型，将所得的计算结果录入。选择 Analysis→Regression→Linear，变量为 $\ln(L/4)$ 和自变量为 $\ln(s)$，单击 OK 按钮即可得到线性拟合的结果，拟合结果如表 8.17 所示。

表 8.17  不同景观类型的分形维数

| 编码 | 二级景观类型 | 拟合结果 | 分形维数 | $R^2$ |
|---|---|---|---|---|
| 1 | 红松林 | $\ln(L/4) = 0.668\ln(s) + 1.164$ | 1.336 | 1.000 |
| 2 | 落叶松林 | $\ln(L/4) = 0.507\ln(s) + 2.552$ | 1.014 | 0.884 |
| 3 | 樟子松林 | $\ln(L/4) = 0.584\ln(s) + 1.949$ | 1.168 | 1.000 |
| 4 | 云杉林 | $\ln(L/4) = 0.451\ln(s) + 2.958$ | 0.902 | 0.809 |
| 5 | 榆树林 | $\ln(L/4) = 0.526\ln(s) + 2.486$ | 1.052 | 0.900 |
| 6 | 杨树林 | $\ln(L/4) = 0.447\ln(s) + 2.824$ | 0.894 | 1.000 |
| 7 | 白桦林 | $\ln(L/4) = 0.528\ln(s) + 2.446$ | 1.056 | 0.807 |
| 8 | 针叶混交林 | $\ln(L/4) = 0.515\ln(s) + 2.144$ | 1.030 | 0.855 |
| 9 | 阔叶混交林 | $\ln(L/4) = 0.516\ln(s) + 2.524$ | 1.032 | 0.844 |
| 10 | 针阔混交林 | $\ln(L/4) = 0.512\ln(s) + 2.548$ | 1.024 | 0.841 |

### 8.3.2.2 景观多样性

景观多样性的计算公式如下：

$$H = - \sum_{i=1}^{n} (P_i \times \log_2 P_i) \tag{8-9}$$

其中，$H$ 为景观多样性指数；$Pi$ 为各类型斑块体的景观比例，本章使用面积比；$n$ 为该景观包含斑块的个数。

该指标的计算结果如表 8.18。

**表 8.18　不同景观类型的景观多样性指数**

| 编码 | 二级景观类型 | 景观多样性 |
| --- | --- | --- |
| 1 | 红松林 | 0.982 |
| 2 | 落叶松林 | 6.780 |
| 3 | 樟子松林 | 0.218 |
| 4 | 云杉林 | 4.796 |
| 5 | 榆树林 | 2.048 |
| 6 | 杨树林 | 0.366 |
| 7 | 白桦林 | 5.230 |
| 8 | 针叶混交林 | 7.615 |
| 9 | 阔叶混交林 | 7.458 |
| 10 | 针阔混交林 | 8.321 |

#### 8.3.2.3　小班健康情况

本研究中，按照景观内各小班的面积占整个景观面积的百分比作为权重，将景观内各小班的健康状况做加权平均最后估算出该景观的健康情况，公式如下：

$$Y = \sum_{I=1}^{n} Y_i \times \frac{S_I}{S} \tag{8-10}$$

其中，$Yi$ 为景观中第 $i$ 个小班的健康指数；$Si$ 为第 $i$ 个小班的面积；$S$ 为该景观类型的总面积；$n$ 为该景观的小班个数。该指标的得分直接用计算结果描述，计算结果如表 8.19 所示。

**表 8.19　各景观小班健康情况计算结果**

| 编码 | 景观类型 | 小班健康情况 |
| --- | --- | --- |
| 1 | 红松林 | 0.522 |
| 2 | 落叶松林 | 0.581 |
| 3 | 樟子松林 | 0.529 |
| 4 | 云杉林 | 0.549 |
| 5 | 榆树林 | 0.635 |
| 6 | 杨树林 | 0.696 |
| 7 | 白桦林 | 0.616 |
| 8 | 针叶混交林 | 0.715 |
| 9 | 阔叶混交林 | 0.751 |
| 10 | 针阔混交林 | 0.756 |

## 8.3.3　指标权重的确定

景观尺度的森林健康评价指标体系较为简单，对于准则层，由于景观结构与格局、景观的功能与过程是来自研究对象健康属性的两个方面，同等重要，因此赋予相同的权重。对于分形维数和景观多样性两个指标而言，根据向专家咨询和对相关文献（甘敬，2007；余新晓，2010）的阅读和研究，可确定了二者的权重（表8.20）。

**表8.20 评价指标体系的权重表**

| 目标层 | 准则层 | 指标层 | 综合权重 |
|---|---|---|---|
| 景观尺度森林健康评价 A | 景观结构与格局 B1（0.5） | 分形维数 C1（0.25） | 0.125 |
| | | 景观多样性 C2（0.75） | 0.375 |
| | 景观生态过程与功能 B2（0.5） | 小班健康指数（1.0） | 0.500 |

## 8.3.4 评价结果

计算得到的景观森林健康指数如表8.21所示。

**表8.21 景观健康指数计算结果**

| 编码 | 景观类型 | 分形维数 | 景观多样性 | … | 景观健康指数 | 健康等级 |
|---|---|---|---|---|---|---|
| 1 | 红松林 | 1.336 | 0.982 | … | 0.473 | 亚健康 |
| 2 | 落叶松林 | 1.014 | 6.780 | … | 0.753 | 健康 |
| 3 | 樟子松林 | 1.168 | 0.218 | … | 0.433 | 亚健康 |
| 4 | 云杉林 | 0.902 | 4.796 | … | 0.636 | 健康 |
| 5 | 榆树林 | 1.052 | 2.048 | … | 0.578 | 亚健康 |
| 6 | 杨树林 | 0.894 | 0.366 | … | 0.533 | 亚健康 |
| 7 | 白桦林 | 1.056 | 5.230 | … | 0.709 | 健康 |
| 8 | 针叶混交林 | 1.030 | 7.615 | … | 0.880 | 优质 |
| 9 | 阔叶混交林 | 1.032 | 7.458 | … | 0.897 | 优质 |
| 10 | 针阔混交林 | 1.024 | 8.321 | … | 0.939 | 优质 |

## 8.4 基于 WebGIS 的森林健康评价与区划系统的设计与实现

本研究将森林健康状况区划和 WebGIS 技术结合，开发了森林健康评价与区划专家支持系统，可辅助实现森林经营单位健康状况的评价和区划，并且将林场各小班的大量属性数据可视化展示，为经营者和管理者提供可视化的森林健康评价结果，为森林健康经营提供技术支撑。

## 8.4.1 系统架构思路

系统采用 B/S 结构，地图服务器使用 ArcGIS Server，Web 服务器采用 Tomcat，服务器端采用 Java 语言进行开发，浏览器端采用 Flex 开发，由于数据量较小，数据库可采用 Microsoft 公司的 Access 数据库进行开发。本研究将前面章节的森林健康评价指标体系与评价结果内置于该系统中，成为该系统的一个模块，让用户可以更加直观的查看评价结果并且根据已有数据可以自定义评价标准进行评价(图 8.3)。

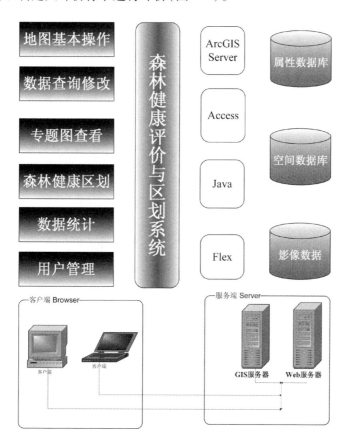

**图 8.3　系统架构图**

## 8.4.2　系统知识库设计

系统核心功能所依赖的知识库可分为 3 个部分：事实库、规则库、辅助数据库。事实库用于存储事实性知识，如森林资源二类调查数据是事实库主要数据之一，它存储了各个小班的地况(坡度、坡位等)和林况(树种、面积、蓄积、生长量等)等数据、此外遥感影像数据，DEM 数据也是另一个主要的事实库。规则库存储专家推理规则，如指标的分级标准表，指标的权重表。辅助数据库存储系统运行时需要的辅助性数据，如用户权限表等(ZHAO Jing，2010；胡阳，2011)。

## 8.4.3　系统功能设计

### 8.4.3.1　系统总体功能设计

系统总体采用模块化设计，分为 6 个主要功能模块，系统总体功能结构图见图 8.4：

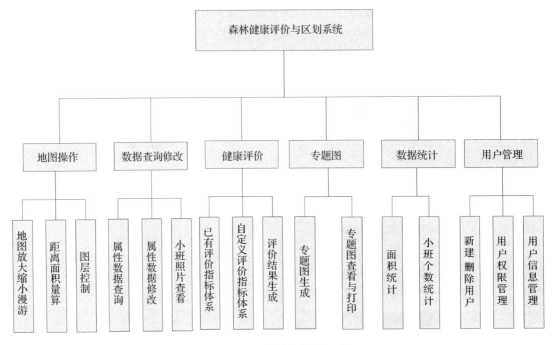

**图 8.4　系统功能模块设计**

### 8.4.3.2　功能模块介绍

地图基本操作：除地图放大、缩小、漫游、距离量测、面积量测等地图操作功能之外，还包括控制图层显示的功能以及矢量图和影像图切换的功能。

数据查询修改模块：提供了用户查询和修改森林资源信息的功能。可以根据用户需要进行多种条件查询，管理员用户还可以修改数据。

健康状况区划模块：可以根据已有的评价指标体系进行区划，此外，具有权限的用户还可以根据已有的数据自定义评价指标体系进行区划。

专题图模块：本模块的设立是为了方便用户将所需要的信息以及查询的结果通过地图的形式更加直观的展现出来，此外还提供专题图打印功能。

统计模块：本模块主要是根据用户需求，对关心的信息以及查询结果按照规则进行统计，统计结果可以以柱状图、饼状图的形式展示。

用户管理功能：用于配置用户的权限和类别，新建、删除用户，保证系统高效的运行。

## 8.4.4　系统实现

### 8.4.4.1　数据发布

在 ArcMap 下根据已有的空间数据、影像数据载入，进行地图的配置，将配置好的金钩岭林场的地图保存为 mxd 文件并在 ArcCatalog 中发布到地图服务器中。将收集到的属性数据以及评价标准等专家库数据录入 Access 数据库，并将该数据库发布到 Tomcat 服务器下（图 8.5）。

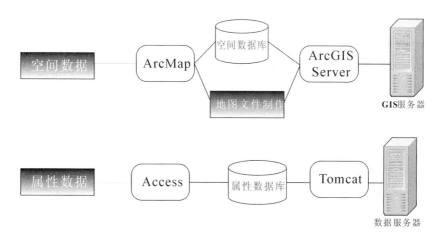

图8.5　系统数据发布

### 8.4.4.2　功能实现

#### 8.4.4.2.1　地图基本操作

在系统主界面(图8.6,见彩插)中有一个地图基本操作栏,包括对地图进行放大、缩小、平移、距离量算、面积量算和图层控制。用户可以根据自己的需要选择要显示的图层,此外还可以切换地图的底图。

图8.6　系统主界面

#### 8.4.4.2.2　数据查询修改

单击数据查询按钮,系统会弹出数据查询和修改的窗口,输入林班和小班号可以对各小班的基本信息以及小班照片进行查询，同时地图会定位到该小班的区域范围；如进行自定义查询，可以单击添加查询条件按钮，在弹出的窗口添加查询条件从而得到查询结果。此外，用户还可以对各小班的属性数据进行修改(图8.7，见彩插)。

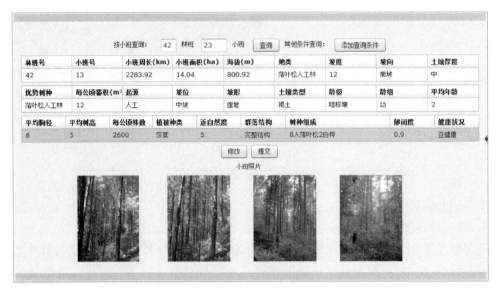

**图8.7 数据查询和修改界面**

### 8.4.4.2.3 健康状况区划

单击数据查询按钮，系统会健康状况区划窗口，窗口中会列出已有的评价指标和指标的权重。此外，用户可以自定义评价指标体系，该过程包括指标的添加或删除和确定指标权重两个过程。在这两步完成之后系统首先会判断各指标权重和是否为1，若权重和等于，系统会根据新的指标体系自动进行计算并区划。区划后系统会将区划结果在地图上显示。

### 8.4.4.2.4 专题图输出

用户可以根据事实库的数据以及专家库中的数据，生成多种专题图，如森林主导功能图、森林防火指标图、森林抗病虫害专题图、景观类型区划图等。此外，用户可以修改专家库中的分级标准，标准修改之后可根据新的标准重新生成专题图。专题图生成之后用户可以根据需求选择是否打印出图。

### 8.4.4.2.5 统计功能

用户可以根据需要，对自己关心的数据进行统计。如对处于各健康状况下的小班面积、以及小班个数进行统计，对各景观类型的面积和包含的小班数进行统计等等。统计结果可以以柱状图、饼状图的形式展示。

### 8.4.4.2.6 用户管理

只有具有管理员权限的用户才可以使用该功能，主要是新建用户，删除用户，用户权限的设定和管理用户的基本信息。

# 9 基于 GIS 的金沟岭林场森林多功能评价

## 9.1 数据及其处理

### 9.1.1 数据的收集

本章的收集数据主要有，2007 年金沟岭林场 1∶1 万林相图、1∶5 万地形图、森林资源二类 2007 年调查数据。小班调查数据包括各个小班的面积、地类、立地类型、地貌、林种、海拔、坡度、坡向、坡位、土壤名称、土壤母质、土壤质地、土层厚度、裸岩率、腐殖质厚度、经营类型、权属、林木起源、森林类别、林种等因子。

林场的基本情况，森林资源现状，经营方针、原则和目标，森林经营类型的组织，森林经营设计，多种经营综合利用规划及相关政策、标准等规范；森林功能评价的研究成果、研究方法。

### 9.1.2 数据的处理

以 ArcGIS 9.3 为平台，对林场林相图中的林班和小班边界、道路数字化，分别存储为林班、小班和道路三个矢量图层。并编辑小班图层属性表，新建林班编号、小班编号、坡度、生长量等属性字段，对应各个小班编号输入 2007 年二类调查数据。扫描地形图对等高线进行数字化，利用山脊线自动识别生成算法，提取山脊线。

#### 9.1.2.1 提取山脊线

从山脊线的设计原理上来讲，提取山脊线的算法分为两类：一类是基于地球表面的几何形态进行分析，主要适用于矢量化的等高线数据。另一类是基于地球表面的流水分析，主要适用于 DEM 数据(LIU Dong-lan，2010)。第一类的算法主要有等高线曲率最大判别法、等高线骨架化法等。第二类的算法主要有三维地形表面流水数字模拟法与等高线垂线跟踪法。从这两类算法的提取结果及基础数据对比分析，得出以下结论：第一类算法不仅有较强的实用性，而且从提取山脊线的精度来看，也优于后者。故本文利用矢量化的等高线为数据提取山脊线。

基于等高线数据生成山脊线的过程一般分为两大步：第一步，特征点的(山脊点、山谷点)的确定；第二步，山脊线的连接。

##### 9.1.2.1.1 搜索山脊点、山谷点

搜寻山脊点和山谷点分为两个步骤：首先，提取特征点。其次，利用已经提取出的特征点，利用山脊点和山谷点的判别算法，提取山脊点和山谷点。具体步骤如下：

(1)特征点提取算法

从几何意义上来看，山脊线和山谷线上的点是等高线弯曲变化的特征点，山脊线和山

谷线是诸多特征点的连线，也就是等高线局部曲率的最大点。曲率变化的最大点既是对等高线的压缩与简化。估特征点的提取算法与线段的压缩与简化算法的原理相似。作为空间分析范畴，国内外诸多学者对线段的压缩与简化的算法有深入研究。估曲线特征点的提取算法也有多种，其中 Split 方法是较为成功的。该方法从曲线形态的整体角度出发，确保了其形变在容忍的范围之内。Split 方法的基本思想是：①先选择起始点，对于闭合曲线来说，没有端点，则用其最右边和最左边的两个点作为起始点，将其分为独立的两个部分；对于非闭合曲线来说，其本身就存在两个端点，则直接选择曲线的两个端点作为起始点。②起始点确定之后，依次计算并找出闭合或非闭合曲线上距离距两个起始点连线的距离最大的点，即最大垂距点。如果该点处的等高线夹角小于165°（本章给定的阈值），则该点为特征点，如果夹角大于165°，则等高线在此处弯曲变化较小，接近于直线。

（2）判别山脊点和山谷点

本章采用 Split 方法判别山脊点和山谷点。分析判断出两类特征点：山谷点和山脊点两类。其最直观的判断山谷点和山脊点的方法，即计算曲率变化最大点 C 的高程和等高线夹角在一定范围内的一点 D 的高程，为简化算法，提高计算的效率，本研究采用直线与曲线中的折线（等高线由若干折线构成）求交的方法，本文选用了等高距的12倍作为距离阀值。再把 D 点高程与 C 点高程相比较，如果 D 点的高程小于 C 点的高程，则 C 点为山谷点；反之则为山脊点（如图9.1所示）。经过简化后，大大减少了求距的工作量，节省了时间，提高算法效率。

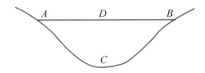

**图9.1 识别山脊点、山谷点原理图**

由上述算法计算判断的山脊点和山谷点分为下面三种可能：

如图9.2所示，该等高线为通常的规则形状，C 点为一个特征点，由 Split 算法求算出来，A 点和 B 点为位于与 C 点左右两侧，曲线拟合出的点或数字化之后的点，而与 C 点相邻。由 A B 连线的中点向 C 点相反方向所作的垂线与相邻的等高线的交点即为 D 点，D 点是等高线上的一个点，所以其高程等于该等高线的高程，如果 D 点的高程小于 C 点的高程，则 C 点判断为山谷点；反之，C 点定为山脊点。

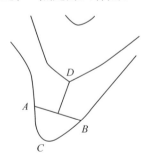

**图9.2 规则等高线**

按第一种可能所判断的方法得到的 D 点是与 C 点位于同一等高线上的点，如图9.3、图9.4所示。即 D 点的高程等于 C 点的高程，该情况说明特征点处的等高线为极不规则的等高线或者特征点位于山顶或山谷底处。在此种情况下的应对措施为：由 A B 连线的中点向 C 点同向作垂线段，得到交点 D′ 为相邻等高线的交点，D′ 点是等高线上的一个点，所以其高程等于该等高线的高程。把 D′ 点与 C 点的高程相比较，如果小于则 C 点确定为山脊点；反之，C 点定为山谷点。

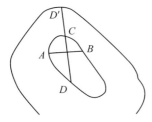 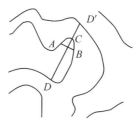

图9.3　山顶或山谷底　　　　　图9.4　不规则等高线

第二种可能中得到的 D′ 点和 C 点的高程比较后，发现仍然两者相等，如图9.5所示。可以判断出，此时 D′ 点与 C 点分别位于不同的等高线上，则可以直观的判别出该特征点位于地形图的鞍部上。

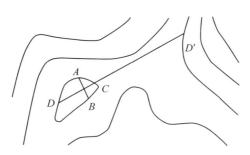

图9.5　特征点位于地形鞍部处

根据以上所述，就可计算判断并找到所有的山脊点和山谷点。将山脊点单独用链表存放，这样可以有助于后面的计算。

### 9.1.2.1.2　山脊线的自动生成

（1）生成山脊线的原则

生成山脊线应遵循如下原则：①参考点与山脊线待判断点间的距离在一限值内；②山脊线待判断点与参考点的连线应处于等高线在参考点所张的夹角范围内；③等高线在参考点与山脊线待判断点处的张角方向应基本相同；④山脊线待判断点的转向角在一限值内。

从以上原则可以得出生成山脊线时对应的 4 个判断因子：① 距离因子 $S$，因子 $S$ 指的是参考点与山脊线待判断点与之间的距离；②夹角因子 $\alpha_1$，因子 $\alpha_1$ 指的是参考点连线与山脊线的待判断点和位于参考点处的等高线角平分线之间的夹角；③夹角因子 $\alpha_2$，因子 $\alpha_2$ 指的是参考点与山脊线的待判断的点之间的等高线角平分线之间的夹角；④夹角因子 $\alpha_3$，因子 $\alpha_3$ 指的是当前连接的山脊线特征线段与之前一个判断并连接完成的山脊线特征线段间的转向角。

（2）山脊线自动生成算法

在生成特征线之前，应先对山脊点按其高程值由小到大排序。按高程值由低向高逐条线来搜索的，其搜索过程如下：

① 先从所有未连线的山脊点中找出高程最低的山脊点，作为当前参考点。

② 从比此点高程高且高差最小的那条等高线上开始搜寻山脊点。若山脊点不满足上面提到的 4 条原则中的任意一条，则此点不在考虑范围内，估继续考察下一山脊点；从所有山脊点找出满足上面提到的 4 条原则的那一点，则此点才为此特征线上的点。

③ 将刚找出的山脊点与当前参考点相连成线，构成了待生成的山脊线上的一个线段。

④ 从刚找出的那个山脊点（此时，该山脊点更新为当前的参考点）开始，重复步骤②、步骤③，继续寻找一条等高线上的点。

⑤ 若在某山脊点上搜索到的山脊线的下一点已经是其它的山脊线上的点，或者在该山脊点处由于距离超限或角度超限的原因，总之，找不到山脊线上的下一个点时，说明此条山脊线已经搜索完毕，即已经完成了第一条山脊线之间线段的连接。估第一条山脊线的搜索程序到此结束。

⑥ 重复以上 5 个步骤，继续提取下一条山脊线，完成下一个山脊线的线段的连接。直到找不到山脊线的下一个点时，说明山脊线搜索完毕。

这里需要指出的是，在连接山脊线的过程中，在某个山脊点上找不到下一个对应的山脊点的原因可能是此条山脊线到达了山顶。也可能出现的情况是在某点处搜索到的山脊线的下一点是其它山脊线上的点的原因是两条山脊线交汇于此点处。

（3）山脊线提取结果

本章采用该等高线提取山脊线的工具，利用金沟岭林场等高线数据生成林场山脊线图。采用的距离阈值因子 $S$ 为等高距的 12 倍，夹角因子 $\alpha_1$、$\alpha_2$ 为 45°，$\alpha_3$ 为 60°。结果表明，该算法所提取到的山脊线是较为准确的，与实际地形的变化情况也是相符合的。

### 9.1.2.2　道路网提取

研究区内的交通由多条公路组成，形成公路网。林场道路网的提取步骤为：打开 ArcGIS 软件，打开配准后的 2007 年 1：5 万地形图，路径为：F：\ jinggouling \ 地形图 . tif。并新建"道路 . shp"文件，添加属性字段"road_ name"、"road_ width"和"road_ class"存储路径为：F：\ jinggouling \ 道路 . shp。开始编辑"道路 . shp"图层，对地形图中的道路进行矢量化，并对"road_ name"、"road_ width"和"road_ class"三个属性进行赋值。输入相应的道路名称、道路的宽度和类型，提取研究区道路网，最后保存"道路 . shp"图层。

### 9.1.2.3　建立小班空间数据库

基于 ArcGIS 9.3 软件建立的林场小班空间数据库，可以管理数据库中的小班属性数据，此外，还可以实现对金沟岭林场小班多功能评价指标体系中空间数据和属性数据的管理。打开"小班面 . shp"文件，根据表 9.1 所示的字段类型添加 15 个属性字段。并根据研究区小班二类调查数据，对"林班编号"、"小班编号"、"小班面积"、"坡度"、"年生长量"及"地位级"字段赋值。

表 9.1 小班主要属性字段及类型

| 字段编号 | 字段值 | 字段类型 | 备注 |
| --- | --- | --- | --- |
| 1 | 林班编号 | Long Integer | |
| 2 | 小班编号 | Long Integer | |
| 3 | 小班面积 | Double | 2 位有效数字 |
| 4 | 目的树种比例 | Double | 2 位有效数字 |
| 5 | 林龄 | Text | |
| 6 | 距道路距离 | Double | 2 位有效数字 |
| 7 | 坡度 | Double | 2 位有效数字 |
| 8 | 距山脊线距离 | Double | 2 位有效数字 |
| 9 | 年生长量 | Double | 2 位有效数字 |
| 10 | 郁闭度 | Double | 2 位有效数字 |
| 11 | 地位级 | Int | |
| 12 | 珍贵树种得分 | Int | |
| 13 | 母树得分 | Int | |
| 14 | 护路得分 | Int | |
| 15 | 水土保持得分 | Int | |
| 16 | 木材生产得分 | Int | |
| 17 | 小班得分 | Int | |
| 18 | 主导功能 | Text | |

## 9.2 多功能评价指标体系构建与分析

### 9.2.1 评价指标体系构建的原则

①科学性原则。森林的多功能评价要建立在对评价相关的影响因子充分理解的基础上，指标体系构建的方法和理论应该具有科学性、客观性。

②相对独立性原则。森林的多功能评价指标体系可作为整体看待，其多功能评价的指标和评价的目标之间形成一个层次分明的整体。此外，在指标选取的过程中，还要尽量的选取耦合性小的指标避免指标之间的信息重叠。估耦合性小的指标能较好的保证指标间的相对独立性。

③可操作性原则。多功能指标数据的处理与运算应该具有实践的可行性。森林的多功能评价指标的选择要尽量利用现有的数据和统计资料，数据要容易获取，并要易于量化，具有经济和技术的可行性。

### 9.2.2 评价指标体系构建的依据

本章在需求分析一节中确定了研究区森林的五个主导功能，各个功能的评价指标选取的依据及指标值的确定如下所述：

#### 9.2.2.1 水土保持功能的评价指标

森林水土保持的功能主要体现在防治土壤侵蚀、减少雨水冲刷、防止水土流失。研究资料表明：坡度是地形中影响土壤侵蚀量的关键因子。在其它条件相同的情况下，不同的坡度会产生不同的土壤侵蚀量。众多的中外学者研究认为，在一定范围内，坡度愈大，土壤侵蚀量就愈大，水土流失愈严重。同时，森林资源规划设计调查主要技术规定中划分水土保持林的依据之一为：东北地区（包括内蒙古东部）坡度在25°以上，华北、西南、西北等地区坡度在35°以上，华东、中南地区坡度在45°以上，森林采伐后会引起严重水土流失的。可见，坡度在森林发挥水土保持功能上有重要的作用。山脊线也称分水线，雨水由山脊线两侧流下，汇至山谷线。山脊线附近的区域雨水冲刷严重，因土层瘠薄，通常情况植被覆盖率低，有岩石裸露。同时，森林资源规划设计调查主要技术规定中划分水土保持林的依据之二为：山脊分水岭两侧各300m范围内的森林、林木和灌木林。可见，距山脊线距离也是森林发挥水土保持功能的重要指标。

因此本文选取坡度和距山脊线距离作为森林水土保持功能评价的核心指标。研究区地处东北地区，根据上述规程规定，指标值选取为：坡度指标大于25°和距山脊线300m两个指标值。

#### 9.2.2.2 木材生产功能的评价指标

森林的木材生产功能主要以生产木材为主要目的。在森林采伐作业中，生长量是确定森林成熟年龄和采伐量的基本依据。年生长量为树木某一年间的生长量，是划分各生长阶段及采伐作业的主要依据。因此，年生长量是森林发挥木材生产功能的最主要评价指标。坡度是影响木材采运的重要因素，坡度低缓的林地，有利于木材的采伐和运输，降低生产成本。地位级是营造用材林的重要指标，地位级高的林地，林木生长条件更优越，有利于森林木材生产功能的发挥。

因此选取年生长量、坡度和地位级作为森林木材生产功能评价的重要指标。结合研究区林木采伐量和地形情况，指标值选取为：年生长量大于或等于5m³/hm²、坡度指标小于25°和地位级等于Ⅰ级三个指标值。

#### 9.2.2.3 护路功能的评价指标

森林的护路功能主要体现在保护铁路、公路免受风、沙、水、雪侵害。公路或铁路两侧一定范围的森林有效防止了飞沙、积雪以及横向风流等对道路或行驶车辆造成有害影响。同时，森林资源规划设计调查主要技术规定中划分护路林的依据为：林区、山区国道及干线铁路路基与两侧（设有防火线的在防火线以外）的山坡或平坦地区各200m以内的森林，非林区、丘岗、平地和沙区国道及干线铁路路基与两侧（设有防火线的在防火线以外）各50m以内；林区、山区、沙区的省、县级道路和支线铁路路基与两侧（设有防火线的在防火线以外）各50m以内的森林，其它地区10m范围内的森林、林木和灌木林。可见，距道路或铁路的距离是森林发挥护路功能的核心指标。

因此，选取距道路距离作为森林护路功能评价的指标。根据研究区实际情况，林场交通以公路运输为主，无国道及铁路。故指标值选取为：距道路50m。

#### 9.2.2.4 母树和珍贵树种保护功能的评价指标

森林的母树林以培育优良种源为主要目的。研究区母树林主要目的树种为云杉（*Picea*

asperata)和长白落叶松，根据中华人民共和国国家标准 GB/T 11621-1996 母树林营建技术，对母树林的划分条件中规定：混交林中，目的树种的母树宜达半数以上；适宜年龄为进入或即将进入盛果期的壮龄林；郁闭度在 0.6 以上；选择高地位级或中等地位级的林地，生产力低的 Ⅳ、Ⅴ 地位级的林地，不能选作母树林。故森林的培育种源功能的主要评价指标为目的树种比例、林龄、郁闭度和地位级。指标值为：目的树种比例大于 50%、林龄为中龄林、近熟林和成熟林、郁闭度大于 0.6 和地位级小于等于 Ⅲ 级。

森林的珍贵树种保护功能主要体现在保护稀有树种资源。研究区分布一级珍稀濒危保护植物红豆杉，红豆杉可提炼紫杉醇，是世界上公认的天然珍稀抗癌植物。林场内红豆杉分布的地区已划为汪清东北红豆杉自然保护区，成为重点保护对象。本文将保护树种作为森林珍贵树种保护功能的唯一指标。

## 9.2.3　评价指标体系的构建

根据《森林资源规划设计调查主要技术规定》及《2007 年汪清林业局调查报告》，结合金沟岭林场的森林经营目标和当地的社会需求，在系统分析和整合国内外现有研究成果的基础上，构建了金沟岭林场森林多功能评价指标体系（表 9.2）。

**表 9.2　金沟岭林场森林多功能评价指标体系**

| 功能 | 指标 | 指标值 |
| --- | --- | --- |
| 珍贵树种保护($a_1$) | 保护树种($b_1$) | 红豆杉 |
| 母树林($a_2$) | 目的树种比例($b_2$) | >50% |
| | 林龄($b_3$) | 中龄林、近熟林和成熟林 |
| | 郁闭度($b_4$) | >0.6 |
| | 地位级($b_5$) | ≤Ⅲ级 |
| 护路功能($a_3$) | 距道路距离($b_6$) | <50m |
| 水土保持功能($a_4$) | 坡度($b_7$) | ≥25° |
| | 距山脊线距离($b_8$) | <300m |
| 木材生产功能($a_5$) | 年生长量($b_9$) | ≥5m³/hm² |
| | 坡度($b_{10}$) | <25° |
| | 地位级($b_{11}$) | Ⅰ级 |

利用地理信息系统软件 ArcGIS 的缓冲区分析功能对地理因子距道路距离($b_6$)和距山脊线距离($b_8$)进行缓冲区分析，并利用 GIS 的专题图制作功能，对坡度因子($b_7$)进行坡度分级。

## 9.2.4　道路指标因子分析

护路林是保护铁路、公路免受风、沙、水、雪侵害为主要目的的森林、林木和灌木林。体现在距林区、山区、沙区的省、县级道路和支线铁路路基与两侧（设有防火线的在防火线以外）各 50m 以内的森林。因此通过 ArcGIS 的缓冲区分析功能，对道路指标因子进行空间分析。具体步骤如下：

打开 ArcMap 软件，加载 Arc Toolbox 工具箱，Arc Toolbox 提供了一系列空间分析和属性数据分析功能模块。点击 Analysis Tools—Proximity—Buffer 工具模块。输入研究区道路网图层：F：\ jinggouling \ 道路 . shp，在 linear unit 中输入数值为 50，单位是 meters，并设置输出的道路缓冲区图层路径：F：\ jinggouling \ 道路-buffer. shp。

## 9.2.5　山脊线指标因子分析

利用 ArcGIS 软件的缓冲区分析功能，提取距山脊线距离小于 300m 的范围。具体步骤如下：

点击 Analysis Tools—Proximity—Buffer 工具模块。输入研究区山脊线图层：F：\ jing-gouling \ 山脊线 . shp，在 linear unit 中输入数值为 300，单位是 meters，并设置输出的山脊线缓冲区图层路径：F：\ jinggouling \ 山脊线-buffer. shp。林场主要山脊线有 23 条，均匀分布。山脊线缓冲区内的区域雨水冲刷严重，土层相对瘠薄，通常情况植被覆盖率低，有岩石裸露。

## 9.2.6　坡度指标因子分级

坡度是描述地形特征的重要指标因子，表示为地表单元陡缓的程度。不同的坡度等级对森林水土保持功能的发挥有重要的影响。坡度越大，森林的保持水土的功能越差，反正坡度越小，森林的保持水土功能越强。根据国家森林资源规划调查主要技术规定和金沟岭林场的实际情况，对林场坡度分级，步骤如下：

打开 Arc toolbox 工具箱，点击"3D analyst"空间分析模块，点击"Reclassify"命令，选择坡度分级所需的数据：点击"input raster"下拉框，选择金沟岭林场的小班坡度图，分级的字段选择"坡度-value"，单击"classification"，弹出 classification 对话框，在对话框中，把坡度等级分为两类，即将 classes 的值选择 2，并相应调整 Break Values 中的值："坡度" > =25°和 0 <"坡度"<25°，点击"ok"按钮，并设置输出的坡度分级图层的路径：F：\ jinggouling \ 坡度-cla. shp。

## 9.2.7　自然保护区及母树林因子分析

把红豆杉集中分布区域划为为自然保护区。根据《2007 年汪清林业局调查报告》中对金沟岭林场中母树林的描述，确定林场的母树林集中分布区域。并选择林龄指标为中龄林和成熟林。

自然保护区面积分布较大，红豆杉分布较广，占林场总面积约三分之二。母树林集中分布于 13 林班、30 林班、32 林班、33 林班、38 林班、46 林班、51 林班、52 林班和 64 林班。呈面状分布。

## 9.2.8　多功能经营优先级的确定

林种优先级确定：根据《森林资源规划设计调查主要技术规定》规定：在小班划分的过程中，如果某一个小班的功能同时满足两个或两个以上林种划分的条件时，应当按照优先考虑公益林林种、后考虑商品林林种的评价原则。

而公益林各林种也有其优先顺序，本研究林种的优先级确定为：优先考虑国防林、自然保护区林、其次考虑名胜古迹和革命纪念林、风景林和环境保护林、再次为母树林、实验林、护岸林、护路林和防火林、最后为水土保持林、水源涵养林、防风固沙林和农田牧场防护林。

按照上面的优先级所述，本文研究的五个林种的优先级从高到低为：自然保护区林、母树林、护路林、水土保持林、一般用材林。对应的优先级符合分别为：$a_1$、$a_2$、$a_3$、$a_4$ 和 $a_5$ 表示。

# 9.3　多功能评价

## 9.3.1　评价结果

在 ArcGIS 平台上，对小班属性数据库进行操作，添加"珍贵树种"、"母树"等五个功能字段及"小班主导功能"字段，其中"主导功能"字段用于保存评价后的结果，评价结果分别用 $a_1$、$a_2$、$a_3$、$a_4$ 和 $a_5$ 表示。其中 $a_1$ 代表该小班的主导功能为珍贵树种保护功能；$a_2$ 代表该小班的主导功能为培育良种功能；$a_3$ 代表该小班的主导功能为护路功能；$a_4$ 代表该小班的主导功能为水土保持功能；$a_5$ 代表该小班的主导功能为木材生产功能。

对评价的五种功能图进行叠加分析，优先级最高的功能确定为小班的主导功能，并分别添加到"小班主导功能"字段中。以 1 林班 1 小班为例，其小班珍贵树种保护功能得值为 $a_1$，木材生产功能得值为 $a_5$，其他功能得值为 0。说明 1 林班 1 小班同时满足珍贵树种保护功能和木材生产功能，但小班的珍贵树种保护功能优先级大于木材生产功能，故 1 林班 1 小班的小班主导功能为珍贵树种保护功能，即 $a_1$。林场的 1334 个有林地小班评价结果见表 9.3。

表 9.3　小班功能评价表

| 林班编号 | 小班编号 | 珍贵树种 | 母树 | 护路 | 水土保持 | 木材生产 | 小班主导功能 |
|---|---|---|---|---|---|---|---|
| 1 | 1 | $a_1$ | 0 | 0 | 0 | $a_5$ | $a_1$ |
| 1 | 2 | $a_1$ | 0 | 0 | 0 | $a_5$ | $a_1$ |
| 1 | 3 | $a_1$ | 0 | 0 | 0 | $a_5$ | $a_1$ |
| 1 | 4 | $a_1$ | 0 | 0 | 0 | $a_5$ | $a_1$ |
| 1 | 5 | $a_1$ | 0 | 0 | 0 | $a_5$ | $a_1$ |
| 2 | 1 | $a_1$ | 0 | 0 | 0 | $a_5$ | $a_1$ |
| 2 | 2 | $a_1$ | 0 | 0 | 0 | $a_5$ | $a_1$ |
| 2 | 3 | $a_1$ | 0 | 0 | 0 | $a_5$ | $a_1$ |
| 2 | 4 | $a_1$ | 0 | 0 | 0 | $a_5$ | $a_1$ |
| 2 | 5 | $a_1$ | 0 | 0 | 0 | $a_5$ | $a_1$ |
| 10 | 1 | 0 | 0 | 0 | 0 | $a_5$ | $a_5$ |
| 10 | 2 | 0 | 0 | 0 | 0 | $a_5$ | $a_5$ |
| 10 | 3 | 0 | 0 | 0 | 0 | $a_5$ | $a_5$ |
| 10 | 4 | 0 | 0 | 0 | 0 | $a_5$ | $a_5$ |
| 10 | 5 | 0 | 0 | 0 | 0 | $a_5$ | $a_5$ |

| 林班编号 | 小班编号 | 珍贵树种 | 母树 | 护路 | 水土保持 | 木材生产 | 小班主导功能 |
|---|---|---|---|---|---|---|---|
| 28 | 27 | 0 | 0 | $a_3$ | 0 | $a_5$ | $a_3$ |
| 28 | 28 | 0 | 0 | $a_3$ | 0 | $a_5$ | $a_3$ |
| 34 | 6 | 0 | 0 | 0 | 0 | $a_5$ | $a_5$ |
| 34 | 7 | 0 | 0 | 0 | $a_4$ | $a_5$ | $a_4$ |
| 34 | 8 | 0 | 0 | 0 | 0 | $a_5$ | $a_5$ |
| 34 | 9 | 0 | 0 | 0 | 0 | $a_5$ | $a_5$ |
| 51 | 2 | 0 | $a_2$ | 0 | 0 | $a_5$ | $a_2$ |
| 51 | 12 | 0 | 0 | 0 | 0 | $a_5$ | $a_5$ |
| … | … | … | … | … | … | … | … |
| 64 | 7 | $a_1$ | $a_2$ | 0 | 0 | 0 | $a_1$ |

## 9.3.2　护路林小班重新区划

在评价结果基础上，对林场护路林小班进行重新区划。利用 ArcGIS 平台，对边界发生变化的护路林小班重新区划。实现小班的分割、合并及与护路林相邻的部分用材林边界的修改。

### 9.3.2.1　小班区划要求

对护路林小班区划的要求是：①应尽量沿用原有的小班界线。但对不合理、因经营活动等原因造成界线发生变化的小班，应根据小班划分的条件重新区划。②小班的区划，在原则上不准横跨道路、河流等线形地物。③小班要尽量利用明显的地形、地物作为小班线。一般 0.067hm² 以上且小于 1hm² 的地类由于面积较小，不能单独区划小班，但特殊地类，如 0.5hm² 以上人工造林地及天然柞矮林、天然赤松林等要单独划小班，面积按 1hm² 计算。④小班区划的经营区面积和界线不准更变。如批准更变的，按批文更变。⑤一个小班不准横跨不同森林的类别区，即含分类经营以外的其它地类，在一个林班内的不同森林的类别区划线即是小班线，不同森林类别即含森林类别以外的其它地类。

### 9.3.2.2　护路林小班区划

（1）道路图层缓冲区合并。打开 ArcMap，点击"Editor"按钮，在下拉按钮下选择"Start Editing"，目标图层选择"道路缓冲区.shp"。选中"道路缓冲区"图层，点击"Editor"按钮，在下拉按钮下选择"Merge"，对各个道路缓冲区合并成一个整体。

（2）小班分割。道路缓冲区图层与林班、小班图层叠加，道路与林班界相交时，把道路图层按林班界线分割。道路与其他小班相交时，根据实际情况，对道路图层按小班界线分割。具体步骤：点击"Editor"按钮，在下拉按钮下选择"Start Editing"，目标图层选择"道路缓冲区"，任务栏中选择"Cut Polygon Features"选中道路图层，捕捉林班或小班界线后，双击鼠标完成护路林小班区划。

（3）护路林小班区划结果。通过上述步骤，对护路林小班的分割、合并，完成小班的重新区划。将护路林重新划分为 39 个小班，其小班一览表见表9.4。

表 9.4　护路林小班一览表

| 编号 | 林班编号 | 小班编号 | 小班面积(hm²) |
|---|---|---|---|
| 1 | 7 | 19 | 8.9 |
| 2 | 7 | 20 | 7.8 |
| 3 | 7 | 21 | 5.7 |
| 4 | 8 | 19 | 10.8 |
| 5 | 8 | 20 | 9.4 |
| 6 | 9 | 14 | 5.7 |
| 7 | 9 | 15 | 12.4 |
| 8 | 10 | 18 | 9.5 |
| 9 | 10 | 19 | 11.8 |
| 10 | 17 | 20 | 5.7 |
| 11 | 17 | 21 | 6.3 |
| 12 | 18 | 7 | 7.3 |
| 13 | 18 | 8 | 10.1 |
| 14 | 27 | 4 | 5.4 |
| 15 | 27 | 3 | 5.2 |
| 16 | 28 | 27 | 6.1 |
| 17 | 28 | 28 | 8.1 |
| 18 | 28 | 26 | 8.4 |
| 19 | 29 | 24 | 4.2 |
| 20 | 29 | 16 | 10.3 |
| 21 | 29 | 23 | 4.3 |
| 22 | 31 | 23 | 5.4 |
| 23 | 31 | 22 | 6.9 |
| 24 | 31 | 21 | 9.3 |
| 25 | 32 | 10 | 6.1 |
| 26 | 32 | 12 | 7.1 |
| 27 | 33 | 16 | 8.3 |
| 28 | 33 | 17 | 7.8 |
| 29 | 33 | 18 | 5.2 |
| 30 | 34 | 16 | 8.4 |
| 31 | 34 | 17 | 9.9 |
| 32 | 34 | 18 | 9.3 |
| 33 | 34 | 19 | 4.7 |
| 34 | 39 | 7 | 4.2 |
| 35 | 39 | 11 | 7.3 |
| 36 | 39 | 12 | 5.3 |
| 37 | 50 | 7 | 7.3 |
| 38 | 50 | 8 | 4.6 |
| 39 | 51 | 18 | 6.1 |

### 9.3.2.3 相邻小班边界修改

完成护路林小班的区划后，与护路林相邻的部分小班边界也随之修改。分为小班的分割和合并。其中，相应的修改内容如下：

7 林班 7 小班与 8 小班合并，面积为两小班面积之和 10.5hm²；29 林班 8 小班中横跨道路，被护路林小班分割成两部分：即 8 小班和新增的 24 小班，面积分别为 2 hm² 和 4.5 hm²；其它与护路林相交的小班边界修改后的面积重新测定计算，如：7 林班 16 小班面积由 15.9 hm² 修改为 7.2hm²；9 林班 12 小班面积由 2.4 hm² 修改为 2.2 hm²；17 林班 7 小班面积由 3.6 hm² 修改为 3.2 hm²；17 林班 6 小班面积由 8.2 hm² 修改为 4.7 hm²；17 林班 14 小班面积由 11.8 hm² 修改为 5.9 hm²；34 林班 4 小班面积由 10.2 hm² 修改为 6.3 hm²；34 林班 1 小班面积由 3.4 hm² 修改为 2.3 hm²；34 林班 13 小班面积由 32.3hm² 修改为 30.1hm²。综上所述，护路林相邻小班分割多于合并，面积有所减少。

## 9.3.3 结果分析

面积统计分析：自然保护区林面积为 10276.63 hm²，占林场总面积的 66.94%；母树林面积为 796.77 hm²，占林场总面积的 5.19%；护路林面积为 270.20 hm²，占林场总面积的 1.76%；水土保持林面积为 118.21hm²，占林场总面积的 0.77%；用材林面积为 3890.20 hm²，占林场总面积的 25.34%。与林场原有森林功能区划相比，新增自然保护区 10276.63 hm²；母树林面积减少了 1195.5 hm²；护路林面积减少了 767.2hm²；水土保持林面积减少了 380.7 hm²；用材林面积减少了 8806.8 hm²。

与原森林功能区划相比（图 9.6，见彩插），原有的部分用材林、母树林、水土保持林和护路林评价为自然保护区林，集中成片有利于提高对珍贵树种红豆杉的保护；水土保持林评价后呈零星点状分布，突出了水土保持林的特点；原有的护路林区划不符合规程要求，其中 48 个小班距道路距离大于 50m，且呈不规则线状分布。调整后突出了护路林线状分布的特点（图 9.7，见彩插）。

## 9.4 组织经营类型

森林经营类型的组织不仅为森林经营管理工作的顺利进行奠定重要的基础，同时也影响到森林经营相关措施、方案的编制。此外，森林经营的水平高低和效果好坏和经营类型的组织有直接关系。因此，合理的组织森林经营类型，是森林科学经营管理中急待解决的重要环节和研究方向。此外，划分研究区森林经营类型，对维护金沟岭林场的森林生态系统、保护研究区生态环境、生物多样性具有重要意义。

## 9.4.1 组织经营类型原则

（1）因地制宜原则

组织经营类型应根据森林的特点，及研究区的经济条件和经营技术水平，因地制宜地确定经营类型和经营措施）。

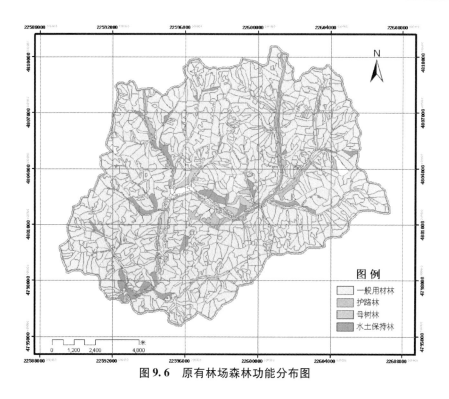

**图 9.6 原有林场森林功能分布图**

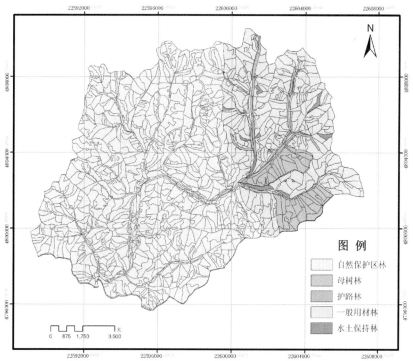

**图 9.7 林场新的森林多功能分布图**

（2）目的性原则

由于森林经营类型的不同经营的目的及措施也不同，经营类型方案的制定应该以提高森林经营为目的。以自然保护区林为例，其组织经营类型应划分为保护型，制定相应的树种保护及管理方案，有助于保护区内珍贵树种的生长及保护（刘思跃，1991）。

### 9.4.2 组织经营类型依据

组织经营类型依据《全国森林资源经营管理分区施策导则》，采用分区、分类管理的原则，并结合研究区森林资源概况，选择以林种、树种（组）、森林起源3个依据组织研究区森林经营类型。

#### 9.4.2.1 林种

不同的林种，其主导利用方向是不同的，其经营的目的、措施差别很大，因此林种是划分经营类型的首要依据。本研究将金沟岭林场的森林划分为五个功能林种，分别为：自然保护区林、母树林、护路林、水土保持林和用材林。

#### 9.4.2.2 树种或树种组

不同的树种或树种组，其森林功能不同。为了使森林的功能得到充分发挥和有效利用，应该按照树种或树种组的不同划分不同的森林经营类型。研究区的树种组主要是：落叶松人工林、杨桦林、云冷杉混交林和灌木林（郑小贤，1999）。

#### 9.4.2.3 森林起源

对于树种（组）相同，而森林起源不同的森林而言，其森林林木的生长状况、森林的功能、经营措施均不同。所谓森林起源的不同，指的是林分类型是实生还是萌生，或指人工林或天然林。本研究区的有人工林和天然林两种森林起源，因而，应该分别组织经营类型。

### 9.4.3 经营类型的划分结果

研究区有林地共1334个小班，包括5个林种、4个优势树种组、2种森林起源。根据上面所述的经营类型划分原则和依据，对研究区经营类型划分结果如表9.5。

**表9.5 金沟岭林场经营类型统计表**

| 编号 | 经营类型 | 小班数 | 面积 hm² |
|---|---|---|---|
| 1 | 汪清东北红豆杉自然保护区 | 928 | 10276.63 |
| 2 | 天然云冷杉混交母树林 | 56 | 796.77 |
| 3 | 水土保持林 | 18 | 118.21 |
| 4 | 护路林 | 39 | 270.20 |
| 5 | 人工落叶松用材林 | 63 | 688.7696 |
| 6 | 天然杨桦用材林 | 70 | 581.89 |
| 7 | 天然云冷杉混交用材林 | 160 | 2619.53 |
| 合计 | | 1334 | 15352.00 |

以上研究表明，研究区共划分为7种经营类型，其中汪清东北红豆杉自然保护区面积最大，占全区面积的66.94%，其次为天然云冷杉混交用材林，占全区面积的17.06%，天然云冷杉混交母树林面积占全区面积的5.20%，其他经营类型占全区面积比例都在5%

以下，其中水土保持林所占比例在 1% 以下。

## 9.4.4　经营措施类型划分

### 9.4.4.1　经营措施类型

　　小班经营必须坚持逐沟逐坡进行，坚持分类经营、分类施策和宜造则造、宜抚则抚、宜改则改、宜补则补、宜封则封、宜用则用的原则。根据不同的分类类型和林分类型确定不同的小班经营措施。

　　根据研究区林分的实际情况及林场的经营状况，对划分的各个经营类型制定的经营措施类型有封山育林型、管护型、保护型、利用型 4 种。

　　①封山育林型：适用于水土保持林。封山育林型主要以保护森林的乔木和灌木为目的，使之逐渐形成或恢复成灌木林或森林。封山育林型主要针对天然更新成林的林地，或者水土流失现象比较明显的林地。

　　②管护型：适用于护路林和用材林，主要针对不适宜采用其它经营措施，以防止人为破坏、病虫害和林业火险的林木的生长状况较好的林地。

　　③保护型：适用于自然保护区林、母树林等需采取保护措施的林地。

　　④利用型：适用于用材林，重要技术措施是皆伐和择伐，以促进林分的生长为主要目的。皆伐主要针对用材林的人工林。择伐主要针对天然林，在林分达到近、成熟龄后，采用择伐措施以优化林分的结构，调整林分的密度，达到改善林木生长环境的目的。

### 9.4.4.2　经营措施类型分布

　　经营措施类型按面积和小班数量统计（表 9.6）。

**表 9.6　林场经营措施类型分布表**

| 编号 | 经营措施类型 | 小班数 | 比重（%） | 面积（hm²） | 比重（%） |
|---|---|---|---|---|---|
| 1 | 封山育林型 | 18 | 1.35 | 118.21 | 0.77 |
| 2 | 管护型 | 165 | 12.37 | 1985.02 | 12.93 |
| 3 | 保护型 | 984 | 73.76 | 11073.40 | 72.14 |
| 4 | 利用型 | 167 | 12.52 | 2175.37 | 14.17 |
| 合计 | | 1334 | 100 | 15352.00 | 100 |

　　由表 9.6、图 9.8（见彩插）可以看出，研究区有林地经营措施类型以保护型为主，占地面积为 11073.40hm²，占有林地总面积的 72.14%，包含小班数 984 个，占有林地小班数的 73.76%；其次为管护型和利用型，管护型面积为 1985.02hm²，占有林地总面积的 12.93%，包含小班数为 165 个，占有林地小班数的 12.37%，利用型面积为 2175.37hm²，占有林地总面积的 14.17%，包含小班数为 167 个，占有林地小班数的 12.52%；而封山育林型所占比重最小，含有小班数的比例和面积比例均不得 2%。

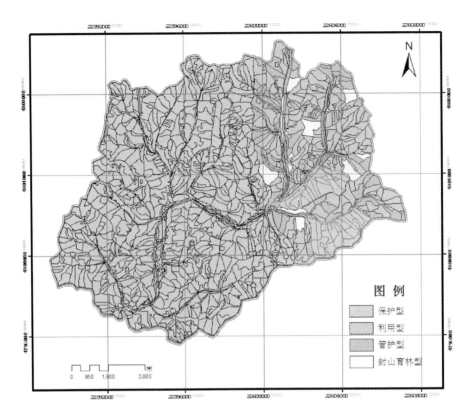

图 9.8 林场经营措施类型分布图

# 10 金沟岭林场森林多功能效益评价

## 10.1 数据与研究方法

### 10.1.1 数据

本章共获取了从 1997 年到 2007 年的两期遥感影像图，影像传感器类型和图像成像时间等具体信息见表 10.1 中的内容。

表 10.1 研究区遥感影像图参数表

| 编号 | 时间 | 成像时间 | 传感器名称 | 平台名 |
| --- | --- | --- | --- | --- |
| 1 | 1 月 7 日 | 1997、4、15 | TM | Landsat－5 |
| 2 | 1 月 7 日 | 2007、5、22 | TM | Landsat－5 |

本章通过对 1997 年与 2007 年的遥感影像的原始数据进行辐射校正与几何纠正，其几何精校正结果的精度见表 10.2。可以看出，1997 年的 TM 遥感影像是以地形图为标准进行的校正，2007 年的 TM 影像是以已经校正好的 1997 年的 TM 遥感影像进行校正的，几何精校正的误差在 0.55 以下，符合本章对金沟岭林场森林资源进行分类的精度要求。

表 10.2 几何精校正误差

| 数据源 | X 方向 RMS | Y 方向 RMS | 平均 RMS | 校正方法 | 基准图像 |
| --- | --- | --- | --- | --- | --- |
| 1997 年 TM | 0.57 | 0.53 | 0.55 | 二次多项式 | 地形图 |
| 2007 年 TM | 0.19 | 0.23 | 0.21 | 二次多项式 | 校正后的 1997 年 TM 图像 |

其他辅助数据获取与处理：

（1）吉林省汪清局金沟岭林场的 1997 年和 2007 年 1∶10 000 的林相图及二类调查数据；

（2）金沟岭林场 1∶50 000 的地形图；

（3）野外的地类控制点数据。

样地调查：本文在金沟岭林场设置的 4 个实验区内（包含云冷杉针阔混交林、云冷杉林林、杨桦次生林与落叶松人工林实验区）。在每个试验区分别不同森林类型设置 40m×50m 或的固定标准地和 20m×30m 临时标准地。在标准地内，主要进行了标准地内的每木定位监测、林分水平结构、灌木层与草本层的生物多样性调查，同时，对比研究该林场不同林分类型的生态效益及经济效益的经济价值的大小。

①所设样地的形状与数量

本章所设的固定样地具有一定的代表性，一定程度上能代表该林场不同的植被类型，其固定样地形状为长方形，其中杨桦次生林固定样地 18 块、云冷杉针阔混交林固定样地

41 块、云冷杉天然林 1 块；落叶松人工林 20 块。同时设立各森林类型临时标准地调查分析植被生物多样性价值。

②样地调查的基本因子

基本情况：记载样地号、森林类型、样地面积、优势树种、立地类型、林分起源、林种、权属、郁闭度、样地位置（林场、林班、小班）、设置单位、设置者、设置日期等内容。地形地势记载海拔、坡度、坡向、坡位等因子，进行每木调查。

③乔木层更新及灌木层与草本层多样性的调查

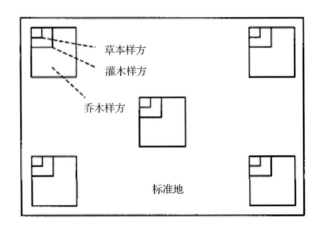

图 10.1　标准地样方设置示意图

采用标准地或结合林分立木空间的定位调查，在标准地的中心和四角分别设置 $5 \times 5m$ 小样方，调查标准地内所有乔木幼苗幼树的树种、高度和株数、地径、胸径（树高超过 1.5 m 的测胸径，树高小于 1.5 m 的只测地径）。在 $5 \times 5m$ 中，再取 $2m \times 2m$ 样方调查灌木的名称、数量（一丛计一株）、高度、盖度等。在 $2m \times 2m$ 中，再取 $1m \times 1m$ 样方用同样的方法调查草本，记录草本植物种类、数量、高度、盖度。标准地设置见图 10.1。

## 10.1.2　研究方法

本研究采用的是理论与实践相结合，定性判断与定量模型相结合，野外调查与已有文献调研分析，相结合等物质量和价值量相结合等系统科学整合研究的理论与方法。

本节从物质量与价值量两个方面研究了该林场不同森林类型的多功能效益，选用市场价值法、影子工程法与机会成本法来评估该林场的固碳释氧价值、水源涵养价值、土壤保护价值、净化大气环境价值、生物多样性保护价值与林木产品价值。最后，分析金沟岭林场森林的多功能效益的优先性功能评价。

生物量的估算：本章利用 Pan 等 5415 块样地建立的我国不同森林类型各龄组森林蓄积量–生物量的转换参数（Pan, et al., 2004）来估算研究区 11 种林型乔木层的生物量，其中，针叶混交林使用云冷杉林参数；针阔混交林使用红松林参数；白桦林和杨树林使用杨桦林参数；榆树林、杂木林和阔叶混交林使用落叶栎林参数。

表 10.3 不同森林类型、林龄的蓄积量–生物量转换参数

| 林分类型 | 龄组 | 林龄(a) | 蓄积<br>(m³/hm²) | $a$ | $b$ | 样本数 | $R^2$ |
|---|---|---|---|---|---|---|---|
| 落叶松 | 幼龄林 | ≤40 | 4～284 | 15.620 | 0.6598 | 94 | 0.8211 |
| | 中龄林 | 41～80 | 4～611 | 31.878 | 0.6367 | 91 | 0.7924 |
| | 近熟林 | 81～100 | 69～411 | 15.857 | 0.6703 | 14 | 0.9003 |
| | 成熟林 | 101～140 | 15～547 | 12.576 | 0.7406 | 37 | 0.9420 |
| | 过熟林 | ≥141 | 50～792 | －7.925 | 0.7757 | 70 | 0.9403 |
| 云冷杉林 | 幼龄林 | ≤40 | 6～273 | 13.210 | 0.7376 | 69 | 0.8605 |
| | 中龄林 | 41～80 | 29～755 | 12.042 | 0.6317 | 227 | 0.8662 |
| | 近熟林 | 81～100 | 54～933 | 41.312 | 0.4982 | 109 | 0.8238 |
| | 成熟林 | 101～140 | 48～1253 | 48.690 | 0.4306 | 239 | 0.7913 |
| | 过熟林 | ≥141 | 69～3831 | 39.201 | 0.4313 | 358 | 0.8557 |
| 杨桦林 | 幼龄林 | ≤10 | 4～244 | 4.132 | 0.8682 | 71 | 0.9060 |
| | 中龄林 | 11～15 | 12～276 | 8.527 | 0.8491 | 77 | 0.9056 |
| | 近熟林 | 16～20 | 3～360 | 21.235 | 0.7594 | 61 | 0.8412 |
| | 成熟林 | 21～30 | 9～652 | 36.308 | 0.6455 | 145 | 0.8434 |
| | 过熟林 | ≥31 | 14～655 | 33.540 | 0.6642 | 314 | 0.8129 |
| 落叶栎林 | 幼龄林 | ≤40 | 15～500 | 5.711 | 0.9957 | 162 | 0.8578 |
| | 中龄林 | 41～60 | 25～280 | 13.394 | 1.0564 | 123 | 0.8278 |
| | 近熟林 | 61～80 | 33～304 | 24.774 | 0.8515 | 66 | 0.7246 |
| | 成、过熟林 | ≥81 | 29～549 | 50.649 | 0.4829 | 42 | 0.6206 |
| 樟子松林 | 幼龄林 | ≤40 | 8～130 | 18.967 | 0.6490 | 26 | 0.8078 |
| | 中龄林、近熟林 | 41～100 | 87～379 | 34.902 | 0.3927 | 19 | 0.5867 |
| | 成、过熟林 | ≥101 | 198～500 | 22.470 | 0.3742 | 23 | 0.8375 |
| 红松林 | 幼龄林 | ≤60 | 9～318 | 24.946 | 0.5383 | 106 | 0.6013 |
| | 中龄林、近、<br>成、过熟林 | ≥61 | 188～723 | 115.600 | 0.2974 | 51 | 0.4395 |

注：Parameters to calculate forest live-biomass density ($y$, Mg hm$^{-2}$). Biomass density is expressed as a function of stand growing stock ($x$, m³·hm$^{-2}$), $y = a + b·x$, where $a$ (Mg·ha$^{-1}$) and $b$ (Mg·m$^{-3}$) are constants for a forest type.

碳储量与碳密度的计算：本章采用国际上常用的转换率 0.5 进行计算（Lugo and Brown，1992）。计算的森林碳储量只为乔木层的碳储量，而林下层、灌木、草本、凋落物及林下土壤所持有的碳储量并未进行估算，故这点会对本文的研究成果产生一定的影响。

本节所采用的年平均固碳增量与碳储量的平均年增长率计算公式如下（张鹏超等，2010）：

$$\Delta W_C = (W_{C2007} - W_{C1997})/(2007 - 1997) \tag{10-1}$$

$$\Delta = (W_{C2007}/W_{C1997})^{1/(2007-1997)} - 1 \tag{10-2}$$

式中：$\Delta W_C$ 为森林的年平均固碳增量；$\Delta$ 为森林乔木层碳储量的年平均增长率。

森林多功能效益评价研究：

本研究为了方便对不同量纲的指标进行综合比较，需对多功能体系的指标值进行标准

化转换(周新年等, 2011), 其转换方式如下:

$$U = 1 - \frac{0.9(V_{max} - V)}{V_{max} - V_{min}} \quad (10\text{-}3)$$

$$U = 1 - \frac{0.9(V - V_{min})}{V_{max} - V_{min}} \quad (10\text{-}4)$$

其中, (10-3)式为递增关系式, (10-4)式为递减关系式。当目标值越大越好时, 选用(10-3)式, 否则选用(10-4)式。

多功能效益指数的计算: 对于多功能效益评价指标的计算, 本文根据多功能效益指标的标准化值和绝对权重 $\lambda_i$ 来求各方案综合评价值(周新年等, 2011), 其数学表达式为:

$$W_i = \sum_{i=1}^{N} \lambda_i U_{ij} \quad (10\text{-}5)$$

根据 $W_i$ 值的大小本文筛选出金沟岭林场森林的优化的方案。

## 10.2 森林景观结构变化及空间格局定量分析

### 10.2.1 森林景观类型的划分

由于本研究区范围较小, 气候变化范围不大, 本章选取了对景观分类影响较大的 4 个景观生态立地因子(坡向、坡度、海拔、土壤厚度)和 1 个植被因子(优势树种组)进行森林景观分类(Gu Li and Zheng Xiaoxian, 2012)。根据本地区的植被分布规律和分类结果不至于过分破碎化的原则, 把各景观分类因子进行分级, 其标准如表 10.4 所示。

GIS 的空间分析功能是 GIS 核心应用之一, 本章采用投影切割林相图的方法(陆元昌等, 2005), 运用空间分析模块(overlay), 将这些图层进行叠加, 并对小于 0.1 hm² 的碎斑块进行合并, 将研究区切割成面积大小不等的森林景观空间基本单元, 以此作为景观分类的基础数据库, 使得每个单元既具有小班的基本属性, 又具有准确的地形特点属性。最后对切割后的景观空间基本单元的数据进行聚类分析, 聚合成不同层次上的森林景观类型。

**表 10.4 景观分类分级标准及编码表**

| 分类主导因子 | 分级标准 |
| --- | --- |
| 海拔 | 低海拔(≤800m); 高海拔(>800m) |
| 坡度 | 平坡(0~9°); 斜坡(10~35°); 陡坡(>35°) |
| 坡向 | 阴坡; 阳坡 |
| 土壤厚 | 薄(0~40cm); 中(41~60cm); 厚(>60cm) |
| 优势树种(组) | 红松林、云杉林、落叶松林、榆树林、色木林、白桦林、杨树林、杂木林、针叶混交林、针阔混交林、阔叶混交林 |

注: 引自《Recent changes (1997~2007) in landscape spatial pattern of the over-cutting region of interior northeast forests, P. R. China》一文中的分级标准。

## 10.2.2 结果与分析

### 10.2.2.1 景观分布图

本节结合野外踏查对长金沟岭林场 1997 年与 2007 年两期的遥感数据进行几何校正，在 ERDAS IMAGINE 9.2 软件的 Knowledge Classification 模块下，基于不同地物的波谱特征和数字高程特点，运用知识决策树分类法将研究区两期 TM 遥感影像划分为有林地，灌木林地，未成林造林地，耕地，宜林荒山荒地，沼泽地，苗圃地，居民区，水域与其他用地 10 类（图 10.2，见彩插）。并利用 Accuracy Assessment 工具进行精度评估，其总体分类精度分别为 85.46 ％和 89.68 ％，Kappa 系数分别为 0.845 和 0.836，符合分类精度要求。

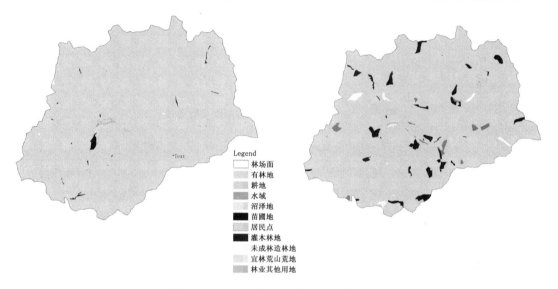

Legend
- 林场面
- 有林地
- 耕地
- 水域
- 沼泽地
- 苗圃地
- 居民点
- 灌木林地
- 未成林造林地
- 宜林荒山荒地
- 林业其他用地

**图 10.2　1997 年与 2007 年一级地类区划图**

本研究在 ArcGIS Desktop 9.2 中将 IMG 格式文件转变为 SHP 矢量格式文件。同时，将两期林相图矢量化，将属性数据与空间数据相连，形成数字化林相图；将金沟岭林场 1：5 万地形图矢量化，加入高程数据，以 30m × 30m 的分辨率形成数字高程模型（DEM）。以 TM 遥感影像分类结果数据为基础，以相应的林相图和数字高程模型为参考，目视修正获得 1997 年和 2007 年的具有小班属性的景观数字化基础图层。其中，有林地在景观中所占的比例是最大的，可作为研究区景观范围内的基质，本研究区内的 11 种森林景观分布如图 10.3（见彩插）。

### 10.2.2.2 土地利用/覆被的数量结构变化

面积相对变化率是一种表示土地利用变化区域差异很好的方法，从中可以看出各类型的空间变化规律，其计算公式及各参数意义详见参考文献（钟凯文等，2009）。表 10.5 为统计出的 1997 年和 2007 年 Landsat TM 影像进行分类计算的土地利用面积。

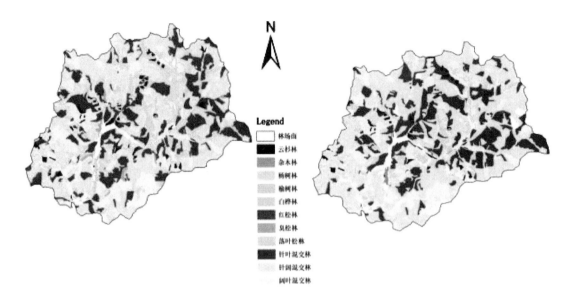

**图10.3　1997年与2007年森林景观类型分布**

**表10.5　1997~2007年金沟岭林场土地利用面积变化与相对变化率**

| 土地景观类型 | 1997年 | | 2007年 | | 相对变化率 |
| --- | --- | --- | --- | --- | --- |
| | 面积（km²） | 百分比（%） | 面积（km²） | 百分比（%） | |
| 有林地 | 160.3192 | 97.60 | 159.7661 | 97.27 | -0.63 |
| 灌木林地 | 0.3873 | 0.24 | 1.7965 | 1.09 | 9.19 |
| 未成林造林地 | 0.1038 | 0.06 | 0.0869 | 0.05 | 9.05 |
| 耕地 | 0.5390 | 0.33 | 0.3446 | 0.21 | 5.99 |
| 宜林荒山荒地 | 0.2858 | 0.17 | 0.2859 | 0.17 | 9.13 |
| 沼泽地 | 0.4582 | 0.28 | 0.2012 | 0.12 | 6.19 |
| 苗圃地 | 0.4740 | 0.29 | 0.2154 | 0.13 | -12.00 |
| 居民区 | 0.3737 | 0.23 | 0.3540 | 0.22 | -0.56 |
| 水域 | 0.0364 | 0.02 | 0.0299 | 0.02 | -2.20 |
| 其他用地 | 1.2791 | 0.78 | 1.1761 | 0.72 | -0.88 |
| 合计 | 164.2565 | | 164.2565 | | |

可以看出，1997年至2007年的10年间，金沟岭林场的一级土地利用类型以有林地为主，研究区两个时间段的面积分别为160.3192 hm² 和159.7661 hm²，占该林场总面积的97.60%和97.27%。与人类关系最直接的其他类型用地（包括居民点等）受人类活动影响最大，其占研究区总面积的比例相对较小，其大小直接与该区的人口数量相关。

10.2.2.3　森林景观类型的结构变化

10.2.2.3.1　森林景观类型组成与分布

通过对金沟岭林场土地利用/覆盖的数量结构变化的研究可以看出该地区有林地占据着面积的绝对优势，有林地的面积比例在金沟岭林场景观中的主导作用是显而易见的，可以作为该林场景观范围内的基质。本文利用投影切割林相图的方法与多元统计分析中聚类分析的方法，4 类森林景观类型在该林场的森林景观空间范围内被划分出来，其中所划分的每一类森林景观都是具有着独立的经营意义的。而且，每一类森林景观都是具有相对一致的内部结构特征，但是景观类别之间还是有着明显不同的森林生态系统。本文所进行的景观划分的结果是符合林学与生态学的林型划分原则与经营类型划分的理论基础。植被类型被用来对本文所划分的森林景观进行命名，各个特征描述如下所示：

　　类型 1：阔叶林景观。该类植被类型的优势树种以榆树，白桦，杨树，杂木与阔叶混交林林为主，60% 的林分类型分布在低海拔地带的阳坡，坡度多为 10°~35° 间的斜坡，土层厚度多在 40~60 cm 之间。

　　类型 2：针叶林景观。植被以臭松、红松、云杉纯林和针叶混交林为主，70% 以上分布在高海拔地带的阴坡，95% 以上为 10°~35° 间的斜坡，中厚薄土层深度均有分布。

　　类型 3：人工针叶纯林景观。其为该林场范围内面积比例最小的景观要素类型。植被以人工落叶松纯林为主，80% 以上分布在低海拔地带，阴坡分布为主，85% 以上在坡度为 10°~35° 间的斜坡，中厚薄土层深度均有分布。

　　类型 4：针阔混交林景观。其为金沟岭林场范围内，所占的勉励比例最大的森林景观类型，该景观类型的植被以针阔混交林为主，60% 左右分布在低海拔地带，阴坡与阳坡均有分布，以阳坡为主，85% 以上在坡度为 10°~35° 间的斜坡，土层厚度以中厚层为主。

### 10.2.2.3.2　森林景观结构的变化

　　经统计得出 1997~2007 年中金沟岭林场森林景观类型面积变化情况（见表 10.6）。从森林景观各类型的组成中可以看出，针阔混交林景观所占有的面积比例最高，分别为 1997 年的 42.32% 与 2007 年的 41.75%，混交林已经构成了金沟岭林场的景观基质，其变化影响着整个研究区域生态功能的发挥；针叶林景观、阔叶林景观与人工针叶纯林景观地是次要的景观类型，其面积和质量的好坏也直接影响到研究区生态环境的发展；10 年间，针叶林景观的面积有所增加，由原来的 38.2156 km$^2$ 增长到 43.2870 km$^2$，而阔叶林景观的面积则由 1997 年的 31.1749 km$^2$ 下降到 29.3023 km$^2$；相对变化率变化最大的是人工针叶纯林景观，达到 -1.29，这与该地区的"天然林保护工程"的实施以及当地退化的次生林实施"栽针保阔"的措施密切相关。

表 10.6　金沟岭林场森林景观面积变化

| 土地景观类型 | 1997 年 | | 2007 年 | | 相对变化率 |
| --- | --- | --- | --- | --- | --- |
| | 面积（km$^2$） | 百分比（%） | 面积（km$^2$） | 百分比（%） | |
| 阔叶林景观 | 31.1749 | 19.45 | 29.3023 | 18.34 | -0.64 |
| 针叶林景观 | 38.2156 | 23.84 | 43.2870 | 27.09 | 1.17 |
| 人工针叶纯林景观 | 23.1059 | 14.41 | 20.4744 | 12.82 | -1.29 |
| 针阔混交林景观 | 67.8227 | 42.30 | 66.7024 | 41.75 | -0.17 |
| 合计 | 160.3192 | | 159.7661 | | |

10.2.2.4　景观空间斑块的动态变化

10.2.2.4.1　斑块数量及面积变异系数的变化

本节主要从斑块的数量与斑块面积变异系数两个方面分析长白山过伐区金沟岭林场森林景观格局的变化情况(图10.4)。在同一景观中,斑块数量越多,平均斑块面积变异系数越大,则森林景观破碎程度愈大。研究区1997～2007年森林景观斑块的总数量变化不大,由12050块下降到11750块。本文所划分的四种森林景观类型中,以针阔混交林的斑块数目最多,人工针叶纯林的斑块数目最少。

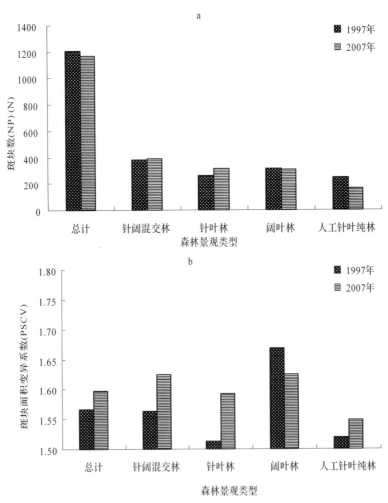

图10.4　1997～2007森林景观斑块的数量(a)与平均面积变异系数(b)的比较

十年间,针叶林景观的斑块数目呈现增长的趋势,由原来的2630块增加到3120块,森林景观破碎化加剧;景观水平上的斑块平均面积变异系数指标可以进一步反映景观的破碎化程度(图10.4b),金沟岭林场森林景观的斑块破碎度都比较高,森林景观整体斑块面积变异系数呈上升趋势,由1997年的1.5660上升到2007年的1.5975。从以上变化可以得出,该地区森林景观受人为影响比较强烈,形状比较复杂化。人为干扰加剧以及对森林的不合理采伐,森林景观破碎化程度加剧。

10.2.2.4.2　景观斑块的多样性变化

从图 10.5(a) 中可以看出，1997～2007 年间森林景观多样性指数与均匀度都在 1.0 以下，且两个指数在此时期内没有发生太大的变化，说明整体上近十年该地区森林生物多样性都不是很高。

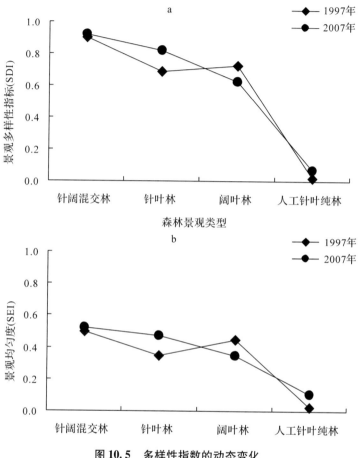

图 10.5　多样性指数的动态变化

本节所划分的 4 种森林景观，其景观多样性与均匀度的数值大小顺序为：针阔混交林景观＞针叶林景观＞阔叶林景观＞人工针叶纯林景观，即以针阔混交林景观的生物多样性指标数值最高，地面物种多样性最丰富，均达到 0.90 以上；以人工针叶纯林景观的多样性指标数值最小，均不到 0.1。这是该地区森林正向演替的结果，即森林演替的变化趋势是由各森林景观类型中优势树种由喜光的先锋树种过渡到耐荫的顶极针叶树种。

10.2.2.4.3　景观斑块的形状变化

分维数是反映景观格局整体特征的重要指标，它能在一定程度上反映出人类活动对景观格局的影响，分维数越高，景观的几何形状越复杂（谢志茹等，2004）。本章从平均斑块分维数来分析 1997～2007 年的金沟岭林场的景观格局变化。从图 10.6 可以看出，1997～2007 年，森林景观平均斑块分维数的变化有增大趋势，斑块趋向于不规则，尤其是阔叶混交林景观。本节所研究的四种森林景观的分维数值在 1.280～1.333 之间，说明从近 10 年以来该地区森林景观受人为影响比较强烈，形状比较复杂。

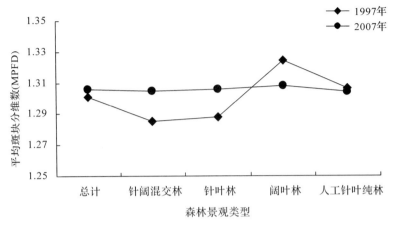

图 10.6　1997～2007 年森林景观平均分维数的变化

### 10.2.2.5　景观空间转化类型与强度

#### 10.2.2.5.1　森林景观的变化趋势

通过马尔科夫转移矩阵，可定量地说明各森林景观类型之间的相互转化状况，描述森林景观格局变化的动态演变过程（黄方等，2002）。为了了解金沟岭林场各森林景观间的时空演变过程，以 1997～2007 年为一个时间段，建立景观类型转移矩阵（见表 10.7）。

表 10.7　1997～2007 年森林景观类型转移矩阵

| 1997 年 | 2007 年 | | | |
|---|---|---|---|---|
| | 混交林景观 | 针叶林景观 | 阔叶林景观 | 人工针叶纯林 |
| 混交林景观 | 5920. 4553 | 474. 5500 | 246. 6812 | 18. 8838 |
| 针叶林景观 | 216. 1956 | 3501. 5614 | 38. 9234 | 36. 0157 |
| 阔叶林景观 | 303. 9382 | 193. 4968 | 2574. 5366 | 39. 1182 |
| 人工针叶纯林景观 | 209. 4777 | 132. 5440 | 40. 9921 | 1923. 7484 |

从表 10.7 可以看出，1997～2007 年金沟岭林场范围内，本文所划分的 4 类森林景观类型之间的的变化概况如下：①混交林景观地主要转化为针叶林与阔叶林，转换为人工针叶纯林景观的面积比例幅度不是很大；②随着该地区森林演替的正向进行，针叶林景观一部分转化为针阔混交林景观，而阔叶林景观转化为针阔混交林的面积比例很大；③由于人为干涉及天然更新的原因，人工针叶纯林向针阔混交林转移的面积幅度比较大。总体来看，10 年间，该地区的景观类型之间的相互转化是朝着该地区植被演替的正方向进行的。

#### 10.2.2.5.2　初始转移概率的确定

本节以 1997～2007 年这一时间段来确定该研究区内景观的初始转移概率。根据上表 10.7 中各森林景观类型的转化面积，求出其年平均转化情况（hm²/a），再由年平均转化情况求出 1997～2007 年各森林景观类型的转移概率矩阵（步长为 1 年），以此来确定初始转移概率（表 10.8）。

表 10.8　初始状态下森林景观类型转移概率矩阵(n = 1)

| 1997 年 | 2007 年 | | | |
|---|---|---|---|---|
| | 混交林景观 | 针叶林景观 | 阔叶林景观 | 人工针叶纯林 |
| 混交林景观 | 0.9865 | 0.0072 | 0.0037 | 0.0003 |
| 针叶林景观 | 0.0058 | 0.9913 | 0.0010 | 0.0009 |
| 阔叶林景观 | 0.0102 | 0.0064 | 0.9810 | 0.0013 |
| 人工针叶纯林景观 | 0.0095 | 0.0059 | 0.0018 | 0.9818 |

#### 10.2.2.5.3　森林景观的动态模拟与预测

通过求解马氏过程稳定方程组，计算出第 $n$ 分期末，稳定状态时各森林类型面积所占的百分比(图 10.7)。

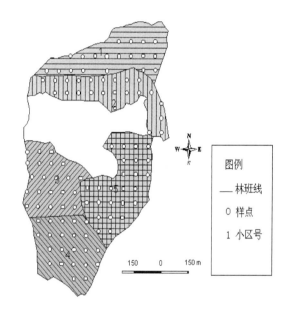

图 10.7　稳定状态时各森林景观类型的面积比例

图 10.7 为达到稳定状态的时候，金沟岭林场各森林景观类型的所占的面积比例。可以看出，2007 年以后该地区森林景观的变化趋势：针叶林景观所占的面积比例有一定幅度的提高，人工针叶纯林景观所占的面积比例持续下降，这是通过植被天然更新与实施人工抚育措施而实现的结果。

### 10.2.3　小结

本节运用 GIS 空间数据分析能力，结合适当精度的 DEM 和森林资源二类调查数据的小班属性数据库，精确计算出各立地类型的面积，为适地适树营林工作提供了依据。金沟岭林场主要景观类型为有林地，其面积占 90 % 以上，其他景观类型面积比例较小，主要有灌木林地，耕地，未成林造林地，沼泽与居民点等。该区 1997 年至 2007 年有林地景观类型所占的面积比例减少，分布更加趋于分散。本文综合林分和环境因子进行森林景观分类研究，将全场有林地划分为 4 类景观要素，即针阔混交林景观，针叶林景观，阔叶林景观与人工针叶纯林景观，所划分的 4 种景观类型，尽管考虑了生态学与林学理论因素，要实际应用，还需进一步描述并分析它们的分布规律，细化经营类型并提出相应措施，结合生态采伐，调整森林结构，从景观水平上恢复顶级群落。

研究区森林景观是以混交林为主、其他森林景观类型为辅所组成的复合景观，4 种有林地景观共同控制着研究区的生态环境演变，对该区的生态环境调控起着绝对重要的作用。研究区域森林景观特征指标为：斑块数量较多，平均斑块面积变化系数较大，森林景观多样性指数与均匀度都在 1.0 以下，分维数值在 1.280 - 1.333 之间，说明该地区森林景观受人为影响比较强烈，形状比较复杂化，景观异质性程度加大、景观斑块内部的连通性增强，4 种森林景观类型共同控制着该区景观变化的方向和速度。人为干扰加剧以及对森林的不合理采伐，使森林自然景观的整体结构被打破。如何在分类和结构研究基础上进行森林景观规划和格局调控经营措施设计，是进一步研究的方向。

根据转化速率确定的转移概率，利用马尔柯夫模型预测金沟岭林场森林景观二级景格局变化与实际情况基本吻合，森林景观类型之间的转换，正朝着该地区植被演替的正方向进行，这说明利用马尔柯夫模型预测该林场未来的景观格局变化是可行的。但是由于只有1997 年与 2007 年两期数据，所以，模型对未来的预测有待进一步验证。同时两时期森林景观的斑块数目都很大，在叠加过程中产生许多碎斑块数量较大，操作有一定难度从而降低了估测精度，本文研究结果为该地区森林经营规划与决策提供可靠的信息，为指导该地区地带性顶级群落的恢复、次生林改造，以及林业生态环境建设提供科学依据。

## 10.3 森林乔木层碳储量与碳汇价值评价

### 10.3.1 价值评价方法

植物光合作用能够同化二氧化碳与释放氧气，同时以稳态碳的形式固定在生态系统中，森林吸收 $CO_2$ 和放出 $O_2$ 的关系如下：

$$CO_2(264g) + H_2O(108g) \rightarrow O_2(192g) + 葡萄糖(108g)$$
$$\downarrow$$
$$多糖(162g) \tag{10-6}$$

本章根据植物光合作用机理与植物代谢规律来进行推算，每制造 1t 植物的生物量，可放出氧气 1.19 t，同化空气中 $CO_2$ 为 1.63 t，折算成纯碳量是 0.4448 t（白效明，1998）。

$$V_q = B_n(0.4448P_c + 1.2P_o) \tag{10-7}$$

式中，$V_q$ 是森林固碳释氧总的价值量；$B_n$ 为估算的第 $n$ 年森林的生物量；$P_c$ 为市场固定每吨 $CO_2$ 的价格，单位：元/t；$P_o$ 为市场制造每吨 $O_2$ 价格，单位：元/t。

### 10.3.2 结果与分析

#### 10.3.2.1 碳储量、碳密度及其变化

##### 10.3.2.1.1 不同森林类型的碳储量、碳密度及其变化

本节计算了吉林省汪清局金沟岭林场森林的乔木层总碳储量与平均碳密度（表 10.9）。

可以看出，1997 年至 2007 年的 10 年间，金沟岭林场森林面积没有明显变化，而森林乔木层碳储量总量呈现持续增长的特征，由 7621.8422 t 增长到 8018.1259 t，净增加了 466.2837 t，这表明了 1997 年至 2007 年，金沟岭林场森林是 $CO_2$ 的一个"汇"。

表 10.9　森林的面积、蓄积与碳储量及其变化

| 林分类型 | 1997 年 | | | | 2007 年 | | | |
| --- | --- | --- | --- | --- | --- | --- | --- | --- |
| | 面积（km²） | 蓄积（10⁴ m³） | 碳储量 t | 碳密度（Mg C/hm²） | 面积（km²） | 蓄积（10⁴ m³） | 碳储量（t） | 碳密度（Mg C/hm²） |
| 白桦林 | 4.8727 | 4.2221 | 194.1359 | 39.8411 | 2.9130 | 2.6514 | 122.0533 | 41.8994 |
| 红松林 | 0.6182 | 0.1214 | 13.9263 | 22.5256 | 0.0870 | 0.0017 | 4.0000 | 45.9670 |
| 阔叶混交林 | 24.1486 | 32.0477 | 1761.6627 | 72.9508 | 25.9441 | 35.9300 | 1975.6075 | 76.1487 |
| 落叶松林 | 23.6673 | 32.7612 | 1317.7815 | 55.6793 | 11.7624 | 13.0314 | 750.6234 | 63.8157 |
| 杨树林 | 1.0266 | 1.3156 | 59.4076 | 57.8685 | 1.0366 | 1.3256 | 65.5000 | 60.0000 |
| 榆树林 | 1.1184 | 0.8321 | 50.2541 | 44.9357 | 0.3928 | 0.4848 | 28.1560 | 71.6805 |
| 云杉林 | 2.6704 | 0.7882 | 29.0500 | 10.8784 | 1.6667 | 0.3350 | 17.3912 | 10.4344 |
| 杂木林 | 0.0086 | 0.0002 | 0.0304 | 3.5502 | 0.0524 | 0.0367 | 2.1336 | 40.7184 |
| 樟子松林 | 0.0568 | 0.0017 | 0.5947 | 10.4656 | 1.1469 | 2.0142 | 55.0052 | 47.9605 |
| 针阔混交林 | 67.2045 | 106.3710 | 2614.6435 | 38.9058 | 78.5622 | 122.4422 | 3120.6531 | 39.7220 |
| 针叶混交林 | 34.9269 | 58.9880 | 1580.3555 | 45.2475 | 36.2021 | 60.1438 | 1877.0026 | 53.6572 |
| 总计 | 160.3192 | 237.4492 | 7621.8422 | 47.5417 | 159.7661 | 238.3968 | 8018.1259 | 51.8479 |

不同的森林类型中，碳储量的差异是显著的。从表 10.9 可以看出，金沟岭林场森林乔木层碳储量主要集中在针阔混交林、阔叶混交林与针叶混交林，三种林分类型碳储量所占比例达到该区的 70% 以上；其次是人工落叶松林与白桦林。显然，这与该地区不同类型森林的面积是有明显关系的。但是，云杉林的面积明显的大于杨树林与榆树林，但是其碳储量却相对较低，这主要是由于云杉林大多处于中、幼龄林阶段，导致其生物量积累相对较慢所致，这表明森林的生长阶段影响了该林场的碳汇功能。

10 年间，金沟岭林场森林的平均碳密度呈现增长的趋势，由 1997 年的 47.5417 Mg C/hm² 增长到 2007 年的 50.1866 Mg C/hm²，净增长了 2.9579 Mg C/hm²。碳密度的动态变化在不同森林类型中存在一定差别，其中，森林碳密度最大的林分类型为阔叶混交林 72.9508 Mg C/hm²，是平均值的 1.5 倍以上；其次为落叶松林与杨树林，其碳密度值均大于平均碳密度；碳密度最小的林分为樟子松林，还不到 10 Mg C/hm²。1997 年到 2007 年，碳密度变化较大的林分是杂木林，由 3.5502 Mg C/hm² 增加到 40.7184 Mg C/hm，可以说明森林碳密度与森林类型有关。

**10.3.2.1.2　不同林龄结构的碳储量、碳密度及其变化**

对比分析森林乔木层碳储量随各林龄结构的变化情况（图 10.8）可以看出，近熟林所占的植被碳储量比例 1997 年与 2007 年分别为 60% 与 46%，金沟岭林场森林乔木层碳储量以近熟林占优势。近熟林碳储量由 4581.3244 t 下降到 3791.7433，净减少了 789.7433

t。近熟林碳储量呈现下降趋势而幼、中龄林碳储量比例呈增长趋势，主要是由于森林生长和培育增强了其碳汇功能，同时，树木生长导致近熟林发展为一部分的成熟林，成熟林碳储功能增强。

从图 10.9 可以看出，幼龄林、中龄林、近熟林、成熟林和过熟林的森林碳密度有依次增加的趋势，碳密度以幼龄林最低，以过熟林碳密度最大。其中幼龄林与中龄林增加较快，近熟林、成熟林与过熟林增加不是很明显，过熟林的碳密度是幼龄林的 5 倍多，表明未到达成、过熟林的森林，其碳密度尚未达到最大值，随着时间的推移与森林的生长，其碳汇能力将会进一步提高。1997 ~ 2007 年，成熟林与过熟林林的碳密度均有一定幅度的降低，这主要是因为林木生长衰退的原因。

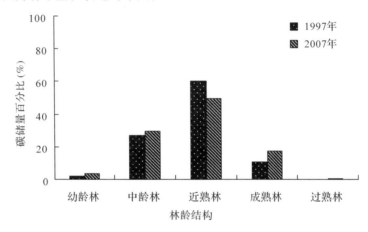

图 10.8　不同林龄组的森林乔木层碳储量百分比变化

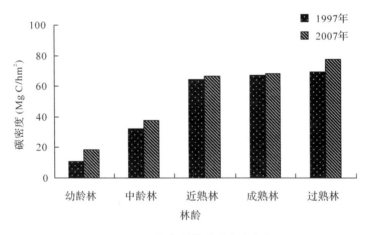

图 10.9　不同年龄林分碳密度变化

### 10.3.2.1.3　不同林种的碳储量、碳密度及其变化

金沟岭林场森林的林种主要有四种，即护路林，母树林，水土保持林与一般用材四种功能类型，其中该林场以一般用材林所占的碳储量比例最大，两个时期达到 93 % 以上，其他三种类型所占的碳储量比例合计不到 7 %。从森林碳密度随不同林种的变化看，护路林的森林碳密度最低，1997 年与 2007 年分别为 28.0288 Mg C/hm² 与 36.2647 Mg C/hm²。

1997 年至 2007 年，水土保持林的植被碳密度增长最大，净增长了 18.6159 Mg C/hm²，说明森林在保持可持续发展的情况下朝着多功能方向发展。

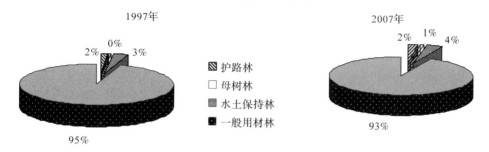

**图 10.10　不同林种的森林乔木层碳储量及其变化**

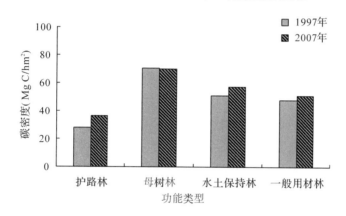

**图 10.11　不同功能类型林分碳密度变化**

### 10.3.2.2　森林的固碳增量

本节所估算的金沟岭林场森林的固碳增量与平均年平均增长率见下表 10.10。

**表 10.10　各种森林景观类型的固碳增量**

| 景观类型 | 固碳增量（Mg·hm⁻²·a⁻¹） | 平均年增长率（%） |
| --- | --- | --- |
| 针阔混交林 | 2.06 | 0.76 |
| 阔叶林 | 0.63 | 0.30 |
| 针叶林 | 2.55 | 1.29 |
| 落叶松人工林 | −1.27 | −1.25 |
| 总计 | 3.96 | 0.51 |

1997 年至 2007 年，该林场森林的固碳增量与平均年增长率分别是 3.96 Mg C·hm⁻²·a⁻¹ 与 0.51 %，固碳增量随着时间与林分类型的变化而变化。1997 年至 2007 年，针阔混交林，针叶林与阔叶林分别是 2.06 Mg C·hm⁻²·a⁻¹，0.63 Mg C·hm⁻²·a⁻¹ 与 2.55 Mg C·hm⁻²·a⁻¹，三种林分类型的固碳增量均为正值，大小关系为针阔混交林 > 针叶林 > 阔叶林，同时，针阔混交林、针叶林与阔叶林的乔木层碳储量的平均年增长率分别为 0.76 %、0.30 % 和 1.29 %。

### 10.3.2.3 碳汇效益计量
#### 10.3.2.3.1 景观水平上的碳汇效益计量

本节的研究采用瑞典的碳税率即每吨 150 美元（折合人民币 1200 元 /t）与中华人民共和国卫生部网站中公布的 2007 年春季氧气的平均价格（1000 元 /t）（吴庆标等，2008），来估算金沟岭林场各森林类型固碳和释氧价值，其估算结果如表 10.11 所示。

**表 10.11　各种森林景观类型固碳释氧价值**

| 景观类型 | 1997 年 | | | 2007 年 | | |
|---|---|---|---|---|---|---|
| | 固碳价值（万元） | 释氧价值（万元） | 总价值（万元） | 固碳价值（万元） | 释氧价值（万元） | 总价值（万元） |
| 针阔混交林 | 279. 1184 | 622. 2851 | 901. 4035 | 301. 1103 | 671. 3154 | 972. 4258 |
| 阔叶林 | 220. 4952 | 491. 5867 | 712. 0820 | 227. 1630 | 506. 4523 | 733. 6153 |
| 针叶林 | 173. 4336 | 386. 6644 | 560. 0980 | 215. 5349 | 480. 5278 | 696. 0627 |
| 落叶松人工林 | 140. 5996 | 313. 4621 | 454. 0617 | 112. 1427 | 250. 0184 | 362. 1611 |
| 总计 | 813. 6469 | 1813. 9984 | 2627. 6453 | 855. 9509 | 1908. 3139 | 2764. 2649 |

1997 年金沟岭林场森林的固碳释氧总价值分别为 2627. 6453 万元，其中固碳与释氧的价值分别为 813. 6469 万元与 1813. 9984 万元；与之对比，2007 年，该地区森林固碳释氧总价值净增长了 136. 6196 万元，为 2764. 2649 万元，固碳与释氧价值分别增长了 42. 3040 万元与 94. 3155 万元。该区以针叶混交林的固碳释氧价值最高，明显的高于阔叶林所产生的经济效益。

#### 10.3.2.3.2 林龄结构上的碳汇效益计量

金沟岭林场不同林龄结构 1997 年与 2007 年的森林产生固碳释氧价值见表 10.12。可以看出，该林场以近熟林的固碳释氧价值最高，1997 年与 2007 年分别占总价值的 60.11 % 与 51.41 %；其次是中龄林，所占的比例分别为 27.20 % 与 34.16 %，二者分别占了总量的 87.31 % 与 85.57 %，说明了该林场有着较大分布面积的中龄林与近熟林在碳储量中起到了主导性作用。1997 ~ 2007 年，近熟林的固碳释氧效益有所下降，主要是因为近熟龄林木竞争加剧，导致枯损，生产力处于低缓水平，对此林分需加强抚育，生产力会逐步回升。

**表 10.12　不同林龄级森林固碳释氧价值评估**

| 龄级 | 1997 年 | | | 2007 年 | | |
|---|---|---|---|---|---|---|
| | 固碳价值（万元） | 释氧价值（万元） | 总价值（万元） | 固碳价值（万元） | 释氧价值（万元） | 总价值（万元） |
| 幼龄林 | 15. 8013 | 35. 2286 | 51. 0299 | 27. 8704 | 62. 1362 | 90. 0066 |
| 中龄林 | 221. 3074 | 493. 3974 | 714. 7048 | 279. 6021 | 623. 3636 | 902. 9657 |
| 近熟林 | 489. 0655 | 1090. 3552 | 1579. 4207 | 420. 7890 | 938. 1349 | 1358. 9239 |
| 成熟林 | 86. 7260 | 193. 3528 | 280. 0788 | 129. 6445 | 289. 0381 | 418. 6826 |
| 过熟林 | 0. 7466 | 1. 6645 | 2. 4111 | 3. 3825 | 7. 5412 | 10. 9237 |

10.3.2.4 碳储量及碳密度的时空动态分布

基于估算的金沟岭林场的森林乔木层碳储量、碳密度，建立数据库，利用 Arc GIS 生成森林乔木层碳储量和碳密度分布见图 10.12 和图 10.13。可以看出，森林乔木层碳储量与碳密度在该林场范围内呈现均匀分布趋势，1997 年至 2007 年 10 年间，等级分布趋势变化较小。

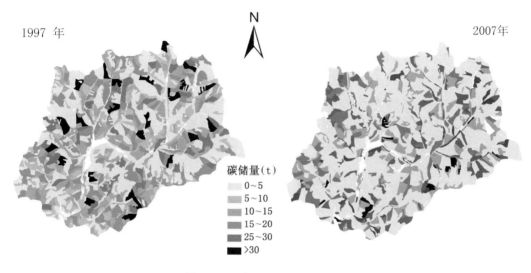

图 10.12 森林乔木层碳储量分布

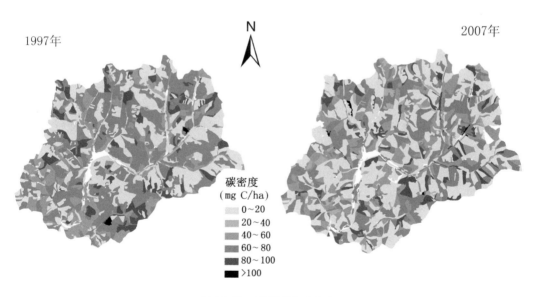

图 10.13 森林碳密度分布

## 10.3.3 小结

本节未能对下木层、灌草及枯落物生物量进行估算，但如果考虑这部分植被的碳贮量，必然会在一定程度上增加该林场森林的固碳释氧效益。目前，在森林生态系统碳储量研究中，多集中对乔木、土壤 2 个层次的研究，而对灌木、草本和地被物的研究不多（Wang, et al., 2001）。实际上，当乔木层郁闭度较低时，下木层、灌木层和草本层的植物生长较好，忽略其生物量，将造成碳储量估算的较大偏差（黄从德等，2009）。

　　金沟岭林场乔木林碳储量 1997 年与 2007 年分别为 7621.8422 t 与 8018.1259 t，以中龄林与近熟林为主，分别占 87 % 与 79 %，森林多处于中龄林与近熟林阶段，随着林木的生长、成熟和经营管理水平的提高，该林区的固碳能力将处于持续增长的状态，是一个潜在的巨大碳库。研究区碳密度与林分年龄结构近乎成正比，表现出随着林龄增长，碳密度也呈现增长的趋势。金沟岭林场森林 1997 年与 2007 年的碳密度分别为 47.5417 Mg C/hm$^2$ 与 50.1866 Mg C/hm$^2$，高于全国 2008 年森林平均植被碳密度 42.82 Mg C/hm$^2$（李海奎等，2011），但是低于世界的平均水平 86.00 Mg C/hm$^2$（Dixon, et al., 1994）。产生这种现象的主要原因为长白山金沟岭林场作为中国天然林保护工程实施的重点地区之一，其林区森林资源丰富，是我国主要的木材及林产品生产基地，所以高于全国森林平均植被碳密度是正常的。

　　本研究利用 1997 年与 2007 年两期数据分析了金沟岭林场森林的年固碳增量为 3.96 Mg C·hm$^{-2}$·a$^{-1}$，平均年增长率 0.51 %，低于我国森林的平均年增长率 1.6 %（吴庆标等，2011）。而欧洲与北美的一些森林的年固碳增量能达到 2.5 ~ 6.6 Mg C·hm$^{-2}$·a$^{-1}$（Valentini, et al., 2000）；Birdsey 等（1993）研究表明在美国东部的落叶阔叶林区其年固碳增量为 1 ~ 2.4 Mg C·hm$^{-2}$·a$^{-1}$ 之间。说明该研究区内森林具有巨大的碳储量及固碳空间，通过森林抚育与森林经营是实现林业碳汇功能是最为有效和快捷方法之一，而增加现存森林的碳密度是一个重要的方法来提高森林固碳增量（Canadell, et al., 2008）。

　　在森林生态系统的各项服务功能中，森林的固碳释氧服务功能占森林生态系统公益价值的 47.5 %（余新晓等，2005），对生态系统价值的贡献最大。金沟岭林场森林的固碳释氧 1997 年与 2007 年分别为 2627.6453 万元与 1813.9984 万元，净增长了 136.6196 万元，为建立森林生态效益补偿机制或者是直接投入市场交易提供了科学依据。金沟岭林场土地肥沃，雨量充沛，森林年龄结构合理，有较高且持续时间长的生产力，碳库将越来越大，所创造的碳汇经济价值也会随之增加。所以应加强对现有森林的可持续经营与管理，可以提高森林固碳能力。

## 10.4　森林水源涵养量与价值评价

### 10.4.1　价值评价方法

　　当前，有两种研究方法被用来研究国内森林水源涵养效益，一种为植被区域水量平衡法，另一种为根据植被不同作用层所产生的蓄水力来计算水源涵养量（李晶与任志远，2003）。本文根据金沟岭林场的特殊地理位置与经营方式，利用后一种方法测算各类典型森林的水源涵养量，即林冠截留量、土壤蓄水量与枯落物持水量。

#### 10.4.1.1　林冠截留量

　　森林林冠层截留量受降水雨量和降水强度及风力等影响，其计算公式如下（张彪等，2009）：

$$W_1 = \sum_{i=1}^{n} (S_i \times m \times a_i) \tag{10-8}$$

式中，$W_1$ 为森林冠层截留量；$S_i$ 为第 $i$ 种森林类型的面积；$m$ 为该区年降水量；$a_i$ 为第 $i$ 种森林类型的冠层截留率（％）。

#### 10.4.1.2　土壤蓄水量

森林土壤蓄水量是衡量水源涵养的一个重要指标，其估算公式如下（赵串串等，2009）：

$$W_2 = \sum_{i=1}^{n} k_i h_i S_i \times 10000 \tag{10-9}$$

式中，$W_2$ 为土壤蓄水量；$S_i$ 为第 $i$ 种森林类型的面积；$k_i$ 为金沟岭林场有林地第 $i$ 种森林类型的土壤非毛管孔隙度（％）；$h_i$ 为第 $i$ 种森林类型的土壤厚度。

#### 10.4.1.3　枯落物持水量

森林枯落物的持水量大小取决于枯枝落叶干重、枯枝落叶最大持水率、植被面积等因子。计算公式如下（秦嘉励等，2009）：

$$W_3 = \sum_{i=1}^{n} (S_i \times L_i \times l_i) \tag{10-10}$$

式中，$W_3$ 为枯枝落叶持水量；$S_i$ 为第 $i$ 种森林类型的面积；$L_i$ 为第 $i$ 种森林类型单位面积枯枝落叶积累量；$l_i$ 为第 $i$ 种森林类型枯枝落叶最大持水率（％）。

#### 10.4.1.4　森林水源涵养价值估算

影子工程法也叫替代工程法，命名原因为采用直接的方式计算森林涵养水源的价值有一定的难度，只能寻找一种替代方式（姜文来，2003）。为了实现与森林涵养水源量相同的蓄水功能，假设存在一种工程，并且这种工程的价值是可以直接计算的，那么该工程的修建费用或者说造价，则可以替代那个森林的涵养水源价值。这样，森林涵养水源价值的计量就转化为寻找恰当的工程造价的计量。理论数学模型为（李金昌等，1999）：

$$V = G(X_1, X_2, \cdots\cdots X_n) \tag{10-11}$$

式中：$V$ 为森林生态系统的涵养水源的经济价值（万元）；$G$ 为替代工程的造价（万元）；$X_i$ 为替代工程中 $i$ 项目建设费（万元）。

实际上就是：

$$V = G = \sum_{i=1}^{n} X_i \quad (i = 1, 2, \cdots\cdots n) \tag{10-12}$$

本研究主要利用影子价格法对金沟岭林场森林的水源涵养量进行价值评价。其计算公式如下：

$$V = L \times V_g \times W_总 / W_g \tag{10-13}$$

式中：$V$ 为森林水源涵养价值；$W_总$ 为森林水源涵养量；$W_g$ 为某种替代工程的水容量；$V_g$ 为替代水利工程的价值；$L$ 为发展阶段系数（就我国现阶段的发展水平而言，$L \approx 0.15$）（李金昌等，1999）。

根据我国每建设 1 m³ 库容的成本花费为 0.67 元，公式可简化为：

$$V = 0.67 \times W_总 \tag{10-14}$$

## 10.4.2 结果与分析

### 10.4.2.1 森林水源涵养量

#### 10.4.2.1.1 林冠截留量

根据金沟岭林场森林资源二类调查资料，结合实地的调查，该地区主要的森林类型包括红松林等针阔混交林，云冷杉林等针叶林，杨树林、白桦林等阔叶混交林与人工落叶松林等林分类型。其中林冠截留率数据引自温远光与刘世荣分析的我国主要森林生态系统类型的林冠降水截留规律数据；该地区 1997 年与 2007 年的年降水量分别为 563.0 mm 与 495.8 mm，该数据为延边朝鲜族自治州主要年份主要城镇降水量统计（1954～2009）中汪清局的降水量数据，摘编自《延边统计年鉴 2010》。

金沟岭林场乔木植被的林冠单位面积截留降水量和森林截留降水量的变化特征如表 10.13。可以看出，金沟岭林场有林地面积 1997 年与 2007 年分别为 16031.92 hm² 与 15976.62 hm²，森林林冠截留降水量分别为 2196.38 × 10⁴ t 与 1935.96 × 10⁴ t，林冠截留数值有所下降，主要是由于森林面积与降雨量数值均下降导致的。11 种林分类型的林冠单位面积截留量与林冠截留量差异较大，介于 867.15～1628.20 t／hm² 与 0.09～1103.75 万 t。11 种主要森林类型中，林冠截留量最大的是针阔混交林，1997 年与 2007 年分别为 1094.22 万 t 与 1103.75 万 t；其次是针叶混交林，1997 年与 2007 年分别为 461.12 万 t 与 412.41 万 t，杂木林林冠截留量最小。

表 10.13　森林林冠截留量

| 林分类型 | 1997 年 | | | | 2007 年 | | | |
| --- | --- | --- | --- | --- | --- | --- | --- | --- |
| | 面积（hm²） | 截留率（%） | 单位面积截留量（t／hm²） | 截留量（10⁴t） | 面积（hm²） | 截留率（%） | 单位面积截留量（t／hm²） | 截留量（10⁴t） |
| 白桦林 | 487.27 | 28.92 | 1628.20 | 79.34 | 291.30 | 28.92 | 1404.93 | 40.93 |
| 红松林 | 61.82 | 28.92 | 1628.20 | 10.07 | 8.70 | 28.92 | 1404.93 | 1.22 |
| 阔叶混交林 | 2414.86 | 17.85 | 1004.96 | 242.68 | 2594.41 | 17.85 | 867.15 | 224.97 |
| 落叶松林 | 2366.73 | 18.86 | 1061.82 | 251.30 | 1176.24 | 18.86 | 916.22 | 107.77 |
| 杨树林 | 102.66 | 17.85 | 1004.96 | 10.32 | 103.66 | 17.85 | 867.15 | 8.99 |
| 榆树林 | 111.84 | 17.85 | 1004.96 | 11.24 | 39.28 | 17.85 | 867.15 | 3.41 |
| 云杉林 | 267.04 | 23.45 | 1320.24 | 35.26 | 166.67 | 23.45 | 1139.20 | 18.99 |
| 杂木林 | 0.86 | 17.85 | 1004.96 | 0.09 | 5.24 | 17.85 | 867.15 | 0.45 |
| 樟子松林 | 5.68 | 23.45 | 1320.24 | 0.75 | 114.69 | 23.45 | 1139.20 | 13.07 |
| 针阔混交林 | 6720.45 | 28.92 | 1628.20 | 1094.22 | 7856.22 | 28.92 | 1404.93 | 1103.75 |
| 针叶混交林 | 3492.69 | 23.45 | 1320.24 | 461.12 | 3620.21 | 23.45 | 1139.20 | 412.41 |
| 总计 | 16031.92 | | | 2196.38 | 15976.62 | | | 1935.96 |

注：截留率数据引自温远光与刘世荣的《我国主要森林生态系统类型降水截留规律的数量分析》一文中实验所测得的与引用的数据。

#### 10.4.2.1.2 土壤层蓄水量

本节在估算森林土壤蓄水与枯落物持水量时，根据林学、生态学的林业经营类型的划分理论，按照本研究第四章景观分类的划分结果，金沟岭林场有林地被划分为 4 类：即针阔混交林、针叶林、阔叶林与人工针叶纯林景观。研究区土壤层厚度取 68 cm，而非毛管孔隙度在 16% ~ 25% 之间（方伟东等，2011）。

森林土壤是森林生态系统最主要的涵养水源贮库，其涵养水源量主要取决于土壤和森林的综合状况。图 10.14 为金沟岭林场 1997 年与 2007 年不同植被类型的土壤蓄水量，总蓄水量分别为 2284.5459 × 10⁴ t 与 2255.2855 × 10⁴ t，林地面积有所减少而土壤蓄水量变化不大。四类林分类型其土壤蓄水量变化明显，范围在 173.2454 × 10⁴ t ~ 1019.8921 × 10⁴ t 之间，其中以针阔混交林最高，落叶松人工林最高。

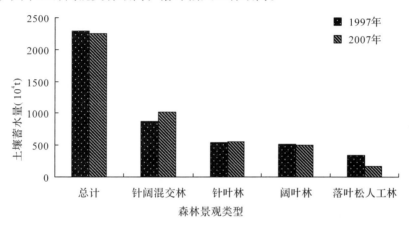

**图 10.14 森林土壤蓄水量**

#### 10.4.2.1.3 枯落物持水量估算

本节研究的不同森林类型枯枝落叶层的单位面积最大蓄水量在 33.06 ~ 62.14 m³/hm² 之间，其中人工落叶松林最低，原因与枯落物本身的特性有关，即针叶林枝叶表层蜡质成分高。图 10.15 为金沟岭林场 1997 年与 2007 年主要林分类型的枯枝落叶持水量变化特征。1997 年与 2007 年枯落物总持水量分别为 79.3188 × 10⁴ t 与 82.3167 × 10⁴ t，水源涵养量呈现增长的趋势。

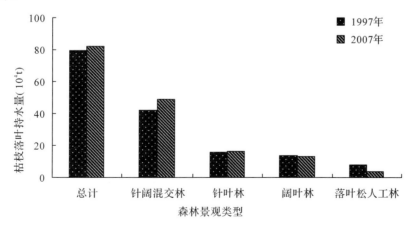

**图 10.15 枯枝落叶持水量**

金沟岭林场森林所划分的四种主要林分类型中，其枯落物持水量大小依次为针阔混交林 > 针叶林 > 阔叶林 > 人工落叶松林，其1997年与2007年分别占持水总量的53.13%，19.88%，17.12%，9.86%与59.37%，19.84%，16.05%，4.72%。1997~2007年，针阔混交林的枯落物持水量净增长了 $6.7276 \times 10^4$ t，而针叶混交林净增长了 $0.5702 \times 10^4$ t，阔叶林的持水量变化不大。说明2000年以来该地区实行的"栽针保阔"的林业培育政策起到了一定的效果，该地区的枯枝落叶的水源涵养的水平有了一定的提高。

10.4.2.1.4　森林涵养水源物质量测评

通过以上对金沟岭林场森林林冠层，土壤层与枯枝落叶层三个层次的水源涵养物质量的估算，得到各种植被类型水源涵养总量，1997年与2007年该地区森林水源量分别为 $4560.2425 \times 10^4$ t 与 $4273.5621 \times 10^4$ t，该地区森林如此巨大的水资源蕴藏量为该地区居民生活提供了基础保障，同时也可以看出森林生态系统调节径流水量潜在的意义。10年间，该地区森林总的持水能力随时空变化而改变，水源量总体上呈现下降的趋势，主要是因为2007年的年降水量低于1997年的年降水量数据以及有林地面积降低的原因导致的。

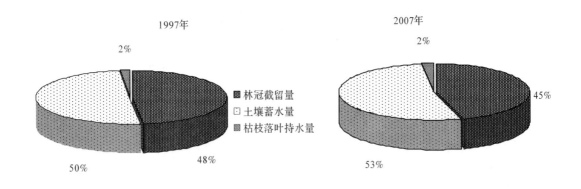

图 10.16　森林涵养水源量

图10.16为金沟岭林场水源涵养量三个层次的水源涵养能力，3种森林不同作用层水源涵养能力表现出较大的差异，均以土壤层涵养水源价值最大，林冠层次之，而枯枝落叶层最小。1997年与2007年森林涵养水源量所占的比例依次分别为50%，48%，2%与53%，45%，2%，林冠层截留与土壤蓄水达到98%，起到主导作用。

10.4.2.2　森林水源涵养价值

本节计算金沟岭林场有林地涵养水源的经济价值1997年与2007年分别为3173.0754万元与2935.3896万元。

10.4.2.2.1　景观水平上水源涵养价值

本节研究的金沟岭林场1997年与2007年森林资源景观水平上的水源涵养价值见表10.14。可以看出，该林场的4种景观类型以针阔混交林所产生的水源涵养效益以针阔混交林景观最高，1997年与2007年分别为1348.1671万元与1464.7808万元；其次为针叶林景观，本文研究的两个时期分别为761.7929万元与742.0142万元；阔叶林景观的水源涵养价值1997年为655.9432万元，2007年为537.7095万元；该林场以落叶松人工林产生的水源涵养效益最小，十年前后分别为 3173.0754 万元与 2935.3897 万元。

同时也可以看出，四种森林的林冠截留能力大小顺序 1997 年与 2007 年均为落叶松人工林景观<阔叶林景观<针叶林景观<针阔混交林景观；土壤蓄水能力的大小顺序依次为落叶松人工林景观<阔叶林景观<针叶林景观<针阔混交林景观；枯落物持水能力经济价值大小依次为落叶松人工林景观<针叶林景观<阔叶林景观<针阔混交林景观。

**表 10.14    森林景观水平上水源涵养价值**

| 景观类型 | 1997 年 | | | 2007 年 | | |
| --- | --- | --- | --- | --- | --- | --- |
| | 林冠截留<br>（万元） | 土壤蓄水<br>（万元） | 枯落物持水<br>（万元） | 林冠截留<br>（万元） | 土壤蓄水<br>（万元） | 枯落物持水<br>（万元） |
| 针阔混交林 | 739.8725 | 589.2638 | 19.0308 | 750.0873 | 692.3340 | 22.3595 |
| 阔叶林 | 297.1140 | 345.8499 | 12.9793 | 200.4346 | 325.0753 | 12.1996 |
| 针叶林 | 333.0730 | 417.7304 | 10.9895 | 297.7929 | 432.8345 | 11.3868 |
| 落叶松人工林 | 168.3737 | 233.5562 | 5.2424 | 72.2052 | 116.0744 | 2.6054 |
| 总计 | 1538.4332 | 1586.4003 | 48.2419 | 1320.5201 | 1566.3182 | 48.5514 |

#### 10.4.2.2.2  林龄结构上水源涵养价值

图 10.17 和图 10.18 为该区森林林冠层，土壤层与枯枝落叶层三个层次水源涵养价值随不同林龄结构阶段的占有比例。可以看出，以中龄林与近熟林所占的比例最大，二者 1997 年与 2007 年分别所占比例合计为 84% 与 79%，为该地区水源涵养功能价值的主体。1997~2007 年，近熟林龄涵养水源价值呈现下降趋势，而中林龄涵养水源价值呈增长趋势，主要是由于森林培育和保护促进了中、幼林发展，其面积增加，以致增强了森林的水源涵养功能。同时，树木生长导致近熟林发展为一部分的成熟林，成熟林的水源涵养价值呈现增加的趋势。

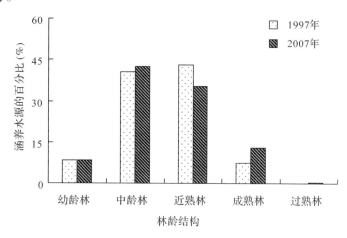

图 10.17    森林涵养水源价值随林龄结构的分配

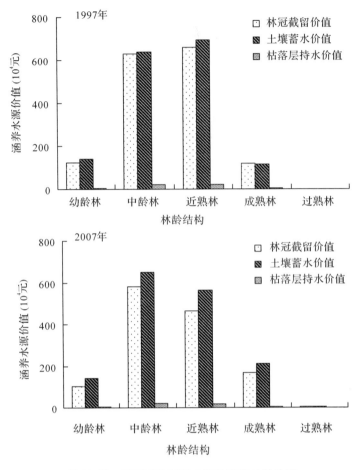

图 10.18　不同层次涵养水源价值随林龄分配

## 10.4.3　小结

　　水源涵养功能是森林生态系统服务功能的重要组成部分，目前国内外许多学者对森林生态系统的水源涵养功能及其价值进行了研究，但是以上的这些研究方法在一定程度上都各有优缺点，在林业科研工作者的实际应用工作中，需要根据研究区域的具体情况进行灵活的选择。金沟岭林场 2000 年以来，已经实施了"天然林保护工程"与"退耕还林"工作，生态系统的水源涵养能力理应得到改善，森林的水源涵养量及其价值理应得到增长。但是本文的研究结果显示 1997　~2007 年 10 年间，该地区森林水源量由 4560. 2425 × $10^4$ t 下降到 4273. 5621 × $10^4$ t，涵养水源的经济价值由 17018. 97 下降到 14820. 07 万元，本章参考了一系列的参考文献，认为主要原因如下：

　　一方面由于水源涵养量估算方法的选择，本章同时根据区域水量平衡法计量涵养水源总量作对比，其结果显示该区 1997 年与 2007 年水源涵养量分别为 5866. 88 × $10^4$ t 与 5688. 56 × $10^4$ t，数值大于根据植被不同作用层的蓄水力计算的森林水源涵养量。区域水量平衡法只要测得蒸散量就能得到较准确的水源涵养量，而本章的研究方法主要采用第六次森林资源二类调查资料和《延边统计年鉴 2010》等资料，数据详尽具体，但是也忽略了森林蒸发散消耗的影响。另一方面原因为森林水文特征不同，由于数据资料的限制，本章在估算森林土壤蓄水量与枯枝落叶持水量的过程中，根据林学与生态学原理，把该区森林划分为针阔混交林、针叶林、阔叶林与落叶林人工林四大类，而未对该区 11 种主要的森林类型进行详尽的估测，这在一定程度上会影响估测精度的问题。同时，本节应用的综合蓄水能力法估算的森林水源涵养量的估算结果，所反映的最大的蓄水量仅指在理论上最大，并不能代表实际状态下森林的蓄水量。

在森林的间接价值中，特别是潜在价值和无形价值正成为当前许多学者的研究共识，也是客观存在的价值因素。经济效益估算能够为日益恶化的环境质量提供重要估测信息，正如 Pearce（1990）提出的，森林保护的基准原则就是保护的森林价值必须大于其转化为其他用途所产生的价值。本章对金沟岭林场进行森林水源涵养的生态效益评估结果表明，该区森林水源涵养效益资产价值总量 1997 年与 2007 年分别为 17018.97 万元与 14820.07 万元，由此可见森林生态系统对人类提供的巨大贡献。

研究表明金沟岭林场森林生态系统具有巨大的水源涵养价值，但是受自然灾害和人类活动叠加效应的影响，森林（特别是次生林和人工林）结构和功能还不够完善，这部分生态系统如果得到有效的改善，将会产生更大的生态效益，同时该研究区土地肥沃，雨量充沛，森林年龄结构趋向年轻化，有较高且持续时间长的生产力，水源涵养量有增加的趋势。森林管理者和决策者应采用准确合理的方法和技术手段，进行水源涵养功能的研究和评价，以寻求最佳的方式来满足人类需求与森林生态系统服务功能的平衡，更好的发挥该地区多功能森林的生态效益。

## 10.5　森林保护土壤效益评价

### 10.5.1　价值评价方法

本节研究的森林水土保持效益评价是利用无林条件下土壤侵蚀、土壤肥力丧失与泥沙淤积损失的经济价值来估算，其评估方法分别采用机会成本法、市场价值与影子工程法。

#### 10.5.1.1　森林减少土地废弃功能

机会成本法（Opportunity cost approach）是运用机会成本计算资源价值的方法，其为用来衡量决策的后果。将某种资源安排特种用途，而放弃其他用途所造成的损失、付出的代价，就是该种资源的机会成本（熊萍与陈伟琪，2004）。目前，机会成本法较多的应用于对土地、水资源、森林、生物多样性的评价，其数学表达为：

$$C_K = \max\{E_1, E_2, E_3 \cdots, E_i\} \tag{10-15}$$

式中：$C_K$ 为 k 方案的机会成本；$E_i$ 为 k 方案以外的其他方案效益。

本研究使用无林地的土壤侵蚀量代替金沟岭林场森林在水土保持方面的数据，即土壤侵蚀量的估算采用有林地土壤和无林地土壤（母岩）侵蚀深度差异来计量；再依据该林场土壤平均厚度估算森林减少土壤废弃面积；最后利用机会成本法对因森林的存在而减少土壤废弃价值进行评价。公式如下（侯元兆等，2002；薛达元等，1999）：

$$A = S(P - Q) \tag{10-16}$$

$$V_1 = A/l \times B \qquad (10\text{-}17)$$

式中：$V_1$ 为森林减少土地废弃的价值（元/a）；$A$ 为土壤侵蚀减少总量（t/a）；$S$ 为林分面积（$hm^2$）；$P$ 为无林地侵蚀模数（t/$hm^2$·a）；$Q$ 为有林地侵蚀模数（t/$hm^2$·a）；$l$ 为森林土层厚度（m）；$B$ 为林业年均收益（元/a）。

### 10.5.1.2 林下土壤肥力保持功能

市场价值法（marketing value method）又称现行市价法，是按市场现行价格作为价格标准，据以确定自然资源价格的一种资源评估方法。即经济学家利用替代市场技术先寻找生态系统给人类提供的产品或服务的替代市场，然后以市场上与其相同产品价格来估算该"公共商品"的价值（方瑜等，2011）。其数学表达为：

$$V = Q \cdot P \qquad (10\text{-}18)$$

式中：$V$ 是生态系统服务功能价值；$Q$ 为生态系统产品或服务的量；$P$ 为生态系统产品或服务的市场价格。

土壤侵蚀的原因，随之带走了大量的土壤营养物质——N、P、K 等，增加了耕作中土壤化肥的施用量，因此，土壤肥力流失的价值，可利用市场价值法对因森林的存在而减少土壤肥力损失的价值进行评估，即利用具有同等肥力的化肥市场价值来表示，公式如下（侯元兆等，2002；薛达元等，1999）：

$$V_2 = \sum (R_j/D_j) \times (C_j) \times A \qquad (10\text{-}19)$$

式中：$V_2$ 为森林减少土壤肥力流失的价值（元/a）；$R_j$ 为单位侵蚀量中第 $j$ 种养分元素的含量（%）；$D_j$ 为第 $j$ 种养分元素在标准化肥中的含量（%）；$C_j$ 为第 $j$ 种标准化肥的价格（元）；$A$ 为土壤侵蚀减少总量（t/a）。

### 10.5.1.3 森林减轻泥沙淤积功能

本节依据蓄水成本可计算出森林减少泥沙淤积滞留的经济价值（肖寒等，2000）。其公式如下（夏江宝等，2004）：

$$V_3 = A \times 24\% \times C_1 \qquad (10\text{-}20)$$
$$V_4 = A \times 24\% \times C_2 \qquad (10\text{-}21)$$

式中：$V_3$ 为森林减少泥沙淤积的价值（元/a）；$V_4$ 为森林减少泥沙滞留的价值（元/a）；$A$ 为土壤侵蚀减少总量（t/a）；$C_1$ 为单位库容造价（元/$m^3$）；$C_2$ 为挖取 1t 泥沙的费用（元/t）。

## 10.5.2 结果与分析

### 10.5.2.1 固土效益

本研究根据用有林地和无林地的侵蚀差异来估算土壤侵蚀量，有林地与无林地每年侵蚀深度采用日本学者通过实验测得的数据，见表 10.15。本节研究区与日本纬度相近，且金沟岭林场土壤为火山岩土壤和火山灰土壤，其母岩性质与日本具有相似性，所以可参照表中的数据进行估算。其中 0.01：10.0（mm/a）为火山岩土壤的有林地和无林地的侵蚀差异比，0.10：50（mm/a）为火山灰土壤，取其侵蚀差异比平均值 30 mm/a；同时取金沟岭林场土壤表土层厚度为 0.6 m 估算该林场相应减少的土地面积。

**表 10.15　有林地与无林地每年侵蚀深度**

| 土壤母盐 | 无林地(mm/a) | 有林地(mm/a) |
|---|---|---|
| 新生代沉积岩 | 20 | 0.05 |
| 中、古生代沉积岩 | 10 | 0.01 |
| 变质岩 | 20 | 0.05 |
| 花岗岩 | 50 | 0.10 |
| 火山岩 | 10 | 0.01 |
| 火山灰 | 50 | 0.10 |

表 10.16 为估算的金沟岭林场森林减少土地废弃的面积与价值。其中该林场减少土壤侵蚀总量 1997 年与 2007 年分别为 48.0958 × 10$^4$ m$^3$ 与 47.9298 × 10$^4$ m$^3$。

**表 10.16　减少土地废弃的面积及价值**

| 年份 | 土壤侵蚀总量 × (10$^4$m$^3$/a) | 年减少土地面积(hm$^2$/a) | 减少土壤侵蚀价值(万元/a) |
|---|---|---|---|
| 1997 年 | 48.0958 | 80.1596 | 22.6186 |
| 2007 年 | 47.9298 | 79.8831 | 22.5406 |

由于土壤侵蚀的原因，金沟岭林场大量的表土被损失掉。本节一方面根据土壤的侵蚀量，令一方面根据土壤的耕作层厚度，以此来进行估算的该林场每年减少的土地面积，1997 年与 2007 年分别为 80.1596 hm$^2$ 与 79.8831 hm$^2$。利用机会成本法，即全国林业年均收益 282.17（1990 年不变价）元/hm$^2$（国家环境保护局，1998），计算求得因土地废弃而失去的年经济价值 1997 年与 2007 年分别为 22.6186 万元与 22.5406 万元。

#### 10.5.2.2　保肥效益

本节在估算森林土壤保肥效益时，也遵照林学、生态学的林型与经营类型划分理论，按照本研究第四章景观分类的划分结果，观测样本数据分为 4 类。即针阔混交林、针叶林、阔叶林与人工针叶纯林景观。

##### 10.5.5.2.1　森林减少土壤流失的质量

金沟岭林场林下土壤有机质含量范围为 3.23% ~ 46.55%，N 为 0.063% ~ 0.143%，P 为 0.046% ~ 0.093%，K 为 0.264% ~ 20.611%，见下表 10.17。

**表 10.17　不同林分类型土壤养分含量**

| 森林景观类型 | 有机质(%) | 全 N(%) | 全 P(%) | 全 K(%) |
|---|---|---|---|---|
| 针阔混交林类型 | 4.74 | 0.123 | 0.073 | 0.448 |
| 针叶混交林类型 | 6.55 | 0.126 | 0.082 | 0.453 |
| 阔叶混交林类型 | 4.05 | 0.143 | 0.093 | 0.611 |
| 落叶松人工林类型 | 3.40 | 0.093 | 0.059 | 0.360 |
| 无林地 | 3.23 | 0.063 | 0.046 | 0.264 |

本节根据上表 10.17 中各森林类型的土壤养分含量计算因土壤侵蚀而流失的土壤有机质和氮、磷、钾养分质量见图 10.19。因为森林植植被的存在，金沟岭林场年减少流失的

有机质 1997 年分别为 3874. 21 t 与 3959. 65 t，土壤中所含 N，P，K 质量折算成化肥 1997年与 2007 年分别为 2024. 02 t 与 2042. 60 t，二者都呈现增长的趋势。

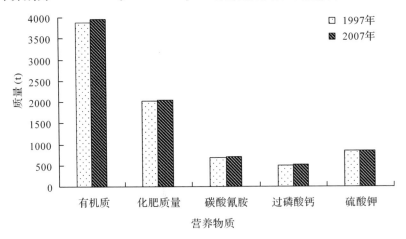

**图 10.19 森林减少的土壤养分流失量**

#### 10.5.2.2.2 森林减少土壤养分流失的经济价值

因土壤侵蚀而造成土壤中氮、磷、钾的大量损失，从而增加了土壤化肥的施用量，因此，森林减少土壤氮、磷、钾损失的经济价值可以根据化肥的价格来确定。本文采用市场价值法，即根据我国 N、P、K 化肥的平均价格 2 549 元/t（1990 年不变价）计算出损失土壤肥力的经济价值，1997 年与 2007 年分别为 515. 9223 万元与 520. 6581 万元。

根据增加薪柴的消耗费，可以确定森林减少土壤有机质损失的经济价值。目前，我国林业部门已经统计出，我国北方土地资源的年均薪柴（干柴）生产量约为每年 5.5 t/hm²，有林地的多年平均收益为 282. 17 元，因此，可以计算每吨薪柴的机会成本价值为 51. 30元/t（姜海燕等，2003）。同时，根据薪柴转换成土壤有机质的比例 2∶1 和薪柴机会成本价格 51. 30 元/t，计算出金沟岭林场森林每年减少土壤有机质损失的经济价值 1997 年与2007 年分别为 39. 7493 万元与 40. 6260 万元。

#### 10.5.2.3 森林减少泥沙淤积及滞留的价值核算

因土壤侵蚀而流失的泥沙淤积于水库、江河、湖泊，减少地表有效水的蓄积，同时增加了江河、湖泊、水库的蓄水量。本研究对其价值核算按泥沙淤积和滞留两个方面分别计算，泥沙容重取值 1. 28 t/m³，单位库容造价取 5. 714 元/m³，挖取泥沙的费用为 1. 5 元/ t（周冰冰等，2000），计算求得因森林减少泥沙淤积与滞留的年经济价值 1997 年与 2007 年分别为 68. 8430 万元与 68. 6056 万元。

**表 10.18 减少泥沙淤积和滞留的价值核算**

| 年份 | 减少泥沙淤积价值（元/a） | 减少泥沙滞留价值（元/a） | 合计（元/a） |
| --- | --- | --- | --- |
| 1997 年 | 515285. 84 | 173144. 70 | 688430. 54 |
| 2007 年 | 513508. 42 | 172547. 46 | 686055. 88 |

#### 10.5.2.4 森林保护土壤价值核算

上述价值总计后，金沟岭林场森林水土保持的年经济价值 1997 年与 2007 年分别为

626.7767 万元与 632.1438 万元，净增长了 5.3672 万元，该地区森林保护土壤的功能呈现增强的趋势。

10.5.2.4.1　景观水平上保护土壤价值

表 10.19 为景观水平上金沟岭林场森林资源保护土壤的生态价值，可以看出，1997 年至 2007 年，以针阔混交林的土壤保护价值最高，分别为 258.1205 万元与 260.3077 万元；针叶林景观两个时期的土壤保护效益由 152.1116 万元增长到 152.1116 万元；阔叶林景观由 1997 年的 143.9854 万元增长到 2007 年的 143.9854 万元；该林场以落叶松人工林的土壤保护效益最低，十年前后分别为 72.5591 万元与 73.1174 万元。

本文所研究的金沟岭林场 4 种景观类型所发挥的作用大小顺序 1997 年与 2007 年依次为为落叶松人工林景观＜阔叶林景观＜针叶林景观＜针阔混交林景观。产生这种现象的原因与该林场森林各景观类型的面积大小与林木的生态学特性有着密不可分的关系。

表 10.19　森林景观水平上保护土壤价值

| 景观类型 | 1997 年 | | | 2007 年 | | |
| --- | --- | --- | --- | --- | --- | --- |
| | 固土（万元） | 保肥（万元） | 减少泥沙淤积滞留（万元） | 固土（万元） | 保肥（万元） | 减少泥沙淤积滞留（万元） |
| 针阔混交林 | 0.9568 | 228.0431 | 29.1206 | 0.9411 | 230.3464 | 29.0202 |
| 阔叶林 | 0.4399 | 130.1555 | 13.3900 | 0.4134 | 131.4701 | 13.3438 |
| 针叶林 | 0.5392 | 135.1602 | 16.4122 | 0.6106 | 136.5254 | 16.3556 |
| 落叶松人工林 | 0.3259 | 62.3129 | 9.9203 | 0.2890 | 62.9423 | 9.8861 |
| 总计 | 2.2619 | 555.6717 | 68.8431 | 2.2541 | 561.2842 | 68.6056 |

10.5.2.4.2　林龄结构上保护土壤价值

图 10.20 为金沟岭林场森林水土保持的经济价值随不同林龄结构（龄组）的变化。可以看出，以中龄林与近熟林所减少的经济价值所占的比例最大，二者 1997 年与 2007 年所占比例合计分别为 84 % 与 78 %，为该地区保护土壤功能的主体。

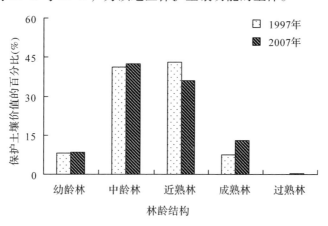

图 10.20　各龄组森林减少土地废弃的价值

1997～2007 年，中龄林保护土壤的经济价值呈现增长的趋势，主要是由于森林抚育和保护促进了中、幼龄林发展，以致增强了森林的保护土壤功能；近熟林所占的比例由 44 ％下降到 36 ％，成熟林则净增长了 5%，主要是因为林分生长导致近熟林的一部分成为成熟林，成熟林的水土保持的经济价值呈现增加的趋势。

## 10.5.3　小结

森林的生态效益远远的超过于直接物质效益，其作用是无法估量的。所以不仅要对森林的直接经济价值进行核算，而且对生态效益也应该加以计量，只有这样才能如实的反映森林对整个社会、经济和生态所做的重要贡献。森林生态效益的类型是复杂多样的，本节涉及的森林的土壤保护功能是森林生态效益的重要组成部分，其减少土壤流失的功能巨大，年固土保肥效益明显高于空旷地。

本节通过对金沟岭林场森林土壤保护功能和价值评估，年减少土壤侵蚀总量 1997 年与 2007 年分别为 48.0958 × 10$^4$ m$^3$ 与 47.9298 × 10$^4$ m$^3$，折算成年减少的土地面积 1997 年与 2007 年分别为 80.1596 hm$^2$ 与 79.8831 hm$^2$；年减少流失的有机质 1997 年分别为 3874.21 t 与 3959.65 t，土壤中所含 N，P，K 质量折算成化肥 1997 年与 2007 年分别为 2024.02 t 与 2042.60 t，二者都呈现增长的趋势。该地区森林土壤保护功的年价值由 1997 年的 626.7767 万元增长到 2007 年的 632.1438 万元，净增长了 5.3672 万元。其中减少土地废弃的年经济价值 1997 年与 2007 年分别为 22.6186 万元与 22.5406 万元；减少土壤养分损失的年经济价值 1997 年与 2007 年分别为 555.6717 万元与 561.2841 万元；年减少泥沙淤积与滞留的年经济价值 1997 年与 2007 年分别为 68.8430 万元与 68.6056 万元。

金沟岭林场森林不同景观类型在保护土壤所发挥效益的三个方面，即固土、保肥与减少泥沙淤积与滞留的过程中，所产生的生态价值的大小顺序 1997 年与 2007 年依次为为落叶松人工林景观＜阔叶林景观＜针叶林景观＜针阔混交林景观，这与景观类型的面积与林木的生态学特性时密不可分；同时，该区土壤保护功能与价值以中龄林与近熟林所占的比例最大，为该地区保护土壤功能的主体。随着林分生长，该地区森林土壤保护功能会逐渐呈现增强的趋势。

## 10.6　森林净化环境效益评价

## 10.6.1　价值评价方法

计算森林净化大气环境的公式与生态学意义如下：

$$V_净 = \sum_{i=1}^{6} V_i \tag{10-22}$$

式中：$V_净$ 为森林净化环境的经济价值；$V_i$ 为森林净化环境的主要机能的经济价值。

### 10.6.1.1　吸收能力法

本研究利用吸收能力法估算森林吸收二氧化硫的功能价值、吸收氟化物的经济效益、吸收氮氧化合物与森林阻滞降尘的经济价值，其计算公式如下：

$$V_{i,1} = \sum k_i \times Q_i \times S_i \tag{10-23}$$

式中：$V_{i,1}$ 为森林每年吸收有害物质的价值核算（元/a）；$K_i$ 为有害物质的治理费用（元/kg）；$Q_i$ 为单位面积不同林分类型每年吸收有害物质的量（kg/hm²·a），$S_i$ 为各森林类型的面积（hm²）。

#### 10.6.1.2 总价值分离法

本研究利用总价值分离法估算森林灭菌减噪的价值核算，其计算公式如下：

$$V_{i,2} = q_i \times p \times s_i \times (a + b) \tag{10-24}$$

式中：$V_{i,2}$ 为森林每年吸收有害物质的价值核算（元/a）；$q_i$ 为林木单位蓄积量（m³/hm²）；$p$ 表示造林成本（元/m³）；$S_i$ 为各森林类型的面积（hm²）；$a$，$b$ 表示森林杀菌、减噪价值占森林总生态功能价值的比例系数，一般取 20% 和 15%。

## 10.6.2 结果与分析

### 10.6.2.1 森林吸收 $SO_2$ 的价值

本研究利用面积吸收能力法估测金沟岭林场森林吸收 $SO_2$ 的经济价值。根据我国环境保护总局南京科研所编写的《中国生物多样性经济价值评估》中的数据，森林对 $SO_2$ 的吸收能力数据为：针叶树每年为 215.6 kg/hm²，阔叶树每年为 88.65 kg/hm²，而针阔混交林取针叶树与阔叶树二者的平均值为 152.13 kg/hm²。同时，本节根据《中国生物多样性国情研究报告》中消减 1t $SO_2$ 的治理费用其投资额每年为 500 元/t，运行费为每年 100 元/t，即 $SO_2$ 的治理费用为 0.6 元/kg（饶良懿与朱金兆，2002；《中国生物多样性国情研究报告》编写组，1998）。

表 10.20 为估算的金沟岭林场森林 1997 年与 2007 年吸收 $SO_2$ 的经济价值。金沟岭林场 1997 年与 2007 年森林吸收 $SO_2$ 的年经济价值分别为 158.2216 万元与 159.3525 万元，年净增长了 1.1309 万元。该林场森林吸收 $SO_2$ 的经济价值以针叶林所占的比例最大，1997 年与 2007 年所占的比例分别为 50.14% 与 51.76%，达到该地区整体林分类型的一半以上；其次为针阔混交林，此时期吸收 $SO_2$ 的年经济价值分别为 62.3141 万元与 61.2848 万元；所占的价值比例最小的林分类型为阔叶林景观。

表 10.20 1997~2007 年森林吸收 $SO_2$ 的价值核算

| 景观类型 | 1997 年 | | 2007 年 | |
| --- | --- | --- | --- | --- |
| | 万元 | 百分比（%） | 万元 | 百分比（%） |
| 针阔混交林 | 62.3141 | 39.3841 | 61.2848 | 38.4586 |
| 阔叶林 | 16.5819 | 10.4802 | 15.5858 | 9.7807 |
| 针叶林 | 49.4410 | 31.2480 | 55.9868 | 35.1339 |
| 落叶松人工林 | 29.8845 | 18.8877 | 26.4950 | 16.6267 |
| 合计 | 158.2216 | | 159.3525 | |

### 10.6.2.2 森林吸收氟化物的价值

本研究根据北京市环境保护科学研究院的资料显示，针叶林每年吸收氟化物能力为 0.5 kg/hm²。阔叶林中加拿大杨、刺槐、白蜡等树每年的吸氟能力约为 4.65 kg/hm²，针阔混交林每年吸收氟化物能力取针叶林与阔叶林二者的平均值为 2.575 kg/hm²，同时吸收氟化物的价格本文采用燃煤炉窑大气污染物排污收费标准平均值为160元/t（曾震军等，2008），估算出的金沟岭林场森林1997年与2007年吸收氟化物的经济价值见表10.21。

可以看出，金沟岭林场森林吸收氟化物的年经济价值由1997年的560.4281万元下降到2007年的543.8319万元。本节研究的四种森林景观类型中，以针阔混交林吸收氟化物的年经济价值最高，两个时期分别为279.4297万元与274.8139万元，所占的比例分别为49.86%与50.53%；其次为阔叶林景观，所占的比例也都达到40%以上；所占的价值比例最小的林分类型为针叶林，其所占的比例还不到10%。

**表10.21　1997～2007年森林吸收氟化物的价值核算**

| 景观类型 | 1997年 | | 2007年 | |
|---|---|---|---|---|
| | （万元） | 百分比（%） | （万元） | 百分比（%） |
| 针阔混交林 | 279.4297 | 49.86 | 274.8139 | 50.53 |
| 阔叶林 | 231.9412 | 41.39 | 218.0089 | 40.09 |
| 针叶林 | 30.5758 | 5.46 | 34.6239 | 6.37 |
| 落叶松人工林 | 18.4814 | 3.30 | 16.3853 | 3.01 |
| 合计 | 560.4281 | | 543.8319 | |

### 10.6.2.3　森林吸收氮氧化合物的价值

目前，我国对森林吸收氮氧化合物的研究资料不多，本研究采用韩国科学技术处的资料（森林公益机能计量化研究，1993），即当氮氧化合物的发生量为106.7万t时，森林的吸收量每年为6.0 kg/hm²。森林吸收氮氧化合物的价格采用国家发展与改革委员会等四部委2003年第31号令《排污费征收标准及计算方法》中北京市氮氧化物排污费收费标准为0.63元/kg（李少宁等，2007；张永利等，2007；林业部，1990），计算求得因森林的存在，每年吸收氮氧化合物的年经济价值1997年与2007年分别为6.0601万元与6.0392万元。

**表10.22　1997～2007年森林吸收氮氧化合物的价值核算**

| 景观类型 | 1997年 | | 2007年 | |
|---|---|---|---|---|
| | （万元） | 百分比（%） | （万元） | 百分比（%） |
| 针阔混交林 | 2.5637 | 42.30 | 2.5214 | 41.75 |
| 阔叶林 | 1.1784 | 19.45 | 1.1076 | 18.34 |
| 针叶林 | 1.4447 | 23.84 | 1.6360 | 27.09 |
| 落叶松人工林 | 0.8732 | 14.41 | 0.7742 | 12.82 |
| 合计 | 6.0601 | | 6.0392 | |

### 10.6.2.4　森林阻滞降尘价值

本研究采用采用吸收能力法对其年经济价值进行评估。根据相关的测定数据，阔叶林的阻滞降尘能力每年为10.11 t/hm²，针叶林的阻滞降尘能力每年为21.65 t/hm²，针阔混交林阻滞降尘能力取二者的平均值，每年为2.575 kg/hm²（董琼与李乡旺，2008；孔德昌与董琼，2008）。关于阻滞降尘的价格，本研究采用收取燃煤炉窑排污收费筹资型标准的平均值,为 560 元/t,计算得出金沟岭林场森林每年阻滞降尘的经济价值见表 10.23。

**表 10.23  1997～2007 年森林阻滞降尘的价值核算**

| 景观类型 | 1997 年 | | 2007 年 | |
| --- | --- | --- | --- | --- |
| | (万元) | 百分比(%) | (万元) | 百分比(%) |
| 针阔混交林 | 8222.8298 | 38.44 | 8086.9984 | 37.44 |
| 阔叶林 | 1764.9977 | 8.25 | 1658.9772 | 7.68 |
| 针叶林 | 7105.8149 | 33.22 | 8046.5907 | 37.25 |
| 落叶松人工林 | 4295.0836 | 20.08 | 3807.9473 | 17.63 |
| 合计 | 21388.7260 | | 21600.5137 | |

金沟岭林场森林 1997 年与 2007 年阻滞降尘的经济效益分别为 21388.7260 万元与 21600.5137 万元,此期间净增长了 211.2877 万元。本节所研究的四种森林景观类型中,以针叶林阻滞降尘所起的作用最大,两个时期分别为 11400.8984 万元与 11854.5381 万元,增长了 453.6396 万元,所占的比例由 1997 年的 53.30% 增加到 2007 年的 54.88%;其次为针阔混交林,两个时期所占的经济效益比例分别为 38.44% 与 37.44%;比例最小的林分类型为阔叶林,所占的比例均不到 10%。

#### 10.6.2.5  森林灭菌减噪价值

本节研究森林的杀菌减噪的经济效益按照造林成本或森林生态价值的一定比例进行折算,利用总价值分离法进行估算,其成本价取值为 240.03 元/m³。金沟岭林场森林灭菌减噪的经济效益见表 10.24,估算出因森林生态系统的存在,森林灭菌减噪的年经济价值 1997 年与 2007 年分别为 19948.2289 万元与 20227.8339 万元,以针阔混交林所创造的生态效益所占的比例最高,本文研究的两个时期分别为 44.85% 与 44.98%。

**表 10.24  1997～2007 年森林灭菌减噪的价值核算**

| 景观类型 | 1997 年 | | 2007 年 | |
| --- | --- | --- | --- | --- |
| | (万元) | 百分比(%) | (万元) | 百分比(%) |
| 针阔混交林 | 8946.4839 | 44.85 | 9097.9370 | 44.98 |
| 阔叶林 | 3227.4834 | 16.18 | 3285.0562 | 16.24 |
| 针叶林 | 4845.4483 | 24.29 | 5324.8993 | 26.32 |
| 落叶松人工林 | 2928.8133 | 14.68 | 2519.9413 | 12.46 |
| 合计 | 19948.2289 | | 20227.8339 | |

#### 10.6.2.6  森林制造负氧离子的价值

表 10.25 为 1997 年与 2007 年金沟岭林场制造负氧离子的的经济价值核算。目前,我国对森林植制造负氧离子这方面的研究资料不多,本研究采用影子价格法,即采用造林成本价为 240.03 元/m³ 的 30% 进行计算(侯元兆,2002),估算出金沟岭林场制造负氧离子的价值 1997 年与 2007 年分别为 17098.4819 万元与 17166.7147 万元。

表 10.25　1997～2007 年森林制造负氧离子的价值核算

| 景观类型 | 1997 年 | | 2007 年 | |
|---|---|---|---|---|
| | （万元） | 百分比（/%） | （万元） | 百分比（/%） |
| 针阔混交林 | 7668.4147 | 44.85 | 7612.5175 | 44.34 |
| 阔叶林 | 2766.4143 | 16.18 | 2815.7625 | 16.40 |
| 针叶林 | 4153.2414 | 24.29 | 4573.8962 | 26.64 |
| 落叶松人工林 | 2510.4114 | 14.68 | 2164.5386 | 12.61 |
| 合计 | 17098.4819 | | 17166.7147 | |

### 10.6.2.7　森林净化环境价值评价

本研究的上述价值总计后，金沟岭林场森林净化环境的年经济价值 1997 年与 2007 年分别为 59160.1466 万元与 59704.2859 万元，净增长了 544.1393 万元，该地区森林整体的净化环境的生态效益呈现增强的趋势。

#### 10.6.2.7.1　景观水平上净化环境价值

表 10.26 为金沟岭林场不同景观类型所发挥的净化环境的生态价值。可以看出，本节所研究的四种森林景观类型，以针阔混交林景观净化环境的价值最高，1997 年与 2007 年分别为 25182.0360 万元与 25136.0729 万元，所占的价值比例分别为 42.57% 与 42.10%；以阔叶林景观所产生的净化环境价值最低，本节所研究的两个时期分别为 8008.5969 万元与 7994.4983 万元，所占的价值比例均不到 14%；1997 年至 2007 年，针叶林景观所创造的净化环境价值增长了 1851.6668 万元，价值比例升高了 2.87%。

表 10.26　1997～2007 年森林净化环境的价值核算

| 景观类型 | 1997 年 | | 2007 年 | |
|---|---|---|---|---|
| | （万元） | 百分比（%） | （万元） | 百分比（%） |
| 针阔混交林 | 25182.0360 | 42.57 | 25136.0729 | 42.10 |
| 阔叶林 | 8008.5969 | 13.54 | 7994.4983 | 13.39 |
| 针叶林 | 16185.9662 | 27.36 | 18037.6330 | 30.21 |
| 落叶松人工林 | 9783.5475 | 16.54 | 8536.0818 | 14.30 |
| 合计 | 59160.1466 | | 59704.2859 | |

#### 10.6.2.7.2　林龄结构上净化环境价值

图 10.21 为金沟岭林场森林净化环境的经济价值与不同林龄结构（龄组）的关系。从中可以看出，1997 年以近熟林净化环境的经济价值所占的比例最大，为 49.15%，其次为中龄林，其比例为 38.15%；该地区 2007 年则以中龄林净化环境的经济价值为比例达到 41.85%，而近熟林则为 37.23%。

1997～2007 年，研究区域以中龄林与近熟林所占的比例最大，二者所占比例合计分别为 87.15% 与 79.08%，为该地区净化环境功能价值的主体。中龄林森林净化环境的经济价值呈现增长的趋势，主要是由于森林抚育和保护促进了中、幼龄林发展，以致增强了森林的净化环境的功能；近熟林所占的比例由 49.15% 下降到 37.23%，成熟林则由 9.17% 增长到 15.93%，净增长了 6.76%，这主要是因为林分生长导致近熟林的一部分成为成熟林，成熟林净化环境的经济价值呈现增加的趋势。

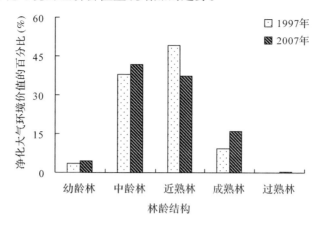

图10.21　各龄组森林净化环境价值分配

## 10.6.3　小结

森林通过林冠层枝叶的截留、吸附等作用，对大气环境起到了净化作用。1997年至2007年，金沟岭林场森林净化环境的生态效益呈现增强的趋势。森林通过林冠层枝叶的截留、吸附等作用，两个时期年净化环境的经济价值分别为59160.1466万元与59704.2859万元，净增长了544.1393万元。其中该林场吸收$SO_2$的经济价值分别为158.2216万元与159.3525万元；吸收氟化物由560.4281万元下降到543.8319万元；吸收氮氧化合物的经济价值1997年与2007年分别为6.0601万元与6.0392万元；阻滞降尘的经济效益分别为21388.7260万元与21600.5137万元，此时间净增长了211.2877万元；灭菌减噪价值分别为19948.2289万元与20227.8339万元；制造负氧离子的生态效益分别为17098.4819万元与17166.7147万元。按大小顺序依次是：阻滞降尘价值＞灭菌减噪价值＞制造负氧离子价值＞吸收氟化物价值＞吸收$SO_2$价值＞吸收氮氧化合物的价值。其中以森林阻滞降尘所产生的年经济价值最高，占总价值的36%以上；以吸收氮氧化合物的价最低，其所占的经济比例仅为0.01%左右。

## 10.7　森林生物多样性保护价值评价

## 10.7.1　价值评价方法

### 10.7.1.1　经济价值估算

本研究森林的经济价值计算采用活立木年增长价值来衡量，其估算值采用以下的数学表达式：

$$V_1 = \sum_{i=1}^{n} M_i \times K_i \times P_i \tag{10-25}$$

式中：$V_1$为林场活立木蓄积年增长量的经济价值；$i$为森林类型的数量；$M_i$为第$i$类林分类型的活立木蓄积量（$m^3$）；$K_i$为第$i$类林分类型活立木的年净增长率；$P_i$第$i$类林分类

型的木材价格（元/ $m^3$）。

#### 10.7.1.2　森林生物多样性指数测度方法

Simpson 在 1949 年，利用概率论的原理提出了多样性方面的集中性概念，即"Simpson 指数"。Marglf 在 1958 年时首次将 Shannon—Wiener 的信息测度公式引入到对群落多样性的研究，用来测度生物多样性，即 Shannon—Wiener 指数。本研究即利用 Simpson 指数和 Shannon-Wiener 指数来测度金沟岭林场乔木树种的生物多样性，其数学公式如下：

$$\text{Simpson：} S_P = 1 - \sum_{i=1}^{s} p_i^2 \tag{10-26}$$

$$\text{Shannon-Wiener：} S_n = - \sum_{i=1}^{s} p_i \times \log_2 p_i \tag{10-27}$$

式中：$S_p$ 为森林生物多样性的 Simpson 指数；$S_n$ 为森林生物多样性的 Shannon-Wiener 指数；$s$ 为林分类型；$p_i$ 为第 $i$ 种林分类型的面积占全部森林类型的面积比例。

#### 10.7.1.3　森林生物多样性价值评价

中华人民共和国林业行业标准的森林生态系统服务功能评估规范（2008）指出：森林生物多样性为森林生物物种提供生存与繁衍的场所，从而对其起到保育的作用。本章森林生物多样性保护价值即计算森林生物多样性物种资源保护的价值（张颖，2010）。其数学公式如下：

$$V = \sum_{i=1}^{s} S_i \times A_i \tag{10-28}$$

式中：$V$ 为森林生物多样性物种保护价值，$S_i$ 为单位面积的第 $i$ 种林分类型年损失的机会成本，$A_i$ 为第 $i$ 种林分类型的面积；$s$ 为林分类型。

该规范是根据 Shannon-Wiener 指数计算生物多样性物种保育的价值，划分为 7 级：当 $S_n$ <1 时，$S_i$ 为每年 3000 元 /hm²；当 1≤ $S_i$ <2 时，$S_i$ 为每年 5000 元 /hm²；当 2≤ $S_i$ <3 时，$S_i$ 为每年 10000 元 /hm²；当 3≤ $S_i$ <4 时，$S_i$ 为每年 20000 元 /hm²；当 4≤ $S_i$ <5 时，$S_i$ 为每年 30000 元 /hm²；当 5≤ $S_i$ <6 时，$S_i$ 为每年 40000 元 /hm²；当 $S_i$ ≥6 时，$S_i$ 为每年 50000 元 /hm²（国家林业局，2008）。

#### 10.7.1.4　克朗巴哈(Cronbach)系数

克朗巴哈系数用于测度内在评估信度的高低，同时受到评估的项目数与相关系数均值的影响（张虎和田茂峰，2007）。其数学表达式如下：

$$a = \frac{k}{k-1}\left(1 - \frac{\sum_{i=1}^{k} \partial^2 y_i}{\partial^2 x}\right) \tag{10-29}$$

式中：$a$ 为克朗巴哈系数；$k$ 为评估的样本数；$\partial^2 y$ 为评估样本的方差；$\partial^2 x$ 为总样本的方差。

## 10.7.2　结果与分析

### 10.7.2.1　经济效益分析

本节研究的金沟岭林场森林的经济价值采用活立木年增长价值来衡量，其林木的增长率采用吉林省延边市汪清局第七次森林资源清查数据（表 10.27），分别不同的林龄阶段采取不同的林木增长率；本研究的木材价格取 310 元/ m³（1990 年不变价），由此计算林木产品的效益的价值 1997 年与 2007 年分别为 69080.0644 万元与 75300.7186 万元，净增长了6220.6542 万元。

表 10.27　各林龄林木增长率表

| % | 林龄结构 | | | |
| --- | --- | --- | --- | --- |
| | 幼龄林 | 中龄林 | 近熟林 | 成、过熟林 |
| 净增率 | 4.97 | 1.51 | 0.54 | 0.42 |

### 10.7.2.1.1　景观水平上林木产品价值

表 10.28 为景观水平上金沟岭林场森林资源的林木产品价值。可以看出，以针阔混交林景观所产生的价值最高，由 1997 年的 27839.26 万元增长到 2007 年 33614.241 万元，净增长了 5774.981 万元，价值比例 1997 年与 2007 年分别为 40.30 % 与 44.64 %；1997 年至 2007 年，针叶林景观的林木产品价值净增长了 3742.3490 万元。1997 年至 2007 年，阔叶林景观的林木产品价值比例由 20.45% 下降到 17.45%；10 年间，以落叶松人工林的林木产品价值最低，由 1997 年的 11059.72 万元下降到 2007 年的 8749.9435 万元。4 种森林景观类型所产生的林木产品价值大小顺序依次为落叶松人工林景观 < 阔叶林景观 < 针叶林景观 < 针阔混交林景观。产生这种现象的原因与该林场各森林景观类型的分布面积大小密切相关。

表 10.28　森林景观水平上林木产品价值

| 景观类型 | 1997 年 | | 2007 年 | |
| --- | --- | --- | --- | --- |
| | （万元） | 百分比（%） | （万元） | 百分比（%） |
| 针阔混交林 | 27839.26 | 40.30 | 33614.241 | 44.64 |
| 阔叶林 | 14126.87 | 20.45 | 13139.975 | 17.45 |
| 针叶林 | 16054.21 | 23.24 | 19796.559 | 26.29 |
| 落叶松人工林 | 11059.72 | 16.01 | 8749.9435 | 11.62 |
| 合计 | 69080.0644 | | 75300.7186 | |

### 10.7.2.1.2　林龄结构上林木产品价值

金沟岭林场森林资源的林木产品价值随不同林龄结构（龄组）的变化见下表 10.29。可以看出，该林场以中龄林与近熟林所产生林木产品价值最高，其中，中龄林的林木产品价值 1997 年与 2007 年分别为 43602.3658 万元与 47539.3304 万元，净增值了 3936.9646万元；近熟林的立木年增长价值由 1997 年的 19862.7301 万元下降到 15412.2550 万元。成熟林与过熟林 1997 年与 2007 年的林木产品价值分别仅为 3129.2272 万元与 5227.2431 万元，所占的比例很小。所以，可以看出，研究区域以中龄林与近熟林为主，为该地区林木产品价值的主体。

表 10.29  森林年龄结构上林木产品价值

| 林龄 | 1997 年 | | | 2007 年 | | |
|---|---|---|---|---|---|---|
| | 蓄积<br>($10^4 m^3$) | 年增长蓄积<br>($10^4 m^3$) | 立木年增长<br>价值(万元) | 蓄积<br>($10^4 m^3$) | 年增长<br>蓄积($10^4 m^3$) | 立木年增长<br>价值(万元) |
| 幼龄林 | 1.6134 | 8.0185 | 2485.7413 | 462.2503 | 22.9738 | 7121.8900 |
| 中龄林 | 93.1475 | 140.6528 | 43602.3658 | 10155.8065 | 153.3527 | 47539.3304 |
| 近熟林 | 118.6543 | 64.0733 | 19862.7301 | 9206.8429 | 49.7170 | 15412.2550 |
| 成、过熟林 | 24.0340 | 10.0943 | 3129.2272 | 4014.7797 | 16.8621 | 5227.2431 |
| 总计 | 237.4492 | 222.8389 | 69080.0644 | 23839.6794 | 242.9055 | 75300.7186 |

#### 10.7.2.2  生物多样性测度

本研究计算 Simpson 指数与 Shannon-Wiener 指数的数据主要来自多年来在吉林省汪清县金沟岭林场内设置的长白山地区典型的各林分类型的固定标准地与临时标准地，其标准地的选设能反应该地区森林生态系统各典型林分的特征。该林场对应的每种林分类型的面积与生物多样性指数见下表 10.30。

表 10.30  森林的面积及多样性指数

| 林分类型 | 1997 年 | | 2007 年 | | $S_p$ | $S_n$ |
|---|---|---|---|---|---|---|
| | 面积($hm^2$) | 所占比例 | 面积($hm^2$) | 所占比例 | | |
| 白桦林 | 487.2749 | 0.0304 | 291.3010 | 0.0182 | 0.4768 | 1.4258 |
| 红松林 | 61.8244 | 0.0039 | 8.7019 | 0.0005 | 0.5812 | 1.7421 |
| 阔叶混交林 | 2414.8628 | 0.1506 | 2594.4060 | 0.1624 | 0.6325 | 1.9812 |
| 落叶松林 | 2366.7333 | 0.1476 | 1176.2360 | 0.0736 | 0.1801 | 0.4689 |
| 杨树林 | 102.6596 | 0.0064 | 103.6596 | 0.0065 | 0.5808 | 1.6615 |
| 榆树林 | 111.8356 | 0.0070 | 39.2798 | 0.0025 | 0.5853 | 1.7616 |
| 云杉林 | 267.0433 | 0.0167 | 166.6723 | 0.0104 | 0.3364 | 0.9753 |
| 杂木林 | 0.8564 | 0.0001 | 5.2400 | 0.0003 | 0.5564 | 1.6089 |
| 樟子松林 | 5.6826 | 0.0004 | 114.6885 | 0.0072 | 0.5842 | 1.7562 |
| 针阔混交林 | 6720.4503 | 0.4192 | 7856.2240 | 0.4917 | 0.7611 | 2.2647 |
| 针叶混交林 | 3492.6936 | 0.2179 | 3620.2073 | 0.2266 | 0.6884 | 2.0905 |
| 总计 | 16031.9167 | | 15976.6163 | | | |

可以看出，1997 年至 2007 年，吉林省汪清县金沟岭林场森林的总面积由 160.3192 $hm^2$ 下降到 159.7662 $hm^2$，变化不是很明显；所占的面积比例最大的是针阔混交林与针叶混交林。该林场森林乔木树种的 Simpson 指数在 0.1801~0.7611 之间，以落叶松林最低，针阔混交林最高；Shannon—Wiener 指数介于 0.4689 与 2.2647 之间，但是伴随着我国森林覆盖率的不断提高以及该区天然林保护工程的实施，当地群众对森林生态系统生物多样性的重视与保护意识的提高，金沟岭林场森林生物多样性指数会呈现不断的增加的情况。

#### 10.7.2.3  生物多样性价值估测

本研究采用机会成本法根据中华人民共和国林业行业标准的森林生态系统服务功能评

估规范（2008）的相关规定，来估算金沟岭林场各种森林生物多样性物种资源保护的生态价值，其结果如表 10.31 所示。金沟岭林场森林生物多样性的年生态经济价值 1997 年与 2007 年分别为 12595.7750 万元与 13457.9421 万元，净增长了 862.1671 万元，该地区森林的生物多样性保护效益呈现整体增强的趋势。不同的林分类型中，多样性物种资源保护的生态效益的差异是显著的，其经济价值主要集中在针阔混交林、阔叶混交林与针叶混交林，其次是落叶松林与白桦林，其原因与所占有的面积比例是分不开的。

表 10.31　1997～2007 年森林生物多样性价值

| 林分类型 | 生物多样性价值 （万元/年） | | 单位面积年物种损失的机会成本 |
|---|---|---|---|
| | 1997 年 | 2007 年 | （元/hm²） |
| 白桦林 | 243.6375 | 145.6505 | 5000 |
| 红松林 | 30.9122 | 4.3509 | 5000 |
| 阔叶混交林 | 1207.4314 | 1297.2030 | 5000 |
| 落叶松林 | 710.0200 | 352.8708 | 3000 |
| 杨树林 | 51.3298 | 51.8298 | 5000 |
| 榆树林 | 55.9178 | 19.6399 | 5000 |
| 云杉林 | 80.1130 | 50.0017 | 3000 |
| 杂木林 | 0.4282 | 2.6200 | 5000 |
| 樟子松林 | 2.8413 | 57.3442 | 5000 |
| 针阔混交林 | 6720.4503 | 7856.2240 | 10000 |
| 针叶混交林 | 3492.6936 | 3620.2073 | 10000 |
| 总计 | 12595.7750 | 13457.9421 | |

从表 10.31 可以看出，林分单位面积物种每年损失的机会成本在 10000 元/hm² 以上的为针阔混交林与针叶混交林两种林分类型 1997 年至 2007 年，金沟岭林场针阔混交林的生物多样性保护价值由 6720.4503 万元增长到 7856.2240 万元；针叶混交林由 3492.6936 万元增长到 3620.2073 万元。这与该区植被演替的正方向进行相符合，即森林演替的阶段越高，森林生态系统生物多样性物种资源保护的生态价值越高。

10.7.2.3.1　景观水平的生物多样性保护价值

表 10.32 为金沟岭林场森林资源的景观水平上的生物多样性保护价值。可以看出，不同的景观类型，其生物多样性保护价值的范围 1997 年在 690.0200 万元至 6730.4503 万元之间，2007 年在 737.2511 万元至 7191.1423 万元之间。四种景观类型，以针阔混交林所发挥的生物多样性保护价值最高，由 1997 年的 6730.4503 万元增长到 2007 年的 7291.1423 万元，所占有的价值比例两个时期分别为 53.43% 与 54.18%；以落叶松人工林所发挥的生物多样性保护价值最低，所占的比例 1997 年与 2007 年分别为 5.48% 与 5.18，均不到 6%。

表 10.32  森林景观水平上生物多样性保护价值评价

| 景观类型 | 1997 年 | | 2007 年 | |
|---|---|---|---|---|
| | （万元） | 百分比（%） | （万元） | 百分比（%） |
| 针阔混交林 | 6730.4503 | 53.43 | 7291.1423 | 54.18 |
| 阔叶林 | 1588.7446 | 12.61 | 1647.4925 | 12.24 |
| 针叶林 | 3586.5601 | 28.47 | 3832.0562 | 28.47 |
| 落叶松人工林 | 690.0200 | 5.48 | 697.2511 | 5.18 |
| 合计 | 12595.7750 | | 13457.9421 | |

**10.7.2.3.2  林龄结构的生物多样性保护价值**

金沟岭林场森林生物多样性的生态效益随不同林龄结构（龄组）变化见图10.22。可以看出，该林场以中龄林与近熟林所产生的生物多样性保护价值最高，两个林龄阶段1997年与2007年所占的生物多样性价值合计为10842.8930万元与10924.5004万元，比例合计为86.14%与80.82%，占据绝对主体地位；该区成熟林森林生物多样性的经济价值由1997年的1152.8035万元增长到1762.7207万元，净增长了609.9173万元，其所占的价值比例呈现增长趋势，主要是由于森林培育和保护与树木生长导致近熟林发展为一部分的成熟林，以致增强了森林的生物多样性保护价值。

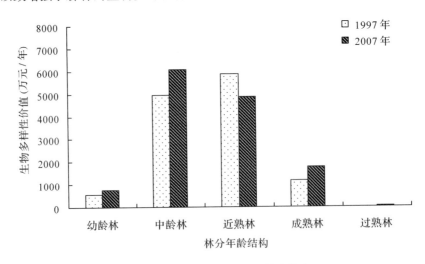

图 10.22  各龄组森林生物多样性价值分配

**10.7.2.3.3  林种层次的生物多样性保护价值**

表10.33为金沟岭林场森林不同功能类型林分的生物多样性价值及其变化情况。可以看出，金沟岭林场森林4个主要材种，即护路林，母树林，水土保持林与一般用材林在两个时期均以一般用材林所产生的生物多样性保护价值最高，1997年与2007年分别为11946.0320万元与11946.0320万元，两个时期所占的价值比例均达到94%以上，其他三种林种类型所占的生物多样性保护价值的比例合计不到6%。1997~2007年，护路林与母树林的生物多样性价值均有所提高，一定程度上说明该区森林在保持生物多样性可持续发

展的情况下朝着林业多功能方向发展。

**表 10.33 不同功能类型林分的生物多样性价值及其变化**

| 林种 | 生物多样性价值(万元/年) | |
|---|---|---|
| | 1997 年 | 2007 年 |
| 护路林 | 249.5796 | 316.5240 |
| 母树林 | 11.3325 | 86.0270 |
| 水土保持林 | 381.4031 | 345.4546 |
| 一般用材林 | 11946.0320 | 12766.1173 |

#### 10.7.2.4 价值估计的信度分析

为了保证估测结果的可靠性,验证金沟岭林场森林乔木生物多样性保护的生态效益评估结果,本节采用比较最常用的克朗巴哈(Cronbach)信度检验系数进行价值估计的信度分析,信度系数 $a$ 的取值范围与信度高低见表 10.34。计算得出克朗巴哈信度系数 $a$ 为 0.839,标准化的系数为 0.905(表 10.35),这两个指标均大与 0.8,所以能够说明本节森林生物多样性价值估计整体具有较高的信度水平,估测效果可以接受。

**表 10.34 信度高低与 $a$ 系数的关系**

| 信度高低 | $a$ 系数 |
|---|---|
| 不可信 | $a < 0.3$ |
| 勉强可信 | $0.3 \leqslant a < 0.4$ |
| 可信 | $0.4 \leqslant a < 0.7$ |
| 很可信(最常见) | $0.5 \leqslant a < 0.7$ |
| 很可信(次常见) | $0.7 \leqslant a < 0.9$ |
| 十分可信 | $0.9 \leqslant a$ |

**表 10.35 信度统计量输出表**

| $a$ 信度系数 | 标准化的系数 | 评估的项目数 |
|---|---|---|
| 0.839 | 0.905 | 4 |

表 10.36 与表 10.37 分别为金沟岭林场森林生物多样性价值估测信度检验的方差分析表与 Hotelling's T-Squared 检验表。

**表 10.36 方差分析表**

| | | Sum of Squares | df | Mean Square | Friedman's Chi-Square | Sig |
|---|---|---|---|---|---|---|
| Between People | | 9.809E7 | 10 | 9808850.92 | | |
| Within People | Between Items | 1.934E8 | 3 | 6.447E7 | | |
| | Residual | 4.738E7 | 30 | 1579330.99 | 26.507 | 0.000 |
| | Total | 2.408E8 | 33 | 7296913.86 | | |
| Total | | 3.389E8 | 43 | 7881085.27 | | |

注:总平均为 2037.3961;Kendall's 协调系数为 0.571。

表 10.37  Hotelling's T-Squared 检验表

| Hotelling's T-Squared | F | df 1 | df 2 | Sig |
|---|---|---|---|---|
| 330.796 | 88.212 | 3 | 8 | 0.000 |

## 10.7.3 小结

本节利用了价值计量法对金沟岭林场森林资源程的多功能效益进行了多功能评价研究，可以看出，该林场的森林不仅蕴藏着非常重大的生态效益，而且也表现出了巨大的经济效益。本章采用了活立木年增长值来衡量研究区森林的经济价值，由此估算的林木产品的经济价值 1997 年与 2007 年分别为 69080.06 万元与 75300.719 万元，净增长了 6220.6542 万元。构成该林场的 4 种森林景观类型所产生的林木产品价值大小顺序依次为：落叶松人工林景观 < 阔叶林景观 < 针叶林景观 < 针阔混交林景观，以落叶松人工林的林木产品价值最低，作者认为应采取合理的经营密度表进行调控，以增加其经济价值（顾丽等，2009）。同时，该林场以中龄林与近熟林所产生林木产品价值最高。

本研究选用机会成本法对森林生物多样性保护价值进行估算，金沟岭林场森林生物多样性保护功能每年为社会提供的经济价值 1997 年与 2007 年分别为 12595.7750 万元与 13457.9421 万元，净增长了 862.1671 万元，该地区生物多样性保护的生态效益呈现整体增强的趋势。克朗巴哈信度系数是考核量表信度的重要指标，本研究将此系数用于森林生物多样性保护价值的验证，可以看出森林生物多样性保护价值的计算结果具有较高的可信度。该林场以中龄林与近熟林所产生的生物多样性价值最高，两个林龄阶段生物多样性价值所占的比例合计为 86.14 % 与 80.82 %，占据绝对主体地位，随着树林木自然生长与森林培育和保护的实施，该区森林生物多样性保护价值会进一步提高。

## 10.8 森林综合效益多功能评价

## 10.8.1 多功能效益评价指标体系的构建

### 10.8.1.1 指标构建原则

根据金沟岭林场森林资源的特点与经营目标，构建该林场多功能效益评价指标体系遵循以下的基本原则：

（1）科学性的原则

森林生态系统多功能评价指标体系的构建原则应该在遵循科学性的基础上，建立在林业可持续发展与森林永续利用理论范围内。进行森林生态系统多功能评价所选取的指标应该是具有科学的概念，明确的范围，评价内容包含社会、经济与生态等各个方面，对于森林生态系统多功能评价结果，能客观与真实地反映出该林场森林为国家的宏观经济和人类社会生活带来的深远影响。

（2）代表性的原则

森林多功能效益评价是一项非常复杂的工作，会同时受到自然、社会与经济等多种因素的影响与制约。所以，所选择的评价指标必须目标明确，所选的多功能评价指标要行之有效，能更加全民、直接、准确地反映出该林场生态系统的结构与功能等一些基本要素的变化状况。

（3）可比性的原则

本节在进行森林资源多功能效益评价指标的选取过程中，保证所选取的多功能效益的指标体系具有着时空的一致性，以便于进行积累资料，也便于评价的结果具有与其他评价结果的可比性。

（4）综合性的原则

森林的生态效益多功能评价体系是一个综合性的评估系统，在构建评价指标体系的时候，就要首先衡量一下评价目标周围所包含的特殊的环境因子，以便进行各项综合分析和评价，确保各个多功能效益评价指标之间应该形成有机、有序的联系，不应重叠、相容，以免造成指标冗余。

（5）可操作性原则

本研究在构建森林多功能效益指标体系的过程中，尽可能的考虑了多功能效益评价的数据资料的可获得性以及数据的采集难易，在以下的一系列的统计资料、调查研究和实验数据处理的过程中，所评价指标的内容应该是简单明了，容易理解，各项指标都必须容易用数值来进行计算。

### 10.8.1.2 评价指标建立的思路

本节构建金沟岭林场森林资源多功能效益评价指标的过程中，以森林的可持续发展作为本文的指导思想，在参考此方面的研究成果中的各项评估指标的基础上，利用层次分析法（APH）筛选构建了一套量化程度高的、可操作性强的金沟岭林场的森林多功能效益的评估指标体系。

本节所研究金沟岭林场森林多功能效益的评价指标体系由目标层、系统层、标准层与指标变量层四个等级组成。其中，目标层为金沟岭林场森林多功能效益评价；系统层为生态效益与经济效益；标准层为系统层的构成要素指标，各指标要素的确定，一定要遵循上面所提到的原则的科学性、代表性、可比性、综合性与可操作性；指标变量层为反映森林生态系统状态的关系、变化的原因，采用可以直接可测性的指标或指标群，各项指标变量计算容易，数据资料容易获得。

### 10.8.1.3 评价指标筛选的方法

在广泛阅读前人的研究资料的基础上，在整合吸纳了前人研究成果中的优良指标的基础上，注重理论联系实际的原则，根据金沟岭林场森林资源的实际生长情况，提出了能够反映该地区森林资源本质的评价指标。最后，利用专家咨询法、主成分分析法、综合模式法等对各项指标因子对该林场多功能效益的发挥进行分析，选择可以列入本节多功能效益指标体系的指标，淘汰次要指标，形成评价指标，同时，还采纳一些专家意见，对一些本身难以定量化因子的选取，最终形成金沟岭林场森林多功能效益评价的指标体系。

### 10.8.1.4 评价指标体系的建立

#### 10.8.1.4.1 评价指标体系的初选

本节在对长白山汪清林业局金沟岭林场森林多功能效益决策评价研究中，通过对该林场森林的社会经济效益和生态环境影响的分析，在结合国内外森林多功能效益评价指标、《中国森林生态系统服务功能评估规范》的指标，以及《中国生态林业工程综合效益评价指标体系》，并结合了其他一切可借鉴的指标与研究趋势的实际森林资源情况，以及各指标的内涵和测量方法的可行性原则，在全面满足本节的多功能评价指标的可观测性和科学性的要求下，建立金沟岭林场森林资源多功能效益价值评价的指标体系框架，详细内容见表 10.38。

**表 10.38　金沟岭林场森林多功能效益评价体系的初选**

| 系统层 | 标准层 | 指标层 |
|---|---|---|
| 金沟岭林场森林多功能评价体系的初选 | | |
| | 改变小气候指标 | 相对湿度、平均气温、无霜期、干燥度 |
| | 涵养水源指标 | 森林覆盖率、年径流系数、林地蓄水量、林冠截留率、拦截暴雨径流率、径流模数、地被物持水量、水质改善程度、土壤中重金属含量变化率、侵蚀面积占区域面积百分比 |
| 生态效益 | 水土保持指标 | 土壤侵蚀面积百分比、土壤侵蚀模数、流域输沙模数 |
| | 改良土壤指标 | 土壤容重、土壤总孔隙率、土壤有机质含量 |
| | 净化大气含量 | $CO_2$ 固定量、$O_2$ 释放量、提供负离子、吸收污染物、降低噪音、滞尘 |
| | 森林防护 | 森林护坡效果、降雨径流转化率、重力侵蚀降低率 |
| | 生物多样性指标 | 物种保育、生物类型多样性、森林植物多样性、森林动物多样性 |
| | 森林的游憩价值 | 森林的游憩价值 |
| 经济效益 | 直接经济效益 | 林业生产投入指标、林业生产产出指标、林业投资效益指标、木材产值、经济林收入增长率、林副产品效益、职工平均收入 |
| | 间接经济效益 | 产业的变化、企业负债的变化、利税的变化、文化消费支出增长率 |
| 社会效益 | 可量化的社会效益 | 林业在区域经济中的比率、贫困人口变动率、下岗待安置职工变动率、恩格尔系数、就医增长率、适龄儿童入学率 |
| | 潜在的社会效益 | 就业率、基本养老保险覆盖率、"四险"覆盖率、对公众身心健康的影响 |

### 10.8.1.4.2　评价指标体系的确立

将按上面标准初选出来的金沟岭林场森林资源多功能效益评价指标体系，采用专家咨询法进行各项指标的筛选工作，分别邀请了高校与林业科研院所的相关专家、教授与研究人员对所初选出来的指标体系的框架与重要性进行逐个的评述，在统计信息的过程中，如果有多于三分之一的专家认为某一指标不重要，则该指标就被淘汰掉。经过三轮的专家意见分别反馈后，直到多余三分之二的专家都认同，才能将其列入本文多功能评价的指标体系，最后确定了金沟岭林场森林资源生态效益指标与经济指标如下，见表 10.39。

**表 10.39　金沟岭林场森林多功能评价体系**

| | 系统层 | 标准层 | 指标层 |
|---|---|---|---|
| 金沟岭林场森林多功能评价体系 | 生态效益 | 固碳释氧效益 | 固碳 |
| | | | 释氧 |
| | | 涵养水源效益 | 林冠层截留 |
| | | | 土壤层蓄水 |
| | | | 枯落物层持水 |
| | | 保护土壤效益 | 固土 |
| | | | 保肥 |
| | | | 减少泥沙淤积和滞留 |
| | | 净化大气环境 | 吸收 $SO_2$ |
| | | | 被吸收氟化物 |
| | | | 吸收氮氧化合物 |
| | | | 阻滞降尘 |
| | | | 灭菌减噪 |
| | | | 制造负氧离子 |
| | | 生物多样性指标 | 物种保育 |
| | 经济效益 | 直接经济效益 | 林木产品效益 |
| | | | 林副产品效益 |
| | | | 职工年收入 |
| | | 间接经济效益 | 林业产业总产值增长率 |
| | | | 产业结构变化 |
| | | | 投资利用率 |
| | 社会效益 | 可量化的社会效益 | 林业在区域经济中国的比例 |
| | | | 林业职工就业率 |
| | | 潜在的社会效益 | 公众对天保工程的认识程度 |
| | | | 恩格尔系数 |

本研究下面的研究内容，主要是用物质量与价值量两种方法对金沟岭林场森林进行多功能效益决策评价，但是由于评价体系中社会效益与经济效益一部分，其中包含职工的年经济收入、林业产业总产值增长率、产业结构变化与产业结构变化，这几项效益是很难用货币价值的形式表示出来。鉴于评价内容的特殊性与评价方法的一些局限性，故本节不做此部分内容的价值评价。因此，本节在对金沟岭林场森林多功能效益评价的过程中，并不是针对该林场森林所产生的全部效益，而是主要的生态效益与部分的经济效益。

## 10.8.2　评价指标值标准化

从科学合理和实用角度出发，本节以货币的手段作为统一计量尺度对森林多功能效益进行价值评估。从 1997 年至 2007 年，金沟岭林场森林景观多功能效益各评价指标价值变化量见表 10.40。以森林资源的林木产品价值与净化环境价值最高，1997 年分别为 69080.0644 万元与 65457.1316 万元，2007 年分别为 75300.7186 与 66251.8268 万元。 1997 - 2007 年，森林资源多功能效益的各评价指标的价值除了涵养水源价值以外，其他的 各指标均有所提高，主要因为综合生态效益的主体为中龄林与近熟林，由于森林抚育等培 育措施与天保工程等国家政策的实施，森林得到良好的经营与保护。

**表 10.40　1997 年与 2007 年多功能效益指标价值**

| 年份 | 各效益指标（万元） | | | | | |
|------|------|------|------|------|------|------|
| | $V_1$ | $V_2$ | $V_3$ | $V_4$ | $V_5$ | $V_6$ |
| 1997 年 | 69080.0644 | 1813.9984 | 17018.97 | 626.7767 | 59160.1466 | 12595.775 |
| 2007 年 | 75300.7186 | 2764.2649 | 14820.07 | 632.1438 | 59704.2859 | 13457.9421 |

注：$V_1$ 为林木产品价值；$V_2$ 为固碳释氧价值；$V_3$ 为涵养水源价值；$V_4$ 为保护土壤价值；$V_5$ 为净化环境价值；$V_6$ 为生物多样性保护价值。

从金沟岭林场多功能效益评价的各项指标可以看出，所有的生态指标与经济指标都是 愈大愈好，所以本节采用研究方法中的（10 - 3）公式对各项指标值进行标准化转换，金沟 岭林场 1997 年与 2007 年的标准化值见表 10.41 与 10.42：

**表 10.41　1997 年森林多功能效益各指标标准化值**

| 景观结构 | B1 | B2 | B3 | B4 | B5 | B6 | B7 | B8 |
|------|------|------|------|------|------|------|------|------|
| 针阔混交林 | 0.1000 | 0.1000 | 1.0000 | 0.6747 | 0.6242 | 0.0999 | 0.1000 | 0.2097 |
| 阔叶林 | 1.0000 | 1.0000 | 0.5479 | 1.0000 | 1.0000 | 0.7161 | 1.8875 | 0.6593 |
| 针叶林 | 0.3085 | 0.3085 | 0.5344 | 0.7742 | 0.4957 | 0.6063 | 0.1125 | 0.1000 |
| 落叶松人工林 | 0.5181 | 0.5181 | 0.1000 | 0.1000 | 0.1000 | 1.0000 | 0.1991 | 1.0000 |
| 景观结构 | B9 | B10 | B11 | B12 | B13 | B14 | B15 | B16 |
| 针阔混交林 | 0.4108 | 0.4853 | 0.1000 | 0.4327 | 0.5861 | 0.4291 | 1.0000 | 0.4108 |
| 阔叶林 | 0.1000 | 1.0000 | 0.7167 | 0.1000 | 0.1000 | 0.1000 | 0.4115 | 0.1000 |
| 针叶林 | 0.9012 | 0.0923 | 0.6070 | 0.9153 | 0.5466 | 0.5528 | 0.8586 | 0.9012 |
| 落叶松人工林 | 1.0000 | 0.1000 | 1.0000 | 1.0000 | 1.0000 | 1.0000 | 0.1000 | 1.0000 |

注：B1 为固碳价值；B2 为释氧价值；B3 为林冠层截留价值；B4 为土壤层蓄水价值；B5 为枯落物层持水价值；B6 固土为价值；B7 为保肥价值；B8 为减少泥沙淤积与滞留价值；B9 为吸收 $SO_2$ 价值；B10 为吸收氟化物价值；B11 为吸收氮氧化合物价值；B12 为阻滞降尘价值；B13 为灭菌减噪价值；B14 为制造负氧离子价值；B15 为物种保育价值；B16 为林木产品价值。

表 10.42 2007 年森林多功能效益各指标标准化值

| 景观结构 | D1 | D2 | D3 | D4 | D5 | D6 | D7 | D8 |
|---|---|---|---|---|---|---|---|---|
| 针阔混交林 | 0.1000 | 0.1000 | 1.0000 | 0.8814 | 0.7474 | 0.3924 | 0.3413 | 0.5902 |
| 阔叶林 | 1.0000 | 1.0000 | 0.4864 | 1.0000 | 1.0000 | 0.3765 | 1.8497 | 0.7643 |
| 针叶林 | 0.2291 | 0.2291 | 0.4908 | 0.8181 | 0.5226 | 0.0759 | 0.1503 | 0.1000 |
| 落叶松人工林 | 0.3679 | 0.3679 | 0.1000 | 0.1000 | 0.1000 | 1.0000 | 0.1000 | 1.0000 |
| 针阔混交林 | 0.5567 | 0.5500 | 0.4269 | 0.5495 | 1.0000 | 1.0000 | 1.0000 | 1.0000 |
| 阔叶林 | 0.1000 | 1.0000 | 0.4254 | 0.1000 | 0.1000 | 0.1000 | 0.3748 | 0.3472 |
| 针叶林 | 0.9988 | 0.1000 | 0.1131 | 0.9990 | 0.5035 | 0.5770 | 0.7582 | 0.4511 |
| 落叶松人工林 | 1.0000 | 0.1001 | 1.0000 | 1.0000 | 0.5072 | 0.5813 | 0.1000 | 0.1000 |

注：D1 为固碳价值；D2 为释氧价值；D3 为林冠层截留价值；D4 为土壤层蓄水价值；D5 为枯落物层持水价值；D6 固土为价值；D7 为保肥价值；D8 为减少泥沙淤积与滞留价值；D9 为吸收 $SO_2$ 价值；D10 为吸收氟化物价值；D11 为吸收氮氧化合物价值；D12 为阻滞降尘价值；D13 为灭菌减噪价值；D14 为制造负氧离子价值；D15 为物种保育价值；D16 为林木产品价值。

## 10.8.3 指标权重的确定

本节在运用层次分析法（AHP）对金沟岭林场森林资源多功能效益决策评价时，经计算得出的该林场的生态效益、经济效益的标权重依如表 10.43 所示。可以看出，金沟岭林场森林资源多功能效益评价指标体系中，其各项评价指标的权重差异是相对较大的。从该评价指标体系的二级指标来进行比较，生态效益指标的权重最高，为 0.8218，而经济效益指标权重仅为 0.1782。从权重的比例来看，就充分体现除了新时期森林资源建设与保护的主要任务。

在各生态效益评价指标中，生物多样性保护指标（A5）所占的权重最大，其值为 0.2244；这充分地反映天然林保护工程建设成效。保育土壤指标、涵养水源功能这两项重要指标，其权重也相对较高，即涵养水源功能指标（A2）为 0.2140，保育土壤作用指标（A3）为 0.1587。在森林涵养水源与保护土壤效益二者共同发挥森林生态系统多重效益的同时，促进了该地区生态环境质量的改善与提高，因此，固碳制氧作用指标（A1）与的权重次之，为 0.1414。该林场森林在增加涵养水源功能和保育土壤作用的同时，也净化了大气环境，净化大气环境指标（A4）的权重为 0.0833。

表 10.43 多功能效益指标权重

| 决策目标 | A1 | A2 | A3 | A4 | A5 | A6 | Wi |
|---|---|---|---|---|---|---|---|
| A1 | 1.0000 | 0.5000 | 0.5000 | 2.0000 | 1.0000 | 1.0000 | 0.1414 |
| A2 | 2.0000 | 1.0000 | 1.0000 | 3.0000 | 1.0000 | 1.0000 | 0.2140 |
| A3 | 2.0000 | 1.0000 | 1.0000 | 2.0000 | 0.5000 | 0.5000 | 0.1587 |
| A4 | 0.5000 | 0.3333 | 0.5000 | 1.0000 | 0.5000 | 0.5000 | 0.0833 |
| A5 | 1.0000 | 1.0000 | 2.0000 | 2.0000 | 1.0000 | 2.0000 | 0.2244 |
| A6 | 1.0000 | 1.0000 | 2.0000 | 2.0000 | 0.5000 | 1.0000 | 0.1782 |

$\lambda_{max} = 6.2746$，$CR = 0.0436$

表 10.44 至表 10.49 为金沟岭林场森林资源生态效益的各项四级评价指标的权重数值。

表 10.44　固碳释氧效益矩阵

| A1 | B1 | B2 | Wi |
|---|---|---|---|
| B1 | 1.0000 | 1.0000 | 0.5000 |
| B2 | 1.0000 | 1.0000 | 0.5000 |

$\lambda_{max} = 2.0000$，$CR = 0.0000 < 0.10$

表 10.45　涵养水源效益矩阵

| A2 | B3 | B4 | B5 | Wi |
|---|---|---|---|---|
| B3 | 1.0000 | 0.2000 | 0.3333 | 0.1047 |
| B4 | 5.0000 | 1.0000 | 3.0000 | 0.6370 |
| B5 | 3.0000 | 0.3333 | 1.0000 | 0.2583 |

$\lambda_{max} = 3.0385$，$CR$

表 10.46　保护土壤效益矩阵

| A3 | B6 | B7 | B8 | Wi |
|---|---|---|---|---|
| B6 | 1.0000 | 3.0000 | 6.0000 | 0.6348 |
| B7 | 0.3333 | 1.0000 | 5.0000 | 0.2872 |
| B8 | 0.1667 | 0.2000 | 1.0000 | 0.0780 |

$\lambda_{max} = 3.0940$，$CR = 0.0904 < 0.10$

表 10.47　净化大气环境效益矩阵

| A4 | B9 | B10 | B11 | B12 | B13 | B14 | Wi |
|---|---|---|---|---|---|---|---|
| B9 | 1.0000 | 1.0000 | 1.0000 | 0.5000 | 1.0000 | 1.0000 | 0.1403 |
| B10 | 1.0000 | 1.0000 | 1.0000 | 0.5000 | 0.3333 | 1.0000 | 0.1168 |
| B11 | 1.0000 | 1.0000 | 1.0000 | 1.0000 | 0.5000 | 1.0000 | 0.1403 |
| B12 | 2.0000 | 2.0000 | 1.0000 | 1.0000 | 1.0000 | 3.0000 | 0.2383 |
| B13 | 1.0000 | 3.0000 | 2.0000 | 1.0000 | 1.0000 | 3.0000 | 0.2550 |
| B14 | 1.0000 | 1.0000 | 1.0000 | 0.3333 | 0.3333 | 1.0000 | 0.1092 |

$\lambda_{max} = 6.1935$，$CR = 0.0307 < 0.10$

表 10.48　生物多样性保护效益矩阵

| A5 | B15 | Wi |
|---|---|---|
| B15 | 1.0000 | 1.0000 |

$\lambda_{max} = 2.0000$，$CR = 0.0000 < 0.10$

表 10.49　林木产品价值指标权重

| A6 | B16 | Wi |
|---|---|---|
| B16 | 1.0000 | 0.5000 |

$\lambda_{max} = 2.0000$，$CR = 0.0000 < 0.10$

### 10.8.4   多功能效益动态评价研究

金沟岭林场1997年与2007年多功能效益评价值结果见表10.50所示。可以看出，本节所研究的金沟岭林场的4种景观类型中，多功能效益评价值的大小顺序依次为落叶松人工林景观＜阔叶林景观＜针叶林景观＜针阔混交林景观。1997年至2007年，由于天然林保护工程等政策实施，使得该地区的针阔混交林的评价值由0.68上升至0.74；而落叶松人工林则由0.38下降到0.33。

表10.50   不同景观类型的多功能效益评价

| 景观类型 | 多功能效益 | |
|---|---|---|
| | 1997年 | 2007年 |
| 针阔混交林 | 0.68 | 0.74 |
| 阔叶林 | 0.53 | 0.48 |
| 针叶林 | 0.62 | 0.50 |
| 落叶松人工林 | 0.38 | 0.33 |

### 10.8.5   小结

本节概括叙述了多指标评价体系的理论基础上，构建了金沟岭林场森林多功能效益的评价体系。该指标体系主要分为生态效益、经济效益与社会效益三个部分，包含总体层、系统层、标准层与指标层四个层次，共25项指标。本文构建的多功能效益评价指标体系涵盖了国内外相关研究的基本内容，并结合了长白山林区的实际情况，为森林生态系统多功能效益的评价提供理论基础与技术支持。

层次分析法在本研究中被用来计算金沟岭林场森林多功能效益评价的各项指标权重。本文的评价指标体系中各项指标的权重有明显差异，其中生态效益指标的权重为0.8218，而经济效益的指标权重仅为0.1782。在各生态效益评价指标中，生物多样性保护指标（A5）所占的权重最大，为0.2244；保育土壤指标与涵养水源功能指标次之，分别为0.2140与0.1587；最后为固碳制氧效益指标与净化大气环境效益指标，分别为0.1414与0.0833。

金沟岭林场1997年与2007年的多功能效益评价值的大小顺序依次为落叶松人工林景观＜阔叶林景观＜针叶林景观＜针阔混交林景观。1997年至2007年，由于天然林保护工程等政策实施，使得该地区的针阔混交林的评价值由0.68上升至0.74；而落叶松人工林则由0.38下降到0.33。该地区森林发展趋势为针阔混交林的正向演替，本研究结果为该地区进一步保护天然植被和生态环境建设起到提供理论依据作用。

## 10.9   结论与讨论

### 10.9.1   结论

本节在概括叙述了多指标评价体系的理论基础上，构建了金沟岭林场森林多功能效益的评价指标体系，利用物质量与价值量法分析了该林场森林乔木层的景观格局、碳汇效益、涵养水源功能、土壤保护功能、净化大气环境效益与生物多样性保护价值的时空动态变化，同时利用层次分析法对该林场的森林进行多功能效益的动态评价，主要研究结论如下：

（1）对金沟岭林场森林景观变化与空间格局进行定量分析。该林场的主要景观类型为有林地。根据优势树种及主要环境因子把有林地划分为四类景观类型，即针阔混交林景观，针叶林景观，阔叶林景观与人工针叶纯林景观，每一类景观都是内部特征相对一致而相互间有显著区别的森林生态系统；该林场森林景观受人为影响比较强烈，形状比较复杂化；利用马尔科夫过程可模拟该林场森林景观未来变化趋势，研究结果表明该地区森林正进行着针阔混交林方面的正向演替。

（2）利用经典的材积源生物量法，对该林场的森林乔木层碳储量与碳汇价值评价，为我国森林生态系统碳平衡提供基础资料。结果表明：金沟岭林场森林乔木层碳储量从 1997 年的 7621.8422 t 增加到 8018.1259 t，净增加了 466.2837 t。碳储量分布以中龄林与近熟林为主，分别占 87 % 与 79%，该林区的固碳能力将处于持续增长的状态，是一个潜在的巨大碳库；森林的平均碳密度随着龄级结构的增长而增加，1997 年与 2007 年分别为 47.5417 Mg C/hm$^2$ 与 50.1866 Mg C/hm$^2$，高于全国 2008 年森林平均植被碳密度 42.82 Mg C/hm$^2$，但是低于世界的平均水平 86.00 mg C/hm$^2$；利用 1997 年与 2007 年两期数据分析了该林场森林的年固碳增量为 39.63 t C·hm$^{-2}$·a$^{-1}$，平均年增长率 0.51 %，低于我国森林的平均年增长率 1.6 %，该林场森林仍具有潜在的固碳空间；对森林的碳汇效益进行了计量，1997 年与 2007 年分别为 2627.6453 万元与 1813.9984 万元，净增长了 136.6196 万元。应通过森林经营与管理来提高该林场森林的固碳能力。

（3）结合生态经济学价值量评估方法，从林冠层、土壤层与枯枝落叶层 3 个层次分析了森林生态系统水源涵养效益的时空变化特征，结果表明：1997 年与 2007 年金沟岭林场森林林冠截留降水量分别为 2196.38 × 10$^4$ t 与 1935.96 × 10$^4$ t；土壤蓄水量分别为 2284.5459 × 10$^4$ t 与 2255.2855 × 10$^4$ t；枯落物总持水量分别为 79.3188 × 10$^4$ t 与 82.3167 × 10$^4$ t；两个时期森林水源量分别为 4560.2425 × 10$^4$ t 与 4273.5621 × 10$^4$ t，3 种不同作用层水源涵养能力表现出较大的差异，林冠层截留量与土壤蓄水量达到 98 %，起到主导作用；金沟岭林场有林地涵养水源的经济价值 1997 年与 2007 年分别为 17018.97 万元与 14820.07 万元，以中龄林与近熟林所占的价值比例最大，为该地区水源涵养功能价值的主体。研究结果为该区进一步保护天然植被和生态环境建设起到积极的作用。

（4）定量地评价该林场森林的土壤保护功能和经济价值，并分析了其时空变化特征，结果表明：金沟岭林场因土壤侵蚀年减少的土地面积 1997 年与 2007 年分别为 80.1596 hm$^2$ 与 79.8831 hm$^2$，因土地废弃而失去的年经济价值各为 22.6186 万元与 22.5406 万元；1997 年与 2007 年森林减少土壤肥力损失的经济价值分别为 515.9223 万元与 520.6581 万元，减少有机质损失的经济价值分别为 39.7493 万元与 40.6260 万元；因森林的存在，该林场年减少泥沙淤积与滞留的经济价值，1997 年与 2007 年分别为 68.8430 万元与 68.6056 万元；金沟岭林场森林土壤保护的年经济价值 1997 年与 2007 年分别为 626.7767 万元与 632.1438 万元，土壤保护功能呈现增强的趋势；研究区域以中龄林与近熟林所占的比例为主，为该地区土壤保护功能价值的主体。

（5）金沟岭林场森林资源净化环境效益的时空变化特征如下：该林场森林净化环境的年经济价值 1997 年与 2007 年分别为 59160.1466 万元与 59704.2859 万元，净增长了 544.1393 万元，该地区森林整体的净化环境的生态效益呈现增强的趋势；在景观水平上，以针阔混交林净化环境的价值最高，1997 年与 2007 年所占的价值比例分别为 42.57 % 与 42.10 %；在林龄结构上，1997～2007 年，该林场以中龄林与近熟林所占的比例最大，为该地区净化环境功能价值的主体。本研究结果为该地区的资源环境保护与森林生态建设提供理论依据。

（6）选用机会成本法对森林生物多样性保护价值进行估算，金沟岭林场森林生物多样性每年为社会提供的经济价值 1997 年与 2007 年分别为 12595.7750 万元与 13457.9421 万元，净增长了 862.1671 万元，该地区生物多样性的生态效益呈现整体增强的趋势；利用克朗巴哈信度系数系数对森林生物多样性保护价值的验证，可以看出森林生物多样性保护价值的计算结果具有较高的可信度。该林场以中龄林与近熟林所产生的生物多样性价值最高，两个林龄阶段生物多样性价值所占的比例合计为 86.14 % 与 80.82 %，占据这绝对的主体地位，随着该地区树林木的自然生长与当地森林培育和保护的实施，该区森林生物多样性保护价值会进一步的提高。

（7）采用立木年增长价值来衡量研究区森林的经济价值采用活，由此估算的林木产品的经济价值 1997 年与 2007 年分别为 69080.0644 万元与 75300.7186 万元，净增长了 6220.6542 万元；在景观水平上，该林场 4 种森林景观类型所产生的林木产品价值大小顺序依次为落叶松人工林景观＜阔叶林景观＜针叶林景观＜针阔混交林景观；在林龄结构上，该林场以中龄林与近熟林所产生林木产品价值最高，为该林场林木产品价值的主体。同时，运用层次分析法来估算金沟岭林场森林多功能效益价值评价的各指标权重。本节的评价指标体系中各项指标的权重有明显差异，其中生态效益指标的权重数值为 0.8218，而经济效益的指标权重数值仅为 0.1782，在各生态效益评价指标中，生物多样性保护指标（A5）所占的权重最大，所占的比例为 0.2244。金沟岭林场 1997 年与 2007 年的多功能效益评价值的大小顺序依次为落叶松人工林景观＜阔叶林景观＜针叶林景观＜针阔混交林景观。

## 10.9.2 讨论

评价森林资源的多功能效益可以提高全社会对保护森林生态系统重要意义的认识，为国家宏观生态环境政策、生态补偿基金政策的制定和管理机构的决策等提供科学依据。

关于森林多功能评价指标体系，目前还处在不断的丰富、完善与修改过程中，森林多功能效益评价的关键是评价指标权重的确定，需要大量理论研究成果做为基础，同时，也需要在实践中应不断的调整和补充，以此为评价长白山林区森林资源多功能效益提供理论基础。

森林生态系统除了为人类社会提供直接的市场服务价值，还提供更多无形的服生态务，目前还无法具体量化来衡量，只处于初级的探索过程。所以，对森林资源多功能效益的量化研究仍需不断加强。

由于数据与资料的限制，本节研究的金沟岭林场森林资源的多功能效益，仅分析了森林景观保护，涵养水源、固碳释氧、净化大气环境、生物多样性保护与林木经济价值等六个方面功能，而这些仅是全部生态系统服务功能的一部分，其他的功能效益还待进一步量化研究。

## 参考文献

白效明．1998．长白山地区自然资源开发与生态环境保护[M]．长春：吉林科学技术出版社．

曾诚．2005．我国森林生态价值评估研究进展[J]．西南林学院学报，25(3)：74-79．

曾震军，唐凤灶，杨丹菁，等．2008．流溪河林场森林生态系统服务功能价值评估[J]．生态科学，27(4)：262-266．

董琼，李乡旺．2008．大中山自然保护区森林生态系统服务功能价值评估[J]．山东林业科技，(6)：8-11．

方伟东，亢新刚，赵浩彦，等．2011．长白山地区不同林型土壤特性及水源涵养功能[J]．北京林业大学学报，33(4)：40-47．

方瑜，欧阳志云，肖燚，等．2011．海河流域草地生态系统服务功能及其价值评估[J]．自然资源学报，26(10)：1694-1706．

顾丽，王新杰，龚直文，等．2009．落叶松人工林根径材积表和合理经营密度研究．西北林学院学报，24(5)：180-185；

国家环境保护局．1998．中国生物多样性国情研究报告[R]．北京：中国环境科学出版社．

侯元兆，李云敏，张颖，等．2002．森林环境价值核算[M]．北京：中国科学技术出版社．

黄从德，张健，杨万勤．2009．四川省森林碳储量的空间分异特征[J]．生态学报，29(9)：5115-5121

黄方，刘湘南，叶宝莹，等．2002．松嫩平原西部生态脆弱区土地利用时空变化研究[J]．东北师大学报自然科学版，34(1)：105-110．

姜海燕，王秋兵，关胜南．2003．辽东地区森林保护土壤的生态效益价值估算[J]．辽宁林业科技，6：16-19．

姜文来．2003．森林涵养水源的价值核算研究[J]．水土保持学报，17(2)：34-36，40．

孔德昌，董琼．2008．马关古林箐自然保护区森林生态系统服务功能价值评估[J]．林业调查规划，33(2)：84-86．

李海奎，雷渊才，曾伟生．2011．基于森林清查资料的中国森林碳储量[J]．林业科学，47(7)：7-12．

李金昌．2002．价值核算是环境核算的关键[J]．中国人口资源与环境，12(3)：1-17．

李晶，任志远．2003．秦巴山区植被涵养水源价值测评研究[J]．水土保持学报，17(4)：132-134，138．

李少宁，王兵，郭浩，等．2007．大岗山森林生态系统服务功能及其价值评估[J]．中国水土保持科学，5(6)：58-64．

秦嘉励，杨万勤，张健．2009．岷江上游典型生态系统水源涵养量及价值评估[J]．应用与环境生物学报，15(4)：453-458．

饶良懿，朱金兆．2003．重庆四面山森林生态系统服务功能价值的初步评估[J]．水土保持学报，17(5)：5-6．

吴庆标，王效科，段晓男，等．2008．中国森林生态系统植被固碳现状和潜力[J]．生态学报，28(2)：517-524．

夏江宝，杨吉华，李红云，等．2004．山地森林保育土壤的生态功能及其经济价值研究—以山东省济南市南部山区为例[J]. 水土保持学报,18(2):97-100.

肖寒,欧阳志云,赵景柱,等. 2000. 海南岛生态系统土壤保持空间分布特征及生态经济价值评[J]. 生态学报,20(4):552-558.

谢志茹,罗德力,张景春,等. 2004. 基于 RS 与 GIS 技术的北京城市公园湿地景观格局研究[J]. 国土资源遥感,61(3):61-64.

熊萍,陈伟琪. 2004. 机会成本法在自然环境与资源管理决策中的应用[J]. 厦门大学学报（自然科学版）,43(增刊):201-204.

薛达元,包浩生,李文华. 1999. 长白山自然保护区森林生态系统间接经济价值评估[J]. 中国环境科学,19(3):247-252.

余新晓,鲁绍伟,靳芳,等. 2005. 中国森林生态系统服务功能价值评估[J]. 生态学报,25(8):2096-2102.

张彪,李文华,谢高地,等. 2009. 森林生态系统的水源涵养功能及其计量方法[J]. 生态学杂志,28(3):529-534.

张虎,田茂峰. 2007. 信度分析在调查问卷设计中的应用[J]. 理论新探,249(21):25-27.

张鹏超,张一平,杨国平,等. 2010. 哀牢山亚热带常绿阔叶林乔木碳储量及固碳增量[J]. 生态学杂志,29(6):1047-1053.

张颖. 2010. 中国城市森林环境效益评价[M]. 北京:中国林业出版社.

张永利,杨峰伟,鲁绍伟. 2007. 青海省森林生态系统服务功能价值评估[J]. 东北林业大学学报,35(11):74-77.

赵串串,杨乔媚,丁绍兰,等. 湟水河流域水源涵养林水源涵养效益评估[J]. 2009. 水土保持研究,16(4):160-164.

中国生物多样性国情研究报告编写组. 1998. 中国生物多样性国情研究报告[M]. 北京:中国环境科学出版社.

林业部. 1990. 中国林业统计年鉴[M]. 北京:中国林业出版社.

钟凯文,孙彩歌,解靓. 2009. 基于 GIS 的广州市土地利用遥感动态监测与变化分析[J]. 地球信息科学学报,11(1):111-116.

周冰冰,李忠奎,张颖,等. 2000. 北京市森林资源价值[M]. 北京:中国林业出版社.

周新年,蔡瑞添,巫志龙,等. 2010. 天然次生林考虑伐后环境损失的多目标决策评价[J]. 山地学报,28(5):540-544.

Birdsey RA, Plantinga AJ, Heath LS. 1993. Past and prospective carbon storage in United States forests [J]. Forest Ecology and Management, 58(1-2):33-40.

Canadell JG, Raupach MR. 2008. Managing forests for climate change mitigation [J]. Science, 320(5882):1456-1457.

Dixon RK, Brown S, Houghton RA, et al. 1994. Carbon pools and flux of global forest ecosystems [J]. Science, 26(5144):185-190.

Gu Li, Zheng Xiaoxian. 2012. Recent changes (1997-2007) in landscape spatial pattern of the over-cutting region of interior northeast forests, P. R. China. International Journal of Digital Content Technology and its Applications, 6(7):292-304.

Lugo AE, Brown S. 1992. Tropical forests as sinks of atmospheric carbon [J]. Forest Ecology and Management, 54(1-4):239-255.

国家林业局. 2008. 森林生态系统服务功能评估规范 LY/T 1721-2008. [S].

Pan YD, Luo TX, Birdsey R, et al. 2004. New estimates of carbon storage and sequestration in China's forests: Effects of age-class and method on inventory-based carbon estimation [J]. Climate Change, 67(2 - 3): 211 - 236

Pearce DW. 1990. Assessing the returns of economy and to society from in-vestment in forestry [M]. Whiteman A (ed.). Forestry Expansion. Forestry Commission, Edinburgh.

Valentini R, Matteucci G, Dolman AJ, et al. 2000. Respiration as the main determinant of carbon balance in European forests [J]. Nature, 404(20): 861 - 865.

Wang XK, Feng ZW, Ouyang ZY. 2001. The impact of human disturbance on vegetative carbon storage in forest ecosystems in China [J]. Forest Ecology and Management, 148(1 - 3): 117 - 123.

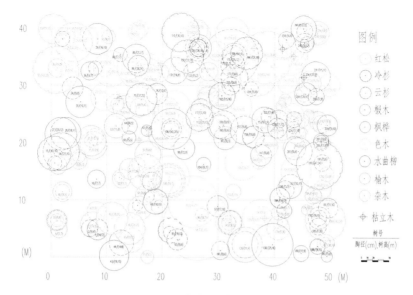

图1.36　林分树冠投影平面图

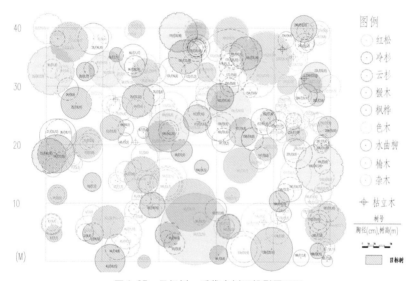

图1.37　目标树、采伐木树冠投影平面图

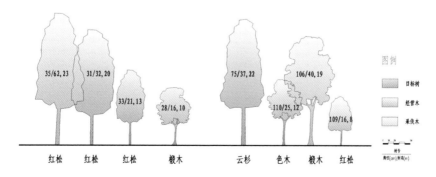

图1.38　目标树、采伐木垂直分布图

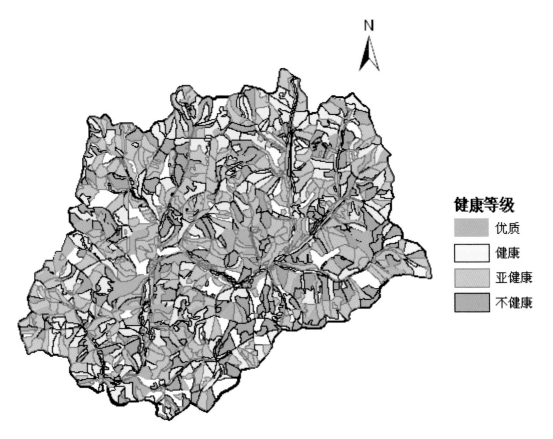

图 3.14　研究地区森林景观斑块健康等级分布

图 8.6　系统主界面

图 8.7　数据查询和修改界面

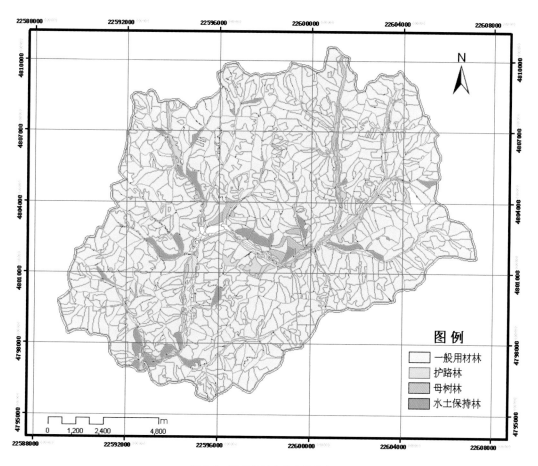

图 9.6　原有林场森林功能分布图

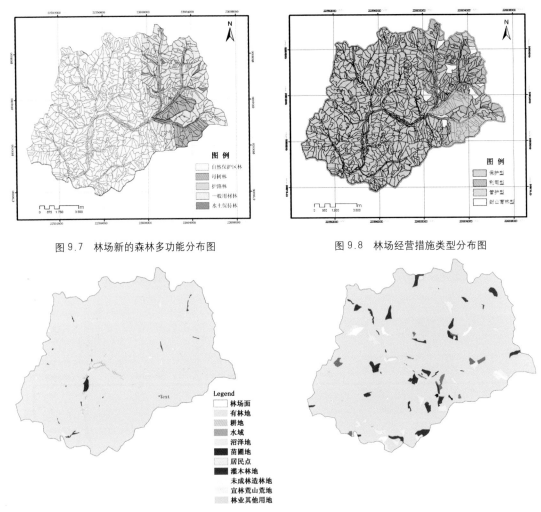

图 9.7　林场新的森林多功能分布图　　　　　　　图 9.8　林场经营措施类型分布图

图 10.2　1997 年与 2007 年一级地类区划图

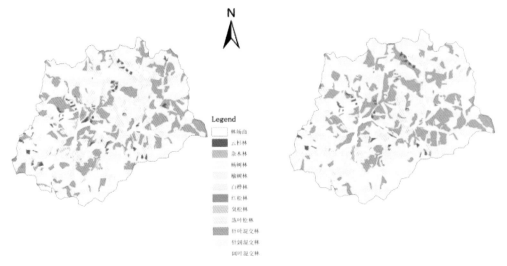

图 10.3　1997 年与 2007 年森林景观类型分布